工信精品云计算技术系列教材

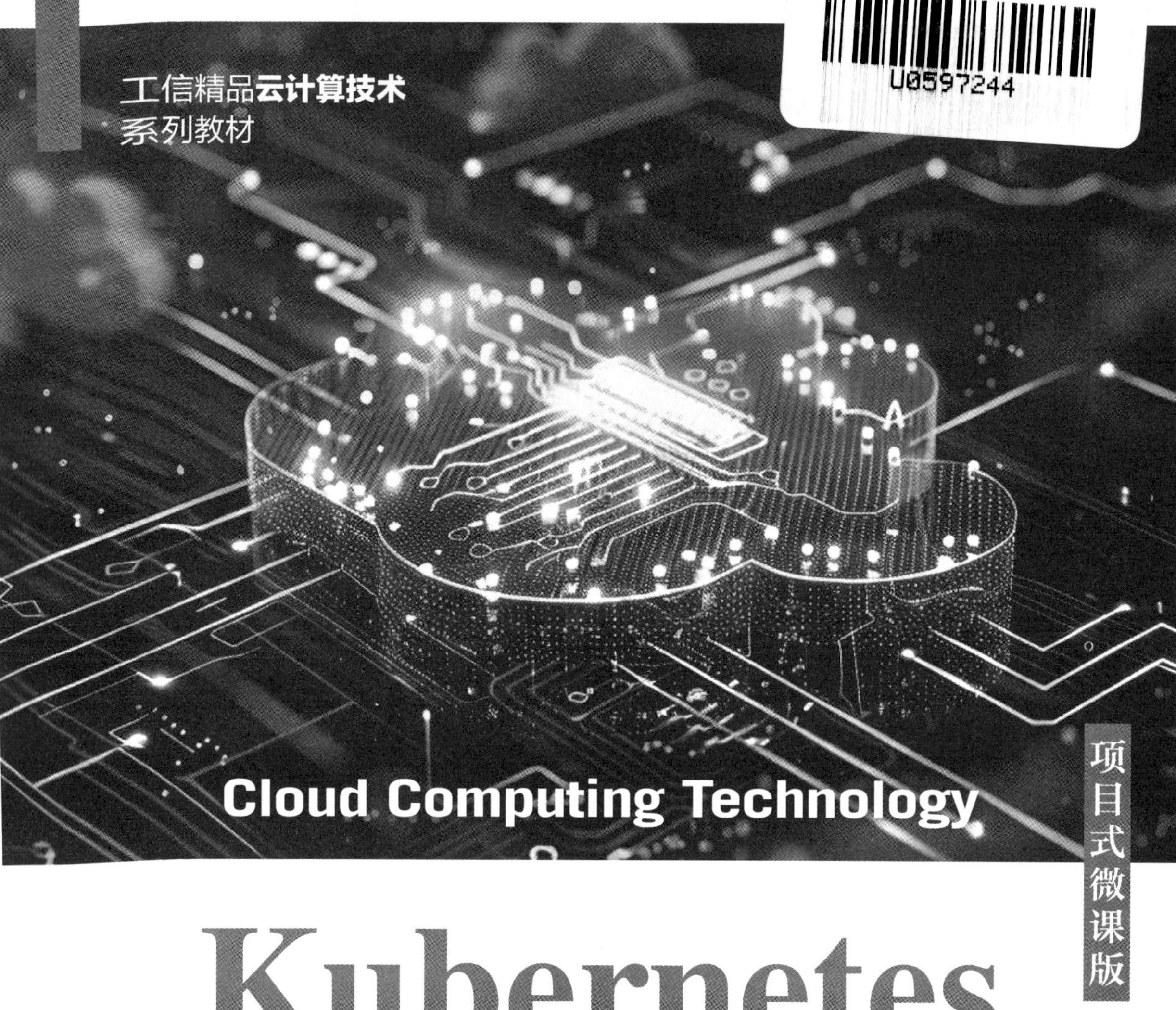

项目式微课版

Kubernetes 容器部署与应用实战

杨运强 吴进 黄鑫 ◉ 主编
苏文豹 吕双十 高深 李夏天 ◉ 副主编

人 民 邮 电 出 版 社
北 京

图书在版编目（CIP）数据

Kubernetes容器部署与应用实战 ： 项目式微课版 / 杨运强， 吴进， 黄鑫主编. -- 北京 ： 人民邮电出版社， 2025. -- （工信精品云计算技术系列教材）. -- ISBN 978-7-115-66342-9

Ⅰ. TP316.85

中国国家版本馆CIP数据核字第2025UG1172号

内 容 提 要

随着云计算技术的飞速发展，企业对容器部署与应用的需求日益增长，Kubernetes 作为领先的开源容器部署平台，已成为现代企业实现高效、可靠和可扩展应用部署的核心技术。

本书通过 11 个项目全面介绍 Kubernetes 的核心技术和应用实践，内容包括部署 Kubernetes 集群、使用集群核心资源部署服务、认证授权用户访问集群资源、调度 Pod 到指定节点、配置数据存储、使用 Ingress 发布服务、使用 Helm 包管理工具部署应用、使用 Operator 自定义控制器部署中间件、部署项目到 Kubernetes 集群、构建企业级 DevOps 云平台，以及使用 Python 管理 Kubernetes 集群。

本书配合详细的任务实战和微课视频，帮助读者深入理解和掌握 Kubernetes 的核心知识及实际应用。通过使用本书提供的实验环境和案例，读者能够系统地完成每个任务，提升实际工作中使用 Kubernetes 的能力。

本书可作为高职高专和应用型本科院校计算机网络技术、云计算技术、计算机科学与技术、软件工程等相关专业的核心课程教材，也可以作为对 Kubernetes 感兴趣的IT专业人员的自学参考书。

◆ 主　　编　杨运强　吴　进　黄　鑫
副 主 编　苏文豹　吕双十　高　深　李夏天
责任编辑　郭　雯
责任印制　王　郁　焦志炜

◆ 人民邮电出版社出版发行　　北京市丰台区成寿寺路 11 号
邮编　100164　　电子邮件　315@ptpress.com.cn
网址　https://www.ptpress.com.cn
北京市艺辉印刷有限公司印刷

◆ 开本：787×1092　1/16
印张：18　　2025 年 4 月第 1 版
字数：497 千字　　2025 年 4 月北京第 1 次印刷

定价：69.80 元

读者服务热线：(010)81055256　印装质量热线：(010)81055316
反盗版热线：(010)81055315

前言

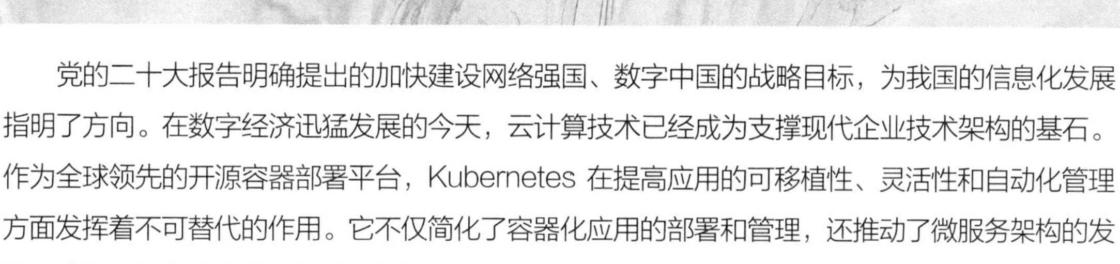

党的二十大报告明确提出的加快建设网络强国、数字中国的战略目标，为我国的信息化发展指明了方向。在数字经济迅猛发展的今天，云计算技术已经成为支撑现代企业技术架构的基石。作为全球领先的开源容器部署平台，Kubernetes 在提高应用的可移植性、灵活性和自动化管理方面发挥着不可替代的作用。它不仅简化了容器化应用的部署和管理，还推动了微服务架构的发展，成为云原生技术栈中的核心组件。

本书采用项目导向、任务驱动的编写模式，系统地介绍 Kubernetes 的基本概念、架构设计以及实际应用，帮助读者掌握 Kubernetes 的核心技术。

本书具有以下特点。

1. 凸显课程育人，实现知识传授与价值引领的结合

随着云计算和容器技术的普及，Kubernetes 已成为云计算运维岗位的必备技能。本书在编写过程中注重将专业技术与职业素养相结合，融入“思辨与实践”的设计理念，旨在帮助读者在实际工作中有效应用所学知识。

2. 问题引领，体现“以学习者为中心”的教学理念

本书采用了“任务描述—必备知识—任务实践”的教学模式，通过设计实际问题激发读者的兴趣，然后进行学习实践。这种方式不仅可以提高读者的学习热情，还能帮助读者掌握技术细节，在面对复杂问题时进行系统性思考和创新性尝试。

3. 资源丰富，为混合式教学实施提供便利

本书配套丰富的数字资源，包括教学大纲、课程标准、授课计划、PPT 课件、微课视频、图片、习题等。丰富的配套资源不仅可以帮助读者进行自我检测和实践，还为教师的教学提供了有力的支持。

本书主要内容及学时分配如下表所示。

项目编号	项目内容	学时分配
项目 1	部署 Kubernetes 集群	10
项目 2	使用集群核心资源部署服务	10

续表

项目编号	项目内容	学时分配
项目 3	认证授权用户访问集群资源	8
项目 4	调度 Pod 到指定节点	8
项目 5	配置数据存储	10
项目 6	使用 Ingress 发布服务	8
项目 7	使用 Helm 包管理工具部署应用	8
项目 8	使用 Operator 自定义控制器部署中间件	8
项目 9	部署项目到 Kubernetes 集群	16
项目 10	构建企业级 DevOps 云平台	10
项目 11	使用 Python 管理 Kubernetes 集群	8
合计		104

本书由杨运强、吴进、黄鑫任主编，苏文豹、吕双十、高深、李夏天任副主编，张宁、付琦琪、杨雪、陈虹羽参与编写，其中辽宁生态工程职业学院的杨运强负责编写项目 1 和项目 8 中的任务 8-2，辽宁生态工程职业学院的吴进负责编写项目 9，辽宁生态工程职业学院的黄鑫负责编写项目 2，辽宁金融职业学院的苏文豹负责编写项目 4 和项目 6，辽宁生态工程职业学院的吕双十负责编写项目 5 和项目 8 中的任务 8-1，辽宁生态工程职业学院的高深负责编写项目 10，辽宁生态工程职业学院的张宁负责编写项目 7，辽宁生态工程职业学院的付琦琪负责编写项目 11，辽宁生态工程职业学院的杨雪负责编写项目 3，沈阳市第四十六中学的李夏天和营口经济技术开发区档案馆的陈虹羽负责本书微课、教案、课件、授课计划、教学大纲等所有教学资源的制作。

由于编者水平有限，书中可能存在不足之处，欢迎广大读者提出宝贵的意见和建议。读者可以通过邮件与编者联系，编者邮箱为 594443700@qq.com，编者将竭诚接受大家的建议，以不断改进和完善本书。

编　者

2024 年 8 月

目录

项目 1 部署 Kubernetes 集群 1

项目描述 1
任务 1-1 安装和运维 containerd 容器引擎 2
1.1.1 任务描述 2
1.1.2 必备知识 2
1.1.3 使用 VMware Workstation 创建 CentOS 8 模板机 3
1.1.4 安装 containerd 容器引擎 9
1.1.5 使用 nerdctl 工具运维镜像和容器 11
任务 1-2 部署基于 containerd 容器引擎的 Kubernetes 集群 13
1.2.1 任务描述 13
1.2.2 必备知识 14
1.2.3 部署 Kubernetes 集群基础环境 16
1.2.4 部署 Kubernetes 集群组件 18
任务 1-3 部署多 master 节点的 Kubernetes 高可用集群 22
1.3.1 任务描述 22
1.3.2 必备知识 22
1.3.3 扩展单 master 节点为多 master 节点 23
1.3.4 配置负载均衡 25
项目小结 27
项目练习与思考 27

项目 2 使用集群核心资源部署服务 28

项目描述 28
任务 2-1 使用 kubectl 命令部署服务 29
2.1.1 任务描述 29
2.1.2 必备知识 29
2.1.3 使用 Pod 部署 Nginx 服务 33
2.1.4 使用 Deployment 控制器部署 Nginx 服务 36
2.1.5 使用 Service 服务发现访问后端 Pod 39
任务 2-2 使用 YAML 脚本部署服务 41
2.2.1 任务描述 41
2.2.2 必备知识 41
2.2.3 编写 YAML 脚本创建 Pod 42
2.2.4 编写 YAML 脚本创建 Deployment 控制器 45
2.2.5 编写 YAML 脚本创建 Service 服务发现 47
2.2.6 利用探针检测 Pod 健康性 49
任务 2-3 部署任务和守护型应用 51
2.3.1 任务描述 51
2.3.2 必备知识 51
2.3.3 使用 Job 控制器部署一次性任务 52
2.3.4 使用 CronJob 控制器部署周期性任务 54
2.3.5 使用 DaemonSet 控制器部署节点守护型应用 55
项目小结 57
项目练习与思考 58

项目 3 认证授权用户访问集群资源 59

项目描述 59
任务 3-1 认证授权 UserAccount 系统账户 60
3.1.1 任务描述 60
3.1.2 必备知识 60
3.1.3 使用 UserAccount 系统账户登录集群 62

目 录

3.1.4 配置 RBAC 授权 UserAccount 系统账户权限 66

3.1.5 使用 ResourceQuota 实现用户资源配额管理 70

任务 3-2 认证授权 ServiceAccount 服务账户 72

3.2.1 任务描述 72

3.2.2 必备知识 72

3.2.3 部署访问 Dashboard 图形化界面 73

3.2.4 配置 RBAC 授权 ServiceAccount 服务账户权限 74

项目小结 75

项目练习与思考 76

项目 4 调度 Pod 到指定节点 77

项目描述 77

任务 4-1 使用 nodeName 和 nodeSelector 调度 Pod 78

4.1.1 任务描述 78

4.1.2 必备知识 78

4.1.3 基于 nodeName 字段调度 Pod 80

4.1.4 基于 nodeSelector 字段调度 Pod 81

4.1.5 限制 Pod 使用节点硬件资源 82

任务 4-2 使用污点和容忍度调度 Pod 83

4.2.1 任务描述 84

4.2.2 必备知识 84

4.2.3 基于污点调度 Pod 85

4.2.4 基于容忍度调度 Pod 86

任务 4-3 使用亲和性调度 Pod 89

4.3.1 任务描述 89

4.3.2 必备知识 89

4.3.3 基于节点亲和性调度 Pod 90

4.3.4 基于 Pod 亲和性调度 Pod 93

项目小结 97

项目练习与思考 97

项目 5 配置数据存储 98

项目描述 98

任务 5-1 使用本地和网络存储卷持久化数据 99

5.1.1 任务描述 99

5.1.2 必备知识 99

5.1.3 配置 HostPath 本地存储卷 100

5.1.4 配置 NFS 网络存储卷 104

5.1.5 使用 NFS 网络存储卷挂载外部数据到 Pod 容器中 106

任务 5-2 使用 PV 持久化数据 108

5.2.1 任务描述 109

5.2.2 必备知识 109

5.2.3 创建 PV 110

5.2.4 创建 PVC 111

5.2.5 配置动态存储供应 113

任务 5-3 使用 ConfigMap 和 Secret 保存配置信息 116

5.3.1 任务描述 116

5.3.2 必备知识 116

5.3.3 使用 ConfigMap 保存服务配置信息 118

5.3.4 使用 Secret 保存服务敏感数据 122

项目小结 124

项目练习与思考 124

项目 6 使用 Ingress 发布服务 125

项目描述 125
任务 6-1 部署 Ingress 服务 126
6.1.1 任务描述 126
6.1.2 必备知识 126
6.1.3 外部用户通过域名访问内部服务 128
6.1.4 外部用户通过 HTTPS 访问内部服务 132
任务 6-2 配置灰度发布 133
6.2.1 任务描述 133
6.2.2 必备知识 133
6.2.3 基于服务权重进行灰度发布 134
6.2.4 基于客户端请求进行灰度发布 139
项目小结 141
项目练习与思考 141

项目 7 使用 Helm 包管理工具部署应用 142

项目描述 142
任务 7-1 基于 Helm 仓库部署 Chart 应用 143
7.1.1 任务描述 143
7.1.2 必备知识 143
7.1.3 安装 Helm 包管理工具 144
7.1.4 部署 Chart 应用 146
任务 7-2 构建私有的 Chart 应用 149
7.2.1 任务描述 150
7.2.2 必备知识 150
7.2.3 构建不可配置的 Chart 应用 153
7.2.4 构建可配置的 Chart 应用 156
项目小结 161
项目练习与思考 161

项目 8 使用 Operator 自定义控制器部署中间件 162

项目描述 162
任务 8-1 使用 StatefulSet 部署有状态服务 163
8.1.1 任务描述 163
8.1.2 必备知识 163
8.1.3 部署持久化存储 164
8.1.4 创建 Headless Service 服务发现 165
8.1.5 部署有状态的 MySQL 数据库 165
任务 8-2 使用 Operator 部署数据库集群 168
8.2.1 任务描述 168
8.2.2 必备知识 168
8.2.3 部署有状态的 MySQL 主从数据库 171
8.2.4 部署有状态的 Redis 缓存数据库集群 176
项目小结 181
项目练习与思考 181

项目 9 部署项目到 Kubernetes 集群 183

项目描述 183
任务 9-1 部署 PHP Web 项目到 Kubernetes 集群 184
9.1.1 任务描述 184
9.1.2 必备知识 184
9.1.3 构建 PHP Web 项目镜像 185

9.1.4 部署并测试 PHP Web 项目 186

任务 9-2 部署 Python Web 项目到 Kubernetes 集群 192

9.2.1 任务描述 193

9.2.2 必备知识 193

9.2.3 构建 Python Web 项目镜像 194

9.2.4 部署并测试 Python Web 项目 195

任务 9-3 部署 Go 项目到 Kubernetes 集群 200

9.3.1 任务描述 200

9.3.2 必备知识 200

9.3.3 部署 Go 后端服务 201

9.3.4 部署 Vue 前端应用 205

任务 9-4 部署 Spring Cloud 微服务项目到 Kubernetes 集群 211

9.4.1 任务描述 211

9.4.2 必备知识 211

9.4.3 部署 Java 后端服务 213

9.4.4 部署前端应用 226

项目小结 230

项目练习与思考 231

项目 10 构建企业级 DevOps 云平台 232

项目描述 232

任务 10-1 安装并部署 DevOps 工具 233

10.1.1 任务描述 233

10.1.2 必备知识 233

10.1.3 安装并配置 Jenkins 持续集成工具 236

10.1.4 安装并配置 GitLab 代码仓库 243

10.1.5 安装并配置 Harbor 镜像仓库 247

任务 10-2 配置持续集成与持续交付 250

10.2.1 任务描述 251

10.2.2 必备知识 251

10.2.3 编写 Pipeline 基础脚本 252

10.2.4 发布应用到 Kubernetes 集群 255

项目小结 261

项目练习与思考 261

项目 11 使用 Python 管理 Kubernetes 集群 262

项目描述 262

任务 11-1 使用 Kubernetes 库管理集群 263

11.1.1 任务描述 263

11.1.2 必备知识 263

11.1.3 监控 Kubernetes 集群状态 264

11.1.4 创建和管理集群资源 267

任务 11-2 使用 Requests 库管理集群 270

11.2.1 任务描述 270

11.2.2 必备知识 270

11.2.3 JSON 数据序列化和反序列化 273

11.2.4 创建和管理 Kubernetes 集群资源 274

项目小结 279

项目练习与思考 280

项目 1

部署Kubernetes集群

项目描述

王亮刚刚入职一家电子商务公司的信息中心。为了简化应用程序的打包、交付和部署过程，提高开发人员和运维人员的工作效率，公司决定使用Kubernetes（简称K8s）容器编排技术部署各类业务系统，公司项目经理要求王亮安装和运维containerd容器引擎，并基于containerd容器引擎部署单master节点的Kubernetes集群和多master节点的Kubernetes高可用集群。

该项目思维导图如图1-1所示。

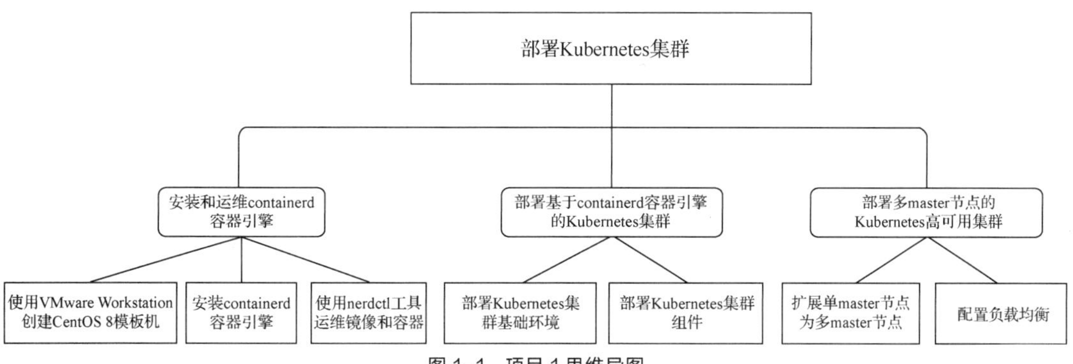

图 1-1　项目 1 思维导图

任务 1-1 安装和运维 containerd 容器引擎

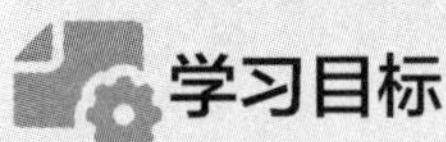

学习目标

知识目标

（1）了解 containerd 容器引擎的特点。

（2）掌握 containerd 容器引擎和 Kubernetes 的关系。

技能目标

（1）能够使用 VMware Workstation 创建 CentOS 8 模板机。

（2）能够安装 containerd 容器引擎。

（3）能够运维 containerd 容器引擎。

素养目标

（1）通过学习 containerd 的特点，培养从细微处观察事物的能力。

（2）通过学习 containerd 和 Kubernetes 的关系，理解事物之间的相互关系和相互作用。

1.1.1 任务描述

从 Kubernetes 1.24 开始，containerd 成为 Kubernetes 的默认容器引擎，所以在部署 Kubernetes 集群时，首先要掌握 containerd 的安装和运维。公司项目经理要求王亮安装 CentOS 8 模板机，使用模板机构建一台服务器，并在服务器上安装和运维 containerd 容器引擎。

1.1.2 必备知识

1. containerd 容器引擎的特点

containerd 是一个轻量级的容器引擎，具备如下特点。

（1）与容器编排平台集成

containerd 作为容器编排系统（如 Kubernetes）的基础组件，用于管理容器的生命周期。它提供了符合开放容器倡议（Open Container Initiative，OCI）标准的接口，可以集成到不同的容器编排平台中。

（2）轻量级和高性能

由于 containerd 的设计目标是轻量级和高性能，相比于一些功能更为复杂的容器引擎（如 Docker），它具有更少的资源消耗和更高的运行效率。

（3）模块化架构

containerd 的架构设计模块化，它由多个组件组成，包括容器运行时、镜像服务、快照管理、网络管理等。

（4）简化的功能集

containerd 提供了一组基本的功能，如容器的创建、启动、停止、删除等，并且它的设计更加注重稳定性和可靠性。相比于 Docker 这样功能更为丰富的容器引擎，containerd 更专注于容器生命周期的管理。

（5）开源和社区支持

containerd 是一个开源项目，拥有一个活跃的社区，用户可以自由地获取源代码、提交问题和贡献代码。containerd 在容器技术领域具有较好的可持续性和发展潜力。

2. containerd 容器引擎和 Kubernetes 的关系

containerd 是一个用于管理容器生命周期的轻量级容器运行时引擎，而 Kubernetes 是一个用于自动化容器化应用程序部署、扩展和管理的开源容器编排平台，它们的关系如下。

（1）容器运行时引擎

containerd 提供了创建、运行和管理容器的基本功能，负责启动容器、监控容器的运行状态，以及在需要时执行停止、删除容器等相关操作。在 Kubernetes 中，containerd 可以作为容器运行时的一种选择，负责管理 Pod 中的容器。

（2）Kubernetes 的容器运行时

Kubernetes 支持多种容器运行时，包括 Docker、containerd、CRI-O 等。通过 Kubernetes 的容器运行时接口，Kubernetes 可以与不同的容器运行时进行通信和交互。因此，Kubernetes 可以利用 containerd 提供的容器管理功能，实现对容器的生命周期管理。

（3）容器编排与管理

Kubernetes 提供了丰富的功能，包括自动扩展、负载均衡、服务发现、故障恢复等，用于管理容器化应用程序的整个生命周期。它利用容器运行时（如 containerd）来管理容器，并通过自己的控制平面来实现对容器集群的编排和管理。

因此，containerd 和 Kubernetes 是紧密相关的，它们在容器生态系统中扮演的角色是不同的。Kubernetes 负责对容器集群进行编排和管理，而 containerd 作为 Kubernetes 的一个容器运行时引擎，用于支持 Kubernetes 对容器生命周期的管理。

1.1.3 使用 VMware Workstation 创建 CentOS 8 模板机

微课

V1-1 使用 VMware Workstation 创建 CentOS 8 模板机

1. 安装 CentOS 8 操作系统

（1）创建虚拟机

打开 VMware Workstation，在“主页”界面中选择“创建新的虚拟机”选项，如图 1-2 所示。

在弹出的“新建虚拟机向导”的“欢迎使用新建虚拟机向导”界面中，选中“典型(推荐)”单选按钮，单击“下一步”按钮，如图 1-3 所示。

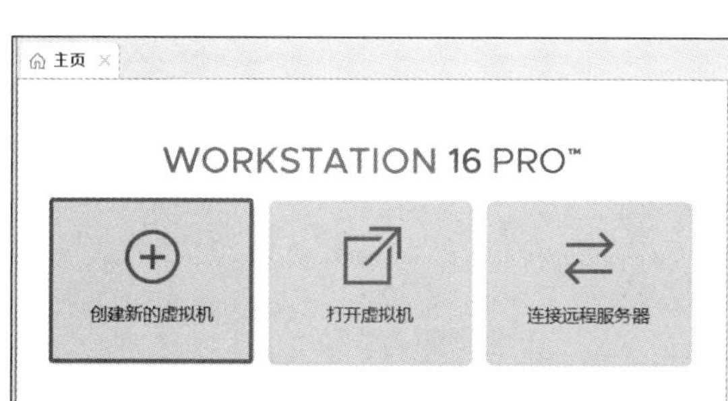

图 1-2 创建新的虚拟机

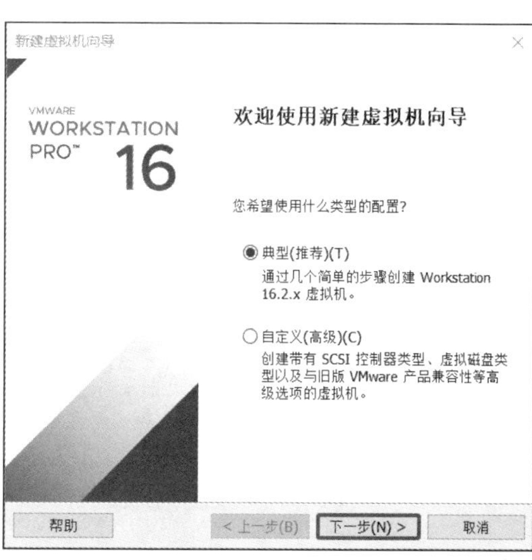

图 1-3 选择创建典型虚拟机

在“安装客户机操作系统”界面中，选中“稍后安装操作系统”单选按钮，单击“下一步”按钮，如图 1-4 所示。

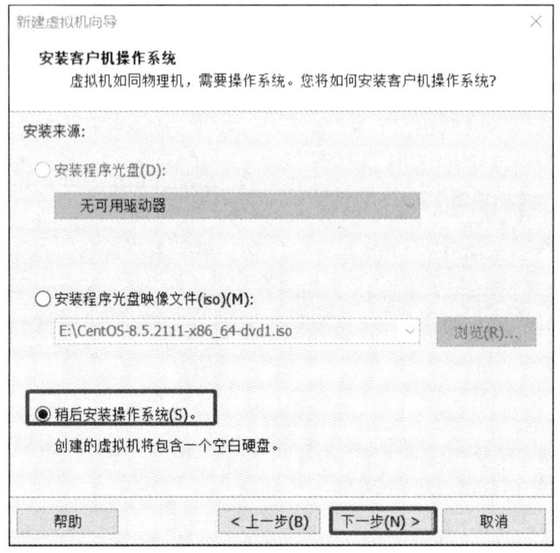

图 1-4　选中“稍后安装操作系统”单选按钮

在“选择客户机操作系统”界面中，选中“Linux”单选按钮，版本选择“CentOS 8 64 位”，如图 1-5 所示。

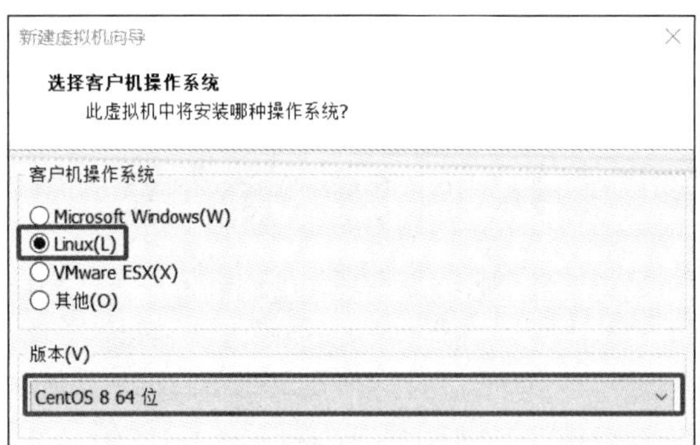

图 1-5　选择操作系统和版本

单击“下一步”按钮，在“命名虚拟机”界面中，修改虚拟机的名称和保存位置，如图 1-6 所示。

新建虚拟机向导
命名虚拟机
您希望该虚拟机使用什么名称?
虚拟机名称(V):
CentOS 8
位置(L):
E:\linux
浏览(R)...
在"编辑">"首选项"中可更改默认位置。

图 1-6　修改虚拟机的名称和保存位置

单击“下一步”按钮，在“指定磁盘容量”界面中，修改最大磁盘大小为 100GB，如图 1-7 所示，为后续任务做准备，选择默认的虚拟磁盘文件方式。

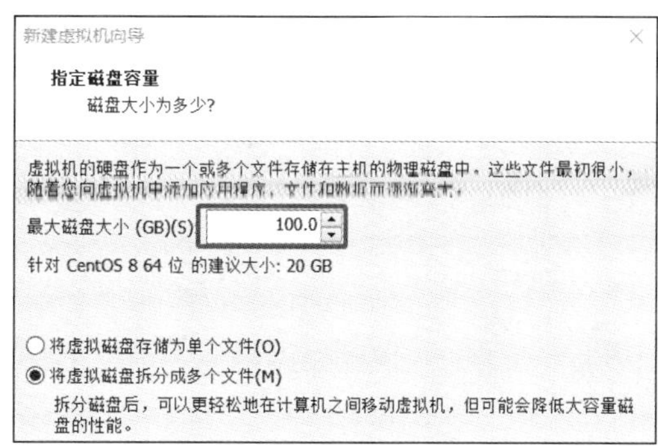

图 1-7 修改最大磁盘大小

单击“下一步”按钮后，单击“完成”按钮，完成虚拟机的创建。

（2）设置虚拟机

虚拟机创建完成后，在左侧的“库”面板中单击虚拟机名称，在右侧的“CentOS 8”选项卡中单击“编辑虚拟机设置”超链接，如图 1-8 所示。

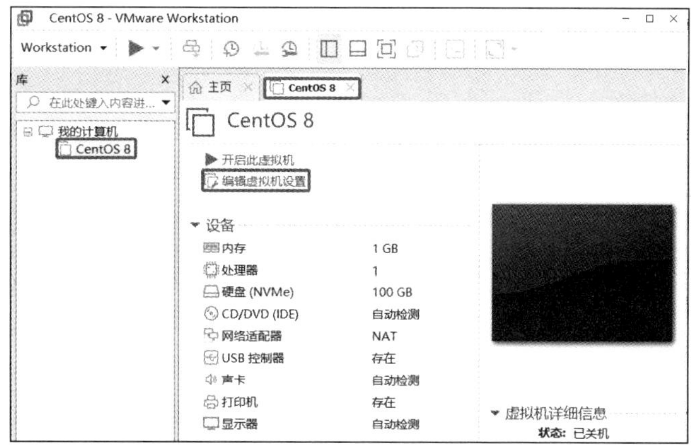

图 1-8 单击“编辑虚拟机设置”超链接

在弹出的“虚拟机设置”对话框中，修改内存大小为 4GB，修改“每个处理器的内核数量”为 2，勾选“虚拟化引擎”选项组中的“虚拟化 Intel VT-x/EPT 或 AMD-V/RVI(V)”复选框，如图 1-9 所示。

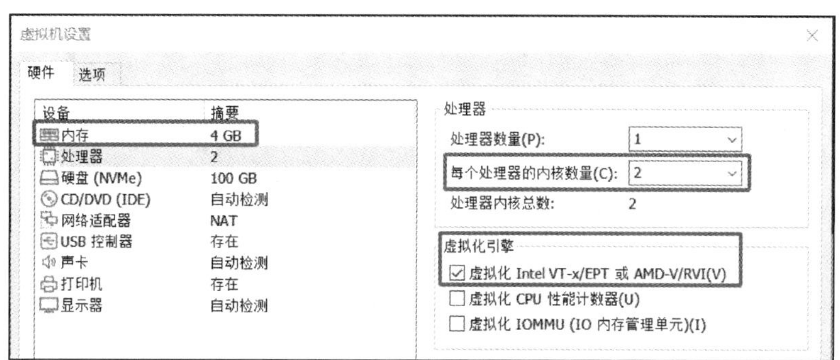

图 1-9 修改处理器配置

在“CD/DVD(IDE)”选项中，选中“使用 ISO 映像文件”单选按钮，并单击“浏览”按钮选择文件所在位置，如图 1-10 所示。

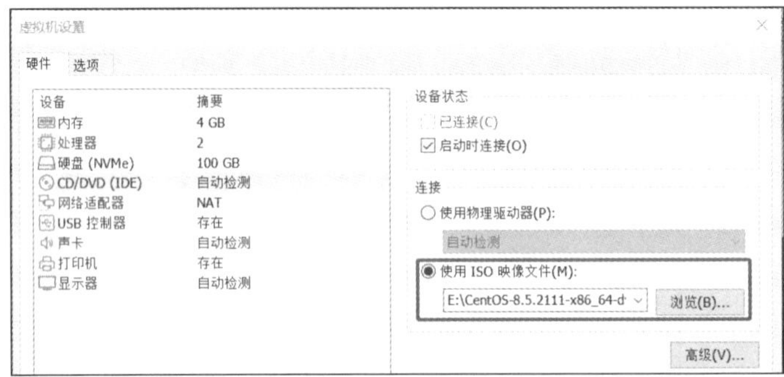

图 1-10　选择“使用 ISO 映像文件”单选按钮

移除“USB 控制器”“声卡”“打印机”，方法是选择相应选项，单击底部的“移除”按钮，并单击“虚拟机设置”对话框下方的“确定”按钮。

（3）安装操作系统

在“CentOS 8”选项卡中单击“开启此虚拟机”超链接，如图 1-11 所示。

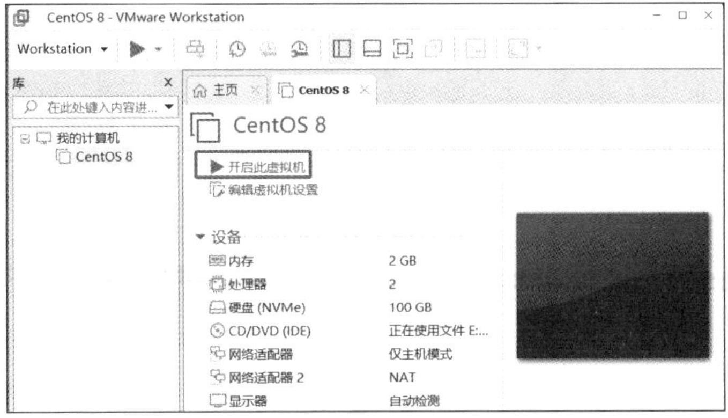

图 1-11　开启虚拟机

在弹出的界面中，通过移动光标选择“Install CentOS Linux 8”选项并按 Enter 键，如图 1-12 所示。

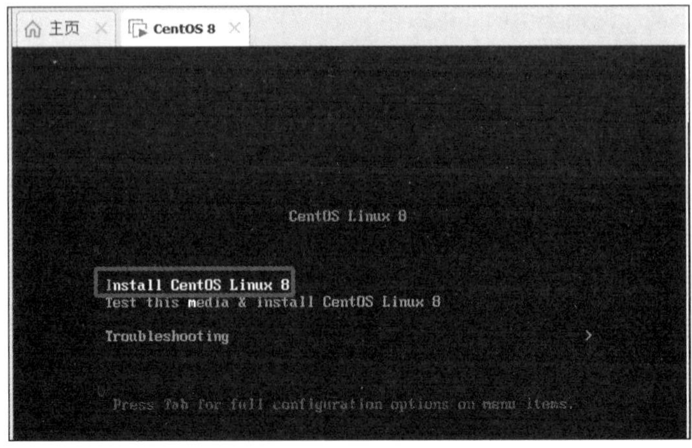

图 1-12　选择“Install CentOS Linux 8”选项

在询问安装过程使用何种语言对话框中，选择“中文”选项，单击“继续”按钮，在弹出的“安装信息摘要”界面中分别设置“安装目的地”“软件选择”“网络和主机名”“根密码”等。选择“安装目的地”选项，在弹出的界面中，默认选择本地磁盘，单击“完成”按钮即可。选择“软件选择”选项，在弹出的“软件选择”界面中，选中“最小安装”单选按钮，如图 1-13 所示。

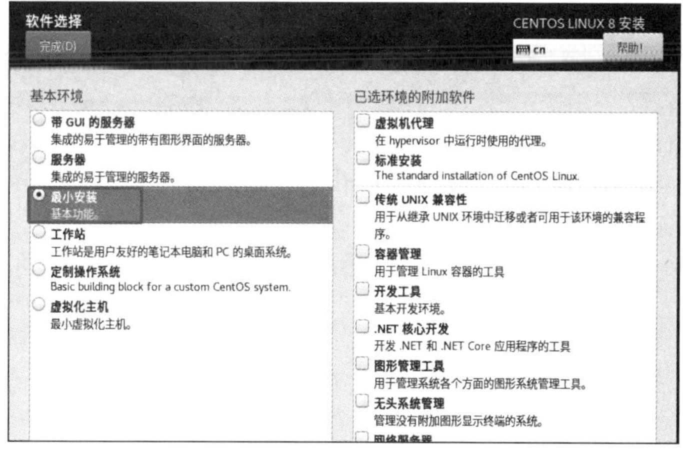

图 1-13　选中“最小安装”单选按钮

单击“完成”按钮后选择“网络和主机名”选项，在弹出的“网络和主机名”界面中，将网卡设置为开机启动，即将右上角的“打开/关闭”按钮设置为打开状态，如图 1-14 所示。

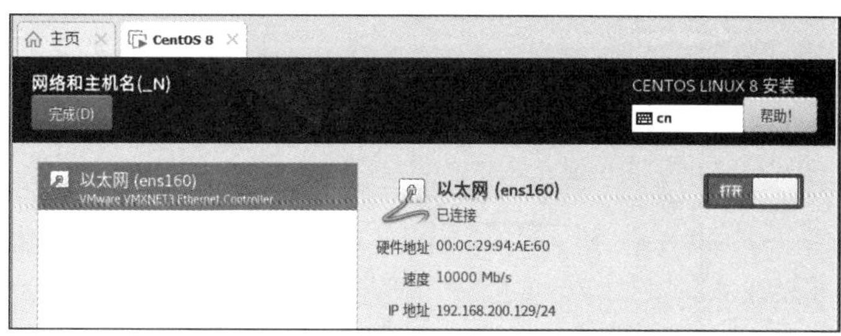

图 1-14　将网卡设置为开机启动

单击“完成”按钮后选择“根密码”选项，在弹出的“根密码设置”界面中，输入两次 root 用户的密码，这里设置密码为“1”，单击两次“完成”按钮即可。

以上设置完成后，单击“安装信息摘要”界面右下方的“开始安装”按钮即可开始安装 CentOS 8，等待一会儿即可安装完成。

2. 登录和配置模板机

（1）本地登录

在安装完成界面中，单击“重启系统”按钮可以进入本机登录界面，如图 1-15 所示。

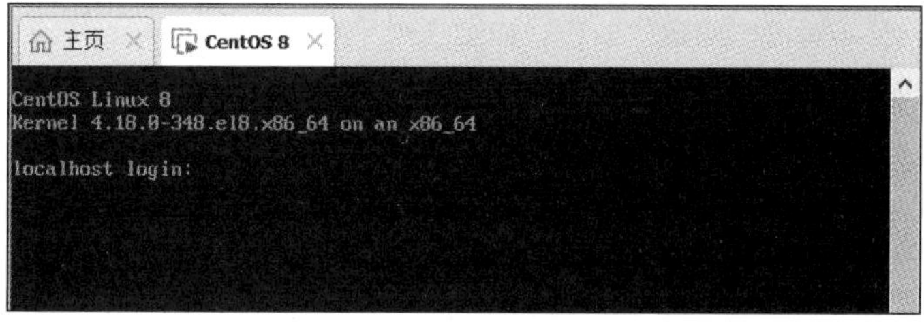

图 1-15　本机登录界面

输入用户名“root”、密码“1”即可登录系统，使用 ip a 命令查看网络配置信息，如图 1-16 所示。

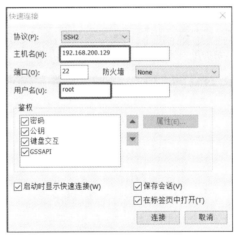

```
[root@localhost ~]#
[root@localhost ~]# ip a
1: lo: <LOOPBACK,UP,LOWER_UP> mtu 65536 qdisc noqueue state UNKNOWN group default qlen 1000
    link/loopback 00:00:00:00:00:00 brd 00:00:00:00:00:00
    inet 127.0.0.1/8 scope host lo
       valid_lft forever preferred_lft forever
    inet6 ::1/128 scope host
       valid_lft forever preferred_lft forever
2: ens160: <BROADCAST,MULTICAST,UP,LOWER_UP> mtu 1500 qdisc mq state UP group default qlen 1000
    link/ether 00:0c:29:a9:a3:6f brd ff:ff:ff:ff:ff:ff
    inet 192.168.200.129/24 scope global ens160
       valid_lft forever preferred_lft forever
    inet6 fe80::20c:29ff:fea9:a36f/64 scope link noprefixroute
       valid_lft forever preferred_lft forever
[root@localhost ~]# _
```

图 1-16　查看网络配置信息

从图 1-16 中可以发现，网卡 ens160 通过网络地址转换（Network Address Translation，NAT）获取到的 IP 地址为 192.168.200.129/24，这是因为 VMware Workstation“编辑”菜单中的“虚拟网络编辑器”中设置了 VMnet8 的网络地址为 192.168.200.0/24，网关为 192.168.200.2，ens160 通过动态主机配置协议（Dynamic Host Configuration Protocol，DHCP）获取到了 IP 地址和网关。

（2）远程登录

首先运行 SecureCRT 工具，选择“文件”菜单中的“快速连接”选项，在弹出对话框的“主机名”处输入“192.168.200.129”，在“用户名”处输入“root”，如图 1-17 所示。

快速连接

协议(P): SSH2

主机名(H): 192.168.200.129

端口(O): 22　防火墙 None

用户名(U): root

鉴权

☑密码
☑公钥
☑键盘交互
☑GSSAPI

属性(E)...

☑启动时显示快速连接(W)　☑保存会话(V)

☑在标签页中打开(T)

连接　取消

图 1-17　IP 地址配置信息

单击“连接”按钮，在弹出的“输入安全外壳密码”对话框中输入 root 用户的密码“1”，单击“确定”按钮，就可以通过本地虚拟网卡 VMnet8 登录到 CentOS 8。成功登录后，在 SecureCRT 的“选项”菜单中选择“会话”选项，在弹出的对话框中设置终端显示下的外观，字号为“三号”，字符编码为“UTF-8”，单击“确定”按钮，如图 1-18 所示。

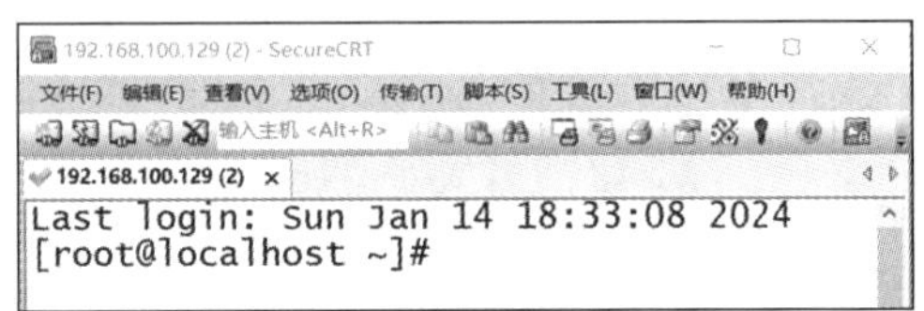

图 1-18　修改字号和字符编码

（3）配置基础 yum 源

当读者没有网络环境时，可以使用本地 yum 源安装软件。如果具备网络环境，则建议使用阿里云的 yum 源，因为在后续安装容器和 Kubernetes 集群以及拉取镜像时也需要网络环境，所以这里配置阿里云的基础 yum 源。

首先进入/etc/yum.repos.d 目录，创建目录 backup，把提供的所有源移动到 backup 目录中，然后使用以下命令下载阿里云的 CentOS 8 源配置文件。

```
[root@localhost yum.repos.d]# curl -o /etc/yum.repos.d/CentOS-Base.repo https://mirrors.aliyun.com/repo/Centos-vault-8.5.2111.repo
```

先使用 yum clean all 命令清除缓存，再使用 yum repolist 命令查看 yum 源，结果如图 1-19 所示。

```
[root@localhost ~]# yum repolist
仓库 id                          仓库名称
AppStream                        CentOS-8.5.2111 - AppStream - mirrors.aliyun.com
base                             CentOS-8.5.2111 - Base - mirrors.aliyun.com
extras                           CentOS-8.5.2111 - Extras - mirrors.aliyun.com
[root@localhost ~]#
```

图 1-19 查看 yum 源

（4）其他配置

① 设置防火墙。

将默认的 firewalld 防火墙关闭，命令如下。

```
[root@localhost~]# systemctl stop firewalld && systemctl disable firewalld
```

② 关闭 SELinux。

关闭 SELinux，命令如下。

```
[root@localhost~]# sed -i '/SELINUX=/cSELINUX=disabled' /etc/selinux/config
[root@localhost~]# setenforce 0
```

③ 安装系统必要工具。

配置 yum 源之后，安装 wget（下载文件工具）、net-tools（网络工具）、lrzsz（文件上传/下载工具）、tcpdump（网络抓包工具）和 bash-completion（命令补全工具），命令如下。

```
[root@localhost ~]# yum install wget net-tools lrzsz tcpdump bash-completion -y
```

④ 安装网桥工具。

网桥工具在虚拟化网络中经常使用，应提前将其安装到模板机中。首先上传 bridge-utils-1.5-9.el7.x86_64.rpm 软件包，然后在命令行中安装软件，命令如下。

```
[root@localhost ~]# rpm -ivh bridge-utils-1.5-9.el7.x86_64.rpm
```

3. 导出 OVA 模板机

安装好模板机之后，在 VMware Workstation 的“虚拟机”菜单中，选择“电源”→“关闭客户机”选项，关闭虚拟机。

选择“文件”→“导出为 OVF”选项，在弹出的“将虚拟机导出为 OVF”对话框中，输入文件名“CentOS8.ova”，选择保存的磁盘后，单击“保存”按钮，即可将虚拟机保存为名称是 CentOS8.ova 的模板机。

微课

V1-2 安装 containerd 容器引擎

1.1.4 安装 containerd 容器引擎

1. 使用模板机创建服务器

在本地磁盘的某个盘符下创建目录“项目 1”，在“项目 1”下创建目录“任务 1”。在 VMware Workstation 中，选择“文件”→“打开”选项，选择保存好的 CentOS8.ova 文件，在弹出的“导入虚拟机”对话框中输入新虚拟机（即服务器）名称“containerd”，设置存储路径为“E:\项目 1\任务 1”，如图 1-20 所示。

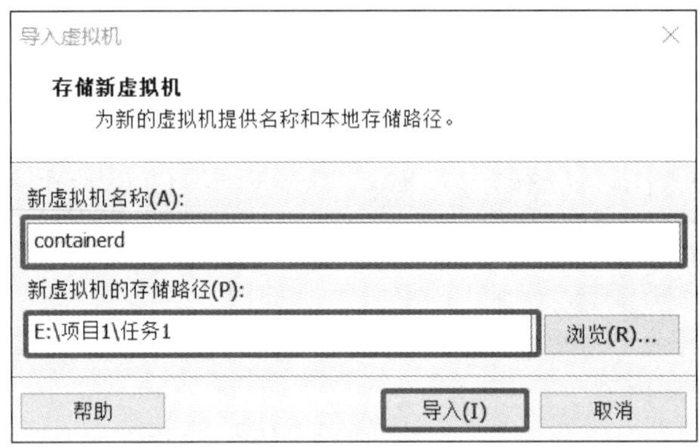

图 1-20　使用模板机创建服务器

2. 安装 containerd 容器引擎

（1）安装依赖包

启动 containerd 服务器，使用 SecureCRT 工具登录到服务器后，先安装容器环境所需的依赖包，命令如下。

```
[root@localhost ~]# yum install -y yum-utils device-mapper-persistent-data lvm2
```

其中，yum-utils 包含各种 yum 软件包管理工具，device-mapper-persistent-data 用于管理持久化的设备映射数据，lvm2 是 Linux 上的逻辑卷管理系统，允许用户动态地创建、调整和管理逻辑卷。

（2）添加 containerd 仓库

阿里云提供了安装 containerd 容器引擎的仓库，将其添加到系统中，命令如下。

```
[root@localhost~]#yum-config-manager --add-repo https://mirrors.aliyun.com/docker-ce/linux/centos/docker-ce.repo
```

添加完成后，使用 ls 命令查看源文件，命令如下。

```
[root@localhost ~]# ls /etc/yum.repos.d/
```

结果如下。

```
CentOS-Base.repo  docker-ce.repo
```

清除 yum 缓存并查看新的 yum 源，命令如下。

```
[root@localhost ~]# yum clean all && yum repolist
```

（3）使用 yum 安装 containerd

配置好 yum 源后，安装 containerd 容器引擎，命令如下。

```
[root@localhost ~]# yum install containerd -y
```

（4）启动 containerd 容器引擎

安装成功后，启动 containerd 容器引擎并设置为开机自启动，命令如下。

```
[root@localhost ~]# systemctl start containerd && systemctl enable containerd
```

启动完成后，查看 containerd 容器引擎的版本，命令如下。

```
[root@localhost ~]# containerd --version
```

结果如下。

```
containerd containerd.io 1.6.28 ae07eda36dd25f8a1b98dfbf587313b99c0190b
```

1.1.5 使用 nerdctl 工具运维镜像和容器

V1-3 使用 nerdctl 工具运维镜像和容器

1. 安装和配置 nerdctl

（1）安装 nerdctl

nerdctl 的功能与 Docker 客户端的功能非常相似，用来拉取、构建、推送镜像，以及启动、停止、创建、删除容器等。nerdctl 使用 containerd 作为后端容器运行时引擎。因为安装 containerd 时默认没有安装 nerdctl，所以需要将本书资源中提供的 nerdctl 工具上传到/root 目录下，命令如下。

```
[root@localhost~]#wget https://github.com/containerd/nerdctl/releases/download/v1.7.5/nerdctl-full-1.7.5-linux-amd64.tar.gz
```

下载完成后，将 nerdctl 工具解压到/usr/local 目录下，命令如下。

```
[root@localhost ~]# tar -xf nerdctl-full-1.7.5-linux-amd64.tar.gz -C /usr/local/
```

（2）配置 nerdctl

① 复制网络组件到指定目录下。

创建/opt/cni/bin 目录，命令如下。

```
[root@localhost ~]# mkdir -p /opt/cni/bin/
```

复制网络组件到/opt/cni/bin 目录下，命令如下。

```
[root@localhost ~]cp /usr/local/libexec/cni/* /opt/cni/bin/
```

② 启动 BuildKit，构建镜像插件。

复制 buildkit.service 到/usr/lib/systemd/system/目录下，命令如下。

```
cp /usr/local/lib/systemd/system/buildkit.service /usr/lib/systemd/system/
```

启动 BuildKit 服务，设置开机自启动，命令如下。

```
[root@localhost ~]# systemctl enable buildkit --now
```

2. 运维镜像和容器

（1）拉取镜像

使用 nerdctl 命令拉取 nginx:alpine 镜像，命令如下。

```
[root@localhost ~]# nerdctl pull nerdctl pull registry.cn-hangzhou.aliyuncs.com/lnst2y/nginx:alpine
```

查看从阿里云镜像仓库中拉取的镜像，命令如下。

```
[root@localhost ~]# nerdctl images
```

结果如图 1-21 所示。

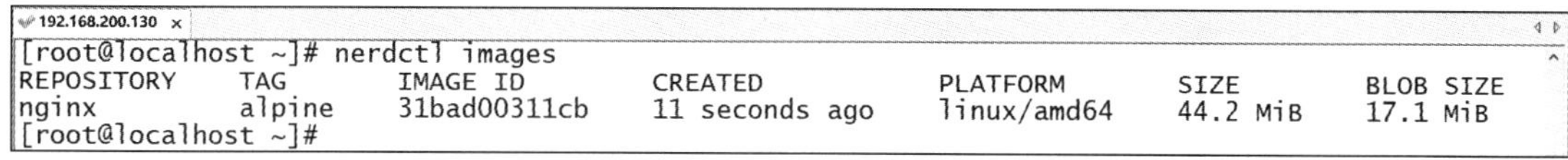

图 1-21 查看拉取的镜像

从以上命令可以发现，使用 nerdctl 操作 containerd 容器引擎和使用 Docker 客户端操作 Docker 容器引擎的命令非常相似，只需要将 docker 改为 nerdctl 即可，对镜像和容器的增删查改操作与 Docker 容器相同，所以学习过 Docker 容器的读者可以通过 nerdctl 命令快速掌握 containerd 镜像和容器的运维。

（2）运行容器

将拉取的 nginx:alpine 镜像运行为容器，容器名称为 nginx，将宿主机的 81 端口映射到容器的 80 端口，命令如下。

```
[root@localhost ~]# nerdctl run -d --name=nginx -p 81:80 31bad00311cb
```

创建完成后，查看运行的容器，命令如下。

```
[root@localhost ~]# nerdctl ps -a
```

结果如图 1-22 所示。

```
[root@localhost ~]# nerdctl ps -a
CONTAINER ID   IMAGE                              COMMAND                    CREATED          STATUS   PORTS                   NAMES
9a23729fca76   docker.io/library/nginx:alpine     "/docker-entrypoint.…"     2 minutes ago    Up       0.0.0.0:81->80/tcp      nginx
[root@localhost ~]#
```

图 1-22　查看运行的容器

（3）进入容器

使用 nerdctl exec 命令可以进入正在运行的容器。进入 nginx 容器的命令如下。

```
[root@localhost ~]# nerdctl exec -it nginx /bin/sh
```

查看容器的 IP 地址并测试容器与外部网络 IP 地址为 8.8.8.8 的主机的联通性，如图 1-23 所示。

```
[root@localhost ~]# nerdctl exec -it nginx /bin/sh
/ # ip a
1: lo: <LOOPBACK,UP,LOWER_UP> mtu 65536 qdisc noqueue state UNKNOWN qlen 1000
    link/loopback 00:00:00:00:00:00 brd 00:00:00:00:00:00
    inet 127.0.0.1/8 scope host lo
       valid_lft forever preferred_lft forever
    inet6 ::1/128 scope host
       valid_lft forever preferred_lft forever
2: eth0@if7: <BROADCAST,MULTICAST,UP,LOWER_UP,M-DOWN> mtu 1500 qdisc noqueue state UP
    link/ether c2:28:1d:07:52:09 brd ff:ff:ff:ff:ff:ff
    inet 10.4.0.5/24 brd 10.4.0.255 scope global eth0
       valid_lft forever preferred_lft forever
    inet6 fe80::c028:1dff:fe07:5209/64 scope link
       valid_lft forever preferred_lft forever
/ # ping 8.8.8.8 -c 4
PING 8.8.8.8 (8.8.8.8): 56 data bytes
64 bytes from 8.8.8.8: seq=0 ttl=127 time=69.389 ms
64 bytes from 8.8.8.8: seq=1 ttl=127 time=69.667 ms
64 bytes from 8.8.8.8: seq=2 ttl=127 time=69.816 ms
64 bytes from 8.8.8.8: seq=3 ttl=127 time=69.609 ms
```

图 1-23　查看容器的 IP 地址并测试容器与外部网络 IP 地址为 8.8.8.8 的主机的联通性

退出容器后，使用 ip a 命令查看宿主机的网卡及 IP 地址，如图 1-24 所示。

```
      valid_lft 1319sec preferred_lft 1319sec
   inet6 fe80::20c:29ff:fe36:2845/64 scope link noprefixroute
      valid_lft forever preferred_lft forever
3: nerdctl0: <BROADCAST,MULTICAST,UP,LOWER_UP> mtu 1500 qdisc noqueue state UP group default qlen 1000
   link/ether be:31:6e:ea:f6:de brd ff:ff:ff:ff:ff:ff
   inet 10.4.0.1/24 brd 10.4.0.255 scope global nerdctl0
      valid_lft forever preferred_lft forever
   inet6 fe80::bc31:6eff:feea:f6de/64 scope link
      valid_lft forever preferred_lft forever
```

图 1-24　查看宿主机的网卡及 IP 地址

从图 1-24 可以发现，宿主机上安装了 nerdctl0 网桥，容器是通过该网桥连接到宿主机和外部网络的。

（4）测试容器应用

在 Windows 主机上，打开浏览器，访问 http://192.168.200.130:81，结果如图 1-25 所示。

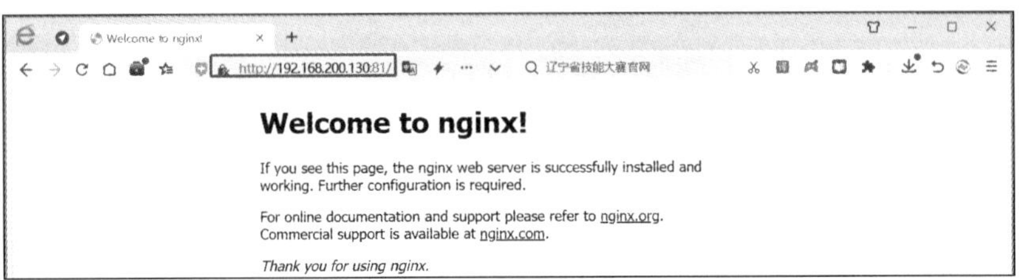

图 1-25　在 Windows 主机上访问容器应用

从结果中可以发现，已经能够通过宿主机网卡的 81 端口成功访问到容器中的应用了。

（5）创建镜像

在当前目录下，创建名称为 Dockerfile 的文件，打开文件，输入以下内容。

```
FROM registry.cn-hangzhou.aliyuncs.com/lnstzy/nginx:alpine
```

基于 Dockerfile 文件创建镜像 nginx:v1，命令如下。

```
[root@localhost ~]# nerdctl build -t nginx:v1 .
```

查看创建的镜像，如图 1-26 所示。

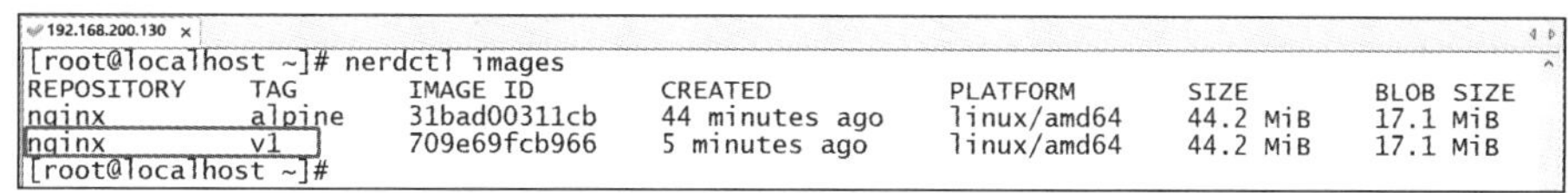

192.168.200.130
[root@localhost ~]# nerdctl images
REPOSITORY TAG IMAGE ID CREATED PLATFORM SIZE BLOB SIZE
nginx alpine 31bad00311cb 44 minutes ago linux/amd64 44.2 MiB 17.1 MiB
nginx v1 709e69fcb966 5 minutes ago linux/amd64 44.2 MiB 17.1 MiB
[root@localhost ~]#

图 1-26　查看创建的镜像

从结果中可以发现，已经能够通过 Dockerfile 创建镜像 nginx:v1 了。

（6）删除镜像和容器

删除名称为 nginx:v1 的镜像，命令如下。

```
[root@localhost ~]# nerdctl rmi nginx:v1
```

删除名称为 nginx 的容器，命令如下。

```
[root@localhost ~]# nerdctl rm -f nginx
```

（7）保存和导入镜像

保存镜像 nginx:alpin 为 nginx.tar 文件，命令如下。

```
[root@localhost ~]# nerdctl save -o nginx.tar nginx:alpin
```

导入镜像文件 nginx.tar，命令如下。

```
[root@localhost ~]nerdctl load -i nginx.tar
```

任务 1-2 部署基于 containerd 容器引擎的 Kubernetes 集群

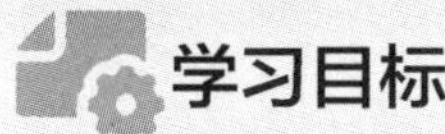

学习目标

知识目标

（1）了解 Kubernetes 不再使用 Docker 作为默认容器运行时的原因。

（2）掌握 Kubernetes 的架构以及各个组件的功能。

技能目标

（1）能够部署单 master 节点的 Kubernetes 集群。

（2）能够测试 Kubernetes 集群的可用性。

素养目标

（1）通过学习 Kubernetes 与 Docker 容器引擎的关系，培养动态看待事物发展的习惯。

（2）通过部署 Kubernetes 集群，培养认真仔细的态度和解决问题的能力。

1.2.1　任务描述

在单台服务器上，可以通过容器技术提升应用部署的效率，但无法实现服务器集群环境下的容器编排和自动化部署，无法实现服务的弹性伸缩、高可用。公司项目经理要求王亮构建一台 master 节点服务器、两台 node 节点服务器，并部署基于 containerd 容器引擎的 Kubernetes 集群。

1.2.2 必备知识

1. Kubernetes 不再使用 Docker 作为默认容器运行时的原因

Kubernetes 不再使用 Docker 作为默认容器运行时的原因有以下几点。

（1）灵活性和可扩展性

Kubernetes 是一个容器编排平台，其设计目标是能够与多种容器运行时进行交互，而不是与特定的容器运行时紧密耦合。Kubernetes 通过容器运行时接口（Container Runtime Interface，CRI）与容器运行时进行通信。这样可以实现更高的灵活性和可扩展性，使得 Kubernetes 可以支持多种容器运行时，如 Docker、containerd、CRI-O 等。

（2）标准化和生态系统支持

Kubernetes 的目标是成为一个通用的容器编排平台，而不是与特定的容器技术绑定。因此，通过与 CRI 进行交互，Kubernetes 可以更好地支持和整合不同的容器技术，从而促进标准化和生态系统的发展。

（3）容器运行时的多样性和演进

容器技术在不断演进和发展，出现了许多不同的容器运行时。Kubernetes 通过与 CRI 进行交互，可以更灵活地适应不同的容器运行时，并且能够在容器技术发展的过程中保持对未来变化的适应性。

尽管 Kubernetes 不直接使用 Docker 作为默认容器运行，但它仍然能够与 Docker 容器兼容，并且可以通过其他容器运行时来运行容器，这种设计决策使得 Kubernetes 在容器技术领域的应用更加灵活和持久。

2. Kubernetes 的架构和各个组件功能

Kubernetes 采用主从分布式架构，由 master（控制节点，也称管理节点）和 node（工作节点）组成，由 master 发出命令，node 完成任务。Kubernetes 集群的架构如图 1-27 所示。

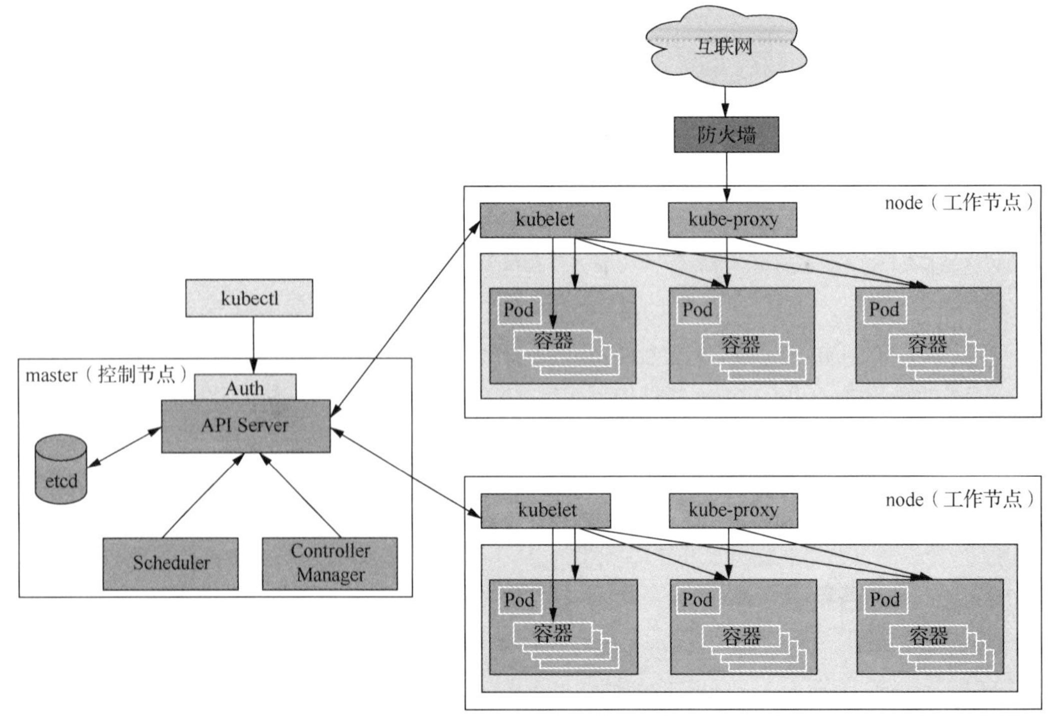

图 1-27　Kubernetes 集群的架构

（1）master

要想对集群资源进行调度管理，master 需要安装 API Server（应用程序编程接口服务器）、Controller Manager（控制器管理器）、Scheduler（调度器）、etcd（集群状态存储）、kubectl 等组件。

① API Server。

API Server 主要用来处理 REST 请求操作，以确保它们生效，执行相关的业务逻辑，更新 etcd 中的相关对象。API Server 是所有 REST 命令的入口，它的相关结果状态将被保存在 etcd 中；API Server 也是集群的网关，客户端通过 API Server 访问集群。

② Controller Manager。

Controller Manager 用于管理和控制 Kubernetes 集群，执行多种生命周期管理功能，如命名空间的创建和生命周期管理、事件垃圾收集、已终止 Pod 的垃圾收集、级联删除垃圾收集以及 node 的垃圾收集。同时，它负责执行 API 业务逻辑，如 Pod 的弹性扩容，提供自愈能力、扩展、应用生命周期管理、服务发现、路由和服务绑定等功能。Kubernetes 默认提供多种控制器管理服务，包括 Replication Controller（副本控制器）、Namespace Controller（命名空间控制器）、Service Controller（服务控制器）等。

③ Scheduler。

依据请求资源的可用性、服务请求的质量等约束条件，Scheduler 可以为容器自动选择主机。Scheduler 还可以监控未绑定的 Pod，并将其绑定至特定的 node。

④ etcd。

Kubernetes 默认使用 etcd 作为集群整体存储，etcd 是一个简单的分布式键值对存储数据库，用来共享配置和发现服务。集群的所有状态都存储在 etcd 中，etcd 具有监控的能力，因此当信息发生变化时，etcd 就能够快速地通知集群中的相关组件。

⑤ kubectl。

kubectl 可以安装在 master 上，也可以安装在 node 上。kubectl 用于通过命令行与 API Server 交互，进而对 Kubernetes 进行操作，实现在集群中对各种资源的增删改查等操作。

（2）node

node 是真正的工作节点，用于运行容器应用。node 上需要运行 kubelet、容器引擎、kube-proxy（kube 代理）等组件。

① kubelet。

kubelet 是 Kubernetes 中主要的控制器，负责驱动容器执行层和整个容器的生命周期。

在 Kubernetes 中，Pod 是基本的执行单元，它可以包括多个容器和存储数据卷，将一个或者多个容器打包成单一的 Pod 应用，由 master 负责调度。在 node 上由 kubelet 启动 Pod 内的容器或者数据卷，kubelet 负责管理 Pod、容器、镜像、数据卷等，以实现集群对 node 的管理，并将容器运行状态汇报给 API Server。

② 容器。

每一个 node 都会运行容器引擎，负责下载镜像、运行容器。Kubernetes 本身并不提供容器引擎环境，但提供了接口，可以插入所选择的容器引擎环境，本书采用 containerd 作为 Kubernetes 的容器引擎。

③ kube-proxy。

在 Kubernetes 中，kube-proxy 负责为 Pod 创建代理服务，kube-proxy 通过 iptables 或者 IPVS 规则将客户端访问请求路由到后端的 Pod。

1.2.3 部署 Kubernetes 集群基础环境

微课

V1-4 部署 Kubernetes 集群基础环境

1. 创建 3 台服务器

首先在本地磁盘上创建 3 个目录 master、node1、node2，然后使用 CentOS8.ova 模板机创建名称为 master、node1、node2 的服务器，并将其保存到对应的磁盘目录中。方法是右击模板机文件，选择“使用 VMware Workstation 打开”选项，在“导入虚拟机”对话框中，填写新虚拟机的名称和存储路径，单击“导入”按钮即可，如图 1-28 所示。本书将使用模板机创建的虚拟机称为服务器。

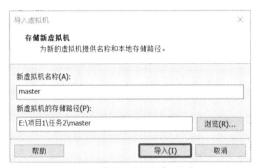

导入虚拟机

存储新虚拟机

为新的虚拟机提供名称和本地存储路径。

新虚拟机名称(A):

master

新虚拟机的存储路径(P):

E:\项目1\任务2\master　　浏览(R)...

帮助　　导入(I)　　取消

图 1-28 “导入虚拟机”对话框

3 台服务器的硬件配置如表 1-1 所示。

表 1-1 3 台服务器的硬件配置

服务器名称	CPU 核数	内存容量	磁盘容量
master	2 核	4GB	100GB
node1	2 核	4GB	100GB
node2	2 核	4GB	100GB

3 台服务器的网卡及 IP 地址配置如表 1-2 所示。配置过程不赘述，具体请参照微课视频。

表 1-2 3 台服务器的网卡及 IP 地址配置

服务器名称	网卡名称	连接到网络	网络模式	IP 地址	网关	DNS 地址
master	ens160	VMnet8	NAT 网络	192.168.200.10/24	192.168.200.2	8.8.8.8
node1	ens160	VMnet8	NAT 网络	192.168.200.20/24	192.168.200.2	8.8.8.8
node2	ens160	VMnet8	NAT 网络	192.168.200.30/24	192.168.200.2	8.8.8.8

2. 配置基础环境（3 台服务器）

（1）使用 SecureCRT 工具登录到 master、node1 和 node2 节点，首先修改 3 台主机的名称。

修改 IP 地址为 192.168.200.10/24 的主机名称为 master，命令如下。

```
[root@localhost ~]# hostnamectl set-hostname master
```

修改 IP 地址为 192.168.200.20/24 的主机名称为 node1，命令如下。

```
[root@localhost ~]# hostnamectl set-hostname node1
```

修改 IP 地址为 192.168.200.30/24 的主机名称为 node2，命令如下。

```
[root@localhost ~]# hostnamectl set-hostname node2
```

（2）配置域名解析

打开/etc/hosts 文件，输入计算机名称和 IP 地址映射，命令如下。

```
192.168.200.10 master
192.168.200.20 node1
192.168.200.30 node2
192.168.200.10 k8s
```

（3）关闭防火墙、SELinux、交换分区

因为在创建模板机时已经关闭了防火墙和 SELinux，所以这里只需要关闭交换分区，命令如下。

```
[root@master ~]# swapoff -a
[root@node1 ~]# swapoff -a
[root@node2 ~]# swapoff -a
```


这里只是临时关闭了交换分区，还需要把/etc/fstab 中含有 swap 的一行配置注释掉，实现永久关闭交换分区，命令如下。

```
#/dev/mapper/centos-swap swap     swap   defaults       0 0
```

（4）修改内核参数

以下操作在 3 个节点上都需要进行，这里以 master 为例进行讲解。

① 加载模块。

使用 modprobe 命令加载模块 overlay 和 br_netfilter，命令如下。

```
[root@master ~]# modprobe overlay
```

overlay 模块用于支持 OverlayFS（覆盖文件系统），允许在不改变原始文件系统的情况下修改添加文件。

```
[root@master ~]# modprobe br_netfilter
```

br_netfilter 模块用于启用 Linux 内核中的桥接网络过滤功能。

在/etc/modules-load.d 目录下创建文件 k8s.conf，打开 k8s.conf，在文件中输入两个模块的内容，设置完成后，当系统启动后，将自动加载这两个模块。

```
overlay
br_netfilter
```

② 修改其他内核参数。

在/etc/sysctl.d 目录下创建 k8s.conf 文件。

```
[root@master ~]# vi /etc/sysctl.d/k8s.conf
```

打开该文件后，输入以下配置。

```
net.bridge.bridge-nf-call-iptables = 1
net.ipv4.ip_forward = 1
vm.swappiness = 0
vm.overcommit_memory = 0
```

各个内核参数的配置解释如下。

net.bridge.bridge-nf-call-iptables 参数允许 IPv4 流量经过 iptables 进行过滤。当其设置为 1 时，桥接接口上的 IPv4 流量会被 iptables 规则处理。

net.ipv4.ip_forward 参数用于启用 IP 转发功能。当其设置为 1 时，系统可以转发数据包，从一个网络接口转发到另一个网络接口，常用于路由器或 NAT 配置。

vm.swappiness 参数用于控制内核在内存紧张时使用交换空间的倾向。其值为 0 时表示尽量不使用交换空间，优先使用物理内存。

vm.overcommit_memory 参数用于控制内存的过度分配行为。当其设置为 0 时，内核会根据可用内存和进程请求决定是否允许过度分配。

这些配置通常用于优化网络性能和内存管理，特别是在需要处理大量流量的服务器环境下。

最后使用 sysctl-p /etc/sysctl.d/k8s.conf 命令加载配置。

1.2.4 部署 Kubernetes 集群组件

V1-5 部署 Kubernetes 集群组件

1. 配置安装源（3 台服务器）

（1）安装依赖

在 3 台服务器上安装 yum-utils 工具和相关容器依赖，这里以 master 节点为例进行讲解，命令如下。

```
[root@master ~]# yum install -y yum-utils  ipset ipvsadm -y
```

ipset 可以高效地处理网络流量过渡；ipvsadm 用于管理 IPVS 虚拟服务器，通常用于高可用性和负载均衡的环境下。

（2）添加 containerd 仓库

阿里云提供了安装 containerd 容器引擎的仓库，将其添加到系统中，命令如下。

```
[root@master~]#yum-config-manager --add-repo https://mirrors.aliyun.com/docker-ce/linux/centos/docker-ce.repo
```

（3）配置阿里云的 Kubernetes 源

在 3 台服务器的/etc/yum.repos.d 目录下创建 k8s.repo 文件，将 v1.29 版本的 yum 源添加到该文件中。

```
[kubernetes]
name=kubernetes
baseurl=https://mirrors.aliyun.com/kubernetes-new/core/stable/v1.29/rpm/
enabled=1
gpgcheck=0
```

配置完成后，在 3 台服务器上清除 yum 缓存，查看 yum 源配置，命令如下。

```
[root@master yum.repos.d]# yum clean all && yum repolist
```

2. 安装 containerd 容器引擎（3 台服务器）

（1）安装和启动 containerd

在 3 台服务器上安装 containerd 容器引擎。这里以 master 节点为例进行讲解，首先安装 containerd 容器引擎，命令如下。

```
[root@master ~]# yum install containerd -y
```

安装完成后，启动容器引擎并设置为开机自启动，命令如下。

```
[root@master ~]# systemctl start containerd && systemctl enable containerd
```

（2）修改 containerd 配置

生成 containerd 的配置文件，命令如下。

```
[root@master ~]containerd config default > /etc/containerd/config.toml
```

将 config.toml 配置文件中的 sandbox_image 修改为阿里云镜像，该镜像负责容器的网络环境和资源管理。

```
sandbox_image = "registry.aliyuncs.com/google_containers/pause:3.9"
```

将 SystemdCgroup = false 中的 false 修改为 true。

```
SystemdCgroup = true
```

CGroup（控制组）是 Linux 内核的一项功能，用于管理和限制容器的资源使用情况（如 CPU、内存等）。SystemdCgroup 是容器运行时（如 containerd 或 Docker）的一个重要配置选项，值为 true 时表示使用 Systemd 作为 CGroup 的驱动程序。

（3）安装和配置 nerdctl

使用 wget 命令在 GitHub 网站下载 nerdctl 工具，命令如下。

```
[root@master~]#wget https://github.com/containerd/nerdctl/releases/download/v1.7.5/nerdctl-full-1.7.5-linux-amd64.tar.gz
```

将 nerdctl 工具解压到/usr/local 目录下，命令如下。

```
[root@master ~]# tar -xf nerdctl-full-1.7.5-linux-amd64.tar.gz -C /usr/local/
```

复制 buildkit.service 到/usr/lib/systemd/system/目录下，命令如下。

```
[root@master~]cp /usr/local/lib/systemd/system/buildkit.service /usr/lib/
systemd/system/
```

启动 BuildKit 服务并设置为开机自启动，命令如下。

```
[root@master ~]# systemctl enable buildkit --now
```

containerd 容器引擎的网络组件由 Kubernetes 提供，这里无须配置。

3. 安装 kubeadm、kubelet、kubectl（3 台服务器）

在 3 台服务器上安装 kubeadm、kubelet、kubectl。kubeadm 用于初始化集群，kubelet 用于在集群的每个节点上启动 Pod 和容器，kubectl 用于与集群通信。这里以 master 节点为例进行讲解，命令如下。

```
[root@master ~]# yum install kubelet-1.29.0 kubeadm-1.29.0 kubectl-1.29.0 -y
```

安装完成后，启动 kubelet 并设置为开机自启动，命令如下。

```
[root@master ~]# systemctl start kubelet && systemctl enable kubelet
```

4. 集群初始化（master 节点）

（1）控制节点初始化集群

在 master 节点上使用 kubeadm init 命令初始化集群，命令如下。

```
[root@master ~]# kubeadm init \
--apiserver-advertise-address="192.168.200.10" \
--control-plane-endpoint="k8s" \
--image-repository registry.aliyuncs.com/google_containers \
--kubernetes-version v1.29.0 \
--service-cidr=10.96.0.0/16 \
--pod-network-cidr=172.16.0.0/16
```

各个配置项的含义如下。

- --apiserver-advertise-address 用于设置 API Server 的地址，这里设置为 master 节点的 IP 地址。
- --control-plane-endpoint="k8s"用于设置访问集群的域名，在配置域名解析时，将 k8s 设置为 master 节点的 IP 地址，后续在配置高可用及访问集群时，要将 k8s 域名解析为负载均衡服务器的地址。
- --image-repository registry.aliyuncs.com/google_containers 用于设置拉取镜像的仓库为阿里云仓库。
- --kubernetes-version v1.29.0 用于设置安装的 Kubernetes 版本为 1.29。
- --service-cidr=10.96.0.0/16 用于设置 Service 的网络地址。
- --pod-network-cidr=172.16.0.0/16 用于设置 Pod 的网络地址。

需要注意的是，集群的宿主机网络、Pod 网络、Service 的网络不能为同一网络。

（2）创建相关目录和文件（master 节点）

初始化集群成功后，系统给出了 3 个重要提示。第一个提示是需要在当前用户家目录下创建.kube 目录，并将/etc/kubernetes/admin.conf 复制到.kube/目录下，修改其名称为 config，同时进行当前用户和组的授权，在 master 节点上按照系统提示执行的命令如下。

```
[root@master~]mkdir -p $HOME/.kube
[root@master~]sudo cp -i /etc/kubernetes/admin.conf $HOME/.kube/config
[root@master~]sudo chown $(id -u):$(id -g) $HOME/.kube/config
```

（3）将工作节点加入集群

第二个提示是使用 kubeadm join 命令将工作节点加入集群。在 node1 节点上按照提示执行的命令如下。

```
[root@node1~]#kubeadm join k8s:6443 --token jn6mjl.og1ntql2hgffw7i2
--discovery-token-ca-cert-hash
sha256:9aab5262f8847acab3ecdcfb362a04118da91a4cc81cb9a311072e603806e814
```

同样，在 node2 节点上按照提示执行的命令如下。

```
[root@node2~]#kubeadm join k8s:6443 --token jn6mjl.og1ntql2hgffw7i2
--discovery-token-ca-cert-hash
sha256:9aab5262f8847acab3ecdcfb362a04118da91a4cc81cb9a311072e603806e814
```

（4）将控制节点加入集群

第三个提示是在集群中加入控制节点。使用如下命令，通过观察发现，就是在加入工作节点命令的后面加上--control-plane。加入控制节点的操作将在后续任务中讲解。

```
kubeadm join k8s:6443 --token jn6mjl.og1ntql2hgffw7i2
--discovery-token-ca-cert-hash
sha256:9aab5262f8847acab3ecdcfb362a04118da91a4cc81cb9a311072e603806e814
--control-plane
```

（5）安装网络组件

① 查看集群节点信息。

在集群中加入工作节点 node1 和 node2 后，在控制节点 master 上查看集群节点信息，命令如下。

```
[root@master ~]# kubectl get nodes
```

结果如图 1-29 所示。

```
master  node1  node2
[root@master ~]# kubectl get nodes
NAME     STATUS     ROLES           AGE     VERSION
master   NotReady   control-plane   22m     v1.29.0
node1    NotReady   <none>          9m33s   v1.29.0
node2    NotReady   <none>          7m40s   v1.29.0
```

图 1-29　查看集群节点信息

从结果中可以发现集群的版本是 v1.29.0，有 3 个节点，分别是 master、node1、node2，但是状态都是 NotReady，即没有准备好，这是因为还没有安装网络组件。

② 安装 calico 网络组件。

在 master 节点上上传本书提供的 calico.yml 文件，使用 kubectl 命令运行 calico.yml 文件，安装网络组件，命令如下。

```
[root@master ~]# kubectl apply -f calico.yml
```

运行成功后，再次查看集群节点信息，命令如下。

```
[root@master ~]# kubectl get nodes
```

结果如图 1-30 所示。

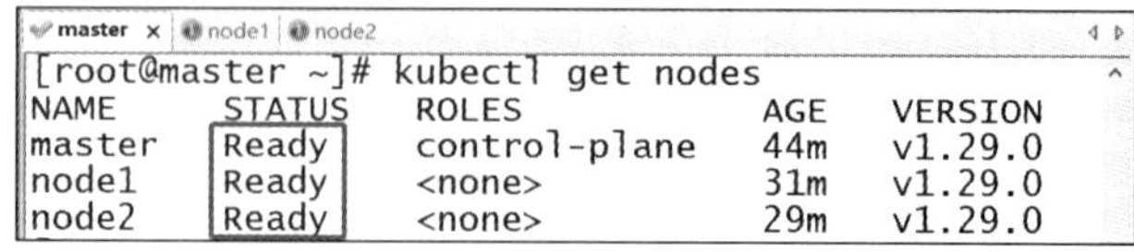

```
master  node1  node2
[root@master ~]# kubectl get nodes
NAME     STATUS   ROLES           AGE   VERSION
master   Ready    control-plane   44m   v1.29.0
node1    Ready    <none>          31m   v1.29.0
node2    Ready    <none>          29m   v1.29.0
```

图 1-30　再次查看集群节点信息

从结果中可以发现，集群中的所有节点都已经处于 Ready 状态，即正常状态。

（6）查看容器运行时

查看集群中使用的容器运行时，命令如下。其中，-o wide 用于查看详细信息。

```
[root@master ~]# kubectl get nodes -o wide
```

结果如图 1-31 所示。

```
[root@master ~]# kubectl get nodes -o wide
NAME     STATUS   ROLES           AGE   VERSION   INTERNAL-IP       EXTERNAL-IP   OS-IMAGE         KERNEL-VERSION
    CONTAINER-RUNTIME
master   Ready    control-plane   26m   v1.29.0   192.168.200.10    <none>        CentOS Linux 8   4.18.0-348.el8.x86_
64  containerd://1.6.31
node1    Ready    <none>          24m   v1.29.0   192.168.200.20    <none>        CentOS Linux 8   4.18.0-348.el8.x86_
64  containerd://1.6.31
node2    Ready    <none>          24m   v1.29.0   192.168.200.30    <none>        CentOS Linux 8   4.18.0-348.el8.x86_
64  containerd://1.6.31
```

图 1-31　查看集群中使用的容器运行时

从结果中可以发现，Kubernetes 集群使用 containerd 作为容器运行时。

（7）查看集群组件及工作状态

查看集群中每个节点安装的组件和工作状态，命令如下。

```
[root@master ~]# kubectl get pod -o wide -n kube-system
```

因为 Kubernetes 将组件安装到 kube-system 命名空间下，所以通过-n kube-system 指定查看 kube-system 命名空间下的 Pod 资源。当不通过-n 指定命名空间时，可以使用 default（默认）命名空间。命名空间能有效地隔离集群资源，使不同团队能够在同一集群中独立工作，互不干扰，后续任务中会经常使用命名空间。

结果如图 1-32 所示。

```
[root@master ~]# kubectl get pod -o wide -n kube-system
NAME                                       READY   STATUS    RESTARTS   AGE     IP                NODE     NOMINATED N
ODE   READINESS GATES
calico-kube-controllers-548f68487b-2rq2g   1/1     Running   0          3m53s   172.16.166.131    node1    <none>
      <none>
calico-node-7kb7z                          1/1     Running   0          3m53s   192.168.200.30    node2    <none>
      <none>
calico-node-9xrxz                          1/1     Running   0          3m53s   192.168.200.10    master   <none>
      <none>
calico-node-xrh46                          1/1     Running   0          3m53s   192.168.200.20    node1    <none>
      <none>
coredns-857d9ff4c9-xmqtj                   1/1     Running   0          66m     172.16.166.130    node1    <none>
      <none>
coredns-857d9ff4c9-xnscv                   1/1     Running   0          66m     172.16.166.129    node1    <none>
      <none>
etcd-master                                1/1     Running   0          66m     192.168.200.10    master   <none>
      <none>
kube-apiserver-master                      1/1     Running   0          66m     192.168.200.10    master   <none>
      <none>
kube-controller-manager-master             1/1     Running   0          66m     192.168.200.10    master   <none>
      <none>
kube-proxy-djbgg                           1/1     Running   0          66m     192.168.200.10    master   <none>
      <none>
kube-proxy-sf6t7                           1/1     Running   0          65m     192.168.200.30    node2    <none>
      <none>
kube-proxy-x4pbp                           1/1     Running   0          65m     192.168.200.20    node1    <none>
      <none>
kube-scheduler-master                      1/1     Running   0          66m     192.168.200.10    master   <none>
      <none>
```

图 1-32　查看 kube-system 命名空间下的 Pod 资源

从结果中可以发现，在 master 节点上启动的 Pod 服务包括 calico 网络组件、coredns 名称解析组件、etcd 数据库组件、apiserver 服务入口组件、controller-manager 控制器组件、proxy 代理组件、scheduler 调度组件，所有 Pod 都是 Running 状态。

（8）配置 kubectl 命令自动补全功能

在使用 kubectl 命令操作 Kubernetes 集群时，使用 kubectl 命令自动补全功能可以提升使用效率，命令如下。

```
[root@master ~]# echo 'source <(kubectl completion bash)' >>~/.bashrc
[root@node1 ~]# echo 'source <(kubectl completion bash)' >>~/.bashrc
[root@node2 ~]# echo 'source <(kubectl completion bash)' >>~/.bashrc
```

source <(kubectl completion bash)的作用是执行 kubectl completion bash 命令，将其输出并作为当前 Shell 的一部分。

任务 1-3 部署多 master 节点的 Kubernetes 高可用集群

学习目标

知识目标

（1）了解部署 Kubernetes 高可用集群的原因。

（2）掌握 Kubernetes 高可用集群的实现机制。

技能目标

（1）能够部署多 master 节点的 Kubernetes 高可用集群。

（2）能够配置 HAProxy 负载均衡策略。

素养目标

（1）通过学习高可用集群的实现策略，培养从整体和全局角度观察事物的能力。

（2）通过部署多 master 节点的 Kubernetes 高可用集群，培养运维过程中保证系统高可用运行的意识。

1.3.1 任务描述

单 master 节点的 Kubernetes 集群可以编排和管理容器，但如果 master 节点出现故障，集群就无法正常运行了。为了保证集群的高可用性，实现负载均衡，公司项目经理要求王亮构建拥有两台 master 控制服务器、两台 node 工作服务器的 Kubernetes 集群，同时部署 HAProxy 服务实现负载均衡访问集群。

1.3.2 必备知识

1. 部署 Kubernetes 高可用集群的原因

部署 Kubernetes 高可用集群的原因如下。

（1）容错性

高可用集群可以确保即使某个节点或组件发生故障，集群仍然可以继续正常运行。其方法是在多个节点上部署 API Server、Controller Manager 和 Scheduler 等。

（2）负载均衡

Kubernetes 高可用集群会在多个节点上部署相同组件，并通过负载均衡来分发流量，从而提高性能并减少单点故障的风险。

（3）可扩展性

高可用集群可以更轻松地进行扩展，满足业务不断增长的需求。其通过添加更多的节点或扩展现有节点的资源，增加集群的容量和性能。

（4）可靠性和稳定性

通过使用冗余的节点和组件，高可用集群可以提供更高的可靠性和稳定性，即使在节点出现故障或维护期间，高可用集群也可以保持可用性。

（5）自动恢复能力

高可用集群通常配备了自动恢复功能，可以在检测到故障时自动执行故障转移和恢复操作，从而减少对管理员干预的需求。

2. Kubernetes 高可用集群的实现机制

多 master 节点的 Kubernetes 高可用集群的架构如图 1-33 所示。

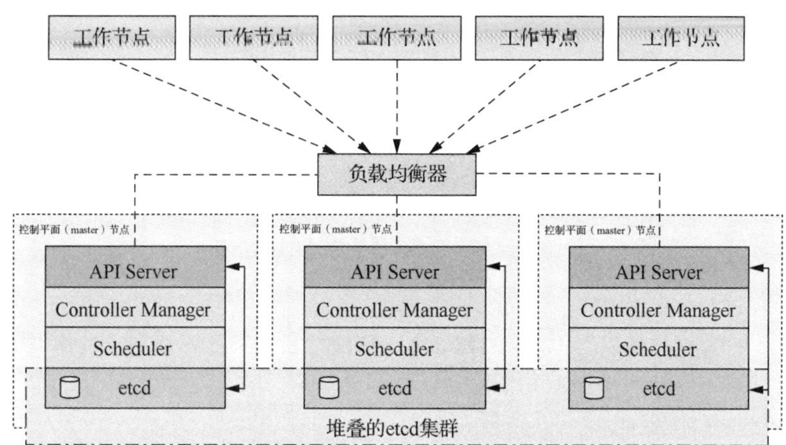

图 1-33　多 master 节点的 Kubernetes 高可用集群的架构

如图 1-33 所示，在 Kubernetes 高可用集群中，运行了 3 个 master 节点，每个 master 节点都会运行 API Server、Controller Manager 和 Scheduler 等控制平面组件。当某个 master 节点出现故障时，其他的 master 节点仍然可以继续提供服务，整个集群的管理和控制工作不会受到影响。以下是其具体实现机制。

（1）负载均衡器

负载均衡服务将请求调度到多个 master 节点上的 API Server，确保所有发往 API Server 的请求都能被成功地路由到一个可用的 master 节点。

（2）etcd 集群

Kubernetes 使用 etcd 作为集群的数据存储。当实现 Kubernetes 的高可用时，etcd 部署在每个 master 节点上，形成数据库集群并进行数据实时同步。若某个节点崩溃，则数据可以从其他节点进行恢复。

（3）领导者选举

Controller Manager 和 Scheduler 在多个 master 节点上运行，但不采用负载均衡模式。这些组件通过领导者选举机制，最终只有一个领导者处于活动状态，避免出现调度不一致问题。若当前领导者崩溃，则另一个组件会被选举为新的领导者，以此保持高可用性。

1.3.3　扩展单 master 节点为多 master 节点

微课

V1-6　master1 节点加入集群

将任务 1-2 中实现的单 master 节点集群扩展为多 master 节点集群，需要在集群中添加一个 master 节点，实现双 master 节点。当用户使用命令行或者图形化界面访问负载均衡服务 IP 地址加 6443 端口时，将跳转到 master 节点或者 master1 节点的 API Server 接口，然后根据高可用集群的工作机制部署应用到工作节点，如图 1-34 所示。

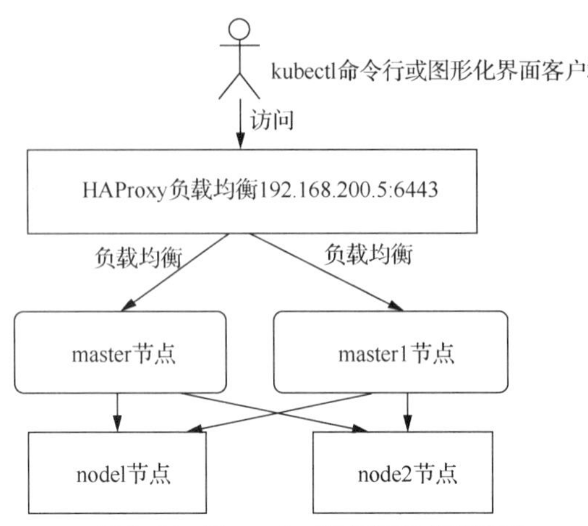

图 1-34　双 master 节点高可用集群架构

1. 创建两台服务器

在任务 1-2 中单 master 节点集群的基础上，创建两台服务器，其中一台作为 master 节点加入集群，另一台安装 HAProxy 负载均衡服务。

两台服务器的硬件配置如表 1-3 所示。

表 1-3　两台服务器的硬件配置

服务器名称	CPU 核数	内存容量	磁盘容量
master1	2 核	4GB	100GB
haproxy	2 核	4GB	100GB

两台服务器的网卡及 IP 地址配置如表 1-4 所示。

表 1-4　两台服务器的网卡及 IP 地址配置

服务器名称	网卡名称	连接到网络	网络模式	IP 地址	网关	DNS 地址
master1	ens160	VMnet8	NAT 网络	192.168.200.11/24	192.168.200.2	8.8.8.8
haproxy	ens160	VMnet8	NAT 网络	192.168.200.20/24	192.168.200.2	8.8.8.8

2. 将 master1 节点加入集群

（1）配置加入的服务器名称

登录 5 台服务器，修改负载均衡主机名称为 haproxy，修改控制主机名称为 master1，命令如下。

```
[root@localhost ~]# hostnamectl set-hostname haproxy
[root@localhost ~]# hostnamectl set-hostname master1
```

（2）配置 master1 节点加入集群，成为控制节点

在 master1 节点上配置基础环境、安装集群组件等，这和任务 1-2 是完全一致的，读者参照任务 1-2 完成即可，这里不赘述。

（3）加入集群

① 获取加入命令。

完成配置基础环境、安装集群组件后，首先在 master 节点上获取加入集群的命令，命令如下。

```
[root@master ~]# kubeadm token create --print-join-command
```

结果如下。

```
    kubeadm join k8s:6443 --token jn6mjl.og1ntql2hgffw7i2
--discovery-token-ca-cert-hash
sha256:9aab5262f8847acab3ecdcfb362a04118da91a4cc81cb9a311072e603806e814
```

② 共享证书。

在 master 节点上上传证书，共享给其他控制节点使用，命令如下。

```
    [root@master ~]# kubeadm init phase upload-certs --upload-certs
```

结果如下。

```
    [upload-certs] Storing the certificates in Secret "kubeadm-certs" in the
"kube-system" Namespace
    [upload-certs] Using certificate key:
    d3b296df130be7bcd1accc347b654f847aced709fad3e7e85555a21fb3978471
```


③ 执行加入命令。

利用加入集群的命令和证书，就可以将 master1 节点加入集群并使其成为控制节点了，命令如下。

```
    [root@master1~]kubeadm join k8s:6443 --token jn6mjl.og1ntql2hgffw7i2
--discovery-token-ca-cert-hash
sha256:9aab5262f8847acab3ecdcfb362a04118da91a4cc81cb9a311072e603806e814 \
    --control-plane \
    --certificate-key
d3b296df130be7bcd1accc347b654f847aced709fad3e7e85555a21fb3978471
```

其中，--control-plane 用于设置加入集群的主机是控制节点，--certificate-key 用于设置加入时使用的证书。加入成功后，显示要创建的相关目录和文件，按照提示创建即可，命令如下。

```
    [root@master1 ~]# mkdir -p $HOME/.kube
    [root@master1 ~]# sudo cp -i /etc/Kubernetes/admin.conf $HOME/.kube/config
    [root@master1 ~]# sudo chown $(id -u):$(id -g) $HOME/.kube/config
```

④ 验证集群。

在 master 节点上查看集群节点信息，命令如下。

```
    [root@master ~]# kubectl get nodes
```

结果如图 1-35 所示。

```
[root@master ~]# kubectl get nodes
NAME      STATUS   ROLES           AGE     VERSION
master    Ready    control-plane   20h     v1.29.0
master1   Ready    control-plane   7m26s   v1.29.0
node1     Ready    <none>          20h     v1.29.0
node2     Ready    <none>          20h     v1.29.0
```

图 1-35　在 master 节点上查看集群节点信息

从结果中可以发现，master1 作为控制节点已经加入集群中，处于正常工作状态。另外，也可以在 master1 节点上查看集群节点信息，结果和图 1-35 完全一致。

1.3.4　配置负载均衡

（1）安装 HAProxy 服务

配置双 master 节点的高可用集群后，需要为集群配置负载均衡服务，使访问的客户端可以根据规则访问每个 master 节点。首先在 haproxy 服务器上安装 HAProxy 服务，命令如下。

微课

V1-7　安装并配置 HAProxy 服务

```
    [root@haproxy ~]# yum install haproxy -y
```

（2）配置 HAProxy 服务

打开 HAProxy 的配置文件/etc/haproxy/haproxy.cfg，删除默认配置后，将以下配置添加到文件中。

```
frontend kubernetes
    bind *:6443
    mode tcp
    default_backend Kubernetes-master
backend kubernetes-master
    balance roundrobin
    mode tcp
    server master 192.168.200.10:6443 check
    server master1 192.168.200.11:6443 check
```

以上配置将请求本机 6443 端口的流量使用负载均衡的方式转发到 192.168.200.10 和 192.168.200.11 的 6443 端口。保存文件后，启用 HAProxy 服务并设置为开机自启动，命令如下。

```
[root@haproxy ~]# systemctl start haproxy && systemctl enable haproxy
```

（3）修改域名解析

修改 master、master1、node1、node2 的域名解析，在每台主机的/etc/hosts 文件中配置域名解析如下。

```
192.168.200.5 k8s
192.168.200.10 master
192.168.200.11 master1
192.168.200.20 node1
192.168.200.30 node2
```

修改所有控制节点和工作节点的域名解析的原因有以下两点。

一是在任务 1-2 中将 k8s 域名设置为 192.168.200.10，即 master 的 IP 地址，所以当 kubectl 命令行或者图形化界面客户端访问 API Server 地址 https://k8s:6443 时，就会访问到 192.168.200.10 主机。将其修改为 192.168.200.5 后，访问集群 https://k8s:6443 时，就会将请求发送到负载均衡主机（即 IP 地址为 192.168.200.5 的主机），再配置主机的负载均衡就可以将请求转发到 master 节点或者 master1 节点了。可以在 master 节点，查看/root/.kube/config 文件的第 5 行，可以发现集群访问地址是 https://k8s:6443。

二是在 node 节点上使用 kubelet 启动 Pod 后，kubelet 会监测集群的 API Server，根据 API Server 请求在工作节点上创建 Pod。在工作节点上可以打开/etc/Kubernetes/kubelet.conf 文件，可以观察到第 5 行配置了 server:https://k8s:6443，所以需要修改 k8s 域名的 IP 地址为负载均衡主机的 IP 地址 192.168.200.5。

（4）验证集群高可用性

配置了负载均衡服务和域名解析后，在 master1 节点上查看集群节点信息，命令如下。

```
[root@master1 ~]# kubectl get nodes
```

结果如图 1-36 所示。

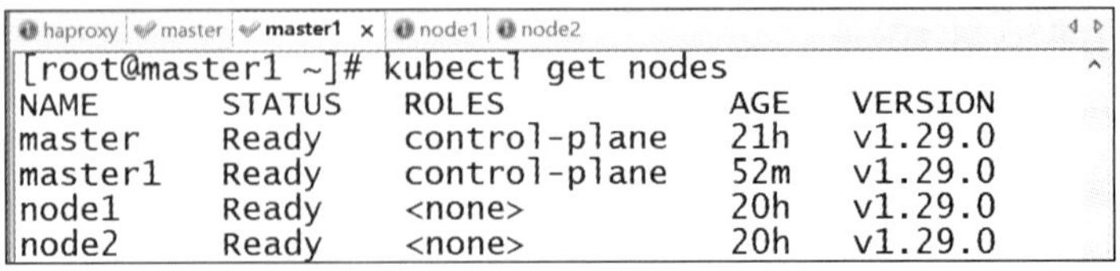

```
haproxy | master | master1 × | node1 | node2
[root@master1 ~]# kubectl get nodes
NAME      STATUS   ROLES           AGE   VERSION
master    Ready    control-plane   21h   v1.29.0
master1   Ready    control-plane   52m   v1.29.0
node1     Ready    <none>          20h   v1.29.0
node2     Ready    <none>          20h   v1.29.0
```

图 1-36　在 master1 节点上查看集群节点信息

从结果中可以发现集群能够正常工作，原因是当 master1 节点上的 kubectl 命令行客户端请求 https://k8s:6443 时，因为配置了域名解析，其会将 k8s 解析为 192.168.200.5，所以会将请求发送到 https://192.168.200.5:6443，由于在负载均衡主机上配置了 HAProxy 负载均衡服务，会依次将请求转发给 master 和 master1 服务器的 API Server 接口，实现集群操作。

项目小结

从Kubernetes 1.24开始，为了提升Kubernetes的运行效率，不再使用Docker作为默认容器运行时，而是采用了轻量级、效率更高的containerd作为默认容器运行时，所以在任务1-1中介绍了containerd容器引擎的安装与运维，熟悉Docker的读者可以很快适应containerd的使用；在任务1-2中基于containerd容器引擎部署了单master节点的Kubernetes集群；由于在生产环境下，单master节点集群容易出现单点故障问题，所以在任务1-3中部署了多master节点的Kubernetes高可用集群，并配置了负载均衡服务。

项目练习与思考

1. 选择题

（1）从 Kubernetes（　　）开始，不再使用 Docker 作为默认容器运行时。

A. 1.20　　B. 1.22　　C. 1.23　　D. 1.24

（2）Kubernetes 的 Pod 中包含一个或多个（　　）。

A. 镜像　　B. 容器　　C. 网络　　D. 协议

（3）Kubernetes 工作节点使用（　　）组件启动 Pod。

A. kube-apiserver　　B. kubelet

C. kube-proxy　　D. IPVS

（4）Kubernetes 使用（　　）来接收用户请求。

A. API Server　　B. etcd

C. Controller Manager　　D. Scheduler

（5）部署 Kubernetes 集群时，使用（　　）集群同步控制节点数据。

A. Controller Manager　　B. kubelet

C. etcd　　D. Scheduler

2. 填空题

（1）Kubernetes 集群中，在工作节点中需要安装________和________。

（2）Kubernetes 使用________存储数据。

（3）kube-proxy 通过________或者________实现负载均衡服务。

（4）containerd 是 Kubernetes 的________。

（5）containerd 使用________工具可以方便地管理镜像和容器。

3. 简答题

（1）简述 containerd 容器引擎的特点。

（2）简述 Kubernetes 架构和各个组件的功能。

项目 2

使用集群核心资源部署服务

项目描述

公司决定在Kubernetes集群上部署Nginx服务，发布公司对外宣传网站，为了实时掌握集群工作状态，需要部署应用来监控各个节点的硬件信息。公司项目经理要求王亮使用kubectl命令和YAML脚本两种方式创建并运维Pod、Deployment、Service等集群资源，部署和发布Nginx服务，并基于Job、CronJob、DaemonSet控制器资源部署任务和守护型应用。

该项目思维导图如图2-1所示。

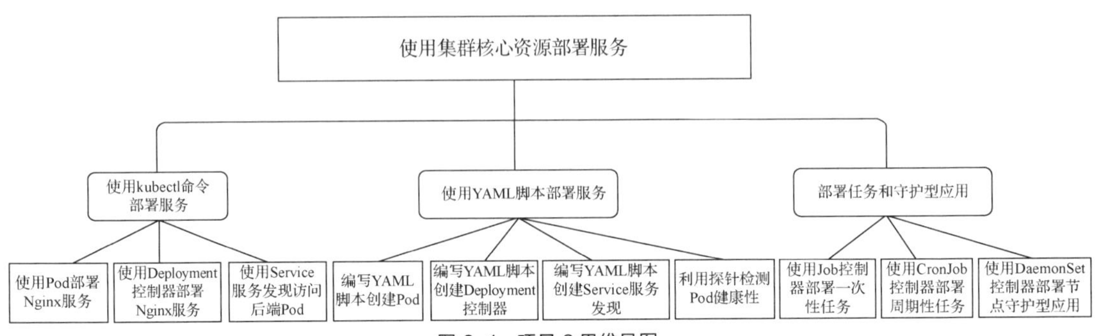

图 2-1　项目 2 思维导图

任务 2-1 使用 kubectl 命令部署服务

学习目标

知识目标

（1）掌握 Pod、Deployment、Service 等核心资源的作用。

（2）掌握 kubectl 常用命令的用法。

技能目标

（1）能够使用 kubectl 命令创建 Pod。

（2）能够使用 kubectl 命令创建 Deployment 控制器。

（3）能够使用 Service 服务发现访问后端 Pod。

素养目标

（1）通过学习 Kubernetes 集群资源，培养将复杂系统拆解成多个组件的能力。

（2）通过创建 Pod、Deployment 和 Service 资源，学会通过事物之间的逻辑关系理解事物。

2.1.1 任务描述

用户可以通过命令行、图形化界面、脚本等方式操作 Kubernetes 集群，部署各种服务和业务。公司项目经理要求王亮使用 kubectl 命令行工具创建和运维 Pod、Deployment、Service 等集群资源，部署和发布 Nginx 服务。

2.1.2 必备知识

1. Kubernetes 核心资源

在 Kubernetes 中，核心资源是集群的基础设施和运行应用程序的基本构件。这些核心资源定义了应用程序的部署、网络、存储和配置等，使得应用程序能够在 Kubernetes 集群中可靠地运行和扩展。以下是一些常用的 Kubernetes 核心资源。

（1）Pod

Pod 是 Kubernetes 中最小的部署单元。在一个 Pod 中，通常会有一个应用程序容器，以及辅助日志收集器、监控代理等辅助容器。这些容器共享 Pod 网络和存储资源，共同协作来完成特定任务。以下是一些关于 Pod 的重要特性。

① 共享网络命名空间。

Pod 内的所有容器共享相同的网络命名空间，它们可以通过 localhost 直接进行通信，不需要额外的网络配置。

② 共享存储卷。

Pod 可以挂载一个或多个存储卷，这些存储卷可以被 Pod 中的所有容器访问，容器之间可以共享数据，数据可以在容器重启时实现持久化。

③ 生命周期管理。

Pod 有自己的生命周期，它可以被创建、启动、停止和删除。当 Pod 被删除时，其中的所有容器都会被一并删除。

④ 弹性扩展。

通过创建多个 Pod 实例并将它们放置在不同节点上，可以实现应用程序的水平扩展和负载均衡。

⑤ 资源调度。

Kubernetes 调度器负责将 Pod 调度到集群中的不同节点上，根据资源需求、节点负载等因素进行智能调度。

⑥ 监控和日志。

Kubernetes 提供了监控和日志功能，可以对 Pod 进行实时监控和日志收集，帮助诊断和调试应用程序问题。

（2）Deployment

Deployment 是 Kubernetes 中的一种资源对象，用于管理 Pod 的部署和更新。Deployment 提供了一种声明性方式来定义应用程序的期望状态。Deployment 使用 ReplicaSet 来管理 Pod 的副本，支持滚动更新和回滚操作。Deployment 的特点如下。

① 声明性配置。

Deployment 可以使用声明性的 YAML 文件来定义应用程序的部署配置，包括 Pod 模板、副本数量等信息。这种方式更加清晰、可维护，并且支持版本控制。

② 自动化部署。

Deployment 可以自动创建和管理 Pod 的副本，确保它们按照定义的配置进行部署。用户只需定义期望的状态，Kubernetes 会按照期望的状态自动处理。

③ 滚动更新。

Deployment 支持滚动更新，可以在不中断服务的情况下逐步将新版本的 Pod 部署到集群中，用户可以定义更新策略，如并行更新的最大副本数、延迟等。

④ 回滚操作。

如果新版本的 Pod 部署后出现了问题，则 Deployment 可以快速回滚到之前的稳定版本，这种回滚操作不会中断服务。

⑤ 可扩展性和高可用性。

Deployment 可以轻松地扩展应用程序的副本数量，满足不同的负载需求，还可以与其他 Kubernetes 资源（如 Horizontal Pod Autoscaler）结合使用，实现自动水平扩展。

⑥ 版本管理。

Deployment 可以管理应用程序的不同版本，每个版本都对应一个 Deployment 对象，用户可以查看和管理应用程序的历史部署状态。

（3）Service

Service 用于定义一组 Pod 的访问方式，提供服务发现和负载均衡功能。Service 允许用户将一组具有相同功能的 Pod 组织成一个逻辑单元，并为它们分配一个稳定的虚拟 IP 地址和域名服务（Domain Name Service，DNS）名称，用户或者其他应用程序可以通过这些标识来访问 Pod 中的容器服务。

Service 将请求均衡地分发到后端 Pod 实例上，以实现负载均衡和高可用。Kubernetes 使用内置的负载均衡器来管理 Service，确保请求能够均衡地分发到各个 Pod 实例上，提高应用程序的性能和可靠性。

① Service 的实现机制。

Pod 存在生命周期，可销毁和重建，无法提供一个固定的访问接口给客户端，而且用户不可能记住所有同类型的 Pod 地址，这样 Service 资源对象就出现了。Service 基于标签选择器将一组 Pod 定义成一个逻辑单元，并通过自己的 IP 地址和端口调度代理请求到组内的 Pod 对象，如图 2-2 所示，它向客户端隐藏了处理用户请求的真实 Pod 资源，就像是由 Service 直接处理并响应一样。

图 2-2 客户端通过 Service 来访问 Pod 内的应用

Service 对象的 IP 地址也称为 ClusterIP，位于为 Kubernetes 集群配置指定的 IP 地址范围之内，是虚拟的 IP 地址，在 Service 对象创建之后保持不变，并且能够被同一集群中的 Pod 资源所访问。Service 端口用于接收客户端请求，并将请求转发至后端 Pod 应用的相应端口，这样的代理机制也称为端口代理。

Service 对象的 IP 地址是虚拟地址，在集群内部可以访问，但无法响应集群外部的访问请求。解决该问题的办法是在单一的节点上做端口暴露或让 Pod 资源共享工作节点的网络命名空间。除此之外，还可以使用 NodePort 类型的 Service 资源，或者使用具有 7 层负载均衡能力的 Ingress 资源。

② Service 的实现原理。

在 Kubernetes 集群中，每个 node 节点都运行一个 kube-proxy 组件，这个组件进程始终监视着 API Server 中有关 Service 资源的变动信息，并获取任何一个与 Service 资源相关的变动状态。通过 Watch 监视，一旦有 Service 资源相关的变动，kube-proxy 就会使用 iptables 或者 IPVS 规则在当前 node 节点上实现资源调度。Service 的实现原理如图 2-3 所示。

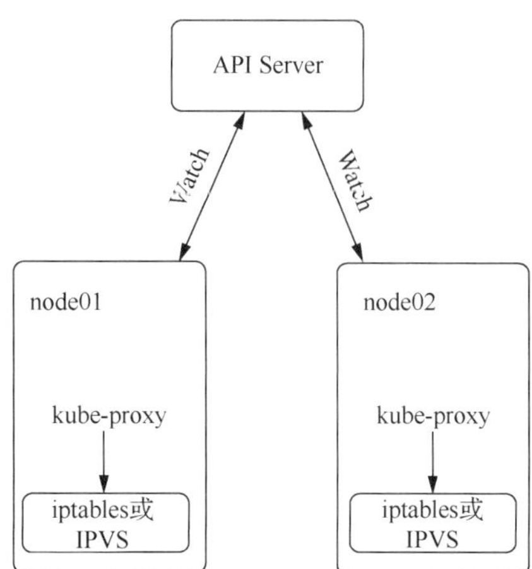

图 2-3 Service 的实现原理

③ iptables 代理模式。

客户端访问 Service IP 时，Service IP 会根据 iptables 的规则直接将请求转发到各 Pod 上。因为使用 iptables 来完成转发，所以也存在不可忽视的性能损耗，如果集群中存在上万的 Pod，那么 node 节点上的 iptables 规则将会非常庞大，代理转发的性能就会受影响。

④ IPVS 代理模式。

Kubernetes 自 1.9-alpha 版本引入了 IPVS 代理模式，当客户端请求到达内核空间时，IPVS 会根据规则将请求转发到各 Pod 上。kube-proxy 会监视 Service 对象和后端 Pod，确保 IPVS 状态与期望一致。

如果某个后端 Pod 发生变化，则对应的信息会立即反映到 API Server 上，而 kube-proxy 通过监视（Watch）etcd 数据库中的信息变化，将它立即转为 IPVS 或者 iptables 规则，这些动作都是动态和实时的。Pod 发生变化后的处理机制如图 2-4 所示。

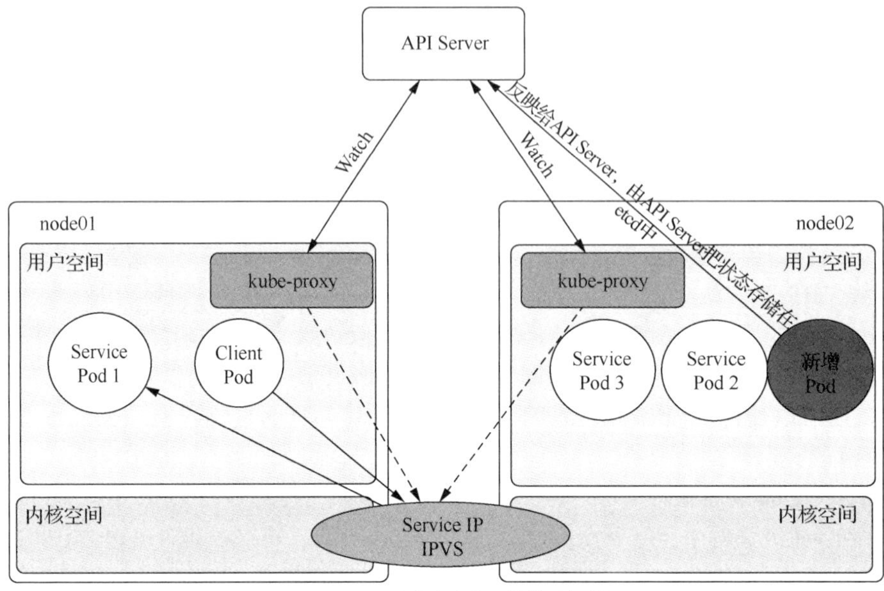

图 2-4　Pod 发生变化后的处理机制

⑤ Service 类型。

ClusterIP Service：ClusterIP Service 是默认的 Service 类型。ClusterIP Service 会创建一个集群内部的虚拟 IP 地址，只有集群内部的其他对象可以访问该 Service。这种类型的 Service 对集群外部是不可见的。

NodePort Service：NodePort Service 为每个 node 节点在一个固定的端口上暴露 Service，可通过任何 node 节点的 IP 地址和该端口来访问 Service。NodePort Service 也会创建一个虚拟 IP 地址，允许从集群内部访问 Service。

LoadBalancer Service：LoadBalancer Service 将外部负载均衡器（如云提供商的负载均衡器）流量引导到集群中的 Service。这种类型的 Service 通常在云环境中使用，通过公有 IP 地址向外部暴露服务。

ExternalName Service：ExternalName Service 允许将 Service 映射到集群外部的任意 DNS 名称。当集群内的应用程序需要访问集群外部的服务时，可以使用 ExternalName Service。

Headless Service：Headless Service 是一种特殊类型的 Service，它将 DNS 解析直接映射到其后端 Pod 的 IP 地址，这对于需要直接访问每个 Pod 的场景非常有用，通常应用在集群部署有状态服务时。

（4）Volume

Volume（存储卷）是用于持久化数据的抽象概念，它可以附加一个或多个容器到 Pod 中。Volume 提供了在容器之间共享和存储数据的机制，包括空目录、主机路径、网络存储等。

（5）ConfigMap 和 Secret

ConfigMap 和 Secret 用于管理应用程序的配置信息及敏感数据。ConfigMap 用于存储键值对形式的配置信息，而 Secret 则用于存储敏感数据，如密码、令牌等。

（6）Namespace

Namespace 是 Kubernetes 中用于将集群资源进行逻辑隔离的机制。通过 Namespace 可以将不同的资源分组到不同的命名空间中，以便进行管理和控制访问权限。

（7）ServiceAccount

ServiceAccount 是用于身份验证和授权的实体，允许 Pod 与 Kubernetes API 进行交互并访问其他集群资源，每个 Pod 都会关联一个 ServiceAccount，用于确定其操作权限。

Kubernetes 集群还包括其他核心资源，后面再具体讲解。

2. kubectl 命令行工具

kubectl 是 Kubernetes 的命令行工具，用于与 Kubernetes 集群进行交互，管理集群中的资源。在使用 kubectl 命令操作集群时，首先要通过.kube/config 中的证书和私钥配置进行客户端认证，成功登录到集群后才可以操作集群资源。以下是 kubectl 命令格式及其常见用法。

（1）命令格式

kubectl 命令格式为 kubectl [Command] [TYPE] [NAME] [flags]

其中，Command 是要执行的命令，如 get、run、create、delete 等；TYPE 是操作的资源类型，如 Pod、Service、Deployment 等；NAME 是资源的名称；flags 是可选的标志参数，用于指定额外的选项，如--Namespace、--Output 等。

（2）常见用法

kubectl 的常见用法如下。

① 查看资源列表。

查看某种资源时，可使用 kubectl get<资源类型>命令，如查看所有 Pod 时可使用 kubectl get Pod 命令。

② 查看特定资源的详细信息。

查看某个资源的详细信息时，可使用 kubectl describe <资源类型> <资源名称>命令，如查看资源类型为 Pod、名称为 my-Pod 的资源的详细信息的命令为 kubectl describe Pod my-Pod。

③ 创建资源。

使用 kubectl 命令创建资源有两种方式，一种是基于命令创建资源，另一种是基于脚本创建资源，经常使用的是基十脚本创建资源。基于命令创建资源的命令为 kubectl create <资源类型> <资源名称> <选项>，基于脚本创建资源的命令为 kubectl apply -f <资源配置文件.yaml>。

④ 删除资源。

使用 kubectl 删除资源的命令为 kubectl delete <资源类型> <资源名称>，如 kubectl delete Pod my-Pod 的作用是删除名称为 my-Pod 的 Pod 资源。

⑤ 在容器内部执行命令。

可以进入 Pod 内的容器中执行命令，如在名称为 my-Pod 的 Pod 内部启动/bin/bash 的命令为 kubectl exec -it my-Pod /bin/bash。

⑥ 查看日志。

查看 Pod 日志的命令格式为 kubectl logs <Pod-name>，如使用 kubectl logs my-Pod 命令可以查看 my-Pod 的日志。

其他 kubectl 命令在使用时会具体讲解。

2.1.3 使用 Pod 部署 Nginx 服务

微课

V2-1 使用 Pod 部署 Nginx 服务

1. 运维 Pod

（1）创建 Pod

在 master 节点上使用命令创建一个名称为 nginx 的 Pod，在运行的 Pod 中部署 Nginx 服务，命令如下。

```
[root@master ~]# kubectl run nginx --image=registry.cn-hangzhou.aliyuncs.com/lnstzy/nginx:alpine
```

以上使用 kubectl run 命令创建了一个名称为 nginx 的 Pod，通过--image 指定从阿里云镜像仓库上拉取 nginx:alpine 镜像。

（2）查看 Pod 运行状态

创建完成后，查看 Pod 运行状态，命令如下。其中，-o wide 用于指明查询 Pod 的详细运行状态。

```
[root@master ~]# kubectl get pod -o wide
```

结果如图 2-5 所示，创建了一个名称为 nginx 的 Pod，Pod 中包含一个容器，Running 表示正常运行状态，Pod 被调度到了 node2 节点上，IP 地址是 172.16.104.6。

```
[root@master ~]# kubectl get pod -o wide
NAME     READY   STATUS    RESTARTS   AGE     IP             NODE    NOMINATED NODE   READINESS GATES
nginx    1/1     Running   0          5m57s   172.16.104.6   node2   <none>           <none>
```

图 2-5　成功创建名称为 nginx 的 Pod

（3）访问 Pod 中的容器服务

在集群中的任意节点上都可以通过 curl 命令访问 IP 地址为 172.16.104.6 的容器 Web 服务，命令如下。

```
[root@master ~]# curl http://172.16.104.6
```

访问后，会在终端上返回容器中的 Nginx 服务，如图 2-6 所示。

```
[root@master ~]# curl http://172.16.104.6
<!DOCTYPE html>
<html>
<head>
<title>Welcome to nginx!</title>
<style>
html { color-scheme: light dark; }
body { width: 35em; margin: 0 auto;
font-family: Tahoma, Verdana, Arial, sans-serif; }
</style>
</head>
<body>
<h1>Welcome to nginx!</h1>
<p>If you see this page, the nginx web server is successfully installed and
working. Further configuration is required.</p>

<p>For online documentation and support please refer to
<a href="http://nginx.org/">nginx.org</a>.<br/>
Commercial support is available at
<a href="http://nginx.com/">nginx.com</a>.</p>
```

图 2-6　访问 Pod 中的容器服务

（4）查看 Pod 描述信息

在 Pod 运维过程中，通常要查询 Pod 的调度信息、容器 ID、镜像名称、镜像 ID、拉取镜像情况、数据卷、错误信息等一系列详细的描述信息，使用以下命令可以实现这个需求。

```
[root@master ~]# kubectl describe pod nginx
```

在返回的描述信息中，经常关注的是 Pod 的 Events（事件）信息，从中可以发现调度情况、拉取镜像情况和错误信息等，如图 2-7 所示。

```
Events:
  Type    Reason     Age   From               Message
  ----    ------     ----  ----               -------
  Normal  Scheduled  12m   default-scheduler  Successfully assigned default/ngi
nx to node2
  Normal  Pulling    12m   kubelet            Pulling image "registry.cn-hangzh
ou.aliyuncs.com/lnstzy/nginx:alpine"
  Normal  Pulled     12m   kubelet            Successfully pulled image "regist
ry.cn-hangzhou.aliyuncs.com/lnstzy/nginx:alpine" in 6.905s (6.905s including wa
iting)
  Normal  Created    12m   kubelet            Created container nginx
  Normal  Started    12m   kubelet            Started container nginx
```

图 2-7　查看返回的描述信息

从结果中可以发现 Pod 被成功调度到了 node2 节点上，且成功从阿里云网站拉取了镜像 nginx:alpine，创建并启动了容器 nginx。

（5）在工作节点上查看运行的容器信息

因为 Pod 被调度到 node2 节点上，所以在 node2 节点上查看运行的容器信息，命令如下。

```
[root@node2 ~]# nerdctl ps | grep alpine
```

在返回的结果中，可以发现使用了 nginx:alpine 运行的容器信息，如图 2-8 所示。

```
[root@node2 ~]# nerdctl ps | grep alpine
58b812bf0dba     registry.cn-hangzhou.aliyuncs.com/lnstzy/nginx:alpine         "/docker-entrypoint.…"    About a minu
te ago    Up                k8s://default/d1-6667959897-xbbss/nginx
```

图 2-8　在 node2 节点上查看运行的容器信息

（6）进入容器并执行相关操作

当 Pod 运行后，可以进入 Pod 中运行的容器，执行相关操作。命令格式为 kubectl exec -it <pod-name> -c <container-name> -- 交互 Shell，当 Pod 中只包含一个容器时，可以省略-c 选项。当然，也可以不进入容器直接执行相关命令，命令格式为 kubectl exec <pod-name> -- <command>。

这里在名称为 nginx 的 Pod 中，只运行了一个名称为 nginx 的容器，所以不进入容器直接查看容器 IP 地址，命令如下。

```
[root@master ~]# kubectl exec -it nginx ip a
```

也可以进入容器中执行一些比较复杂的操作。进入容器的命令如下，其中/bin/sh 是容器使用的交互 Shell。

```
[root@master ~]# kubectl exec -it nginx /bin/sh
```

进入容器后，就可以按照需求进行相关操作了。

（7）删除 Pod

使用 kubectl 命令删除名称为 nginx 的 Pod，命令如下。

```
[root@master ~]# kubectl delete pod nginx
```

2. 修改 nerdctl 操作的默认命名空间

在 node2 节点上，使用 nerdctl 命令查询拉取的 nginx:alpine 镜像，结果如图 2-9 所示。

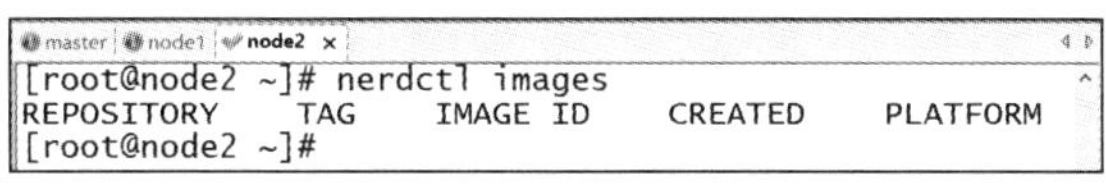

```
[root@node2 ~]# nerdctl images
REPOSITORY    TAG    IMAGE ID    CREATED    PLATFORM
[root@node2 ~]#
```

图 2-9　无法查询拉取的镜像

此时发现无法查询拉取的 nginx:alpine 镜像，原因是 Kubernetes 使用 containerd 容器引擎拉取镜像时，默认将镜像存储到 k8s.io 命名空间下，所以在使用 nerdctl 命令查询、拉取、删除、构建镜像时，要加上 k8s.io 命名空间，如查询 nginx:alpine 镜像的命令如下。

```
[root@node2~]# nerdctl -n k8s.io images | grep nginx
```

结果如图 2-10 所示。

```
[root@node2 ~]# nerdctl -n k8s.io images | grep nginx
registry.cn-hangzhou.aliyuncs.com/lnstzy/nginx            alpine          5c70e68684a0    16 minutes ago
        linux/amd64     49.7 MiB      19.5 MiB
registry.cn-hangzhou.aliyuncs.com/lnstzy/nginx            <none>          5c70e68684a0    16 minutes ago
        linux/amd64     49.7 MiB      19.5 MiB
```

图 2-10　可以查询拉取的镜像

从结果中可以发现，查询时加上 k8s.io 命名空间后，镜像就显示出来了，标签为<none>的镜像留作备份，当镜像被误删时，标签为<none>的镜像不会被删除，需要时可以快速恢复。

查询、拉取、删除和构建镜像是常用的操作，每次加上 k8s.io 命名空间会比较烦琐，所以可以修改命令别名，实现当使用 nerdctl 时默认命名空间就是 k8s.io 的效果。在所有节点上加入 nerdctl 命令别名操作的命令如下。

```
[root@master ~]# echo "alias nerdctl='nerdctl --namespace=k8s.io'" >> .bashrc
[root@node1 ~]# echo "alias nerdctl='nerdctl --namespace=k8s.io'" >> .bashrc
[root@node2 ~]# echo "alias nerdctl='nerdctl --namespace=k8s.io'" >> .bashrc
```

使用 Ctrl+D 组合键注销登录后，就可以方便地使用 nerdctl 命令操作 k8s.io 命名空间的镜像而不需要加上-n k8s.io 了。例如，要查询镜像，直接使用 nerdctl images 命令即可。

2.1.4 使用 Deployment 控制器部署 Nginx 服务

微课

V2-2 使用 Deployment 控制器部署 Nginx 服务

1. 运维 Deployment 控制器

在使用 Kubernetes 部署服务时，创建一个 Pod 无法实现容器应用的扩容和缩容，也无法实现 Pod 出现问题后业务的自动恢复。通过控制器可以控制创建 Pod 的数量，当某个 Pod 运行失败后，控制器还可以自动启动一个 Pod 来替代，实现服务自恢复，同时实现应用的扩缩容、应用版本的滚动更新等。

Kubernetes 包含多种控制器，如无状态的 Deployment、有状态的 StatefulSet、守护进程控制器 DaemonSet、任务控制器 Job 等，每种控制器都对应不同的应用场景。这里主要讲解 Deployment 控制器。

（1）创建包含 3 个 Pod 的 Deployment 控制器

使用 kubectl create deployment --help 命令可以查看创建 Deployment 控制器的帮助信息，包括给出的例子、选项和用法。参照给出的例子，创建一个包含 3 个 Pod 的 Deployment 控制器，命令如下。

```
[root@master ~]# kubectl create deployment d1 --image=registry.
cn-hangzhou.aliyuncs.com/lnstzy/nginx:alpine --replicas=3
```

其中，d1 是创建的 Deployment 控制器的名称，使用的镜像是 nginx:alpine，使用--replicas 指定创建 3 个 Pod。

（2）查询正在运行的 Deployment 控制器和 Pod

查询正在运行的 Deployment 控制器，命令如下。

```
[root@master ~]# kubectl get deployment
```

结果如图 2-11 所示。

```
master x | node1 | node2
[root@master ~]# kubectl get deployment
NAME   READY   UP-TO-DATE   AVAILABLE   AGE
d1     3/3     3            3           3m36s
```

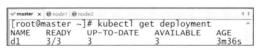

图 2-11 查询正在运行的 Deployment 控制器

从图 2-11 可以发现 Deployment 控制器的名称为 d1，READY 字段的值 3/3 表示运行了 3 个 Pod，每个 Pod 中的容器都正常运行。当查询时，如果没有指定命名空间，那么默认的命名空间为 default。

查询正在运行的 Pod，命令如下。

```
[root@master ~]# kubectl get pod -o wide
```

结果如图 2-12 所示。

```
master x | node1 | node2
[root@master ~]# kubectl get pod -o wide
NAME                  READY   STATUS    RESTARTS   AGE   IP               NODE    NOMINATED NODE   READINESS GATES
d1-6667959897-q2h2m   1/1     Running   0          78s   172.16.104.7     node2   <none>           <none>
d1-6667959897-sfrxs   1/1     Running   0          78s   172.16.166.140   node1   <none>           <none>
d1-6667959897-xd8tp   1/1     Running   0          78s   172.16.104.8     node2   <none>           <none>
```

图 2-12 查询正在运行的 Pod

从图 2-12 可以发现，以 d1 开头的 Pod 是通过名称为 d1 的 Deployment 控制器创建的，其中一个 Pod 被调度到 node1 节点上，两个 Pod 被调度到 node2 节点上。

（3）Pod 自动恢复

使用 kubectl delete 命令删除一个正在运行的 Pod，命令如下。

```
[root@master ~]# kubectl delete pod d1-6667959897-q2h2m
```

再次查询正在运行的 Pod，结果如图 2-13 所示。

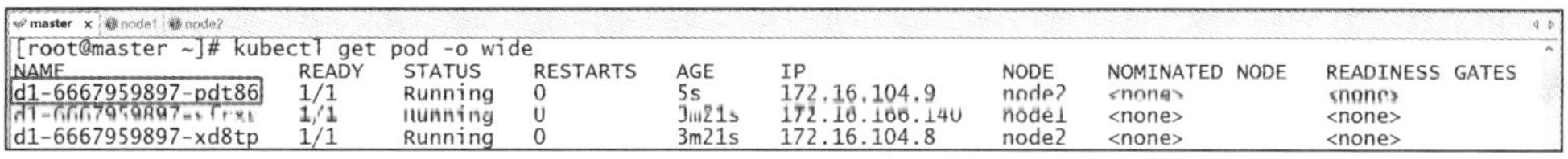

```
[root@master ~]# kubectl get pod -o wide
NAME                  READY   STATUS    RESTARTS   AGE     IP               NODE    NOMINATED NODE   READINESS GATES
d1-6667959897-pdt86   1/1     Running   0          5s      172.16.104.9     node2   <none>           <none>
d1-6667959897-sfrxs   1/1     Running   0          3m21s   172.16.166.140   node1   <none>           <none>
d1-6667959897-xd8tp   1/1     Running   0          3m21s   172.16.104.8     node2   <none>           <none>
```

图 2-13　删除一个 Pod 后查询正在运行的 Pod

从图 2-13 可以发现，名称为 d1-6667959897-q2h2m 的 Pod 被删除后，因为在创建 d1 控制器时，指定了 Pod 的数量是 3，所以 d1 控制器又自动创建了名称为 d1-6667959897-pdt86 的 Pod，实现了 Pod 出现问题后的自动恢复。

（4）Pod 扩缩容

当使用服务的人数增加或者减少时，相应地需要增加或者减少 Pod 的数量。使用控制器完全可以实现 Pod 数量的自动增加和减少。

使用 kubectl scale 命令可以控制 Pod 运行的数量，通过 kubectl scale –help 可以查看命令的用法，如要将 d1 创建的 Pod 数量增加到 4 个，命令如下。

```
[root@master ~]# kubectl scale deployment d1 --replicas=4
```

扩容到 4 个 Pod 后，再次查询运行的 Pod，结果如图 2-14 所示。

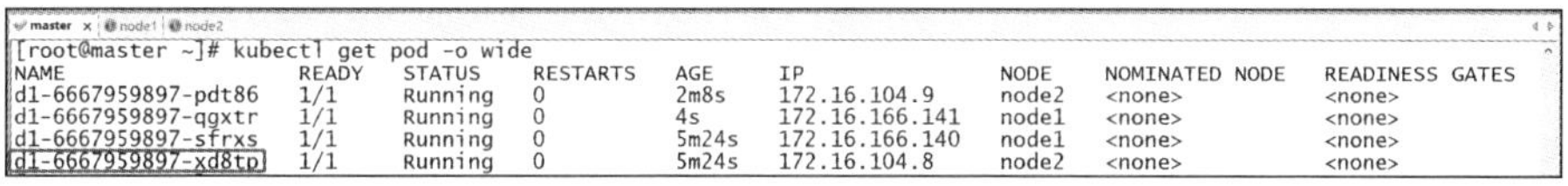

```
[root@master ~]# kubectl get pod -o wide
NAME                  READY   STATUS    RESTARTS   AGE     IP               NODE    NOMINATED NODE   READINESS GATES
d1-6667959897-pdt86   1/1     Running   0          2m8s    172.16.104.9     node2   <none>           <none>
d1-6667959897-qgxtr   1/1     Running   0          4s      172.16.166.141   node1   <none>           <none>
d1-6667959897-sfrxs   1/1     Running   0          5m24s   172.16.166.140   node1   <none>           <none>
d1-6667959897-xd8tp   1/1     Running   0          5m24s   172.16.104.8     node2   <none>           <none>
```

图 2-14　查询扩容后运行的 Pod

从图 2-14 可以发现，d1 控制器扩容了一个 Pod，名称为 d1-6667959897-xd8tp。

2．升级和回退服务版本

Kubernetes 的核心功能在于发布业务应用。当镜像版本升级后，Deployment 控制器可以在不影响业务的情况下升级业务版本，如果升级后发现业务出现问题，则可以快速地进行版本回退。

（1）查看服务版本

使用 curl-I 命令可以查看 Nginx 服务的版本，如图 2-15 所示。

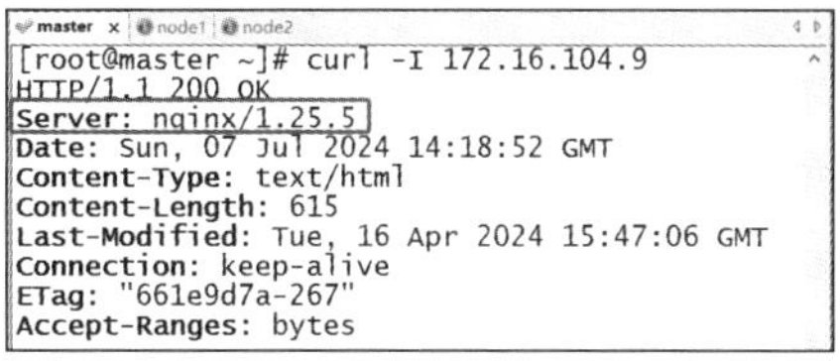

```
[root@master ~]# curl -I 172.16.104.9
HTTP/1.1 200 OK
Server: nginx/1.25.5
Date: Sun, 07 Jul 2024 14:18:52 GMT
Content-Type: text/html
Content-Length: 615
Last-Modified: Tue, 16 Apr 2024 15:47:06 GMT
Connection: keep-alive
ETag: "661e9d7a-267"
Accept-Ranges: bytes
```

图 2-15　查看 Nginx 服务版本

（2）升级运行容器的镜像版本

升级容器服务版本的方法是升级运行容器的镜像版本，所以要知道 Pod 中运行的容器名称。首先使用 kubectl describe 命令查看一个 Pod 的详细信息，命令如下。

```
[root@master ~]# kubectl describe pod d1-6667959897-pdt86
```

从结果中可以发现，Containers 字段值为 nginx，说明 Pod 中运行的容器为 nginx；Image 表示使用的镜像，值为 registry.cn-hangzhou.aliyuncs.com/lnstzy/nginx:alpine，如图 2-16 所示。

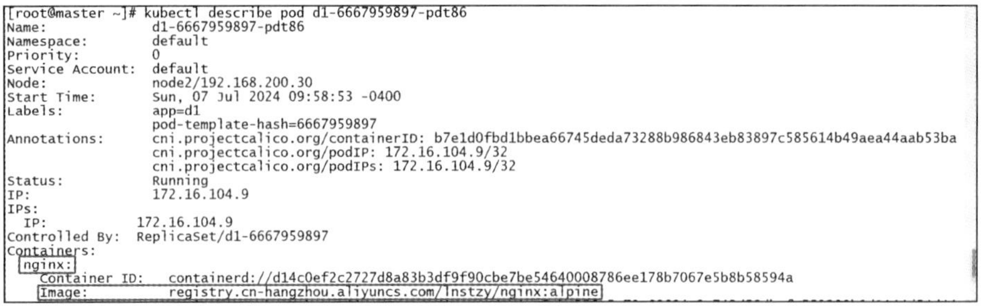

```
[root@master ~]# kubectl describe pod d1-6667959897-pdt86
Name:             d1-6667959897-pdt86
Namespace:        default
Priority:         0
Service Account:  default
Node:             node2/192.168.200.30
Start Time:       Sun, 07 Jul 2024 09:58:53 -0400
Labels:           app=d1
                  pod-template-hash=6667959897
Annotations:      cni.projectcalico.org/containerID: b7e1d0fbd1bbea66745deda73288b986843eb83897c585614b49aea44aab53ba
                  cni.projectcalico.org/podIP: 172.16.104.9/32
                  cni.projectcalico.org/podIPs: 172.16.104.9/32
Status:           Running
IP:               172.16.104.9
IPs:
  IP:           172.16.104.9
Controlled By:  ReplicaSet/d1-6667959897
Containers:
  nginx:
    Container ID:   containerd://d14c0ef2c2727d8a83b3df9f90cbe7be54640008786ee178b7067e5b8b58594a
    Image:          registry.cn-hangzhou.aliyuncs.com/lnstzy/nginx:alpine
```

图 2-16　查看当前 Pod 运行的容器名称和镜像版本

更新运行容器的镜像版本为 registry.cn-hangzhou.aliyuncs.com/lnstzy/nginx:1.26.1，命令如下。

```
[root@master ~]# kubectl set image deployment d1 nginx=registry.cn-hangzhou.aliyuncs.com/lnstzy/nginx:1.26.1
```

命令执行完成后，会重新创建 Pod 容器，结果如图 2-17 所示。

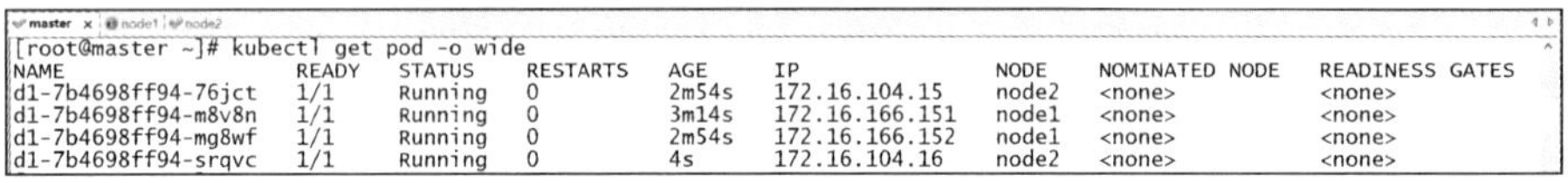

```
[root@master ~]# kubectl get pod -o wide
NAME                  READY   STATUS    RESTARTS   AGE     IP               NODE    NOMINATED NODE   READINESS GATES
d1-7b4698ff94-76jct   1/1     Running   0          2m54s   172.16.104.15    node2   <none>           <none>
d1-7b4698ff94-m8v8n   1/1     Running   0          3m14s   172.16.166.151   node1   <none>           <none>
d1-7b4698ff94-mg8wf   1/1     Running   0          2m54s   172.16.166.152   node1   <none>           <none>
d1-7b4698ff94-srqvc   1/1     Running   0          4s      172.16.104.16    node2   <none>           <none>
```

图 2-17　重新创建 Pod 容器

查看 IP 地址为 172.16.104.15 的 Nginx 服务的版本信息，命令如下。

```
[root@master ~]# curl -I 172.16.104.15
```

结果如图 2-18 所示，从结果中可以发现，Nginx 服务已经升级到 1.26.1 版本。

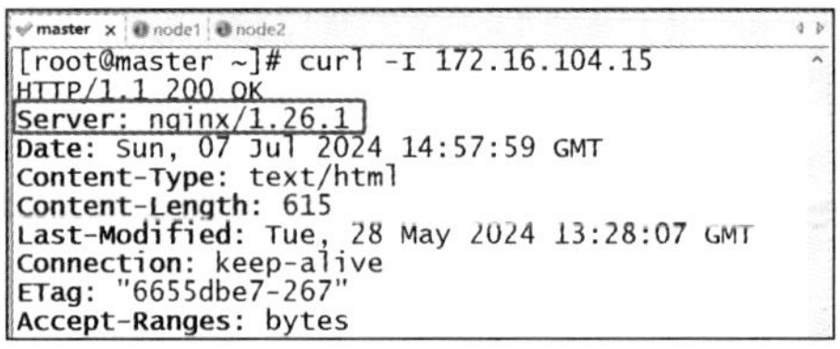

```
[root@master ~]# curl -I 172.16.104.15
HTTP/1.1 200 OK
Server: nginx/1.26.1
Date: Sun, 07 Jul 2024 14:57:59 GMT
Content-Type: text/html
Content-Length: 615
Last-Modified: Tue, 28 May 2024 13:28:07 GMT
Connection: keep-alive
ETag: "6655dbe7-267"
Accept-Ranges: bytes
```

图 2-18　查看 Nginx 服务的版本信息

（3）回退版本

升级版本后，如果发现升级的服务出现问题，则需要回退版本。查看控制器发布服务的历史记录，命令如下。

```
[root@master ~]# kubectl rollout history deployment d1
```

结果如图 2-19 所示。

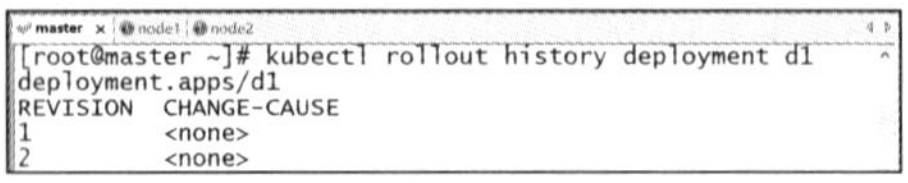

```
[root@master ~]# kubectl rollout history deployment d1
deployment.apps/d1
REVISION  CHANGE-CAUSE
1         <none>
2         <none>
```

图 2-19　查看控制器发布服务的历史记录

图 2-19 中的“1”就是首次发布的 1.25.1 版本，“2”就是发布的 1.26.1 版本。回退到 1.25.1 版本的命令如下。

```
[root@master ~]# kubectl rollout undo deployment d1 --to-revision 1
```

回退完成后，使用 curl -I 命令查看 Pod 中服务的版本，发现已经回退到 1.25.1 版本了。

3. 删除 Deployment 控制器

如果业务停止提供服务，则需要将所有的 Pod 删除，可以直接删除 Deployment 控制器，通过控制器创建的 Pod 也将被删除。删除 d1 控制器，命令如下。

```
[root@master ~]# kubectl delete deployment d1
```

因为本书后续还要使用 d1 控制器，所以这里不执行以上命令。

2.1.5 使用 Service 服务发现访问后端 Pod

通过 Deployment 控制器创建多个 Pod 后，每次访问 Pod 服务时，都需要使用特定 Pod 的 IP 地址，无法实现通过统一的 IP 地址访问 Pod。通过创建 Service 服务发现可以为多个 Pod 设置统一的访问入口，访问 Service 服务发现的 IP 地址后，就可以负载均衡地访问后端的 Pod 服务了。

微课

V2-3 使用 Service 服务发现访问后端 Pod

1. 在集群内部创建和使用 Service 服务发现

（1）创建 Service 服务发现

为名称为 d1 的 deployment 控制器创建 Service 服务发现，为 d1 控制器运行的 Pod 提供统一的访问入口，命令如下。

```
[root@master ~]# kubectl expose deployment d1 --port=80 --target-port=80
```

其中，--port=80 用于设置访问 Service 服务的端口；--target-port 用于设置后端服务的端口，因为后端是 Nginx 服务，所以默认开放的端口是 80。创建完成后，查看正在运行的 Service 服务发现，命令如下。

```
[root@master ~]# kubectl get svc
```

结果如图 2-20 所示。

```
[root@master ~]# kubectl get svc
NAME         TYPE        CLUSTER-IP      EXTERNAL-IP   PORT(S)   AGE
d1           ClusterIP   10.96.147.204   <none>        80/TCP    29s
kubernetes   ClusterIP   10.96.0.1       <none>        443/TCP   9h
```

图 2-20 查看正在运行的 Service 服务发现

从图 2-20 可以发现，系统创建了一个和控制器 d1 同名的 Service 服务发现，IP 地址为 10.96.147.204。

（2）访问服务发现

① 查询服务发现详细信息。

在集群中，使用 kubectl describe 命令查看服务发现 d1 的详细信息，命令如下。

```
[root@master ~]# kubectl describe service d1
```

结果如图 2-21 所示。

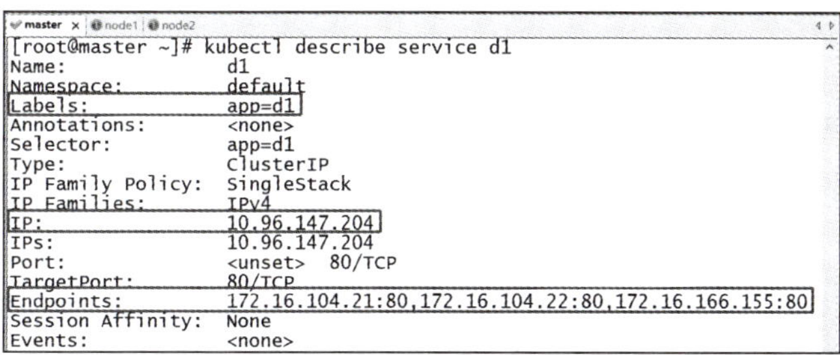

```
[root@master ~]# kubectl describe service d1
Name:              d1
Namespace:         default
Labels:            app=d1
Annotations:       <none>
Selector:          app=d1
Type:              ClusterIP
IP Family Policy:  SingleStack
IP Families:       IPv4
IP:                10.96.147.204
IPs:               10.96.147.204
Port:              <unset>  80/TCP
TargetPort:        80/TCP
Endpoints:         172.16.104.21:80,172.16.104.22:80,172.16.166.155:80
Session Affinity:  None
Events:            <none>
```

图 2-21 查看服务发现 d1 的详细信息

从图 2-21 可以发现，服务发现 d1 的 IP 地址是 10.96.147.204，Endpoints 后端服务地址就是 3 个 Pod 的 IP 地址，服务发现使用的 Labels（标签）是 app=d1，查询 d1 创建的 Pod 标签，命令如下。

```
[root@master ~]# kubectl get pod --show-labels
```

结果如图 2-22 所示。

```
[root@master ~]# kubectl get pod --show-labels
NAME                    READY   STATUS    RESTARTS   AGE    LABELS
d1-6667959897-882j8     1/1     Running   0          6m4s   app=d1,pod-template-hash=6667959897
d1-6667959897-lx9xx     1/1     Running   0          6m4s   app=d1,pod-template-hash=6667959897
d1-6667959897-q29gv     1/1     Running   0          6m4s   app=d1,pod-template-hash=6667959897
```

图 2-22 查看 Pod 标签

从图 2-22 可以发现，d1 控制器创建的 3 个 Pod 同样使用了 app=d1 的标签，与服务发现 d1 的标签完全一致。

② 通过服务发现访问后端服务。

当访问服务发现 d1 时，系统会将请求转发到后端的 3 个 Pod 服务上，为了验证这一点，首先修改 3 个 Pod 中 Nginx 服务的主页内容。进入第一个 Pod，命令如下。

```
[root@master ~]# kubectl exec -it d1-6667959897-882j8 /bin/sh
```

进入/usr/share/nginx/html/，将 index.html 主页内容修改为 web1，命令如下。

```
/ # cd /usr/share/nginx/html/
/usr/share/nginx/html # echo web1 > index.html
```

按照以上方法将名称为 d1-6667959897-lx9xx 的 Pod 中 Nginx 服务的主页内容修改为 web2，将名称为 d1-6667959897-q29gv 的 Pod 中 Nginx 服务的主页内容修改为 web3，然后访问服务发现 d1，结果如图 2-23 所示。

```
[root@master ~]# curl 10.96.147.204
web2
[root@master ~]# curl 10.96.147.204
web3
[root@master ~]# curl 10.96.147.204
web1
```

图 2-23 访问服务发现 d1

从图 2-23 可以发现，访问服务发现 d1 的 IP 地址时，会依次请求到后端 Pod 中的 Nginx 服务。

2. 在集群外部访问服务

通过访问服务发现 d1 已经实现了在集群内部访问服务，如果想在集群外部访问集群内部服务，则可以设置服务发现 d1 的类型为 NodePort。打开 d1 的编辑文件，命令如下。

```
[root@master ~]# kubectl edit service d1
```

将第 30 行的 type: ClusterIP 修改为 type: NodePort，保存并退出文件后，再次查看 Service 服务发现，结果如图 2-24 所示。

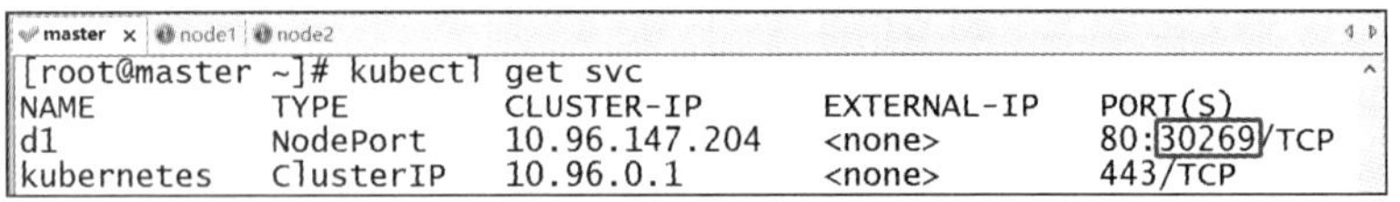

```
[root@master ~]# kubectl get svc
NAME         TYPE        CLUSTER-IP      EXTERNAL-IP   PORT(S)
d1           NodePort    10.96.147.204   <none>        80:30269/TCP
kubernetes   ClusterIP   10.96.0.1       <none>        443/TCP
```

图 2-24 修改为 NodePort 类型后查看 Service 服务发现

从图 2-24 可以发现，服务发现 d1 的外部访问端口已经设置为 30269。在 Windows 主机上打开浏览器，通过集群任意节点的 IP 地址加上 30269 就可以依次访问 3 个 Pod 中的 Nginx 服务了，结果如图 2-25 所示。

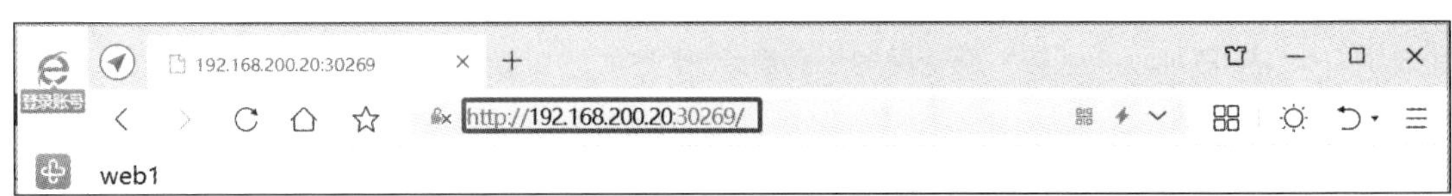

图 2-25 在集群外部访问 Pod 中的 Nginx 服务

任务 2-2 使用 YAML 脚本部署服务

学习目标

知识目标

（1）掌握使用 YAML 脚本创建资源的优势。

（2）掌握使用 YAML 脚本创建资源的常用字段。

技能目标

（1）能够编写 YAML 脚本创建 Pod。

（2）能够编写 YAML 脚本创建 Deployment 控制器。

（3）能够编写 YAML 脚本创建 Service 服务发现。

（4）能够利用探针检测 Pod 健康性。

素养目标

（1）通过学习编写 YAML 脚本的基本语法，培养认真仔细、做事规范的习惯。

（2）通过学习使用 YAML 脚本创建资源，培养不断探索、精益求精的精神。

2.2.1 任务描述

使用命令行部署服务和应用不便于审计及修改，当某个运维人员使用命令在集群上部署应用后，当应用出现问题时，需要重新输入命令解决问题，这样既费时又费力。在生产环境中，使用 YAML 脚本部署服务可以提高运维效率。公司项目经理要求王亮编写 YAML 脚本，使用 Pod、Deployment、Service 等资源部署和发布 Nginx 服务。

2.2.2 必备知识

1. 使用 YAML 脚本创建资源的优势

在生产环境中，使用 YAML 脚本创建资源是一种常见做法，这种方式具有以下优势。

（1）可维护性

YAML 脚本可以轻松地保存在版本控制系统中，方便管理和跟踪变更，以确保对资源的修改有记录可查，也方便团队协作。

（2）可重复性

使用 YAML 脚本创建资源，可以轻松地重复部署相同的配置，确保在不同环境中部署的一致性。

（3）可读性

相对于其他编程语言或配置文件，YAML 脚本具备可读性，团队成员更容易理解和修改配置。

（4）灵活性

YAML 脚本支持丰富的语法，可以灵活描述各种类型的资源和配置。

（5）自动化部署

可以通过 YAML 脚本完成自动化任务部署，提高部署的效率和可靠性。

2. 使用 YAML 脚本创建资源的常用字段

（1）服务版本

使用 apiVersion 字段定义某个资源 API 版本。

（2）资源类型

使用 kind 字段定义资源类型，如创建 Pod 时，定义资源类型为 Pod。

（3）元数据

元数据是创建资源的基本信息，可使用 metadata 字段定义资源的元数据，包括资源的名称、标识、注解等信息。

（4）资源主体内容

使用 spec 字段可定义资源的主体内容，这部分内容非常复杂。

3. YAML 脚本基本规范

（1）结构表示

YAML 脚本使用缩进表示字段的层级关系，同一层级的字段左侧保持对齐，通常使用两个或 4 个空格的缩进，不使用制表符进行缩进。

（2）键值对

YAML 脚本使用冒号加空格来分隔键和值，键是唯一的，通常是字符串。

（3）列表（数组）

YAML 脚本使用短横线加空格来表示列表项，列表项通常会缩进，表示属于上一级的列表。

（4）对象（映射）

对象是一组键值对的集合，对象的每个键值对都会缩进，表示属于上一级的对象。

（5）数据类型

YAML 脚本支持字符串、布尔值、整数、浮点数、null、时间、日期等数据类型。字符串通常不需要引号，但如果包含特殊字符，则需要用单引号或双引号引起来。true/false 表示布尔值，null 表示空值。

（6）注释

YAML 脚本以井号（#）开头表示注释，注释内容不会被解析。

（7）多文档支持

YAML 脚本使用 3 个短横线（---）来分隔一个文件中的多个文档。

（8）复杂结构

当定义资源时，可以嵌套使用列表、字典等类型，用于定义复杂结构。

（9）YAML 脚本示例

这是一个简单的 YAML 脚本示例，展示了一些基本的格式。

```
# 这是一个注释
person:                 # 字典的开始
  name: John Doe        # 字符串
  age: 30               # 整数
  married: true         # 布尔值
children:               # 列表的开始
- name: lucy
  age: 20
- name: wangming
  age: 25
```

2.2.3　编写 YAML 脚本创建 Pod

微课

V2-4　编写 YAML 脚本创建 Pod

1. 查看资源定义字段

在创建某个资源前，首先使用 kubectl explain 命令查看创建资源的字段信息。查看创建 Pod 资源时需要定义的字段信息，命令如下。

```
[root@master ~]# kubectl explain pod
```

返回的结果如下。

```
KIND:     Pod
VERSION:   v1
DESCRIPTION:
    Pod is a collection of containers that can run on a host. This resource is
    created by clients and scheduled onto hosts.
FIELDS:
   apiVersion   <string>
      APIVersion defines the versioned schema of this representation of an object.
      Servers should convert recognized schemas to the latest internal value, and
      may reject unrecognized values. More info:
    https://git.k8s.io/community/contributors/devel/sig-architecture/api-conv
entions.md#resources
   kind  <string>
      Kind is a string value representing the REST resource this object
      represents. Servers may infer this from the endpoint the client submits
      requests to. Cannot be updated. In CamelCase. More info:
    https://git.k8s.io/community/contributors/devel/sig-architecture/api-conv
entions.md#types-kinds
   metadata     <ObjectMeta>
    Standard object's metadata. More info:
    https://git.k8s.io/community/contributors/devel/sig-architecture/api-conv
entions.md#metadata
   spec  <PodSpec>
    Specification of the desired behavior of the pod. More info:
    https://git.k8s.io/community/contributors/devel/sig-architecture/api-conv
entions.md#spec-and-status
   status       <PodStatus>
      Most recently observed status of the pod. This data may not be up to date.
      Populated by the system. Read-only. More info:
    https://git.k8s.io/community/contributors/devel/sig-architecture/api-conv
entions.md#spec-and-status
```

在返回的结果中，重点查看资源类型和服务版本、字段名称、字段数据类型，以及查看某个字段的子字段等。

（1）资源类型和服务版本

在返回的结果中，最上面的 KIND 表示资源的类型，这里为 Pod；VERSION 表示版本，这里的值是 v1，表示当前服务版本是 v1。

（2）字段名称

在返回的结果中，FIELDS 表示资源定义的字段，包括 apiVersion（服务版本）、kind（资源类型）、metadata（元数据）、spec（具体定义）、status（状态）等。在创建 Pod 资源时，前 4 个是重要字段。

（3）字段数据类型

每个字段后都标识了数据类型。从返回的结果中可以发现，apiVersion 字段的数据类型为 string（字符串）；kind 字段的数据类型为 string；metadata 字段的数据类型为 ObjectMeta（对象）；spec 字段的数据类型为 PodSpec，表示 Pod 资源的具体定义；status 字段表示 Pod 的当前状态信息，它由系统自动填充，用户只能读取该字段的值，无法修改该字段的值。

（4）查看某个字段的子字段

在创建 Pod 资源时，spec 字段是定义 Pod 的重要字段，其包含多个子字段。查看 spec 子字段的命令如下。

```
[root@master ~]# kubectl explain pod.spec
```

在返回的结果中，重点观察 containers 一行，具体如下。

```
containers    <[]Container> -required-
```

其中，[]表示列表或数组数据类型，required 表示这个字段在定义 Pod 时是必须存在的。同理，可以使用 kubectl explain pod.spec.containers 查看 containers 下的字段名称和数据类型。

2. 编写创建 Pod 的 YAML 脚本

（1）编写 YAML 脚本

首先创建一个目录 project2，然后在 project2 目录下创建 pod.yaml 文件，打开 pod.yaml，输入以下内容。

```
#定义服务版本
apiVersion: v1
#定义资源类型
kind: Pod
#定义元数据，Pod 的名称为 pod1，标签为 app:nginx
metadata:
  name: pod1
  namespace: default
  labels:
       app: nginx
#定义 Pod 中容器使用的镜像和暴露的端口
spec:
  containers:
  - name: nginx
    image: registry.cn-hangzhou.aliyuncs.com/lnstzy/nginx:alpine
    ports:
    - containerPort: 80
```

（2）代码语义

以上代码使用 apiVersion 定义了服务版本为 v1；使用 kind 定义了资源类型为 Pod；使用 metadata 定义了元数据，通过 name 定义了 Pod 的名称为 pod1，通过 namespace 定义了在 default 命名空间下创建 Pod（默认创建在 default 命名空间下，可省略），通过 labels 定义了 Pod 的标签为 app: nginx；使用 spec 字段下的 containers 字段定义了一个容器，名称是 nginx，使用 registry.cn-hangzhou.aliyuncs.com/lnstzy/nginx:alpine 镜像，容器暴露的端口是 80。

（3）代码语法

① 缩进和空格。

apiVersion、kind、metadata、spec 都是顶级的同级字段，需要在最左侧对齐，每个同级的子字段都要对齐；在横线、冒号的后面需要先使用空格，再输入内容。

② 数据类型。

apiVersion 和 kind 的数据类型是字符串，直接在字段后加上空格再输入内容即可。

metadata 字段的数据类型是对象，输入内容时需要另起一行，在该字段下定义了 name、namespace 和 labels 3 个子字段，其中 labels 子字段也是对象数据类型，所以在定义时同样需要另起一行。

在定义 containers 字段时，因为 containers 的字段类型是[]系列，所以在定义内容时，在每个同级子字段前面加上“-”。

（4）创建 pod1

使用编写好的 pod.yaml 创建 Pod 资源的命令如下。

```
[root@master project2]# kubectl apply -f pod.yaml
```

创建完成后，查看正在运行的 Pod 资源，结果如图 2-26 所示。

```
[root@master project2]# kubectl get pod -o wide
NAME    READY   STATUS    RESTARTS   AGE   IP             NODE    NOMINATED NODE   READINESS GATES
pod1    1/1     Running   0          7s    172.16.104.3   node2   <none>           <none>
```

图 2-26 查看正在运行的 Pod 资源

从图 2-26 可以发现，pod1 已经被成功创建了，且调度到了 node2 节点，属于正常运行状态。

（5）修改资源

使用 YAML 脚本创建资源后，可以非常方便地修改资源，如果需将 pod1 的镜像版本修改为 1.26.1，则打开 pod.yaml，将 image 字段的值修改为 registry.cn-hangzhou.aliyuncs.com/lnstzy/nginx:1.26.1，再次执行 kubectl apply-f pod.yaml 命令即可。

（6）删除资源

使用 YAML 脚本创建资源后，可以使用 kubectl delete 命令删除基于某个脚本创建的资源，如删除 pod1 资源的命令如下。

```
[root@master project2]# kubectl delete -f pod.yaml
```

2.2.4 编写 YAML 脚本创建 Deployment 控制器

在生产环境中，一般通过创建 Deployment 控制器来控制 Pod 资源的数量，自动实现 Pod 资源的扩缩容和业务自动恢复等功能。下面介绍如何编写 YAML 脚本创建 Deployment 控制器。

微课

V2-5 编写 YAML 脚本创建 Deployment 控制器

1. 查看资源定义字段

首先查看 Deployment 控制器的资源类型、服务版本和定义资源的字段，命令如下。

```
[root@master ~]# kubectl explain deployment
```

返回结果重要信息如下。

```
GROUP:      apps
KIND:       Deployment
VERSION:    v1
FIELDS:
  apiVersion    <string>
  kind          <string>
  metadata      <ObjectMeta>
  spec          <DeploymentSpec>
  status        <DeploymentStatus>
```

从返回的结果中可以发现，Deployment 控制器的资源类型为 Deployment，资源属于的组为 apps，服务版本为 v1，所以 Deployment 资源类型的 API 版本为 apps/v1（组名/服务版本），定义资源的字段同样为 apiVersion、kind、metadata、spec、status 这 5 个字段。

因为 spec 字段具体负责创建资源的细节，所以继续查看 spec 下的子字段，命令如下。

```
[root@master project2]# kubectl explain deployment.spec
```

从返回的结果中可以发现，spec 下的 selector 字段和 template 字段是必须定义的，具体如下。

```
selector      <LabelSelector> -required-
template      <PodTemplateSpec> -required-
```

其中，template 定义的是 Pod 资源，在定义 Pod 标签后，使用 selector 设置与 Pod 一致的标签。

2. 编写创建 Deployment 控制器的 YAML 脚本

（1）编写 YAML 脚本

首先删除之前任务中创建的名称为 d1 的 Deployment 控制器，命令如下。

```
[root@master project2]# kubectl delete deployment d1
```

在 project2 目录下创建 d1.yaml 文件，打开文件，输入以下内容。

```
apiVersion: apps/v1
kind: Deployment
metadata:
  name: d1
spec:
 template:
   metadata:
    labels:
       app: nginx
    spec:
      containers:
      - name: nginx
        image: registry.cn-hangzhou.aliyuncs.com/lnstzy/nginx:alpine
        imagePullPolicy: IfNotPresent
        ports:
        - containerPort: 80
 selector:
   matchLabels:
     app: nginx
 replicas: 3
```

（2）代码语义

代码前 4 行定义了资源版本为 v1，资源类型为 Deployment，通过 metadata 中的 name 字段定义了名称为 d1。

在 spec 字段下定义了 3 个同级字段，分别为 template、selector、replicas。

使用 template 定义了一个 Pod 模板，模板标签为 app: nginx，在这个模板中定义了一个容器，名称是 nginx，使用的镜像是 registry.cn-hangzhou.aliyuncs.com/lnstzy/nginx:alpine，容器暴露的端口是 80。设置 imagePullPolicy（镜像拉取策略）字段的值为 IfNotPresent，表示拉取镜像的策略为“当镜像不存在时拉取镜像”。

在 Kubernetes 中，默认的 imagePullPolicy 取决于容器镜像的标签。如果镜像标签是具体的版本号（如 nginx:1.26.1），那么默认的 imagePullPolicy 是 IfNotPresent。这意味着 Kubernetes 将首先检查节点上是否已经存在该版本的镜像，如果存在，则使用本地镜像，否则会尝试从容器镜像仓库拉取该版本的镜像。如果镜像标签为 latest 或者没有指定具体的版本号（如 nginx），那么默认的 imagePullPolicy 是 Always，Kubernetes 每次都会从容器镜像仓库拉取最新的镜像。

selector 字段的作用是定义 Deployment 控制匹配的 Pod 标签，因为在使用 template 定义 Pod 模板时，定义了 Pod 模板标签为 app: nginx，所以在 selector 下定义的 matchLabels 值也是 app: nginx。

使用 replicas 字段定义了 Pod 的数量是 3 个。

（3）代码语法

apiVersion、kind、metadata、spec 都是顶级的同级字段，需要在最左侧对齐，template、selector、replicas 作为同级字段需要对齐，其他各同级字段也要对齐；在横线、冒号的后面需要先使用空格，再输入内容。注意代码中各字段和值的字母大小写，因为 YAML 脚本对字母大小写是敏感的。

（4）创建 Deployment 控制器

使用编写好的 d1.yaml 文件创建 Deployment 控制器，命令如下。

```
[root@master project2]# kubectl apply -f d1.yaml
```

创建完成后，查看创建的 Deployment 控制器，结果如图 2-27 所示。

```
[root@master project2]# kubectl get deployments.apps -o wide
NAME   READY   UP-TO-DATE   AVAILABLE   AGE   CONTAINERS   IMAGES                                                  SELECTOR
d1     3/3     3            3           23s   nginx        registry.cn-hangzhou.aliyuncs.com/lnstzy/nginx:alpine   app=nginx
```

图 2-27 查看创建的 Deployment 控制器

从图 2-27 可以看到创建的 Deployment 控制器的 Pod 数量、容器名称、镜像版本、标签名称等。

（5）修改资源

通过 YAML 脚本创建资源后，修改资源的方法很简单，只需要打开 d1.yaml，按照需求修改即可，如将控制器的 Pod 数量修改为 4 个，将 replicas: 3 修改为 replicas: 4，再重新使用 YAML 脚本创建控制器即可。

（6）删除资源

删除基于 YAML 脚本的资源的命令格式是“kubectl delete -f 脚本文件名称”，因为该控制器资源后续还要使用，所以此处不删除。

2.2.5 编写 YAML 脚本创建 Service 服务发现

1. 查看资源定义字段

查看 Service 服务发现的资源类型、服务版本和定义资源的字段，命令如下。

```
[root@master ~]# kubectl explain service
```

返回结果重要信息如下。

```
KIND:        Service
VERSION:     v1
FIELDS:
  apiVersion      <string>
  kind            <string>
  metadata        <ObjectMeta>
  spec            <ServiceSpec>
  status          <ServiceStatus>
```

微课

V2-6 编写 YAML 脚本创建 Service 服务发现

从返回的结果中可以发现，Service 服务发现的资源类型为 Service，服务版本为 v1，定义资源的字段同样为 apiVersion、kind、metadata、spec、status 这 5 个字段。

2. 编写创建 Service 服务发现的 YAML 脚本

（1）编写 YAML 脚本

在 project2 目录下创建 s1.yaml 文件，打开文件，输入以下内容。

```
apiVersion: v1
kind: Service
metadata:
  name: s1
spec:
  selector:
    app: nginx
  ports:
  - port: 80
    targetPort: 80
```

（2）代码语义

代码前 4 行定义了资源版本为 v1，资源类型为 Service，通过 metadata 中的 name 字段定义了名称为 s1。

在 spec 字段下定义了两个同级字段，分别为 selector 和 ports。

将 selector 字段值定义为 app: nginx，这样创建的服务发现 s1 就可以映射到 d1 控制器创建的 Pod，因为在 d1 控制器中创建的 Pod 标签也是 app: nginx。

设置 port 和 targetPort 字段的目的是将访问该服务发现的 80 端口流量转发到后端 Pod 中 Nginx 服务的 80 端口。

（3）代码语法

apiVersion、kind、metadata、spec 都是顶级的同级字段，需要在最左侧对齐；selector 和 ports 是同级子字段，需要对齐。

（4）创建 Service 服务发现

使用编写好的 s1.yaml 文件创建 Service 服务发现，命令如下。

```
[root@master project2]# kubectl apply -f s1.yaml
```

创建完成后，查看名称为 s1 的服务发现，结果如图 2-28 所示。

通过图 2-28 可以发现，服务发现 s1 的类型为 ClusterIP，IP 地址是 10.96.115.228，暴露的端口是 80。查看服务发现 s1 的详细信息，命令如下。

```
[root@master project2]# kubectl describe service s1
```

结果如图 2-29 所示。

```
[root@master project2]# kubectl get svc s1
NAME    TYPE        CLUSTER-IP      EXTERNAL-IP   PORT(S)   AGE
s1      ClusterIP   10.96.115.228   <none>        80/TCP    33s
```

图 2-28　查看名称为 s1 的服务发现

```
[root@master project2]# kubectl describe service s1
Name:                s1
Namespace:           default
Labels:              <none>
Annotations:         <none>
Selector:            app=nginx
Type:                ClusterIP
IP Family Policy:    SingleStack
IP Families:         IPv4
IP:                  10.96.115.228
IPs:                 10.96.115.228
Port:                <unset>  80/TCP
TargetPort:          80/TCP
Endpoints:           172.16.104.3:80,172.16.104.4:80,172.16.104.5:80 + 1 more...
Session Affinity:    None
Events:              <none>
```

图 2-29　查看服务发现 s1 的详细信息

通过图 2-29 可以发现，因为服务发现 s1 设置的 Selector 字段值和 Pod 标签一致，所以服务发现 s1 已经映射到后端的 3 个 Pod 服务。

（5）修改在集群外部访问服务

当前创建的服务发现 s1 只能实现在集群内部访问后端 Pod 服务，如果想在集群外部通过该服务发现访问后端 Pod 服务，则需要修改 s1.yaml 文件。打开 s1.yaml，与 selector 和 ports 对齐，加上 type: NodePort，配置类型是节点端口模式；同时在 ports 下输入 nodePort: 30000，设置集群外部访问该服务的端口，NodePort 的默认范围是 30000～32767，可以将其设置为此范围内的任意值。具体如下。

```
ports:
- port: 80
  targetPort: 80
  nodePort: 30000
type: NodePort
```

修改完成后，再次执行 kubectl apply -f s1.yaml 命令创建服务发现 s1。创建完成后，查看服务发现 s1，结果如图 2-30 所示。

```
[root@master project2]# kubectl get svc s1
NAME    TYPE       CLUSTER-IP      EXTERNAL-IP   PORT(S)        AGE
s1      NodePort   10.96.163.213   <none>        80:30000/TCP   39h
```

图 2-30　查看服务发现 s1

从图 2-30 可以发现，服务发现 s1 的类型已经成功修改为 NodePort，暴露的外部端口为 30000。

（6）在集群外部访问服务

在 Windows 主机上使用浏览器访问集群任意节点的 30000 端口，结果如图 2-31 所示。

从图 2-31 可以发现，已经可以在集群外部访问到集群 Pod 中的 Nginx 服务了。

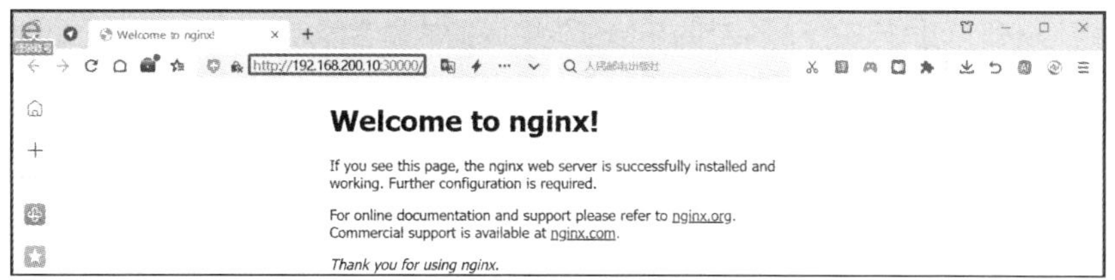

图 2-31　在 Windows 上使用浏览器访问集群任意节点的 30000 端口

2.2.6　利用探针检测 Pod 健康性

1. 探针的作用

微课

V2-7　利用探针检测 Pod 健康性

探针是 Kubernetes 中用于监视容器健康状态的一种机制，它可以帮助 Kubernetes 判断何时重启容器、替换容器或者将容器从服务负载均衡器中移除。在 Pod 中定义的探针主要有两种类型：存活探针和就绪探针。

（1）存活探针

存活探针（Liveness Probe）用于检测容器是否存活。如果存活探针失败，则 Kubernetes 会重启 Pod。

（2）就绪探针

就绪探针（Readiness Probe）用于检测容器是否准备好接收流量。如果就绪探针失败，则 Kubernetes 会暂时将该容器从服务负载均衡器中移除，直到就绪探针成功。

2. 定义探针方式

存活探针和就绪探针可以通过以下方式定义。

（1）HTTP 探针

定期向容器的特定地址发出 HTTP 请求，根据响应判断探针是否成功。

（2）TCP 探针

检查容器的特定端口是否处于打开状态。如果端口处于打开状态，则探针成功，否则探针失败。

（3）命令探针

在容器内部执行特定命令，并根据命令的执行结果判断探针是否成功。如果命令执行成功，则探针成功，否则探针失败。

3. 编写存活探针的 YAML 脚本

（1）编写 YAML 脚本

打开 d1.yaml 文件，在 containers 字段下面添加如下内容。

```
livenessProbe:
      httpGet:
         port: 80
         path: /index.html
      initialDelaySeconds: 10
      periodSeconds: 30
 readinessProbe:
      tcpSocket:
        port: 8080
      initialDelaySeconds: 10
      periodSeconds: 20
```

（2）代码语义

以上代码使用 livenessProbe 定义了存活探针，通过 httpGet 获取根目录下的 index.html 文件，设置 initialDelaySeconds（初始延迟时间）为 10s，设置 periodSeconds（时间间隔）为 30s。其中，

时间间隔指每隔多长时间执行探针，探针的初始延迟时间指的是容器启动后开始执行探针检查之前的等待时间。这个等待时间通常用来确保容器已经完全启动并准备好接收流量，然后才开始执行探针检查。

以上代码使用 readinessProbe 定义了就绪探针，每隔 20s 检查容器的 80 端口是否运行，初始延迟时间为 10s。

（3）代码语法

livenessProbe 和 readinessProbe 是 containers 字段的子字段，所以要写在 containers 字段下，两个字段需要对齐。

（4）执行探针并测试效果

① 验证就绪探针。

在 d1.yaml 中增加探针代码后，再次运行 d1.yaml，命令如下。

```
[root@master project2]# kubectl apply -f d1.yaml
```

运行完成后，查看 d1 控制器运行的 Pod，结果如图 2-32 所示。

```
[root@master project2]# kubectl get pod -o wide
NAME                 READY   STATUS    RESTARTS   AGE   IP               NODE    NOMINATED NODE   READINESS GATES
d1-5668bcd77-54qt6   0/1     Running   0          19s   172.16.104.7     node2   <none>           <none>
d1-5668bcd77-8xp5q   0/1     Running   0          19s   172.16.166.132   node1   <none>           <none>
d1-5668bcd77-hk5nd   0/1     Running   0          19s   172.16.104.6     node2   <none>           <none>
```

图 2-32　查看 d1 控制器运行的 Pod

从图 2-32 可以发现，3 个 Pod 都处于运行状态，但是每个 Pod 中运行的容器数量都是 0，这是因为就绪探针探测的服务端口是 8080，而 Nginx 服务运行的端口是 80，所以就绪状态错误，每个 Pod 中运行的容器数量都是 0。另外，可以查看名称为 s1 的 Service 服务发现的详细信息，发现后端服务也已经从服务发现中移除，如图 2-33 所示。

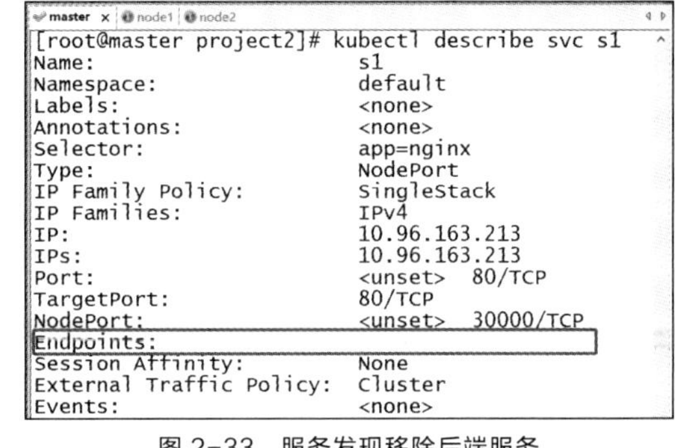

```
[root@master project2]# kubectl describe svc s1
Name:                     s1
Namespace:                default
Labels:                   <none>
Annotations:              <none>
Selector:                 app=nginx
Type:                     NodePort
IP Family Policy:         SingleStack
IP Families:              IPv4
IP:                       10.96.163.213
IPs:                      10.96.163.213
Port:                     <unset>  80/TCP
TargetPort:               80/TCP
NodePort:                 <unset>  30000/TCP
Endpoints:
Session Affinity:         None
External Traffic Policy:  Cluster
Events:                   <none>
```

图 2-33　服务发现移除后端服务

将就绪探针探测的端口修改为 80，再次运行 d1.yaml，Pod 容器和服务发现可以正常运行。

② 验证存活探针。

进入名称为 d1-5668bcd77-54qt6 的 Pod 中，删除 Nginx 服务根目录下的 index.html 文件，命令如下。

```
[root@master project2]# kubectl exec -it d1-5668bcd77-54qt6 /bin/sh
root@d1-d1-fbbb7f5bf-hrgb5:/# rm /usr/share/nginx/html/index.html
```

等待一会儿，查看 Pod 运行状态，如图 2-34 所示。

```
[root@master project2]# kubectl get pod -o wide
NAME                 READY   STATUS    RESTARTS      AGE    IP               NODE    NOMINATED NODE   READINESS GA
TES
d1-5668bcd77-54qt6   0/1     Running   1 (11s ago)   7m12s  172.16.104.7     node2   <none>           <none>
d1-5668bcd77-8xp5q   1/1     Running   0             7m12s  172.16.166.132   node1   <none>           <none>
d1-5668bcd77-hk5nd   1/1     Running   0             7m12s  172.16.104.6     node2   <none>           <none>
```

图 2-34　删除 index.html 文件后查看 Pod 运行状态

从图 2-34 可以发现，名称为 d1-5668bcd77-54qt6 的 Pod 已经重新启动一次了。再次进入 d1-5668bcd77-54qt6，发现 index.html 文件也已经被恢复了，具体如下。

```
root@d1-5668bcd77-54qt6:/# ls /usr/share/nginx/html/
50x.html  index.html
```

删除文件后，Pod 重新启动的原因是在 YAML 脚本中定义了存活探针，当检测不到 index.html 文件时，Pod 就会重新启动。

任务 2-3 部署任务和守护型应用

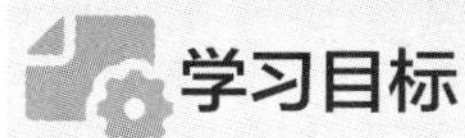

学习目标

知识目标

（1）掌握 Job 和 CronJob 控制器的应用场景。

（2）掌握 DaemonSet 控制器的应用场景。

技能目标

（1）能够使用 Job 控制器部署一次性任务，能够使用 CronJob 控制器部署周期性任务。

（2）能够使用 DaemonSet 控制器部署节点守护型应用。

素养目标

（1）通过学习不同控制器的作用，培养基于不同场景使用不同技术的能力。

（2）通过学习任务和守护型控制器，培养多元化思考的习惯。

2.3.1 任务描述

使用 Job 控制器可以进行批量的任务处理，确保每个任务都能够成功完成；使用 DaemonSet 控制器可以执行守护型任务，收集各个节点的运行状态、日志等信息。公司项目经理要求王亮编写 YAML 脚本，创建 Job、CronJob、DaemonSet 控制器，部署任务和节点守护型应用。

2.3.2 必备知识

1. Job 和 CronJob 控制器的应用场景

Job 控制器适用于一次性任务和错误处理，而 CronJob 控制器适用于基于时间表的定时任务调度，它们都为 Kubernetes 用户提供了灵活、可靠的方式来管理和执行各种类型的任务，具体应用场景如下。

（1）Job 控制器

① 批量处理任务。

对于需要一次性执行的任务，如数据处理、数据清洗、图像处理等，使用 Job 控制器可以确保任务成功完成。

② 定时任务。

某些任务可能不需要按照固定的时间表运行，而是在需要时启动一次。这些任务可以使用 Job 控制器来实现，确保任务在需要时能够启动并成功完成。

③ 错误处理和重试。

Job 控制器允许指定任务失败后的重试次数和间隔时间，这对于处理临时性错误或网络问题非常有用。

④ 并行处理。

通过配置并行 Job 控制器，可以同时运行多个任务副本，加快任务的完成速度，特别适用于大规模数据处理和计算密集型任务。

（2）CronJob 控制器

① 定时任务调度。

与传统的 Cron 作业类似，CronJob 控制器允许用户基于时间表调度任务，如每小时、每天、每周等执行特定的任务。

② 定期数据备份。

可以使用 CronJob 控制器定期执行数据库备份、文件系统备份等任务，以确保数据的安全性和可恢复性。

③ 定期报告生成。

使用 CronJob 控制器可以定期完成生成报告、汇总数据等工作，节省人力和时间成本。

④ 定期清理任务。

通过 CronJob 控制器可以定期完成清理过期数据、临时文件等工作，保持系统的清洁和稳定。

2. DaemonSet 控制器的应用场景

① 日志收集器。

在每个节点上运行日志收集器，将节点日志发送到集中的日志存储系统中，以便进行监控和故障排除。

② 监控代理。

在每个节点上运行监控代理，收集节点和容器的性能指标，并将其发送到监控系统中，以监视集群的健康状态。

③ 安全扫描器。

在每个节点上运行安全扫描器，定期检查节点和容器中的漏洞及安全问题，以确保集群的安全性。

④ 服务代理。

在每个节点上运行服务代理，将流量路由到集群内部的服务，提供负载均衡和服务发现功能。

2.3.3 使用 Job 控制器部署一次性任务

1. 查看资源定义字段

查看 Job 控制器的资源类型、服务版本和定义资源的字段，命令如下。

```
[root@master ~]# kubectl explain job
```

微课

V2-8 使用 Job 控制器部署一次性任务

返回结果重要信息如下。

```
GROUP:       batch
KIND:        Job
VERSION:     v1
FIELDS:
  apiVersion     <string>
  kind           <string>
  metadata       <ObjectMeta>
  spec           <JobSpec>
  status         <JobStatus>
```

从返回的结果中可以发现，Job 控制器的资源类型为 Job，资源属于组 batch，服务版本为 v1，所以 Job 资源类型的 API 版本为 batch/v1（组名/服务版本），定义资源的字段为 apiVersion、kind、metadata、spec、status 这 5 个字段。

2. 编写创建 Job 控制器的 YAML 脚本

（1）编写 YAML 脚本

在 project2 目录下创建 job.yaml 文件，打开文件，输入以下内容。

```
#定义资源版本
apiVersion: batch/v1
#定义资源类型
kind: Job
#定义元数据
```

```
metadata:
  name: job1
spec:
  #定义并发量为 1，执行 5 次
  parallelism: 1
  completions: 5
  template:
    spec:
      #定义容器信息
      containers:
      - name: nginx
        image: registry.cn-hangzhou.aliyuncs.com/lnstzy/nginx:alpine
        #定义容器运行时执行的命令
        command: [ "/bin/sh", "-c", "echo `date` && sleep 20s" ]
      restartPolicy: OnFailure
```

（2）代码语义

以上代码定义了一个名称为 job1 的 Job 类型的控制器，parallelism 定义为 1 表示串行执行任务，如果想并行执行任务，则可以将 parallelism 修改为非 1 的值，如果修改成 2，则表示并行执行两个任务；completions 表示执行任务的次数，定义为 5 后，系统会创建 5 个 Pod 执行任务。与 Deployment 控制器创建的 Pod 不同，使用 Job 控制器创建的 Pod 在执行完容器任务之后就运行结束了。

command: ["/bin/sh", "-c", "echo `date` && sleep 20s"]表示在容器运行时输出日期并休眠 20s。

在定义 Job 控制器运行一次性任务时，需要使用 restartPolicy 来定义 Pod 重启策略，值可以设置为 Always、OnFailure、Never。Always 策略（默认策略）表示当容器退出时，总是重启容器；OnFailure 策略表示当容器异常退出（退出状态码非 0）时，重启容器；Never 策略表示当容器退出时，从不重启容器。这里将其设置为 OnFailure。

（3）创建 Job 控制器并验证效果

① 查看任务执行情况。

使用编写好的 job.yaml 文件创建 Job 控制器，执行 5 个 Pod 中的任务，命令如下。

```
[root@master project2]# kubectl apply -f job.yaml
```

创建完成后，克隆一个 master 会话，在 master 会话中查看 job1 控制器，结果如图 2-35 所示。

```
[root@master project2]# kubectl get job
NAME   COMPLETIONS   DURATION   AGE
job1   2/5           54s        54s
```

图 2-35 在 master 会话中查看 job1 控制器

从图 2-35 可以发现，job1 控制器运行的 5 个任务已经完成了两个。在克隆的 master 会话中查看 Pod 运行情况，结果如图 2-36 所示。

```
[root@master ~]# kubectl get pod -o wide
NAME          READY   STATUS      RESTARTS   AGE   IP               NODE    NOMINATED NODE   READINESS GATES
job1-bf6f8    0/1     Completed   0          50s   192.168.104.59   node2   <none>           <none>
job1-dg4pz    0/1     Completed   0          27s   192.168.104.60   node2   <none>           <none>
job1-t6rvf    1/1     Running     0          4s    192.168.104.61   node2   <none>           <none>
```

图 2-36 在克隆的 master 会话中查看 Pod 运行情况

从图 2-36 可以发现，使用 job1 控制器创建了 3 个 Pod，其中两个 Pod 已经处于 Completed（完成）状态，容器数已经变成 0，还有一个容器正在运行，容器数是 1，说明创建的是任务控制器。当任务完成后，容器就退出了。

等待一会儿，再次查看 job1 控制器，结果如图 2-37 所示。

```
[root@master project2]# kubectl get job
NAME   COMPLETIONS   DURATION   AGE
job1   5/5           115s       9m33s
```

图 2-37 再次查看 job1 控制器

从图 2-37 可以发现，5 个任务都已经执行完成了。

在克隆的 master 会话中再次查看 Pod 运行情况，结果如图 2-38 所示。

```
[root@master ~]# kubectl get pod -o wide
NAME          READY   STATUS      RESTARTS   AGE   IP               NODE    NOMINATED NODE   READINESS GATES
job1-4lnq9    0/1     Completed   0          10m   192.168.104.63   node2   <none>           <none>
job1-bf6f8    0/1     Completed   0          12m   192.168.104.59   node2   <none>           <none>
job1-dg4pz    0/1     Completed   0          12m   192.168.104.60   node2   <none>           <none>
job1-t6rvf    0/1     Completed   0          11m   192.168.104.61   node2   <none>           <none>
job1-wbdcr    0/1     Completed   0          11m   192.168.104.62   node2   <none>           <none>
```

图 2-38　在克隆的 master 会话中再次查看 Pod 运行情况

从图 2-38 可以发现，5 个 Pod 都处于 Completed 状态，容器都已经退出。

② 查看任务执行效果。

可以通过 Pod 运行日志，查看任务执行效果，命令如下。

```
[root@master ~]# kubectl logs job1-4lnq9
```

结果如图 2-39 所示。

```
[root@master ~]# kubectl logs job1-4lnq9
Wed Apr 24 00:41:50 UTC 2024
```

图 2-39　查看任务执行效果

从图 2-39 可以发现，名称为 job1-4lnq9 的 Pod 执行了一次任务，输出了系统日期。

2.3.4　使用 CronJob 控制器部署周期性任务

1. 查看资源定义字段

微课

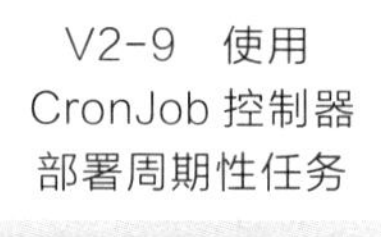

V2-9　使用 CronJob 控制器部署周期性任务

CronJob 控制器和 Job 控制器的定义非常类似，Job 控制器用来执行一次性任务，CronJob 控制器用来执行周期性任务。查看 CronJob 控制器的资源类型、服务版本和定义资源的字段，命令如下。

```
[root@master ~]# kubectl explain cronjob
```

返回结果重要信息如下。

```
GROUP:      batch
KIND:       CronJob
VERSION:    v1
FIELDS:
  apiVersion    <string>
  kind          <string>
  metadata      <ObjectMeta>
  spec          <CronJobSpec>
  status        <CronJobStatus>
```

从返回的结果中可以发现，CronJob 控制器的资源类型为 CronJob，资源属于组 batch，服务版本为 v1，所以 CronJob 资源类型的 API 版本为 batch/v1（组名/服务版本），定义资源的字段为 apiVersion、kind、metadata、spec、status 这 5 个字段。

2. 编写创建 CronJob 控制器的 YAML 脚本

（1）编写 YAML 脚本

在 project2 目录下创建 cronjob.yaml 文件，打开文件，输入以下内容。

```
#定义资源版本
apiVersion: batch/v1
#定义资源类型
kind: CronJob
#定义元数据
metadata:
 name: job2
spec:
#定义每分钟执行一次任务
```

```
    schedule: "*/1 * * * *"
    jobTemplate:
      spec:
       template:
         spec:
           containers:
           - name: nginx
             image: registry.cn-hangzhou.aliyuncs.com/lnstzy/nginx:alpine
             #定义任务为输出系统日期
             command: [ "/bin/sh", "-c", "echo `date` " ]
           #定义重启策略
           restartPolicy: OnFailure
```

（2）代码语义

以上代码定义了一个名称为 job2 的 CronJob 类型的控制器，通过 schedule 字段定义了每隔 1min 执行一次 Pod 中的容器任务，通过 jobTemplate 字段定义了一个 Job 任务，动作是在创建的 Pod 容器中输出系统日期。

（3）创建 CronJob 控制器并验证效果

① 查看任务执行情况。

使用编写好的 cronjob.yaml 文件创建 CronJob 控制器，命令如下。

```
[root@master project2]# kubectl apply -f cronjob.yaml
```

创建完成后，查看 job2 控制器，结果如图 2-40 所示。

从图 2-40 可以看出，job2 控制器已经正常运行了，执行任务的时间间隔是 1min，上一次的调度时间是 48s 前。查看 job2 控制器运行的 Pod 信息，结果如图 2-41 所示。

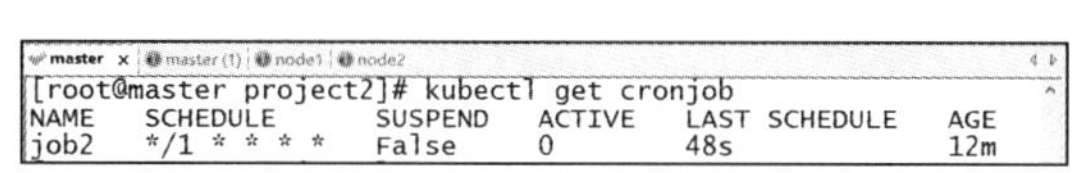

```
[root@master project2]# kubectl get cronjob
NAME   SCHEDULE      SUSPEND   ACTIVE   LAST SCHEDULE   AGE
job2   */1 * * * *   False     0        48s             12m
```

图 2-40 查看 job2 控制器

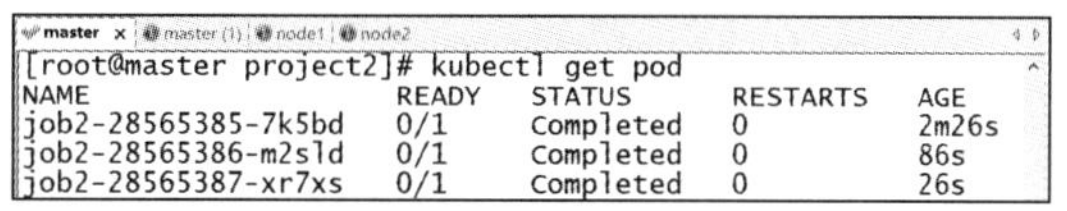

```
[root@master project2]# kubectl get pod
NAME                   READY   STATUS      RESTARTS   AGE
job2-28565385-7k5bd    0/1     Completed   0          2m26s
job2-28565386-m2sld    0/1     Completed   0          86s
job2-28565387-xr7xs    0/1     Completed   0          26s
```

图 2-41 查看 job2 控制器运行的 Pod 信息

从图 2-41 可以发现，job2 控制器通过运行 Pod 执行了周期性任务，当任务完成后，状态为 Completed；Pod 中的容器数为 0 表示当任务执行完成后，容器正常退出。

② 查看任务执行效果。

可以通过 Pod 运行日志，查看任务执行效果，命令如下。

```
[root@master ~]# kubectl logs job2-28565385-7k5bd
```

结果如图 2-42 所示。

```
[root@master ~]# kubectl logs job2-28565385-7k5bd
Wed Apr 24 01:45:00 UTC 2024
```

图 2-42 查看任务执行效果

从图 2-42 可以发现，名称为 job2-28565385-7k5bd 的 Pod 执行了一次任务，输出了系统日期。

2.3.5 使用 DaemonSet 控制器部署节点守护型应用

微课

V2-10 使用 DaemonSet控制器部署节点守护型应用

1. 查看资源定义字段

使用 DaemonSet 控制器可以在集群中的每个节点上创建 Pod，主要用于收集节点信息，包括软硬件运行状态、日志等信息。查看 DaemonSet 控制器的资源类型、服务版本和定义资源的字段，命令如下。

```
[root@master ~]# kubectl explain daemonset
```

返回结果重要信息如下。

```
GROUP:       apps
KIND:        DaemonSet
VERSION:     v1
FIELDS:
  apiVersion     <string>
  kind           <string>
  metadata       <ObjectMeta>
  spec           <DaemonSetSpec>
  status         <DaemonSetStatus>
```

从返回的结果中可以发现，DaemonSet 控制器的资源类型为 DaemonSet，资源属于组 apps，服务版本为 v1，所以 DaemonSet 资源类型的 API 版本为 apps/v1（组名/服务版本），定义资源的字段为 apiVersion、kind、metadata、spec、status 这 5 个字段。

2. 编写创建 DaemonSet 控制器的 YAML 脚本

（1）编写 YAML 脚本

在 project2 目录下创建 daemonset.yaml 文件，打开文件，输入以下内容。

```
apiVersion: apps/v1
kind: DaemonSet
metadata:
 name: node-exporter
spec:
  selector:
    matchLabels:
     app: node-exporter
  template:
    metadata:
     labels:
       app: node-exporter
    spec:
      hostNetwork: true                          #共享主机网络
      hostPID: true                              #允许容器使用宿主机的进程空间
      containers:
      - name: node-exporter
        image: registry.cn-hangzhou.aliyuncs.com/lnstzy/node-exporter:v0.18.0
        ports:
        - containerPort: 9100
          hostPort: 9100  #共享主机网络后，通过监听主机的 9100 端口实现监听容器的 9100 端口
```

（2）代码语义

以上代码定义了一个名称为 node-exporter 的 DaemonSet 控制器，在集群的每个节点上使用 registry.cn-hangzhou.aliyuncs.com/lnstzy/node-exporter:v0.18.0 镜像运行名称为 node-exporter 的容器，该容器作为守护型应用，功能是抓取每个节点的信息（如 CPU、内存、磁盘等）。node-exporter 是 Prometheus 生态系统中的一个重要组件，允许 Prometheus 通过 HTTP 接口抓取主机的各种指标数据，以进行分析、展示和告警。

为实现将访问节点 9100 端口的流量转发到容器服务的 9100 端口，可设置 hostNetwork 字段的值为 true；为实现容器使用宿主机的进程空间，获取宿主机上的资源，可设置 hostPID 字段的值为 true。

（3）创建 DaemonSet 控制器并验证效果

① 查看控制器状态。

使用编写好的 daemonset.yaml 文件创建 DaemonSet 控制器，命令如下。

```
[root@master project2]# kubectl apply -f daemonset.yaml
```

创建完成后，查看 DaemonSet 控制器，结果如图 2-43 所示。

```
[root@master project2]# kubectl get daemonset
NAME            DESIRED   CURRENT   READY   UP-TO-DATE   AVAILABLE   NODE SELECTOR   AGE
node-exporter   2         2         2       2            2           <none>          35m
```

图 2-43　查看 DaemonSet 控制器

从图 2-43 可以发现，名称为 node-exporter 的 DaemonSet 控制器已经创建成功了，当前运行的 Pod 数是 2。查看 DaemonSet 控制器运行的 Pod，结果如图 2-44 所示。

```
[root@master project2]# kubectl get pod -o wide
NAME                  READY   STATUS    RESTARTS   AGE   IP               NODE    NOMINATED NODE   READINESS GATES
node-exporter-ql16b   1/1     Running   0          23m   192.168.200.30   node2   <none>           <none>
node-exporter-sxvql   1/1     Running   0          23m   192.168.200.20   node1   <none>           <none>
```

图 2-44　查看 DaemonSet 控制器运行的 Pod

从图 2-44 可以发现，DaemonSet 控制器在 node1 和 node2 节点上都运行了一个 Pod。当前集群中有 3 个节点，正常情况下，DaemonSet 控制器应该在每个节点上都部署 Pod，为什么只在 node1 和 node2 节点上部署 Pod 呢？这是因为从 Kubernetes 1.6 开始，master 节点上存在 NoSchedule 污点，而 Pod 没有容忍该污点，也就没有创建成功。如果一定要调度 Pod 到 master 节点，则可以去掉 master 节点的污点或者设置 Pod 的容忍度，这部分内容将在项目 4 中讲解。

② 验证容器运行效果。

在 Windows 主机上，可以通过浏览器访问 node1 和 node2 节点的 9100 端口，查看节点信息。在 Windows 主机的浏览器中，输入 http://192.168.200.20:9100/metrics 访问 node1 节点，结果如图 2-45 所示。

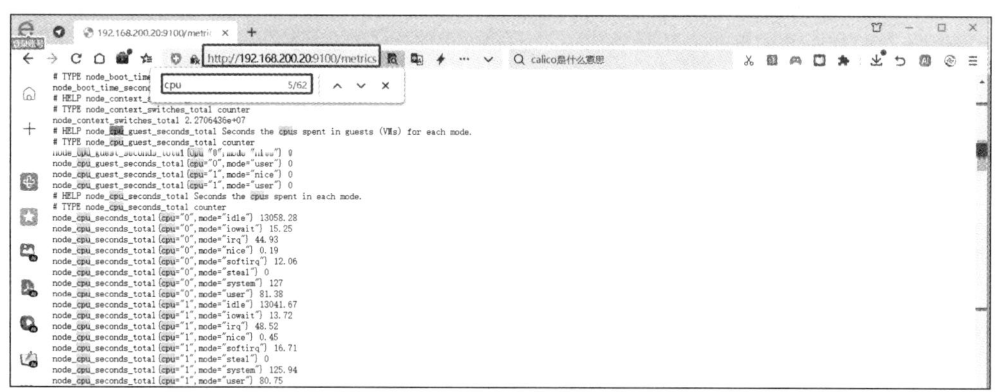

图 2-45　查看 node1 节点的信息

当返回信息页面后，可以查询 node1 节点的各种信息，图 2-45 所示为 CPU 硬件信息。

项目小结

Pod是Kubernetes容器云平台的基本组织单元，每个Pod都包含一个或者多个容器。在集群中部署Pod可以满足用户部署应用的需求，单独部署Pod无法实现业务的冗余备份和自动扩缩容，通过控制器可以部署多个Pod，实现对Pod的管理。在部署多个Pod后，部署Service服务发现可以实现Pod中业务的统一接口和负载均衡访问。Job控制器可以通过串行或者并行方式执行一次性任务，CronJob控制器应用于执行周期性任务的场景，DaemonSet控制器可以在集群中的每个节点上部署Pod，经常应用于收集节点信息的场景。

项目练习与思考

1. 选择题

（1）使用 kubectl 命令创建 Pod 时，需要指定创建容器的（　　）。

A. 镜像　　B. 存储　　C. 网络　　D. CPU

（2）使用 kubectl get pod 命令可以获取（　　）命名空间下的 Pod。

A. default　　B. kube-system　　C. network　　D. flannel

（3）当使用 YAML 脚本创建集群资源时，使用 kubectl（　　）命令可以查看资源的类型。

A. describe　　B. explain　　C. get　　D. apply

（4）使用 kubectl（　　）命令可以查看某个资源的详细信息。

A. describe　　B. explain

C. Controller Manager　　D. Scheduler

（5）Service 服务发现的（　　）要与后端 Pod 的标签相同。

A. 副本数　　B. 标签　　C. 网络　　D. 存储

2. 填空题

（1）Deployment 控制器可以控制________的副本数。

（2）使用________服务可以设置后端 Pod 服务的统一入口。

（3）Job 控制器可以执行________任务。

（4）CronJob 控制器可以执行________任务。

（5）DaemonSet 控制器可以部署________应用。

3. 简答题

（1）简述 Kubernetes 的核心资源。

（2）简述使用 YAML 脚本创建资源的优势。

项目 3

认证授权用户访问集群资源

项目描述

公司有多位管理人员需要登录和操作Kubernetes集群。同时，为方便集群运维，管理员基于Pod容器部署了Dashboard图形化界面。公司项目经理要求王亮创建用于管理人员登录系统的UserAccount系统账户并授予相应权限，实现管理人员的登录和运维；为Dashboard图形化界面创建ServiceAccount服务账户并授予相应权限，实现通过Dashboard图形化界面运维集群资源。

该项目思维导图如图3-1所示。

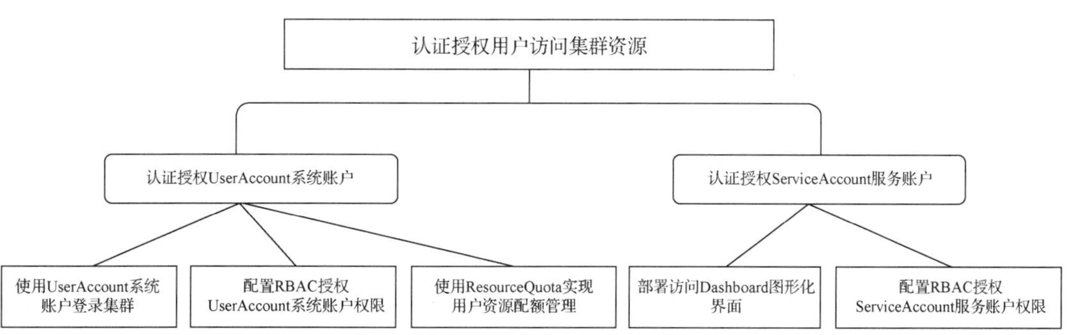

图 3-1 项目 3 思维导图

任务 3-1 认证授权 UserAccount 系统账户

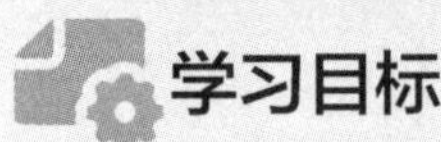

学习目标

知识目标

（1）掌握 UserAccount 用户账户的作用。

（2）掌握用户和角色的绑定方法。

技能目标

（1）能够在 node 节点上创建 UserAccount 系统账户。

（2）能够使用 RBAC 授权 UserAccount 系统账户访问集群资源。

素养目标

（1）通过学习创建 UserAccount 系统账户，培养在完成任务的过程中缜密思考和勇于探索的品质。

（2）通过学习 UserAccount 系统账户授权，培养基于不同场景选择技术和随机应变的能力。

3.1.1 任务描述

公司运维部门有多位管理人员需要登录 Kubernetes 集群，并需要根据项目需求部署相关任务。公司项目经理要求王亮创建 UserAccount 系统账户，通过基于角色的访问控制（Role-Based Access Control，RBAC）授予 UserAccount 系统账户权限，并将创建好的 UserAccount 系统账户分配给管理人员使用。

3.1.2 必备知识

1. UserAccount

在 Kubernetes 中，UserAccount（用户账户）是管理员使用的账户，它用于进行身份验证和授权，以便用户可以与 Kubernetes 集群进行交互并执行操作，它包含以下功能。

（1）身份验证

管理员登录到 Kubernetes 集群时通过用户账户进行身份验证。

（2）访问权限控制

Kubernetes 使用 RBAC 来管理用户账户的访问权限。

（3）审计和安全性

Kubernetes 提供审计功能，可记录用户账户的活动和操作。为确保用户账户的安全性，应采取措施来限制访问权限、定期更新凭证、启用访问审计等。

2. kubectl

kubectl 是提供给管理员操作集群的客户端工具。当管理员在 master 节点上使用 kubectl 客户端进行操作时，Kubernetes 使用/root/.kube/config 配置文件验证 kubectl 客户端的身份。配置文件中包含以下内容。

（1）clusters（集群）

这部分表示 Kubernetes 集群信息，其中包括集群的名称、API 服务器的地址、用于验证服务器有效性的 CA 证书数据等。

（2）users（用户）

这部分表示用户身份验证信息，其中包括用户名、密码、客户端证书等。这些凭据会以明文或加密形式存储在配置文件中。

（3）contexts（上下文）

contexts 是一个配置集，它是一个集群、一个用户和一个命名空间的组合。contexts 指定了在使用 kubelet 时的集群和用户，系统允许在多个 contexts 之间进行切换。

（4）current-context（当前上下文）

这个字段指定了当前正在使用的上下文名称。当使用 kubectl 命令时，系统会使用当前上下文中定义的集群和用户信息。

3. 命名空间

Kubernetes 中的 Namespace（命名空间）是一种用于将集群资源划分为多个虚拟集群的方式，使不同的团队或项目可以在同一个 Kubernetes 集群中独立地工作，不会互相干扰。命名空间组织和管理资源的优势如下。

（1）资源隔离

每个命名空间都提供了一个独立的资源作用域，同一集群中不同命名空间的资源是隔离的，一个命名空间中的资源不会直接影响另一个命名空间中的资源。

（2）命名空间范围内的资源名称具有唯一性

在同一个命名空间内，资源的名称必须是唯一的，可以在不同的命名空间中使用相同的名称来标识不同的资源。

（3）资源配额

通过为每个命名空间设置资源配额，可以限制该命名空间中可以使用的资源的数量。

（4）访问控制

通过使用 RBAC 控制哪些系统账户或服务账户有权访问特定命名空间中的资源。

（5）环境隔离

使用命名空间将开发、测试和生产环境分开，从而更好地管理不同环境中的资源。

4. RBAC

RBAC 是 Kubernetes 中常用的一种访问控制方式，管理员通过定义角色和角色绑定来控制用户操作集群资源的权限，包括以下重要内容。

（1）角色

角色定义了用户操作集群资源的权限，分为 Role 命名空间级别角色和 ClusterRole 集群级别角色（所有命名空间）。在创建 Role 角色时，需要定义该角色对某个命名空间具有哪些权限；在创建 ClusterRole 角色时，需要定义该角色对集群具有哪些权限。

（2）权限

权限用于指定角色对集群资源的操作范围，以下是一些常用的权限。

get：允许用户获取资源的信息。

list：允许用户列出资源的信息。

watch：允许用户监视资源的变化。

create：允许用户创建资源。

update：允许用户更新（修改）资源。

delete：允许用户删除资源。

patch：允许用户通过 patch 操作对资源进行局部更新。

exec：允许用户执行 Pod 内的命令。

（3）角色绑定

在定义了角色后，就可以将用户绑定到角色上。角色绑定包括以下两种。

RoleBinding（命名空间级别角色绑定）：将命名空间角色绑定到系统账户、组或者服务账户，授予用户命名空间级别权限。

ClusterRoleBinding（集群级别角色绑定）：将集群角色绑定到特定的账户、组或者服务账户，授予用户整个集群权限。

5. ResourceQuota

ResourceQuota 是一种资源配额管理机制，用于限制命名空间中的资源使用量。ResourceQuota 可以为命名空间中的各种资源（如 CPU、内存、持久存储等）设置配额，以确保在集群中的多个命名空间之间实现资源的公平分配和使用。如果某个命名空间超出了其设置的配额限制，则 Kubernetes 会拒绝该命名空间中新创建的资源对象，直到资源使用量回到配额范围内。这有助于避免某个命名空间过度消耗资源，从而影响到其他命名空间的运行。

ResourceQuota 可以针对以下资源进行配额管理。

CPU：指定命名空间中可使用的 CPU 资源的最大量。

内存：指定命名空间中可使用的内存资源的最大量。

持久存储：指定命名空间中可使用的持久存储资源的最大量。

服务：指定命名空间中可创建的服务对象的最大数量。

副本控制器：指定命名空间中可创建的副本控制器对象的最大数量。

持久卷声明：指定命名空间中可创建的持久卷声明对象的最大数量。

3.1.3 使用 UserAccount 系统账户登录集群

1. 查看 master 节点的 kubectl 客户端登录信息

微课

V3-1 使用 UserAccount 系统账户登录集群

（1）查看配置文件

在 master 节点上，通过查看配置文件可以发现当前集群的 clusters（集群）、users（用户）、contexts（上下文）、current-context（当前上下文）等 kubectl 客户端操作集群的登录信息，命令如下。

```
[root@master ~]# cat .kube/config
```

（2）使用命令查看登录信息

使用 kubectl config 命令可以查看 kubectl 客户端登录信息，使用--help 可以查看到相关帮助信息。查看 kubectl 客户端登录信息的命令如下。

```
[root@master ~]# kubectl config view
```

结果如图 3-2 所示。

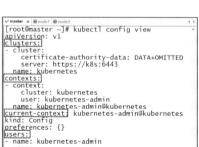

```
[root@master ~]# kubectl config view
apiVersion: v1
clusters:
- cluster:
    certificate-authority-data: DATA+OMITTED
    server: https://k8s:6443
  name: kubernetes
contexts:
- context:
    cluster: kubernetes
    user: kubernetes-admin
  name: kubernetes-admin@kubernetes
current-context: kubernetes-admin@kubernetes
kind: Config
preferences: {}
users:
- name: kubernetes-admin
  user:
    client-certificate-data: DATA+OMITTED
    client-key-data: DATA+OMITTED
```

图 3-2 查看 kubectl 客户端登录信息

从结果中可以发现，在当前集群的 clusters 信息中，集群名称为 kubernetes，服务器地址为 https://k8s:6443；在 users 信息中，包含名称为 kubernetes-admin 的用户；在 contexts 信息中，包含名称为 kubernetes-admin@kubernetes 的上下文；current-context 定义了当前的上下文为 kubernetes-admin@kubernetes，表示当前正在使用 kubernetes-admin 用户操作名称为 kubernetes 的集群。

2. 在 node1 节点上创建 UserAccount 系统账户

在当前环境下，只能在 master 节点上操作集群，下面在 node1 节点上创建 user1 用户并进行登录认证配置，实现在 node1 节点登录 Kubernetes 集群。

（1）在 node1 节点上使用 kubectl 命令操作集群

在 node1 节点上，使用 kubectl 命令获取集群节点信息，返回结果如图 3-3 所示。

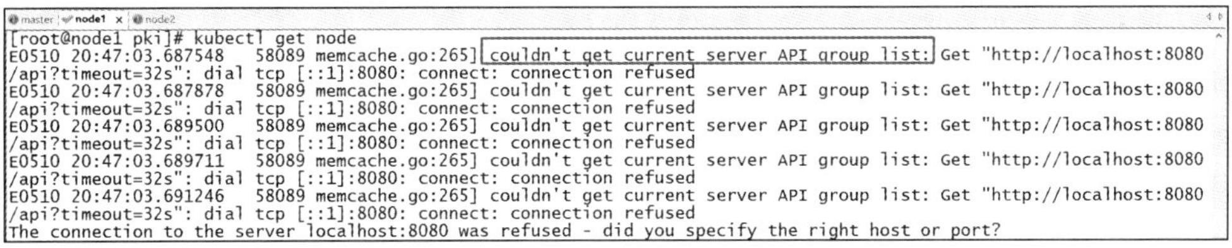

```
[root@node1 pki]# kubectl get node
E0510 20:47:03.687548   58089 memcache.go:265] couldn't get current server API group list: Get "http://localhost:8080
/api?timeout=32s": dial tcp [::1]:8080: connect: connection refused
E0510 20:47:03.687878   58089 memcache.go:265] couldn't get current server API group list: Get "http://localhost:8080
/api?timeout=32s": dial tcp [::1]:8080: connect: connection refused
E0510 20:47:03.689500   58089 memcache.go:265] couldn't get current server API group list: Get "http://localhost:8080
/api?timeout=32s": dial tcp [::1]:8080: connect: connection refused
E0510 20:47:03.689711   58089 memcache.go:265] couldn't get current server API group list: Get "http://localhost:8080
/api?timeout=32s": dial tcp [::1]:8080: connect: connection refused
E0510 20:47:03.691246   58089 memcache.go:265] couldn't get current server API group list: Get "http://localhost:8080
/api?timeout=32s": dial tcp [::1]:8080: connect: connection refused
The connection to the server localhost:8080 was refused - did you specify the right host or port?
```

图 3-3 在 node1 节点上使用 kubectl 命令获取集群节点信息时的返回结果

从结果中可以发现，在使用 kubectl 命令获取集群节点时，提示无法得到当前的 API 服务器，这是由于没有配置 kubectl 客户端认证信息。

（2）准备为客户端签名的根证书文件和私钥文件

进入/etc/kubernetes/pki 目录，查看目录下的内容，命令如下。

```
[root@node1 pki]# ls
ca.crt
```

ca.crt 文件是 Kubernetes 集群的根证书文件，其作用是签署其他证书，包括 API 服务器证书、客户端证书等。ca.crt 文件在 Kubernetes 集群中起着至关重要的作用，是整个集群安全通信的基础。

因为为用户签名不但要使用根证书 ca.crt，而且要使用根证书的私钥文件，所以要将 master 节点的根证书私钥文件 ca.key 复制到当前目录下，命令如下。

```
[root@node1 pki]# scp root@master:/etc/kubernetes/pki/ca.key .
```

在提示信息中输入 yes 和 master 节点的密码 1，完成 ca.key 私钥文件的复制。

（3）创建用户证书文件

创建用户证书文件时，首先要创建一个私钥文件，然后利用私钥文件创建用于申请证书的请求文件，最后通过根证书进行签名。

① 创建私钥文件。

使用 openssl genrsa 命令创建私钥文件 user1.key，命令如下。

```
[root@node1 pki]# openssl genrsa -out user1.key
```

② 创建用于申请证书的请求文件。

基于私钥文件 user1.key，使用 openssl req 命令创建用于申请证书的请求文件 user1.csr，命令如下。

```
[root@node1 pki]# openssl req -new -key user1.key -out user1.csr -subj
"/CN=user1/O=dev"
```

其中，/CN=user1/O=dev 是一个通用的证书主题（Subject）格式，用于描述证书持有者的身份信息；CN 表示 Common Name（通用名称），用于指定证书的主体名称；O 表示 Organization（组织），用于指定证书持有者所属的组织或实体。

③ 通过根证书进行签名。

基于创建好的请求文件 user1.csr，创建用户证书文件 user1.crt，命令如下。

```
[root@node1 pki]# openssl x509 -req -days 36500 -in user1.csr -out user1.crt
-CA ca.crt -CAkey ca.key -CAcreateserial
```

该命令会将请求文件 user1.csr 与根证书文件 ca.crt 和私钥文件 ca.key 结合起来，生成一个由根证书签名的用户证书文件 user1.crt。这个用户证书文件用于在 Kubernetes 中进行安全身份验证和访问控制。具体的参数作用如下。

-req：表示要生成一个证书。

-days 36500：指定生成证书的有效期是 36500 天。

-in user1.csr：指定证书请求文件的路径和名称。

-out user1.crt：指定要生成的用户证书文件的路径和名称。

-CA ca.crt：指定用于签署用户证书的证书颁发机构（Certificate Authority，CA）的根证书文件路径和名称。

-CAkey ca.key：指定用于签署用户证书的 CA 私钥文件路径和名称。

-CAcreateserial：表示 OpenSSL 将自动创建一个序列号文件（ca.srl），该文件用于跟踪每个签名证书的唯一标识。

证书文件 user1.crt 创建成功后，可以查看其详细信息，命令如下。

```
[root@node1 pki]# openssl x509 -text -in user1.crt
```

（4）创建 user1 用户

基于创建好的 user1.crt，创建 user1 用户，命令如下。

```
[root@node1 pki]# kubectl config set-credentials user1 --client-certificate
user1.crt --client-key user1.key --embed-certs=true
```

通过以上命令，user1 用户的证书和私钥内容将被添加到 Kubernetes 配置文件中，user1 用户可以使用 kubelet 工具与 Kubernetes 集群进行安全通信。具体的参数作用如下。

user1：指定要设置的用户的名称，它是用户的身份标识符。

--client-certificate：指定用户证书文件的路径和名称。

--client-key：指定用户私钥文件的路径和名称。

--embed-certs=true：表示将证书和私钥的内容嵌入 Kubernetes 配置文件中，实现当用户使用 kubectl 工具与 Kubernetes 集群通信时，不再需要手动指定证书和私钥位置，而是直接从配置文件中获取。

3. 配置其他登录信息

（1）配置集群信息

创建完用户后，还要配置集群信息和上下文信息。使用 kubectl config 命令配置集群信息，命令如下。

```
[root@node1 pki]# kubectl config set-cluster kubernetes --server=
'https://k8s:6443' --certificate-authority='ca.crt' --embed-certs=true
```

通过执行以上命令，可以将 Kubernetes 集群的连接信息添加到指定的 kubeconfig 文件中。具体的参数作用如下。

kubernetes：指定要设置的集群名称。

--server='https://k8s:6443'：指定 Kubernetes API 服务器地址为 https://k8s:6443。

--certificate-authority='ca.crt'：指定用于验证服务器证书的 CA 根证书文件的路径和名称。

--embed-certs=true：将 CA 根证书的内容嵌入 kubeconfig 文件中。在使用 kubeconfig 文件连接 Kubernetes 集群时，kubelet 将自动使用嵌入的 CA 根证书来验证服务器的身份。

（2）配置上下文信息

上下文信息指的是用户信息和集群信息的绑定。当集群中有多个用户时，上下文信息会有多个，所以还要配置集群当前的上下文信息。配置集群的上下文信息为 user1@kubernetes，命令如下。

```
[root@node1 pki]# kubectl config set-context user1@kubernetes --user user1
--cluster kubernetes
```

以上命令用于对 user1 用户和 kubernetes 集群进行绑定，并设置绑定后的上下文名称为 user1@kubernetes。设置完成后，将上下文 user1@kubernetes 设置为当前生效的上下文，命令如下。

```
[root@node1 pki]# kubectl config use-context user1@kubernetes
```

4. 测试 user1 用户

（1）查看登录信息

在 node1 节点上创建 user1 用户并配置集群信息和上下文信息后，查看当前登录信息，命令如下。

```
[root@node1 pki]# kubectl config view
```

结果如图 3-4 所示。

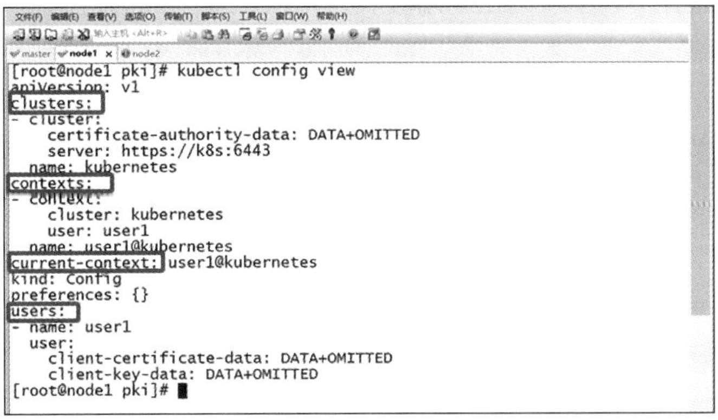

```
[root@node1 pki]# kubectl config view
apiVersion: v1
clusters:
- cluster:
    certificate-authority-data: DATA+OMITTED
    server: https://k8s:6443
  name: kubernetes
contexts:
- context:
    cluster: kubernetes
    user: user1
  name: user1@kubernetes
current-context: user1@kubernetes
kind: Config
preferences: {}
users:
- name: user1
  user:
    client-certificate-data: DATA+OMITTED
    client-key-data: DATA+OMITTED
[root@node1 pki]#
```

图 3-4　在 node1 节点上查看当前登录信息

从结果中可以发现，当前的 clusters 信息、contexts 信息、current-context 信息、users 信息和配置的完全一致。

（2）测试 user1 用户登录集群

因为当前的上下文是 user1@kubernetes，所以当使用 kubectl 命令操作集群时，会使用 user1 用户登录集群，集群会对 user1 用户进行验证。使用 kubectl 命令查看集群节点，结果如图 3-5 所示。

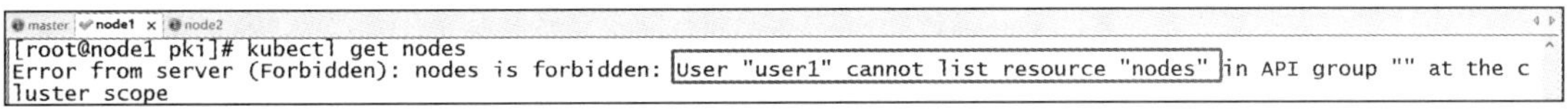

```
[root@node1 pki]# kubectl get nodes
Error from server (Forbidden): nodes is forbidden: User "user1" cannot list resource "nodes" in API group "" at the c
luster scope
```

图 3-5　查看集群节点

返回的结果提示 user1 用户不能列出节点资源，说明 user1 用户已经能够成功登录集群，但是没有权限访问集群的资源。

3.1.4 配置 RBAC 授权 UserAccount 系统账户权限

1. 授权 user1 用户命名空间级别权限

微课
V3-2 配置 RBAC 授权 UserAccount 系统账户权限

通过 RBAC 授予用户权限时，首先要创建用户角色，然后通过角色绑定将用户和角色绑定在一起，该用户就具备了相应的角色。

（1）创建 Role 命名空间级别角色

因为在 node1 节点上创建的 user1 用户还不具备任何权限，所以创建角色时，要在 master 节点上使用 kubernetes-admin 用户进行操作。在用户家目录下创建 project3 目录，使用 kubectl explain Role 命令查看定义命名空间级别角色时使用的资源类型 Role，获取创建资源的 API 版本、资源类型和定义资源的字段信息。通过获取到的信息编写 pod-reader.yaml 文件，具体如下。

```
apiVersion: rbac.authorization.k8s.io/v1
kind: Role
metadata:
 namespace: default     #定义角色在 default 命名空间下生效
 name: pod-reader      #定义角色名称为 pod-reader
rules:
- apiGroups: [""]        #核心组资源
  resources: ["pods"]                  #定义可以操作核心组中的 Pod
  verbs: ["get", "list", "watch"] #定义资源的操作权限为获取、列出、监视变化
```

以上脚本创建了名称为 pod-reader 的角色，定义了在 default 命名空间下对核心组中的 Pod 具备获取、列出和监视变化的权限。其中，apiGroups 分组是 Kubernetes 中不同类型的资源组织方式。设置 apiGroups 的值为[""]表示核心组，核心组中包括 Pod、Service、Deployment、Namespace 等资源。配置完成后，在 master 节点上执行 pod-reader.yaml 文件，命令如下。

```
[root@master project3]# kubectl apply -f pod-reader.yaml
```

（2）创建命名空间级别角色绑定

在 master 节点上，创建命名空间级别角色绑定 user1-pod-reader，以将 user1 用户绑定到 pod-reader 命名空间级别角色上，命令如下。

```
[root@master project3]# kubectl create rolebinding user1-pod-reader
--role=pod-reader --user=user1
```

绑定完成后，查看用户和角色绑定信息，命令如下。

```
[root@master project3]# kubectl get rolebindings
```

结果如图 3-6 所示。

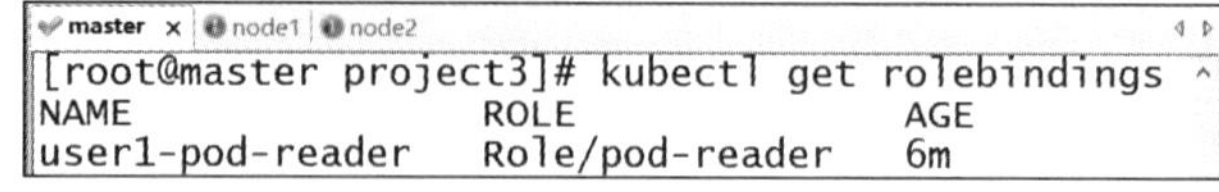

图 3-6 查看用户和角色绑定信息

从结果中可以发现，user1 用户已经绑定到了 pod-reader 命名空间级别角色上。

（3）验证 user1 用户权限

将 user1 用户和 pod-reader 命名空间级别角色绑定后，user1 用户就拥有了在 default 命名空间下获取、列出、监视 Pod 变化的权限。在 master 节点上创建一个 default 命名空间下的 Pod，命令如下。

```
[root@master project3]# kubectl run nginx --image=registry.cn-hangzhou.
aliyuncs.com/lnstzy/nginx:alpine --port=80
```

在 node1 节点上查看 default 命名空间下的 Pod 信息，结果如图 3-7 所示。

```
[root@node1 ~]# kubectl get pod
NAME    READY   STATUS    RESTARTS   AGE
nginx   1/1     Running   0          29s
```

图 3-7　在 node1 节点上查看 default 命名空间下的 Pod 信息

从结果中可以发现，在 node1 节点上已经能够查看到 default 命名空间下的 Pod 信息，说明 user1 用户已经具备了查看 default 命名空间下 Pod 信息的权限。

在 node1 节点上使用 kubectl 命令删除名称为 nginx 的 Pod，结果如图 3-8 所示。

```
[root@node1 ~]# kubectl delete pod nginx
Error from server (Forbidden): pods "nginx" is forbidden: User "user1" cannot delete resource "pods"
 in API group "" in the namespace "default"
```

图 3-8　在 node1 节点上使用 kubectl 命令删除名称为 nginx 的 Pod

此时，命令执行失败，结果中显示 user1 用户不能删除 Pod，这是由于在配置与 user1 用户绑定的角色的权限时，没有授予用户 delete 权限。

（4）授权用户命名空间下所有资源的所有权限

如果希望 user1 用户具备 default 命名空间下所有资源的所有权限，则可以将 pod-reader 中的 rules（权限规则）部分修改成以下内容。

```
- apiGroups: ["*"]          #所有分组
  resources: ["*"]          #所有资源
  verbs: ["*"]              #所有权限
```

修改完成后，重新执行 pod-reader.yaml 文件，再次在 node1 节点上删除名称为 nginx 的 Pod，结果如图 3-9 所示。

```
[root@node1 ~]# kubectl delete pod nginx
pod "nginx" deleted
```

图 3-9　再次在 node1 节点上删除名称为 nginx 的 Pod

从结果中可以发现，当修改了 pod-reader 的角色权限后，user1 用户已经具备了 default 命名空间下所有资源的所有权限，所以能够删除 default 命名空间下的 Pod 资源。

2. 授权 user1 用户集群级别权限

（1）创建 ClusterRole 集群级别角色

将 user1 用户绑定到命名空间级别的 Role 后，user1 用户只能访问定义的命名空间级别资源，无法访问集群级别的资源。在 node1 节点上列出集群节点资源，结果如图 3-10 所示。

```
[root@node1 ~]# kubectl get nodes
Error from server (Forbidden): nodes is forbidden: User "user1" cannot list resource "nodes" in
API group "" at the cluster scope
```

图 3-10　在 node1 节点上列出集群节点资源

从结果中可以发现无法列出集群节点资源，原因是 user1 用户不具备列出集群级别节点资源的权限。为了使 user1 用户可以列出集群级别的节点资源，要先创建 ClusterRole 集群级别的角色，并授予该角色列出节点的权限，再将角色绑定到 user1 用户上。在 project3 目录下创建一个文件，名称为 node-reader.yaml，打开文件，输入以下内容。

```
apiVersion: rbac.authorization.k8s.io/v1
kind: ClusterRole
metadata:
```

```
  name: node-reader
rules:
- apiGroups: [""]                #核心组
  resources: ["nodes"]           #核心组中的节点资源
  verbs: ["get", "list"]         #操作权限
```

以上脚本创建了名称为 node-reader 的 ClusterRole 集群级别角色，并授予该角色获取和列出核心组中节点资源的权限。使用该脚本创建 node-reader 角色，命令如下。

```
[root@master project3]# kubectl apply -f node-reader.yaml
```

（2）绑定用户和角色

创建了 node-reader 集群级别角色之后，创建集群级别的角色绑定，将该角色和 user1 用户绑定在一起，使 user1 用户具备查看节点资源的权限，命令如下。

```
[root@master project3]# kubectl create clusterrolebinding cluster-node-reader --clusterrole node-reader --user user1
```

（3）验证 user1 用户权限

在 node1 节点上再次列出集群节点资源，结果如图 3-11 所示。

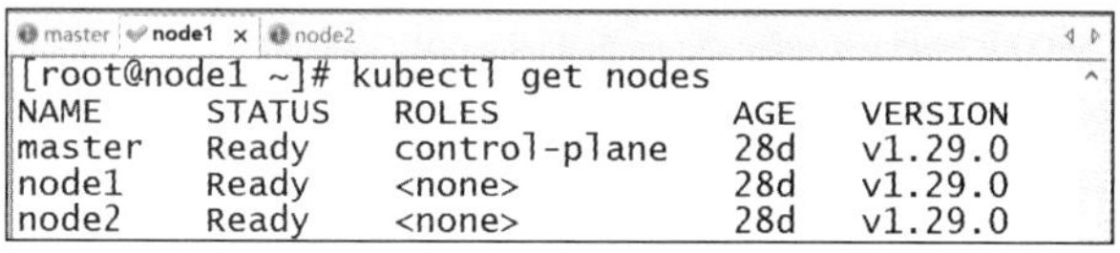

```
[root@node1 ~]# kubectl get nodes
NAME      STATUS   ROLES           AGE   VERSION
master    Ready    control-plane   28d   v1.29.0
node1     Ready    <none>          28d   v1.29.0
node2     Ready    <none>          28d   v1.29.0
```

图 3-11 在 node1 节点上再次列出集群节点资源

从结果中可以发现，在 node1 节点上已经能够列出集群节点资源了，说明 user1 用户已经具备列出集群节点资源的权限。

（4）授予用户集群所有资源的所有权限

user1 用户与 node-reader 集群级别角色绑定后，只具备从集群中获取、列出节点资源的权限。如果想让 user1 用户具备管理集群中任何命名空间的任何资源的权限，则需要将 user1 用户设置为集群管理员。可以通过以下两种方法将 user1 用户设置为集群管理员。

① 定义角色 rules 权限规则。

打开 node-reader.yaml 文件，将 rules 部分的规则修改为以下内容。

```
- apiGroups: ["*"]          #所有分组
  resources: ["*"]          #所有资源
  verbs: ["*"]              #所有权限
```

再次执行 node-reader.yaml 文件，在 node1 节点上查看 kube-system 命名空间下的 Pod 信息，结果如图 3-12 所示。

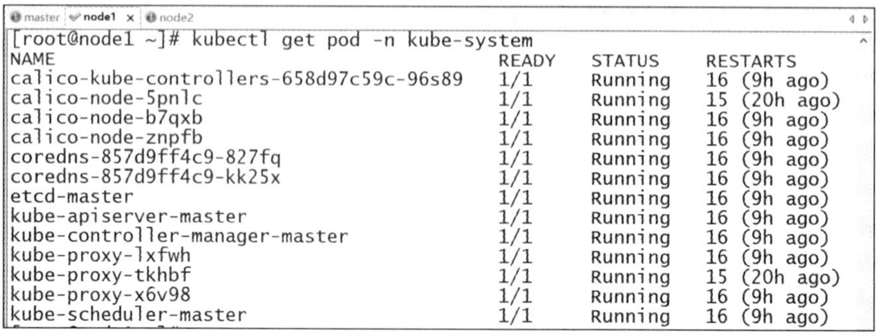

```
[root@node1 ~]# kubectl get pod -n kube-system
NAME                                       READY   STATUS    RESTARTS
calico-kube-controllers-658d97c59c-96s89   1/1     Running   16 (9h ago)
calico-node-5pnlc                          1/1     Running   15 (20h ago)
calico-node-b7qxb                          1/1     Running   16 (9h ago)
calico-node-znpfb                          1/1     Running   16 (9h ago)
coredns-857d9ff4c9-827fq                   1/1     Running   16 (9h ago)
coredns-857d9ff4c9-kk25x                   1/1     Running   16 (9h ago)
etcd-master                                1/1     Running   16 (9h ago)
kube-apiserver-master                      1/1     Running   16 (9h ago)
kube-controller-manager-master             1/1     Running   16 (9h ago)
kube-proxy-lxfwh                           1/1     Running   16 (9h ago)
kube-proxy-tkhbf                           1/1     Running   15 (20h ago)
kube-proxy-x6v98                           1/1     Running   16 (9h ago)
kube-scheduler-master                      1/1     Running   16 (9h ago)
```

图 3-12 在 node1 节点上查看 kube-system 命名空间下的 Pod 信息

从结果中可以发现，user1 用户已经能够访问集群上 kube-system 命名空间下的资源。可以在 kube-system 命名空间下创建名称为 nginx 的 Pod，命令如下。

```
[root@node1 ~]# kubectl run nginx --image=registry.cn-hangzhou.aliyuncs.com/
lnstzy/nginx:alpine --port=80 --namespace=kube-system
```

结果如图 3-13 所示。

```
[root@node1 ~]#
[root@node1 ~]# kubectl run nginx --image=nginx --port=80 --namespace=kube-system
pod/nginx created
```

图 3-13　在 kube-system 命名空间下创建名称为 nginx 的 Pod

从结果中可以发现，user1 用户可以在集群的 kube-system 命名空间下创建资源，因为通过修改 user1 用户绑定的 ClusterRole 集群级别角色，已经将 user1 用户设置为集群管理员。

② 绑定 cluster-admin 集群角色。

删除名称为 cluster-node-reader 的 clusterrolebinding，命令如下。

```
[root@master project3]# kubectl delete clusterrolebindings cluster-node-reader
```

在 node1 节点上查看 kube-system 命名空间下的 Pod 信息，结果如图 3-14 所示。

```
[root@node1 ~]# kubectl get pod -n kube-system
Error from server (Forbidden): pods is forbidden: User "user1" cannot list resource "pods" in API
espace "kube-system"
```

图 3-14　在 node1 节点上查看 kube-system 命名空间下的 Pob 信息

从结果中可以发现，不能列出 kube-system 命名空间下的 Pod 信息，这是因为删除了 user1 用户和 node-reader 集群级别角色的绑定关系。cluster-admin 集群角色是 Kubernetes 提供的默认集群角色，拥有对集群操作的所有权限，所以将 user1 用户绑定到该角色，user1 用户就会成为集群管理员。

创建集群角色绑定 cluster-admin-user1，绑定 user1 用户和 cluster-admin 集群角色，命令如下。

```
[root@master project3]# kubectl create clusterrolebinding cluster-admin-
user1 --clusterrole cluster-admin --user user1
```

绑定完成后，在 node1 节点上查看 kube-system 命名空间下的 Pod 信息并删除名称为 nginx 的 Pod，结果如图 3-15 所示。

```
[root@node1 ~]# kubectl get pod -n kube-system
NAME                                       READY   STATUS    RESTARTS       AGE
calico-kube-controllers-658d97c59c-96s89   1/1     Running   16 (10h ago)   25d
calico-node-5pnlc                          1/1     Running   15 (21h ago)   21d
calico-node-b7qxb                          1/1     Running   16 (10h ago)   21d
calico-node-znpfb                          1/1     Running   16 (10h ago)   21d
coredns-857d9ff4c9-827fq                   1/1     Running   16 (10h ago)   28d
coredns-857d9ff4c9-kk25x                   1/1     Running   16 (10h ago)   28d
etcd-master                                1/1     Running   16 (10h ago)   28d
kube-apiserver-master                      1/1     Running   16 (10h ago)   28d
kube-controller-manager-master             1/1     Running   16 (10h ago)   28d
kube-proxy-lxfwh                           1/1     Running   16 (10h ago)   28d
kube-proxy-tkhbf                           1/1     Running   15 (21h ago)   28d
kube-proxy-x6v98                           1/1     Running   16 (10h ago)   28d
kube-scheduler-master                      1/1     Running   16 (10h ago)   28d
nginx                                      1/1     Running   0              36m
[root@node1 ~]# kubectl delete pod nginx -n kube-system
pod "nginx" deleted
```

图 3-15　查看 kube-system 命名空间下的 Pob 信息并删除名称为 nginx 的 Pod

从结果中可以发现，能够列出和删除 kube-system 命名空间下的 Pod 信息，这是因为 user1 用户通过绑定 cluster-admin 集群角色已经成为集群管理员，拥有管理集群中任何命名空间的任何资源的权限。配置完成后，为不影响后续任务，删除角色绑定 cluster-admin-user1，命令如下。

```
[root@master ~]# kubectl delete clusterrolebinding cluster-admin-user1
```

3.1.5 使用 ResourceQuota 实现用户资源配额管理

集群的资源是有限的，当有多位管理人员同时使用集群时，需要为不同组的管理人员分配不同命名空间的管理权限，并为管理人员配置其管理的命名空间资源使用上限，这样才能实现资源的合理利用。Kubernetes 通过 ResourceQuota 来实现用户的资源配额管理。

微课

V3-3 使用 ResourceQuota 实现用户资源配额管理

1. 授权 user1 用户拥有 dev 命名空间的所有权限

（1）创建 dev 命名空间

在 master 节点上创建 dev 命名空间，命令如下。

```
[root@master ~]# kubectl create namespace dev
```

（2）创建 dev 命名空间角色

在 project3 目录下，创建 dev-all.yaml 文件，打开文件，输入以下内容。

```
apiVersion: rbac.authorization.k8s.io/v1
kind: Role
metadata:
 namespace: dev        #定义角色在 dev 命名空间下生效
 name: dev-all         #定义角色名称为 dev-all
rules:
- apiGroups: ["*"]                  #所有分组
  resources: ["*"]                  #所有资源
  verbs: ["*", "*", "*"]            #所有权限
```

以上脚本创建了名称为 dev-all 的 Role 命名空间级别角色，并授予该角色拥有 dev 命名空间下所有资源的所有权限。使用该脚本创建 dev-all 角色，命令如下。

```
[root@master project3]# kubectl apply -f dev-all.yaml
```

（3）创建用户角色绑定

创建了 dev-all 角色后，将 user1 用户绑定到该角色，命令如下。

```
[root@master project3]# kubectl create rolebinding dev-all-user
--role=dev-all --user=user1 -n dev
```

在 dev 命名空间下创建角色绑定 dev-all-user，user1 用户就拥有了 dev 命令空间下所有资源的所有权限。

（4）限制用户使用资源上限

为保证资源的合理分配，现在 user1 用户在 dev 命名空间下可以使用的 CPU 上限为 2 核、内存上限为 4GB，可以创建的 Pod 数量为 10 个。在 master 节点的 project3 目录下创建文件 resource-quota.yaml，打开文件，输入以下内容。

```
apiVersion: v1
kind: ResourceQuota
metadata:
 name: user1-quota
 namespace: dev
spec:
  hard:                     #硬性约束
   limits.cpu: "2"          #限制用户使用的 CPU 上限为 2 核
```

```
   limits.memory: "4Gi" #限制用户使用的内存上限为 4GB
   pods: "10"            #限制用户最多可以创建 10 个 Pod
```

以上脚本配置了 ResourceQuota 资源配额，名称为 user1-quota，限制用户在 dev 命名空间下最多可以使用 2 核 CPU、4GB 内存，最多可以创建 10 个 Pod。使用该脚本创建 user1-quota 资源配额，命令如下。

```
[root@master project3]# kubectl apply -f resource-quota.yaml
```

2. 验证资源配额配置效果

在 node1 节点上创建文件 rq-test.yaml，打开文件，输入以下内容。

```
apiVersion: apps/v1
kind: Deployment
metadata:
 name: nginx-deployment
 namespace: dev
spec:
 replicas: 11                    #创建 11 个 Pod
 selector:
  matchLabels:
   app: nginx
 template:
  metadata:
   labels:
     app: nginx
  spec:
    containers:
    - name: nginx
      image: registry.cn-hangzhou.aliyuncs.com/lnstzy/nginx:alpine
      resources:
        limits:
          cpu: "100m"          #指定 CPU 上限为 100m（即 0.1 核）
          memory: "128Mi"    #指定内存上限为 128MB
```

以上脚本在 dev 命名空间下创建了名称为 nginx-deployment 的 Deployment 控制器，Pod 副本数是 11，使用 resources 限制每个 Pod 在节点上使用的 CPU 为 0.1 核，内存为 128MB。

因为在 user1-quota 资源配额中，限制用户在 dev 命名空间下使用 CPU 的总数是 2 核，内存是 4GB，所以 11 个 Pod 所使用的 CPU 和内存并没有超出限制，但限制用户创建的 Pod 数量是 10 个，所以创建的 Pod 数量超出了限制。

运行以上脚本，创建 Pod 副本数是 11 的 Deployment 控制器，命令如下。

```
[root@node1 ~]# kubectl apply -f rq-test.yaml
```

创建完成后，查看 Deployment 控制器运行状态，结果如图 3-16 所示。

```
[root@node1 ~]# kubectl get deployment -n dev
NAME               READY   UP-TO-DATE   AVAILABLE   AGE
nginx-deployment   10/11   10           10          5m1s
```

图 3-16　查看 Deployment 控制器运行状态

从图 3-16 可以看出，创建的 11 个 Pod 中正常运行着 10 个，说明 user1-quota 资源配额的配置已经生效了。

任务 3-2 认证授权 ServiceAccount 服务账户

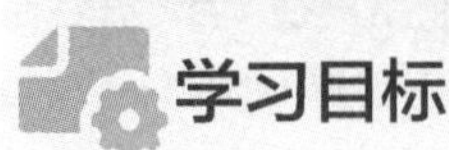

学习目标

知识目标

（1）掌握 ServiceAccount 服务账户和 UserAccount 系统账户的区别。

（2）掌握配置 ServiceAccount 服务账户认证授权的方法。

技能目标

（1）能够部署 Dashboard 图形化界面。

（2）能够使用 RBAC 授权 ServiceAccount 服务账户访问集群资源。

素养目标

（1）通过学习部署 Dashboard 图形化界面，培养从不同角度思考和解决问题的能力。

（2）通过学习 ServiceAccount 服务账户授权，培养遇到问题时冷静思考与沉着应对的品质。

3.2.1 任务描述

为简化集群操作，公司决定在集群中部署 Dashboard 图形化界面，项目经理要求王亮使用 Pod 方式运行图形化界面，同时创建 ServiceAccount 服务账户，使 ServiceAccount 服务账户能够使用图形化界面操作某个命名空间的资源或者整个集群的资源。

3.2.2 必备知识

1. ServiceAccount 服务账户

ServiceAccount 服务账户是提供给集群中程序使用的账户，它允许 Pod 中容器运行的程序与 Kubernetes API 交互，当为 ServiceAccount 服务账户绑定角色后，使用该服务账户的程序就具备使用集群的权限。ServiceAccount 服务账户的主要作用包含以下 4 种。

（1）安全认证

为每个 Pod 分配 ServiceAccount 服务账户，确保只有经过授权的 Pod 能够访问 Kubernetes API。

（2）授权访问

为 ServiceAccount 服务账户绑定适当的角色，控制 Pod 对集群中资源的访问权限，实现最小权限原则，提高安全性。

（3）跟踪操作

为每个 Pod 分配唯一的 ServiceAccount 服务账户，可以跟踪和审计每个 Pod 对集群资源的操作。

（4）服务间通信

在一些情况下，服务之间需要相互通信。使用 ServiceAccount 服务账户，可以为服务分配适当的身份，并在需要时进行跨服务通信。

2. 访问令牌

ServiceAccount 服务账户中的访问令牌（Token）是用于身份验证的凭证。创建 ServiceAccount

服务账户后，可以为该账户创建 Token。Kubernetes API 使用该 Token 对 ServiceAccount 服务账户进行身份认证和授权。Token 是一个长字符串，其作用有以下 3 种。

（1）身份验证

Token 用于验证 ServiceAccount 服务账户的凭证，使 Pod 有权访问 Kubernetes API。

（2）授权访问

Token 可以获得 ServiceAccount 服务账户所分配的角色和权限，从而确定 Pod 对 Kubernetes 中资源的访问权限。

（3）安全通信

当 Pod 使用 Token 与 Kubernetes API 通信时，为确保 Pod 的请求具有授权，在访问 Kubernetes Dashboard 等需要身份验证的服务时，可以使用 ServiceAccount 服务账户的 Token 来证明身份，并获得相应的访问权限。

3.2.3 部署访问 Dashboard 图形化界面

1. 部署 Dashboard 图形化界面

（1）上传 YAML 脚本

将本书提供的素材 dashboard.yaml 文件上传到 project3 目录下，命令如下。

```
[root@master project3]# ls
dashboard.yaml
```

微课

V3-4 部署访问 Dashboard 图形化界面

（2）运行 YAML 脚本

使用 kubectl 命令运行 dashboard.yaml 文件，部署 Dashboard 图形化界面，命令如下。

```
[root@master project3]# kubectl apply -f dashboard.yaml
```

2. 访问 Dashboard 图形化界面

（1）修改 Service 服务发现类型

部署完 Dashboard 图形化界面后，在 Windows 主机的浏览器上登录 Dashboard 图形化界面。查看部署的 Service 服务发现，命令如下。

```
[root@master ~]# kubectl get svc -n kubernetes-dashboard
```

结果如图 3-17 所示。

```
[root@master ~]# kubectl get svc -n kubernetes-dashboard
NAME                        TYPE        CLUSTER-IP      EXTERNAL-IP   PORT(S)    AGE
dashboard-metrics-scraper   ClusterIP   10.96.210.190   <none>        8000/TCP   4d14h
kubernetes-dashboard        ClusterIP   10.96.246.0     <none>        443/TCP    4d14h
```

图 3-17 查看部署的 Service 服务发现

需要注意的是，在部署 Dashboard 图形化界面时，将所需要的资源部署在了 kubernetes-dashboard 命名空间下，暴露应用的 Service 服务发现名称是 kubernetes-dashboard。编辑 kubernetes-dashboard，命令如下。

```
[root@master ~]# kubectl edit svc kubernetes-dashboard -n kubernetes-dashboard
```

进入编辑页面后，将倒数第 3 行中的 TYPE: ClusterIP 修改为 TYPE: NodePort，保存并退出文件。再次查看部署的 Service 服务发现，结果如图 3-18 所示。

从结果中可以看出，服务发现 kubernetes-dashboard 已经修改为 NodePort 类型，对外提供的端口是 30981。

```
[root@master ~]# kubectl get svc -n kubernetes-dashboard
NAME                        TYPE        CLUSTER-IP      EXTERNAL-IP   PORT(S)         AGE
dashboard-metrics-scraper   ClusterIP   10.96.210.190   <none>        8000/TCP        4d14h
kubernetes-dashboard        NodePort    10.96.246.0     <none>        443:30981/TCP   4d14h
```

图 3-18　再次查看部署的 Service 服务发现

（2）使用浏览器登录 Dashboard 图形化界面

在 Windows 主机上打开浏览器，在其地址栏中输入 https://192.168.200.10:30981/并按 Enter 键，访问 Dashboard 图形化界面，结果如图 3-19 所示。

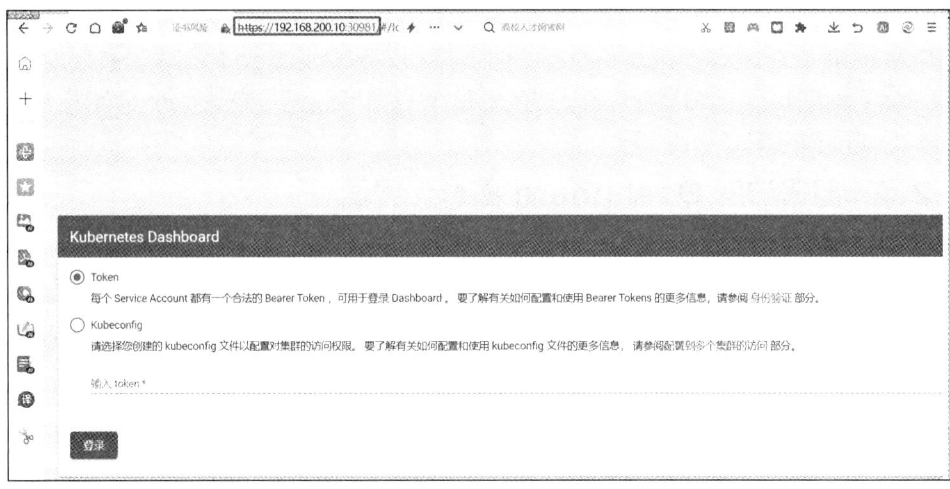

图 3-19　访问 Dashboard 图形化界面

从结果中可以发现要求输入 Token。

3.2.4　配置 RBAC 授权 ServiceAccount 服务账户权限

1. 创建 ServiceAccount 服务账户

V3-5　配置 RBAC 授权 ServiceAccount 服务账户权限

因为 Dashboard 图形化界面是运行在集群上的程序，所以登录 Dashboard 图形化界面时需要借助 ServiceAccount 服务账户的 Token 向集群发出认证授权请求。创建一个 ServiceAccount 服务账户 admin，命令如下。

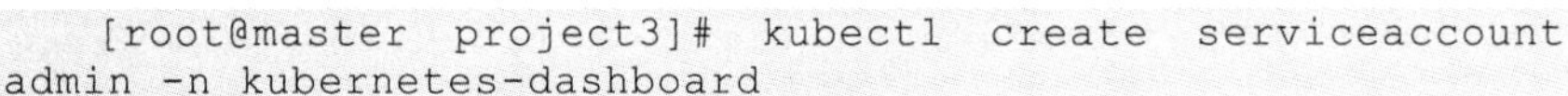

```
[root@master project3]# kubectl create serviceaccount admin -n kubernetes-dashboard
```

2. 授权 admin 用户成为集群管理员

在 project3 目录下，创建 cluster-admin-binding.yaml 文件，打开文件，输入以下内容。

```
apiVersion: rbac.authorization.k8s.io/v1
kind: ClusterRoleBinding
metadata:
 name: cluster-admin-binding             #集群角色绑定名称
subjects:
- kind: ServiceAccount                   #绑定的用户类型
  name: admin                            #用户名称
  namespace: kubernetes-dashboard        #用户所在的命名空间
roleRef:
  kind: ClusterRole                      #绑定的角色
  name: cluster-admin                    #绑定到 cluster-admin 集群管理员
```

以上脚本将服务账户 admin 绑定到集群管理员 cluster-admin，因为 cluster-admin 拥有管理整个集群的权限，所以 admin 用户具备管理整个集群的能力。配置完成后，在 master 节点上运行 cluster-admin-binding.yaml，命令如下。

```
[root@master project3]# kubectl apply -f cluster-admin-binding.yaml
[root@master project3]# kubectl create token -n kubernetes-dashboard admin
```

得到的 Token 如下。


```
    eyJhbGciOiJSUzI1NiIsImtpZCI6T1N1RUpoVXhZVWpCY1k3OVJVT05ETzZnSEVXcV9WdV11Q
jNBblF2eFJWV2cifQ.eyJhdWQiOlsiaHR0cHM6Ly9rdWJlcm5ldGVzLmRlZmF1bHQuc3ZjLmNsdX
N0ZXIubG9jYWwiXSwiZXhwIjoxNzE1OTA3ODUyLCJpYXQiOjE3MTU5MDQyNTIsImlzcyI6Imh0dH
BzOi8va3ViZXJuZXRlcy5kZWZhdWx0LnN2Yy5jbHVzdGVyLmxvY2FsIiwia3ViZXJuZXRlcy5pby
I6eyJuYW1lc3BhY2UiOiJrdWJlcm5ldGVzLWRhc2hib2FyZCIsInNlcnZpY2VhY2NvdW50Ijp7Im
5hbWUiOiJhZG1pbiIsInVpZCI6IjI3NTJlODY4LTljM2UtNGUzZC1hZTM1LTZiMmIzNWNkMGUxMS
J9fSwibmJmIjoxNzE1OTA0MjUyLCJzdWIiOiJzeXN0ZW06c2VydmljZWFjY291bnQ6a3ViZXJuZX
Rlcy1kYXNoYm9hcmQ6YWRtaW4ifQ.l9KSp6Ze-ep7_n2zv8aAGeusI6V6gzYQScP2trRkglqW0mD
yCgHHWB-mITZav0gdSBZm_eq-g3DGaWAj9JZVy1sddQ0Ni90HfxrOn1vTBOYKa-XEcZ4xWfa8_s1
mue6o3f8OWS1iN4p5BwAxGfmrJdTukXD-pixJLYas_NJs1GD5140sRbQGq0hgMRD7gufysDQ4G-6
NzQpk1cbblBLq3UR8QvfCI_NLH3hSlaebzfRguYJdg66SeAd-2VgrY9oKsc2eOt_Xuq9FGj1ogMQ
Jkr4btCeA2ejLoHri-172SJg9toqME4Ph2TRuwKTflykwpmeAXvMFSIyzLYdcZAur2w
```


将以上内容复制并粘贴到登录界面的 Token 处，使用 Token 登录 Dashboard 图形化界面，如图 3-20 所示。

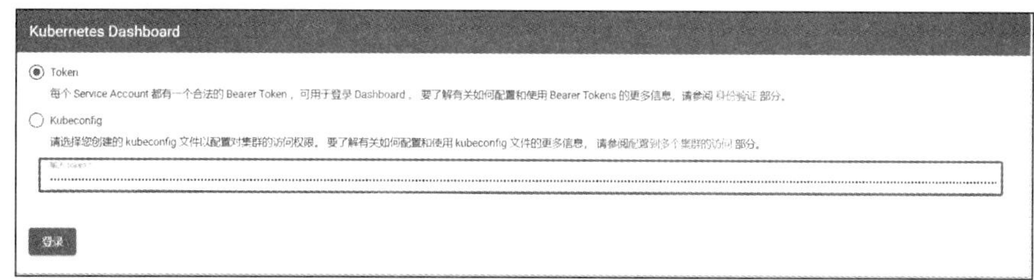

图 3-20　使用 Token 登录 Dashboard 图形化界面

单击"登录"按钮后，成功登录 Dashboard 图形化界面，如图 3-21 所示。

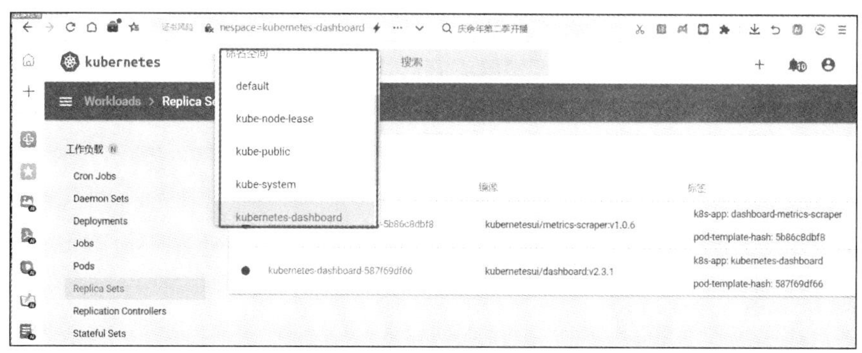

图 3-21　成功登录 Dashboard 图形化界面

从图 3-21 可以发现，已经可以通过 Dashboard 图形化界面对 Kubernetes 集群中的所有命名空间进行操作了，这是因为 Dashboard 图形化界面使用的是 admin 用户的 Token，且 admin 用户绑定到了集群管理员 cluster-admin 角色上。

项目小结

为实现Kubernetes集群的安全登录，Kubernetes设计了两类用户：一类用户提供给集群的管理人员使用，用户类型为UserAccount；另一类用户提供给运行在Pod容器中的程序使用，用户类型为ServiceAccount。当用户登录集群后，需要配置RBAC授权，使用户具备操作集群相关资源的权限，步骤是先创建集群的角色，配置角色对某些资源的某些权限，再将用户绑定到该角色上，使用户具备该角色的权限。cluster-admin角色是系统预先设定的角色，拥有对整个集群的所有操作权限。在实际生产环境下，当有多个管理人员管理集群时，需要配置ResourceQuota资源配额限制用户在每个命名空间下的资源上限。

项目练习与思考

1. 选择题

（1）以下（　　）用户是提供给集群管理员使用的。

A. ServiceAccount　　B. UserAccount
C. cluster-admin　　D. admin

（2）以下（　　）用户是提供给集群上运行的程序使用的。

A. ServiceAccount　　B. admin
C. config　　D. kubectl

（3）在配置用户授权时，verbs 表示（　　）。

A. 资源操作权限 B. 网络　　C. 计算　　D. 存储

（4）可以使用 kubectl 命令或者（　　）脚本将用户绑定到 cluster-admin 角色。

A. Describe　　B. YAML　　C. pending　　D. Scheduler

（5）资源配额用于限制用户在某个（　　）下使用的资源上限。

A. 命名空间　　B. 集群　　C. 网络　　D. 存储

2. 填空题

（1）list 权限是允许用户________资源的信息。

（2）watch 权限用于________资源的变化。

（3）patch 权限用于用户对资源进行局部________。

（4）角色绑定包括________和________。

（5）apiGroups: [""]表示________组。

3. 简答题

（1）简述命名空间的作用。

（2）简述 RBAC 中的角色、授权和角色绑定。

项目 4

调度Pod到指定节点

项目描述

公司软件开发团队正在开发一个大型的分布式系统，该系统的多个微服务运行在Kubernetes集群上，其中某些微服务组件对硬件性能有特殊要求，需要部署在特定的节点上。公司项目经理要求王亮学会根据节点名称、节点选择器、污点和容忍度、节点亲和性等调度Pod到集群的某个节点上，同时根据业务需求，限制Pod使用节点硬件资源。

该项目思维导图如图4-1所示。

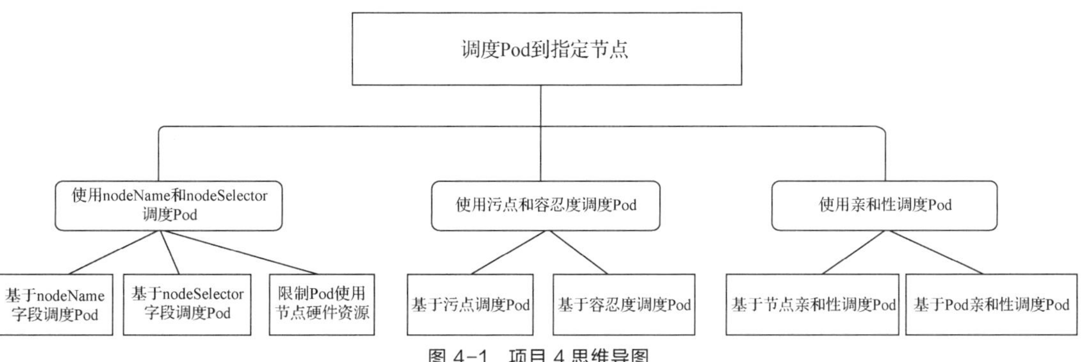

图 4-1 项目 4 思维导图

任务 4-1 使用 nodeName 和 nodeSelector 调度 Pod

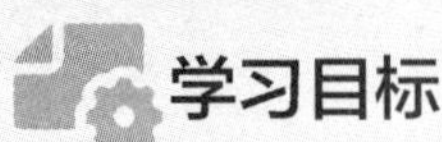

学习目标

知识目标

（1）掌握 Scheduler 调度器的工作过程。

（2）掌握 nodeName 字段和 nodeSelector 字段的使用方法。

技能目标

（1）能够使用 nodeName 调度某个 Pod 到指定节点上。

（2）能够使用 nodeSelector 调度某个 Pod 到指定节点上。

（3）能够限制 Pod 使用节点硬件资源。

素养目标

（1）通过学习 Scheduler 调度器，养成在完成一项任务时缜密思考问题的习惯。

（2）通过学习 Pod 的调度，培养根据特定工作场景和特定需求选择合适技术的能力。

4.1.1 任务描述

在构建 Pod 容器应用时，调度器首先选择合适的工作节点，然后在该节点上创建 Pod，启动容器。在实际生产环境中，某些工作节点的性能是高于其他节点的，如有更强的计算能力或者存储能力。公司项目经理要求王亮使用 nodeName（节点名称）和 nodeSelector（节点选择器）方式调度 Pod 到指定节点上，并限制每个 Pod 使用该节点的硬件资源。

4.1.2 必备知识

1. Scheduler 调度器

Scheduler 是 Kubernetes 中的默认调度器，负责将新创建的 Pod 分配到集群的某个节点上。其调度过程如下。

（1）用户创建 Pod

当用户提交 Pod 配置或通过其他方式创建 Pod 时，Kubernetes API 服务器会接收到该请求，并将其保存到 etcd 中。

（2）调度器监听

调度器会监听 Kubernetes API 服务器中新创建的 Pod，一旦有新的 Pod 需要调度，调度器就会触发调度流程。

（3）筛选可调度节点

调度器会根据 Pod 的调度要求（如资源需求、节点选择标准等）筛选出集群中符合条件的节点，调度要求通常包括节点的资源可用性、污点和亲和性等因素。

（4）评分节点

对于符合条件的节点，调度器会对它们进行评分，为每个节点分配一个分数。节点的评分考虑了多种因素，包括节点的资源利用率、已部署 Pod 的数量、硬件特性等。

（5）选择最佳节点

调度器会根据节点的评分选择最佳节点，如果有多个节点具有相同的最高分数，则调度器会应用其他策略来进行选择，如负载均衡或随机选择。

（6）绑定 Pod

一旦选择了最佳节点，调度器就会将 Pod 绑定到该节点上，并更新 Pod 对应的调度状态。

（7）更新 API 服务器

调度器会将更新后的 Pod 信息提交给 Kubernetes API 服务器，以更新集群状态，并通知 kubelet 在选择的节点上运行该 Pod。

（8）kubelet 执行

kubelet 在指定的节点上接收到 Pod 的调度请求后，负责拉取容器镜像并启动 Pod 中的容器。

2. 调度 Pod 的高级方法

使用高级调度方法（如 nodeSelector、nodeAffinity、Taints 和 Tolerations 等）可以帮助 Kubernetes 用户更灵活地控制 Pod 的调度行为，从而满足特定的部署需求和约束条件。以下是几种具体的需求场景。

（1）硬件特性和资源需求

有些应用程序可能对特定类型的硬件有依赖，或者需要在具有特定资源（如 CPU、SSD 等）的节点上运行。使用 nodeSelector 或 nodeAffinity（节点亲和性），可以将 Pod 调度到具有所需硬件特性或资源的节点上。

（2）软件和服务约束

某些应用程序/服务可能需要与其他软件/服务共存或避免共存。使用 nodeSelector 或 nodeAffinity，可以将 Pod 调度到与特定软件/服务无关或可共存的节点上，从而避免潜在的冲突。

（3）性能优化

将 Pod 调度到资源充足的节点上，可以优化应用程序的性能和稳定性。例如，将 CPU 或内存密集型应用程序调度到具有更多资源的节点上，可以避免资源争用和性能下降。

（4）地理位置和数据隔离

在分布式系统中，可能需要将应用程序部署到特定地理位置的节点上，以降低网络延迟或满足数据隔离要求。使用 nodeSelector 或 nodeAffinity，可以将 Pod 调度到指定地理位置的节点上。

（5）故障恢复和容错

使用 Taints（污点）和 Tolerations（容忍度），可以在节点出现故障或需要维护时，自动将 Pod 迁移到其他节点上，从而实现故障恢复和容错。

3. 限制 Pod 使用节点资源

限制 Pod 使用节点资源的目的主要如下。

（1）资源隔离和保护

限制 Pod 使用节点资源，可以确保不同的 Pod 之间互不干扰，防止其中一个 Pod 过度消耗节点资源而导致其他 Pod 受影响，有助于保护集群中的其他工作负载免受资源缺乏的影响。

（2）性能稳定性

限制 Pod 使用节点资源，可以确保节点上的工作负载在各自的资源预算内运行，避免资源争夺和性能下降，维持整个集群的性能稳定性和可预测性。

（3）避免单点故障

当一个 Pod 过度消耗节点资源时，可能导致节点资源耗尽，从而影响在该节点上运行的其他 Pod。限制 Pod 使用节点资源，可以减少这种单点故障的风险，提高集群的可靠性和可用性。

（4）成本控制

限制 Pod 使用节点资源，可以更有效地管理资源的使用和分配，避免资源浪费和不必要的成本增加。在公有云环境中部署 Kubernetes 集群时，限制 Pod 使用节点资源可以最大限度地提高资源利用率并降低成本。

4.1.3 基于 nodeName 字段调度 Pod

根据 nodeName 字段指定要调度 Pod 的目标节点名称。设置 nodeName 字段，可以强制将 Pod 调度到指定的节点上，而不是交由默认调度器自动选择节点。

微课

V4-1 基于 nodeName 字段调度 Pod

1. 编写使用 nodeName 字段调度的 YAML 脚本

（1）编写 YAML 脚本

首先创建一个目录 project4，然后在 project4 目录下创建 nodename.yaml 文件，打开文件，输入以下内容。

```
apiVersion: apps/v1
kind: Deployment
metadata:
  name: d1
spec:
  template:
    metadata:
      labels:
        app: nginx
    spec:
      nodeName: node2
      containers:
      - name: nginx
        image: registry.cn-hangzhou.aliyuncs.com/lnstzy/nginx:alpine
        ports:
        - containerPort: 80
  selector:
    matchLabels:
      app: nginx
  replicas: 3
```

（2）代码语义

以上代码定义了一个名称为 d1 的 Deployment 控制器，运行了 3 个 Pod，每个 Pod 中都使用 Nginx 镜像运行了名称为 nginx 的容器。在定义 Pod 时，设置 nodeName 的值为 node2，将所有 Pod 调度到 node2 节点上，实现了根据节点名称调度 Pod。

2. 验证调度效果

利用编写好的 nodename.yaml 文件创建 d1 控制器，命令如下。

```
[root@master project4]# kubectl apply -f nodename.yaml
```

创建完成后，查看正在运行的 Pod 资源信息，结果如图 4-2 所示。

```
master × | node1 | node2 | 190.92.230.68
[root@master project4]# kubectl get pod -o wide
NAME                  READY   STATUS    RESTARTS   AGE   IP              NODE    NOMINATED NODE   READINESS GATES
d1-54645b95cc-425nr   1/1     Running   0          5s    172.16.104.8    node2   <none>           <none>
d1-54645b95cc-9r528   1/1     Running   0          3s    172.16.104.10   node2   <none>           <none>
d1-54645b95cc-g4422   1/1     Running   0          4s    172.16.104.9    node2   <none>           <none>
```

图 4-2 查看正在运行的 Pod 资源信息

从结果中可以发现，3 个 Pod 都已经调度到 node2 节点上了，实现了预期的根据 nodeName 字段进行调度的需求。

4.1.4 基于 nodeSelector 字段调度 Pod

在创建 Pod 时，可以使用 nodeSelector 字段将 Pod 调度到指定 node 节点上。方法是首先给某个节点设置标签，然后在定义 Pod 时指定 nodeSelector 字段为节点的标签。若 node1 节点的磁盘类型为 SSD，那么可以为 node1 节点添加标签 disk-type=ssd；node2 节点的 CPU 核数高，可以为 node2 节点添加标签 cpu-type=high；node3 节点指定运行 Web 服务，可以为 node3 节点添加标签 service-type=web。其中，添加的标签名称和值都是根据实际情况设定的。

微课

V4-2 基于 nodeSelector 字段调度 Pod

1. 添加节点标签

（1）设置 node1 节点标签为 disk-type=ssd

node1 节点使用的是 SSD，所以设置节点标签为 disk-type=ssd，命令如下。

```
[root@master project4]# kubectl label nodes node1 disk-type=ssd
```

（2）查看节点标签

设置完成后，查看 node1 节点的标签信息，命令如下。

```
[root@master project4]# kubectl get nodes node1 --show-labels
```

结果如图 4-3 所示。

```
[root@master project4]# kubectl get nodes node1 --show-labels
NAME    STATUS   ROLES    AGE   VERSION   LABELS
node1   Ready    <none>   12d   v1.29.0   beta.kubernetes.io/arch=amd64,beta.kubernetes.io/os=linux,disk-type=ssd,kub
ernetes.io/arch=amd64,kubernetes.io/hostname=node1,kubernetes.io/os=linux
```

图 4-3 查看 node1 节点的标签信息

从结果中可以发现，已经为 node1 节点设置了 disk-type=ssd 标签。

2. 编写使用 nodeSelector 字段调度的 YAML 脚本

（1）编写 YAML 脚本

在 project4 目录下创建 nodeselector.yaml 文件，打开文件，输入以下内容。

```
#定义控制器版本
apiVersion: apps/v1
#定义资源类型
kind: Deployment
#定义元数据
metadata:
  me: nodeselector
#定义容器模板
spec:
  template:
    metadata:
     labels:
       app: nginx
    spec:
      #和 containers 字段对齐，使用 nodeSelector 字段调度到标签为 disk-type=ssd 的
#节点
      nodeSelector:
        disk-type: ssd
      containers:
      - name: nginx
        image: registry.cn-hangzhou.aliyuncs.com/lnstzy/nginx:alpine
```

```
        ports:
        - containerPort: 80
    #定义匹配的标签是 app:nginx
    selector:
      matchLabels:
        app: nginx
    #定义生成 3 个 Pod
    replicas: 3
```

（2）代码语义

以上代码定义了一个名称为 nodeselector 的 Deployment 控制器，运行了 3 个 Pod，每个 Pod 中都使用 Nginx 镜像运行名称为 nginx 的容器。在定义 Pod 时，通过 nodeSelector 字段将 Pod 调度到标签为 disk-type=ssd 的节点上。

（3）查看调度情况

使用编写好的 nodeselector.yaml 文件创建 nodeselector 控制器，命令如下。

```
[root@master project4]# kubectl apply -f nodeselector.yaml
```

创建完成后，查看 Pod 资源信息，结果如图 4-4 所示。

```
[root@master project4]# kubectl get pod -o wide
NAME                             READY   STATUS    RESTARTS   AGE     IP               NODE    NOMINATED NODE   READINESS GATES
nodeselector-56cfb56558-k5j2q    1/1     Running   0          2m46s   172.16.166.134   node1   <none>           <none>
nodeselector-56cfb56558-npb8w    1/1     Running   0          2m46s   172.16.166.133   node1   <none>           <none>
nodeselector-56cfb56558-pf4db    1/1     Running   0          2m46s   172.16.166.135   node1   <none>           <none>
```

图 4-4　查看 Pod 资源信息

从结果中可以发现，创建的 3 个 Pod 都被调度到 node1 节点上了，实现了预期的根据 nodeSelector 字段调度 Pod 的需求。

（4）删除节点标签

在添加了节点标签后，如果想删除节点标签，则在标签名称后面加上“-”即可。删除 node1 节点名称为 disk-type 的标签的命令如下。因为后续还要使用 node1 节点标签，所以这里暂时不执行该命令。

```
[root@master project4]# kubectl label nodes node1 disk-type-
```

4.1.5　限制 Pod 使用节点硬件资源

通过 nodeSelector 字段将 3 个 Pod 都调度到 node1 节点上后，为防止出现由于 Pod 中业务访问量的不断增加而争抢 node1 节点硬件资源的情况，需要限制每个 Pod 使用 CPU 和内存的最大值及最小值。具体实现如下。

微课

V4-3　限制 Pod 使用节点硬件资源

1. 查看节点硬件资源情况

查看节点的详细信息可了解节点的硬件资源情况。查看 node1 节点的硬件资源情况的命令如下。

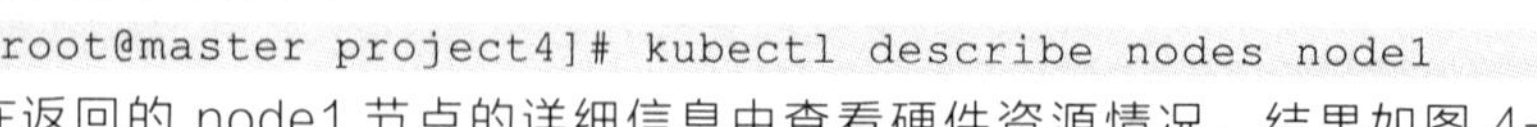

```
[root@master project4]# kubectl describe nodes node1
```

在返回的 node1 节点的详细信息中查看硬件资源情况，结果如图 4-5 所示。

图 4-5 显示了 node1 节点的资源容量和可分配资源量，其中，Capacity 表示节点上可用的总资源量，包括 CPU、内存、存储空间等，节点有 2 核 CPU，总内存为 3798604KB，可用于 Pod 的存储空间为 66945088KB；Allocatable 表示节点上实际可分配的资源量，这些资源量已经减去了节点本身所需的资源量，共有两个 CPU 可供分配，可用内存为 3696204KB，可用于 Pod 的存储空间为 61696592999KB，pods 值为 110 表示在这个节点上可以创建 110 个 Pod。

```
Capacity:
  cpu:                2
  ephemeral-storage:  66945088Ki
  hugepages-1Gi:      0
  hugepages-2Mi:      0
  memory:             3798604Ki
  pods:               110
Allocatable:
  cpu:                2
  ephemeral-storage:  61696592999
  hugepages-1Gi:      0
  hugepages-2Mi:      0
  memory:             3696204Ki
  pods:               110
```

图 4-5 查看 node1 节点硬件资源情况

2. 编写限制 Pod 使用资源的 YAML 脚本

在 nodeselector.yaml 文件的 containers 字段下添加 resources 字段，使用 requests 字段定义容器运行时的最小 CPU 资源不能小于 700 毫核（1 核等于 1000 毫核），内存不能小于 128MB；使用 limits 字段定义容器运行时的最大 CPU 资源不能超过 1000 毫核，内存不能超过 256MB，具体如下。

```
resources:
  limits:
    cpu: "1000m"
    memory: "256Mi"
requests:
  cpu: "700m"
  memory: "128Mi"
```

3. 查看创建的 Pod 情况

增加了限制资源使用的 YAML 脚本后，再次运行 nodeselector.yaml 文件，查看正在运行的 Pod 的详细信息，如图 4-6 所示。

```
[root@master project4]# kubectl get pod -o wide
NAME                          READY   STATUS    RESTARTS   AGE   IP                NODE     NOMINATED NODE   READINE
SS GATES
nodeselector-f98b7bc8c-7dwbn  0/1     Pending   0          24s   <none>            <none>   <none>           <none>
nodeselector-f98b7bc8c-bpcg6  1/1     Running   0          24s   192.168.166.181   node1    <none>           <none>
nodeselector-f98b7bc8c-slkn4  1/1     Running   0          24s   192.168.166.182   node1    <none>           <none>
```

图 4-6 查看正在运行的 Pod 的详细信息

从结果中可以发现，在创建的 3 个 Pod 中，有两个 Pod 处于运行状态，这是因为限制了每个 Pod 使用的 CPU 资源是 700 毫核。node1 节点可以分配的核数是 2，所以第 3 个 Pod 无法申请到足够的 CPU 资源，其处于 Pending 状态（错误状态）了。

任务 4-2 使用污点和容忍度调度 Pod

学习目标

知识目标

（1）掌握污点和容忍度的作用。

（2）掌握污点和容忍度的配置方法。

技能目标

（1）能够配置污点以防止 Pod 调度到某节点上。

（2）能够配置容忍度调度 Pod 到有污点的节点上。

素养目标

（1）通过学习使用污点调度 Pod，培养从多种角度思考问题的习惯。

（2）通过学习使用容忍度调度 Pod，培养探索通过不同路径解决实际问题的能力。

4.2.1 任务描述

在实际生产环境中，当某些节点有特殊用途时，可以配置污点实现禁止调度 Pod 到该节点上；当集群资源不够使用时，可以配置容忍度将 Pod 调度到配置了污点的节点上。公司项目经理要求王亮熟练掌握污点调度和容忍度调度的配置方法。

4.2.2 必备知识

1. 污点的作用

污点是节点的一种属性，用于标记节点具有某种限制或特性，如特定的硬件配置、操作系统类型或网络设置等。节点上的污点可以阻止正常的 Pod 被调度到该节点上。

可以使用 kubectl taint 命令给某个 node 节点设置污点，node 节点被设置污点之后会和 Pod 之间存在一种相斥的关系，从而拒绝 Pod 的调度执行，甚至将 node 节点上已经存在的 Pod 驱逐出去。

2. 容忍度的作用

容忍度是一种属性，用于指示 Pod 允许被调度到具有特定污点的节点上。Pod 可以通过容忍度设置来声明自己允许被调度到哪些具有特定污点的节点上。管理员可以在 Pod 的配置中设置容忍度，指示 Kubernetes 在调度 Pod 时容忍节点上的污点。

3. 污点的配置

为 node 节点配置污点的命令格式为 kubectl taint nodes 节点名称 key=value:effect，其中，key 和 value 是由管理员根据实际场景定义的，effect 是关键字，用于描述污点的作用。其包括以下 3 种动作。

（1）NoSchedule（不调度）

这种动作表示 Kubernetes 不会把 Pod 调度到具有该污点的 node 节点上。

（2）PreferNoSchedule（尽量避免调度）

这种动作表示 Kubernetes 尽量避免把 Pod 调度到具有该污点的 node 节点上。

（3）NoExecute（驱逐）

这种动作表示 Kubernetes 不会把 Pod 调度到具有该污点的 node 节点上，它不仅会影响 Pod 的调度，还会影响已经在该节点上运行的 Pod。正在该节点上运行的 Pod 分为以下 3 种情况。

① Pod 不能容忍污点。

如果 Pod 不能容忍 effect 值为 NoExecute 的污点，那么 Pod 将马上被驱逐。

② Pod 能够容忍污点。

如果 Pod 能够容忍 effect 值为 NoExecute 的污点，且在容忍度定义中没有指定 tolerationSeconds（容忍时间），则 Pod 会一直在这个节点上运行。

③ Pod 配置了 tolerationSeconds。

如果 Pod 能够容忍 effect 值为 NoExecute 的污点，但是在容忍度定义中指定了 tolerationSeconds，则 tolerationSeconds 表示 Pod 还能在这个节点上继续运行的时间。

4. 容忍度的配置

容忍度配置的前提是节点上已经配置了污点，污点不允许 Pod 调度，而容忍度是在定义 Pod 时容忍节点上的污点，这样 Pod 就可以调度到该节点了。容忍度配置有以下两种。

（1）基本容忍度

基本容忍度的用法包括以下两种。

① operator 值为 Equal。

在配置容忍度时，operator 值为 Equal，即表示相等，那么 key 和 value 要使用污点的键值对相对应的值，effect 要使用配置污点时执行的动作。在定义 Pod 时，容忍度部分的配置如下。

```
tolerations:
- key: "key"
operator: "Equal"
value: "value"
effect: "NoSchedule"
```

② operator 值为 Exists。

若在配置容忍度时，operator 值为 Exists，则只需要指定污点的 key 值，无须指定 value 值，effect 需要使用配置污点时执行的动作。在定义 Pod 时，容忍度部分的配置如下。

```
tolerations:
- key: "key"
operator: "Exists"
effect: "NoSchedule"
```

（2）特殊容忍度

特殊容忍度的用法包括以下两种。

① key 为空且 operator 值为 Exists。

这种用法表示匹配所有的 key、value 和 effect，也就是容忍所有的污点。在定义 Pod 时，容忍度部分的配置如下。

```
tolerations:
- operator: "Exists"
```

② effect 为空且 operator 值为 Exists。

这种用法表示匹配 key 为“cpu”的所有 value、effect 类型（NoSchedule、PreferNoSchedule、NoExecute）。在定义 Pod 时，容忍度部分的配置如下。

```
tolerations:
- key: "cpu"
operator: "Exists"
```

4.2.3 基于污点调度 Pod

1. 调度 Pod 到 master 节点上

（1）查看 master 节点的污点配置

在之前的任务中，创建的 Pod 都调度到集群的 node1 和 node2 节点上，从来没有调度到 master 节点上，这是因为安装集群时为 master 节点配置了污点。查看 master 节点的污点，命令如下。

微课

V4-4 基于污点调度 Pod

```
[root@master ~]# kubectl describe nodes master | grep Taints
```

结果如下。

```
Taints:      node-role.kubernetes.io/master:NoSchedule
```

从结果中可以发现，master 节点的污点中，key 值是 node-role.kubernetes.io/master，值为空；effect 值是 NoSchedule，所以在创建 Pod 时不能调度到设置了污点的 master 节点。

（2）去掉 master 节点的污点

如果想调度 Pod 到 master 节点上，则要去掉 master 节点的污点。去掉某节点的污点时，可使用 kubectl taint node <节点名称> <污点名> <短横线>。去掉 master 节点的污点的命令如下。

```
[root@master~]#kubectl taint node master node-role.kubernetes.io/control-plane:NoSchedule-
```

（3）调度 Pod 到 master 节点上

在 project4 目录下，将 nodename.yaml 文件中的 nodeName: node2 注释掉，添加一行，内容为 nodeName: master，具体如下。

```
#nodeName: node2
nodeName: master
```

其目的是将创建的 Pod 调度到 master 节点上。修改完成后，运行 nodename.yaml 文件，查看 Pod 详细信息，结果如图 4-7 所示。

```
[root@master project3]# kubectl get pod -o wide
NAME                  READY   STATUS    RESTARTS   AGE   IP                NODE     NOMINATED NODE   READINESS GATES
d1-54f974c84c-54jsr   1/1     Running   0          59s   192.168.219.98    master   <none>           <none>
d1-54f974c84c-crgks   1/1     Running   0          59s   192.168.219.99    master   <none>           <none>
d1-54f974c84c-ztnbx   1/1     Running   0          59s   192.168.219.100   master   <none>           <none>
```

图 4-7 查看 Pod 详细信息

从结果中可以发现，去掉了 master 节点的污点后，就可以将 Pod 调度到 master 节点上了。当集群资源紧张时可以使用该方法，但在 master 节点上创建 Pod 且集群资源足够时，不建议使用该方法。

2. 添加污点

（1）为 node1 节点添加动作为 NoSchedule 的污点

设置 node1 节点的污点为 web=no:NoSchedule，命令如下。

```
[root@master ~]# kubectl taint nodes node1 web=no:NoSchedule
```

（2）创建 Pod 并查看调度情况

在当前的集群中，去掉了 master 节点的污点，并为 node1 节点添加了污点，这样在创建 Pod 时会将其调度到 master 节点和 node2 节点上。在集群中可以创建多个 Pod 来查看调度情况。先删除 master 节点上的 Pod，命令如下。

```
[root@master project4]# kubectl delete -f nodename.yaml
```

再创建一个控制器，运行 5 个 Pod，命令如下。

```
[root@master ~]# kubectl create deployment nginx --image
registry.cn-hangzhou.aliyuncs.com/lnstzy/nginx:alpine --replicas 5
```

创建完成后，查看 Pod 调度情况，结果如图 4-8 所示。

```
[root@master ~]# kubectl get pod -o wide
NAME                     READY   STATUS    RESTARTS   AGE   IP                NODE     NOMINATED NODE   READINESS GAT
ES
nginx-56fcf95486-66bz4   1/1     Running   0          56s   192.168.219.107   master   <none>           <none>
nginx-56fcf95486-d4f48   1/1     Running   0          56s   192.168.104.38    node2    <none>           <none>
nginx-56fcf95486-k2fjk   1/1     Running   0          56s   192.168.104.33    node2    <none>           <none>
nginx-56fcf95486-rcvz4   1/1     Running   0          56s   192.168.219.108   master   <none>           <none>
nginx-56fcf95486-rn9t6   1/1     Running   0          56s   192.168.104.39    node2    <none>           <none>
```

图 4-8 查看 Pod 调度情况

从结果中可以发现，Pod 没有被调度到配置了污点的 node1 节点上。

4.2.4 基于容忍度调度 Pod

微课

V4-5 基于容忍度调度 Pod

1. 使用基本容忍度

（1）编写 YAML 脚本

为方便查看调度情况，先删除 4.2.3 小节中创建的名称为 nginx 的 Deployment 控制器，命令如下。

```
[root@master ~]# kubectl delete deployment nginx
```

再在 project4 目录下创建 toleration.yaml 文件，打开文件，输入以下内容。

```
apiVersion: apps/v1
kind: Deployment
metadata:
  name: toleration-basic
spec:
  template:
    metadata:
      labels:
        app: nginx
    spec:
      containers:
      - name: nginx
        image: registry.cn-hangzhou.aliyuncs.com/lnstzy/nginx:alpine
        ports:
        - containerPort: 80
      #定义容忍度
      tolerations:
        #容忍度的键
      - key: "web"
        #Equal 表示相等
        operator: "Equal"
        #值为 no
        value: "no"
        #effect 为 NoSchedule
        effect: "NoSchedule"
  selector:
    matchLabels:
      app: nginx
  replicas: 10
```

（2）代码语义

以上代码定义了名称为 toleration-basic 的 Deployment 控制器，运行了 10 个 Pod，并定义了与 containers 字段对齐的 tolerations 字段，配置了能够容忍 web=no:NoSchedule 的污点，使 Pod 可以调度到 node1 节点上。

（3）创建 Pod 并查看调度情况

使用编写好的 toleration.yaml 文件创建名称为 toleration-basic 的 Deployment 控制器，命令如下。

```
[root@master project4]# kubectl apply -f toleration.yaml
```

查看正在运行的 Pod 调度情况，结果如图 4-9 所示。

```
master  node1  node2
[root@master project4]# kubectl get pod -o wide
NAME                                READY   STATUS    RESTARTS   AGE   IP               NODE    NOMINATED NODE   READINESS GATE
S
toleration-basic-6f5d4d5cd7-7xqb8   1/1     Running   0          32s   172.16.166.138   node1   <none>           <none>
toleration-basic-6f5d4d5cd7-hbmxz   1/1     Running   0          32s   172.16.104.12    node2   <none>           <none>
toleration-basic-6f5d4d5cd7-j4zgg   1/1     Running   0          32s   172.16.104.11    node2   <none>           <none>
toleration-basic-6f5d4d5cd7-k9bpn   1/1     Running   0          32s   172.16.166.140   node1   <none>           <none>
toleration-basic-6f5d4d5cd7-ktcsv   1/1     Running   0          32s   172.16.166.139   node1   <none>           <none>
toleration-basic-6f5d4d5cd7-lzxs5   1/1     Running   0          32s   172.16.166.136   node1   <none>           <none>
toleration-basic-6f5d4d5cd7-mgml4   1/1     Running   0          32s   172.16.104.14    node2   <none>           <none>
toleration-basic-6f5d4d5cd7-n75lm   1/1     Running   0          32s   172.16.104.15    node2   <none>           <none>
toleration-basic-6f5d4d5cd7-rn59s   1/1     Running   0          32s   172.16.166.137   node1   <none>           <none>
toleration-basic-6f5d4d5cd7-tk964   1/1     Running   0          32s   172.16.104.13    node2   <none>           <none>
```

图 4-9　查看正在运行的 Pod 调度情况

从结果中可以发现，因为在创建名称为 toleration-basic 的 Deployment 控制器时配置了容忍度，容忍了 node1 节点上的污点，所以 Pod 可以被调度到 node1 节点上。

2. 使用特殊容忍度

（1）配置 Pod 无法调度到 node2 节点上

为 node2 节点增加污点 web=special:NoExecute，命令如下。

```
[root@master project4]# kubectl taint node node2 web=special:NoExecute
```

以上命令在配置污点时使用了 NoExecute，作用是驱离调度到 node2 节点上的 Pod。查看当前的 Pod 调度情况，结果如图 4-10 所示。

```
[root@master project3]# kubectl get pod -o wide
NAME                                 READY   STATUS    RESTARTS   AGE   IP                NODE     NOMINATED NODE   RE
ADINESS GATES
toleration-basic-758c8cd9fc-68fgm    1/1     Running   0          52s   192.168.166.190   node1    <none>           <n
one>
toleration-basic-758c8cd9fc-6qcjq    1/1     Running   0          52s   192.168.219.114   master   <none>           <n
one>
toleration-basic-758c8cd9fc-8vh5b    1/1     Running   0          52s   192.168.219.112   master   <none>           <n
one>
toleration-basic-758c8cd9fc-cchch    1/1     Running   0          52s   192.168.166.188   node1    <none>           <n
one>
toleration-basic-758c8cd9fc-ccj9x    1/1     Running   0          17s   192.168.166.130   node1    <none>           <n
one>
toleration-basic-758c8cd9fc-hkwjz    1/1     Running   0          17s   192.168.219.115   master   <none>           <n
one>
toleration-basic-758c8cd9fc-lbwp7    1/1     Running   0          17s   192.168.166.191   node1    <none>           <n
one>
toleration-basic-758c8cd9fc-p5kgx    1/1     Running   0          17s   192.168.166.129   node1    <none>           <n
one>
toleration-basic-758c8cd9fc-qjs7n    1/1     Running   0          52s   192.168.219.113   master   <none>           <n
one>
toleration-basic-758c8cd9fc-wnp8r    1/1     Running   0          52s   192.168.166.189   node1    <none>           <n
one>
```

图 4-10 查看当前的 Pod 调度情况

从结果中可以发现，因为在配置基本容忍度时只是容忍了 web=no:NoSchedule 的污点，当 node2 节点上配置了 web=special:NoExecute 的污点时，Pod 就无法调度到 node2 节点上了，又因为动作是 NoExecute，所以之前在 node2 节点上的 Pod 被驱离到了其他节点上。

（2）配置特殊容忍度

注释掉 toleration.yaml 文件中基本容忍度的配置，在 tolerations 字段下添加特殊容忍度 -operator: Exists，表示容忍节点上的所有污点，配置如下。

```
tolerations:
#容忍所有的污点
- operator: Exists
```

修改完成后，再次运行 toleration.yaml 文件，命令如下。

```
[root@master project4]# kubectl apply -f toleration.yaml
```

创建完成后，查看 Pod 调度情况，结果如图 4-11 所示。

```
[root@master project4]# kubectl get pod -o wide
NAME                                READY   STATUS    RESTARTS   AGE   IP               NODE     NOMINATED NODE   READINESS GATES
toleration-basic-5694d85578-45jqg   1/1     Running   0          18s   172.16.166.142   node1    <none>           <none>
toleration-basic-5694d85578-bnlnb   1/1     Running   0          18s   172.16.219.66    master   <none>           <none>
toleration-basic-5694d85578-hlnpb   1/1     Running   0          18s   172.16.166.141   node1    <none>           <none>
toleration-basic-5694d85578-hszgg   1/1     Running   0          18s   172.16.219.65    master   <none>           <none>
toleration-basic-5694d85578-nxxd7   1/1     Running   0          18s   172.16.166.143   node1    <none>           <none>
toleration-basic-5694d85578-scnnz   1/1     Running   0          18s   172.16.104.18    node2    <none>           <none>
toleration-basic-5694d85578-twr7h   1/1     Running   0          18s   172.16.104.16    node2    <none>           <none>
toleration-basic-5694d85578-vpqxb   1/1     Running   0          18s   172.16.104.19    node2    <none>           <none>
toleration-basic-5694d85578-x4trm   1/1     Running   0          18s   172.16.219.67    master   <none>           <none>
toleration-basic-5694d85578-xzhpv   1/1     Running   0          18s   172.16.104.17    node2    <none>           <none>
```

图 4-11 查看 Pod 调度情况

从结果中可以发现，配置了特殊容忍度，容忍集群节点上的所有污点后，Pod 已经可以调度到集群的所有节点上了。

（3）删除污点

为不影响后续任务，删除创建的 Pod 和污点。删除 Pod 的命令如下。

```
[root@master project4]# kubectl delete -f toleration.yaml
```

删除 node1 和 node2 节点的污点的命令如下。

```
[root@master project4]# kubectl taint nodes node1 web=no:NoSchedule-
[root@master project4]# kubectl taint node node2 web=special:NoExecute-
```

任务 4-3 使用亲和性调度 Pod

学习目标

知识目标

（1）掌握节点硬亲和性和软亲和性的区别。

（2）掌握 Pod 硬亲和性和软亲和性的区别。

技能目标

（1）能够使用节点亲和性调度 Pod。

（2）能够使用 Pod 亲和性调度 Pod。

素养目标

（1）通过学习节点亲和性调度，培养在思考复杂问题时进行任务拆解和逐步实施的能力。

（2）通过学习 Pod 亲和性调度，培养从宏观和微观角度思考问题的习惯。

4.3.1 任务描述

在实际的生产环境中，当新创建的 Pod 必须调度到某节点或尽量调度到某节点、必须与某个 Pod 调度到同一节点或尽量调度到同一节点时，需要使用亲和性调度技术。公司项目经理要求王亮使用节点亲和性和 Pod 亲和性调度 Pod 并验证配置结果。

4.3.2 必备知识

1. 亲和性调度

在编写 YAML 脚本创建 Pod 时，可以使用 affinity 字段定义 Pod 亲和性调度。与使用 nodeName 和 nodeSelector 字段相比，它扩展了调度的条件，提供了更多的匹配规则。亲和性调度包括节点亲和性调度和 Pod 亲和性调度两种方式。

每种亲和性调度又分为硬亲和性调度和软亲和性调度。当使用硬亲和性调度时，不满足调度条件就无法正常调度和创建 Pod。当使用软亲和性调度 Pod 时，定义的条件是优先选项而不是硬性要求。当不满足调度条件时，Pod 仍然会被调度并正常运行。

2. 节点亲和性调度

（1）调度策略

定义节点亲和性的字段是 nodeAffinity，节点亲和性指的是 Pod 与某个工作节点的亲和性关系，支持以下两种调度策略。

① requiredDuringSchedulingIgnoredDuringExecution。

② preferredDuringSchedulingIgnoredDuringExecution。

第一种称为硬策略，表示 Pod 要调度到的节点必须满足条件，不满足则不会调度，Pod 会一直处于 Pending 状态；第二种称为软策略，表示优先调度到满足条件的节点上，如果条件不满足，则调度到其他节点上。

（2）operator 运算符

配置节点亲和性时，使用 operator 字段匹配节点标签。先为节点设置标签的键和值，如为某个节点设置标签为 ssd=20，再通过运算符匹配标签的值，运算符包括以下几种。

① In：节点标签的值在某个列表中。

② NotIn：节点标签的值不在某个列表中。

③ Gt：节点标签的值大于某个值。

④ Lt：节点标签的值小于某个值。

⑤ Exists：某个节点标签的值存在。

⑥ DoesNotExist：某个节点标签的值不存在。

3. Pod 亲和性调度

（1）调度策略

Pod 亲和性调度通过匹配正在运行的 Pod 标签进行调度。定义 Pod 亲和性的字段是 podAffinity。Pod 亲和性调度包括以下两种策略。

① requiredDuringSchedulingIgnoredDuringExecution。

② preferredDuringSchedulingIgnoredDuringExecution。

第一种称为硬策略，如果不满足条件，则 Pod 会一直处于 Pending 状态；第二种称为软策略，即使不满足条件，Pod 也会调度到某个工作节点上。

（2）拓扑域

Pod 亲和性调度是基于拓扑域进行的，如果多个 Node 节点标签的键值对相同，则这些节点处于同一个拓扑域；如果 3 个节点的标签中都包含 zone 键，节点 1 的标签为 zone=rack1，节点 2 的标签为 zone=rack2，节点 3 的标签为 zone=rack1，那么节点 1 和节点 3 处于同一个拓扑域。当 pod1 在节点 1 上运行时，如果 pod2 配置了与 pod1 的 Pod 亲和性，那么 pod2 会被调度到节点 1 或者节点 3 上。

（3）operator 运算符

配置 Pod 亲和性时，使用 operator 字段匹配 Pod 标签，运算符包括以下几种。

① In：Pod 标签的值在某个列表中。

② NotIn：Pod 标签的值不在某个列表中。

③ Exists：某个 Pod 标签的值存在。

④ DoesNotExist：某个 Pod 标签的值不存在。

4.3.3 基于节点亲和性调度 Pod

微课

V4-6 基于节点亲和性调度 Pod

1. 配置节点硬亲和性调度

当配置节点硬亲和性调度时，必须满足条件。如果条件不满足，则 Pod 一直处于 Pending 状态。

（1）添加节点标签

为 node1 和 node2 节点添加标签，命令如下。

```
[root@master ~]# kubectl label nodes node1 disk=ssd
                 #添加 node1 节点标签为 disk=ssd
[root@master ~]# kubectl label nodes node1 cpu=20
                 #再添加 node1 节点标签为 cpu=20
[root@master ~]# kubectl label nodes node2 disk=sata
                 #添加 node2 节点标签为 disk=sata
[root@master ~]# kubectl label nodes node2 cpu=30
                 #再添加 node2 节点标签为 cpu=30
```

（2）编写节点硬亲和性 YAML 脚本

在 project4 目录下创建 node_required.yaml 文件，打开文件，输入以下内容。

```
apiVersion: apps/v1
#定义资源类型
kind: Deployment
#定义元数据
metadata:
 name: node-require
 labels:
   app: node-require
spec:
  #定义副本数
  replicas: 5
  selector:
    #定义匹配的 Pod 标签
    matchLabels:
     app: pod1
  template:
    metadata:
     labels:
       app: pod1
    spec:
     containers:
     - name: mypod
       image: registry.cn-hangzhou.aliyuncs.com/lnstzy/nginx:alpine
       imagePullPolicy: IfNotPresent
       ports:
       - containerPort: 80
     #定义亲和性
     affinity:
       #定义节点亲和性
       nodeAffinity:
        #定义节点硬亲和性
        requiredDuringSchedulingIgnoredDuringExecution:
          #定义节点选择方法
          nodeSelectorTerms:
          #定义匹配条件
          - matchExpressions:
            #定义 node 节点标签存在 disk=ssd 或 disk=scsi
            - key: disk
              operator: In
              values:
              - ssd
              - scsi
            #定义 node 节点标签存在 cpu 值大于 10
            - key: cpu
              operator: Gt
              values:
              - "10"
```

（3）代码语义

以上代码定义了一个包含 5 个 Pod 的 Deployment 控制器，使用 affinity 定义了亲和性，使用 nodeAffinity

定义了节点亲和性，在 nodeAffinity 之下使用 requiredDuringSchedulingIgnoredDuringExecution 定义了节点硬亲和性，使用 nodeSelectorTerms 定义了节点选择方法，使用 matchExpressions 定义了匹配条件，其中第一个匹配条件是 disk 为 ssd 或者 scsi，第二个匹配条件是 cpu 值大于 10。对于第二个匹配条件，node1 和 node2 节点都是满足的，但是对于第一个条件，显然只有 node1 节点满足。因为定义的是节点硬亲和性，所以所有的 5 个 Pod 都将被调度到 node1 节点上。

（4）查看调度情况

使用编写好的 node_required.yaml 文件创建控制器，命令如下。

```
[root@master project4]# kubectl apply -f node_required.yaml
```

创建完成后，查看 Pod 调度情况，结果如图 4-12 所示。

```
[root@master project4]# kubectl get pod -o wide
NAME                              READY   STATUS    RESTARTS   AGE   IP               NODE    NOMINATED NODE   READINESS GATES
node-require-6b8d944f54-8fgtw     1/1     Running   0          5s    172.16.166.144   node1   <none>           <none>
node-require-6b8d944f54-fn9bw     1/1     Running   0          5s    172.16.166.146   node1   <none>           <none>
node-require-6b8d944f54-mfjft     1/1     Running   0          5s    172.16.166.147   node1   <none>           <none>
node-require-6b8d944f54-pqrh6     1/1     Running   0          5s    172.16.166.145   node1   <none>           <none>
node-require-6b8d944f54-t7j2j     1/1     Running   0          5s    172.16.166.148   node1   <none>           <none>
```

图 4-12 查看 Pod 调度情况

从结果中可以发现，创建的 5 个 Pod 都被调度到了 node1 节点上，与分析结果一致。

2. 配置节点软亲和性调度

配置节点软亲和性调度时，不是必须满足条件。如果条件满足，则会调度到满足条件的节点上；如果条件不满足，则会调度到其他节点上。

（1）编写节点软亲和性 YAML 脚本

在 project4 目录下创建 node_prefer.yaml 文件，打开文件，输入以下内容。

```
apiVersion: apps/v1
kind: Deployment
metadata:
  name: node-prefer
  labels:
    app: prefer
spec:
  replicas: 5
  selector:
    matchLabels:
      app: pod1
  template:
    metadata:
      labels:
        app: pod1
    spec:
      containers:
      - name: nginx
        image: registry.cn-hangzhou.aliyuncs.com/lnstzy/nginx:alpine
        imagePullPolicy: IfNotPresent
        ports:
        - containerPort: 80
      affinity:
        nodeAffinity:
          preferredDuringSchedulingIgnoredDuringExecution:
          - weight: 1
            preference:
              matchExpressions:
              #表示 node 节点标签存在 disk=ssd 或 disk=scsi
```

```
              - key: disk
                operator: In
                values:
                - ssd
                - scsi
          - weight: 100
            preference:
              matchExpressions:
              #表示 node 节点标签存在 cpu 值大于 25
              - key: cpu
                operator: Gt
                values:
                - "25"
```

（2）代码语义

以上代码定义了一个包含 5 个 Pod 的 Deployment 控制器，使用 affinity 定义了亲和性，使用 nodeAffinity 定义了节点亲和性，在 nodeAffinity 之下使用 preferredDuringSchedulingIgnoredDuringExecution 定义了节点软亲和性，通过 weight 定义了第一个匹配条件的权重是 1，第二个匹配条件的权重是 100。通过 matchExpressions 可以看出，node1 节点满足第一个匹配条件，node2 节点满足第二个匹配条件，但这两个节点都不同时满足两个匹配条件。因为定义的是节点软亲和性，所以 Pod 仍然会被调度，又因为第二个匹配条件的权重是第一个匹配条件权重的 100 倍，所以 5 个 Pod 都将被调度到 node2 节点上。

（3）查看调度情况

使用编写好的 node_prefer.yaml 文件创建控制器，命令如下。

```
[root@master project4]# kubectl apply -f node_prefer.yaml
```

创建完成后，查看 Pod 调度情况，结果如图 4-13 所示。

```
[root@master project4]# kubectl get pod -o wide
NAME                            READY   STATUS    RESTARTS   AGE   IP               NODE    NOMINATED NODE   READINESS GATES
node-prefer-64694f7cdf-7h829    1/1     Running   0          15s   172.16.104.24    node2   <none>           <none>
node-prefer-64694f7cdf-bddvl    1/1     Running   0          15s   172.16.104.23    node2   <none>           <none>
node-prefer-64694f7cdf-drtjl    1/1     Running   0          15s   172.16.104.21    node2   <none>           <none>
node-prefer-64694f7cdf-jgvvt    1/1     Running   0          15s   172.16.104.22    node2   <none>           <none>
node-prefer-64694f7cdf-n298d    1/1     Running   0          15s   172.16.104.20    node2   <none>           <none>
```

图 4-13　查看 Pod 调度情况

从结果中可以发现，5 个 Pod 都被调度到了 node2 节点上，与分析结果一致。

（4）删除节点标签

为了不影响后续任务实践，删除节点标签，命令如下。

```
[root@master project4]# kubectl label nodes node1 disk-
[root@master project4]# kubectl label nodes node1 cpu-
[root@master project4]# kubectl label nodes node2 disk-
[root@master project4]# kubectl label nodes node2 cpu-
```

4.3.4　基于 Pod 亲和性调度 Pod

微课

V4-7　基于 Pod 亲和性调度 Pod

1. 配置 Pod 硬亲和性调度

当配置 Pod 硬亲和性调度时，必须满足条件要求。如果条件不满足，则不会调度 Pod 到节点上。

（1）添加节点标签

为 master、node1、node2 节点添加标签，命令如下。

```
[root@master ~]# kubectl label nodes master zone=rack1
                     #添加 master 节点标签为 zone=rack1
```

```
[root@master ~]# kubectl label nodes node1 zone=rack1
                 #添加 node1 节点标签为 zone=rack1
[root@master ~]# kubectl label nodes node2 zone=rack2
                 #添加 node2 节点标签为 zone=rack2
```

以上命令为 master 和 node1 节点添加了相同的 zone=rack1 标签，所以当以 zone 为拓扑关键字调度时，master 和 node1 节点将处于同一拓扑域，在后面编写脚本时会使用到这个拓扑关键字。

（2）编写测试 Pod 的 YAML 脚本

在 project4 目录下创建 testpod.yaml 文件，打开文件，输入以下内容。

```
apiVersion: v1
kind: Pod
metadata:
  name: pod1
  #定义该 Pod 的标签是 app:nginx
  labels:
       app: nginx
spec:
  containers:
  - name: nginx
    image: registry.cn-hangzhou.aliyuncs.com/lnstzy/nginx:alpine
    ports:
    - containerPort: 80
  #使用 nodeName 调度到 node1 节点上
  nodeName: node1
```

（3）查看 Pod 调度情况

使用编写好的 testpod.yaml 文件创建 Pod，命令如下。

```
[root@master project4]# kubectl apply -f testpod.yaml
```

创建完成后，查看 Pod 调度情况，结果如图 4-14 所示。

```
master × node1 node2
[root@master project4]# kubectl get pod -o wide
NAME        READY   STATUS    RESTARTS   AGE   IP               NODE    NOMINATED NODE   READINESS GATES
pod1        1/1     Running   0          14m   172.16.166.150   node1   <none>           <none>
```

图 4-14 查看 Pod 调度情况

从结果中可以发现，pod1 已经被调度到了 node1 节点上。

（4）编写 Pod 硬亲和性 YAML 脚本

Pod 硬亲和性调度指将新创建的 Pod 和正在运行的 Pod 调度到同一拓扑域，也就是说，调度不以节点为单位，而是以拓扑域为单位。创建 pod_required.yaml 文件，打开文件，输入以下内容。

```
apiVersion: apps/v1
kind: Deployment
metadata:
 name: podaffinity
 labels:
   app: podrequire
spec:
 #运行 10 个 Pod
 replicas: 10
 selector:
   matchLabels:
    app: affinity
 template:
   metadata:
```

```
      labels:
        app: affinity
    spec:
      containers:
      - name: nginx
        image: registry.cn-hangzhou.aliyuncs.com/lnstzy/nginx:alpine
        imagePullPolicy: IfNotPresent
        ports:
        - containerPort: 80
      affinity:
        podAffinity:
          requiredDuringSchedulingIgnoredDuringExecution:
          - labelSelector:
              #匹配运行在 node1 节点上的 pod1 标签信息
              matchExpressions:
              - key: app
                operator: In
                values:
                - nginx
            #在 zone 拓扑域中进行调度
            topologyKey: zone
```

（5）代码语义

以上代码定义了一个 Deployment 控制器，运行了 10 个 Pod，使用 affinity 定义了亲和性，使用 podAffinity 定义了 Pod 亲和性，在 podAffinity 之下使用 requiredDuringSchedulingIgnoredDuringExecution 定义了 Pod 硬亲和性，通过 matchExpressions 匹配在节点上运行的 Pod，要求 Pod 包含 app: nginx 的标签，通过 topologyKey: zone 指定调度拓扑域关键字是 zone。因为 node1 节点的标签是 zone=rack1，所以 Pod 会被调度到拥有 zone=rack1 标签的节点上，包括 master 节点和 node1 节点。

（6）查看调度情况

使用编写好的 pod_required.yaml 文件创建控制器，命令如下。

```
[root@master project4]# kubectl apply -f pod_required.yaml
```

创建完成后，查看 Pod 调度情况，如图 4-15 所示。

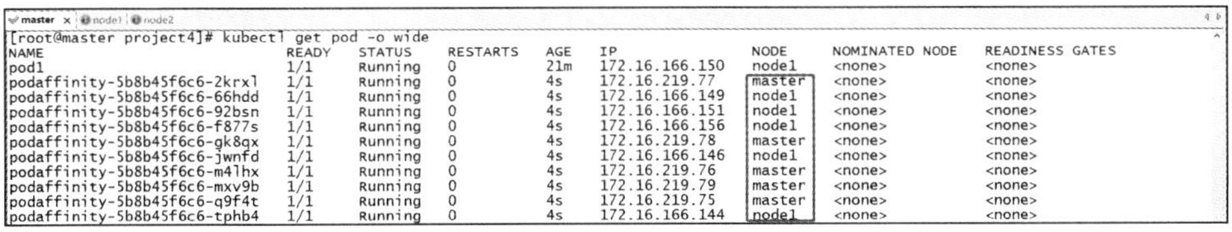

```
[root@master project4]# kubectl get pod -o wide
NAME                              READY   STATUS    RESTARTS   AGE   IP               NODE     NOMINATED NODE   READINESS GATES
pod1                              1/1     Running   0          21m   172.16.166.150   node1    <none>           <none>
podaffinity-5b8b45f6c6-2krxl      1/1     Running   0          4s    172.16.219.77    master   <none>           <none>
podaffinity-5b8b45f6c6-66hdd      1/1     Running   0          4s    172.16.166.149   node1    <none>           <none>
podaffinity-5b8b45f6c6-92bsn      1/1     Running   0          4s    172.16.166.151   node1    <none>           <none>
podaffinity-5b8b45f6c6-f877s      1/1     Running   0          4s    172.16.166.156   node1    <none>           <none>
podaffinity-5b8b45f6c6-gk8qx      1/1     Running   0          4s    172.16.219.78    master   <none>           <none>
podaffinity-5b8b45f6c6-jwnfd      1/1     Running   0          4s    172.16.166.146   node1    <none>           <none>
podaffinity-5b8b45f6c6-m4lhx      1/1     Running   0          4s    172.16.219.76    master   <none>           <none>
podaffinity-5b8b45f6c6-mxv9b      1/1     Running   0          4s    172.16.219.79    master   <none>           <none>
podaffinity-5b8b45f6c6-q9f4t      1/1     Running   0          4s    172.16.219.75    master   <none>           <none>
podaffinity-5b8b45f6c6-tphb4      1/1     Running   0          4s    172.16.166.144   node1    <none>           <none>
```

图 4-15　查看 Pod 调度情况

从结果中可以发现，10 个 Pod 中有 5 个被调度到 node1 节点上，另 5 个被调度到 master 节点上，与分析结果一致。

2. 配置 Pod 软亲和性调度

配置 Pod 软亲和性调度时，不是必须满足条件。如果条件满足，则会调度到满足条件的节点；如果条件不满足，则会调度到其他节点。

（1）编写 Pod 软亲和性 YAML 脚本

在 project4 目录下创建 pod_prefer.yaml 文件，打开文件，输入以下内容。

```
apiVersion: apps/v1
kind: Deployment
metadata:
```

```
  name: pod-prefer
  labels:
    app: podprefer
spec:
  replicas: 16
  selector:
    matchLabels:
     app: nginx
  template:
    metadata:
      labels:
        app: nginx
    spec:
      containers:
      - name: nginx
        image: registry.cn-hangzhou.aliyuncs.com/lnstzy/nginx:alpine
        imagePullPolicy: IfNotPresent
        ports:
        - containerPort: 80
      affinity:
        podAffinity:
          #定义 Pod 软亲和性策略
          preferredDuringSchedulingIgnoredDuringExecution:
          - weight: 100
            podAffinityTerm:
              labelSelector:
                #定义 Pod 软亲和性规则，匹配节点运行的 Pod 标签信息
                matchExpressions:
                - key: app
                  operator: In
                  values:
                  - nginx
              #在 zone 拓扑域中进行调度
              topologyKey: zone
```

（2）代码语义

以上代码定义了名称为 pod-prefer 的 Deployment 控制器，运行了 16 个 Pod，创建的 Pod 尽量与节点上运行的 Pod 标签一致，根据拓扑域关键字 zone 进行调度。因为配置了 Pod 软亲和性，所以当满足条件的 node1 节点和 master 节点资源紧张时，Pod 会被调度到 node2 节点上。

（3）查看调度情况

使用编写好的 pod_prefer.yaml 文件创建控制器，命令如下。

```
[root@master project4]# kubectl apply -f pod_prefer.yaml
```

创建完成后，查看 Pod 调度情况，结果如图 4-16 所示。

```
[root@master project4]# kubectl get pod -o wide
NAME                          READY   STATUS    RESTARTS   AGE   IP               NODE     NOMINATED NODE   READINESS GATES
pod-prefer-5dc48989cb-2mxn6   1/1     Running   0          4s    172.16.166.174   node1    <none>           <none>
pod-prefer-5dc48989cb-2pmpp   1/1     Running   0          4s    172.16.166.167   node1    <none>           <none>
pod-prefer-5dc48989cb-56nxk   1/1     Running   0          4s    172.16.166.173   node1    <none>           <none>
pod-prefer-5dc48989cb-6psmg   1/1     Running   0          4s    172.16.219.93    master   <none>           <none>
pod-prefer-5dc48989cb-8xlrc   1/1     Running   0          4s    172.16.104.26    node2    <none>           <none>
pod-prefer-5dc48989cb-8z178   1/1     Running   0          4s    172.16.219.88    master   <none>           <none>
pod-prefer-5dc48989cb-dmnmj   1/1     Running   0          4s    172.16.166.177   node1    <none>           <none>
pod-prefer-5dc48989cb-f9nbq   1/1     Running   0          4s    172.16.219.92    master   <none>           <none>
pod-prefer-5dc48989cb-jj422   1/1     Running   0          4s    172.16.166.159   node1    <none>           <none>
pod-prefer-5dc48989cb-1p5w5   1/1     Running   0          4s    172.16.219.91    master   <none>           <none>
pod-prefer-5dc48989cb-nk67w   1/1     Running   0          4s    172.16.219.90    master   <none>           <none>
pod-prefer-5dc48989cb-nzmdz   1/1     Running   0          4s    172.16.166.169   node1    <none>           <none>
pod-prefer-5dc48989cb-pkfp6   1/1     Running   0          4s    172.16.166.157   node1    <none>           <none>
pod-prefer-5dc48989cb-rn55m   1/1     Running   0          4s    172.16.166.175   node1    <none>           <none>
pod-prefer-5dc48989cb-rzfhb   1/1     Running   0          4s    172.16.219.87    master   <none>           <none>
pod-prefer-5dc48989cb-xtj2p   1/1     Running   0          4s    172.16.219.89    master   <none>           <none>
pod1                          1/1     Running   0          26m   172.16.166.150   node1    <none>           <none>
```

图 4-16　查看 Pod 调度情况

从结果中可以发现，有一个 Pod 被调度到了 node2 节点上，与分析结果一致。

（4）恢复 master 节点的污点

为了不影响后续任务实践，应恢复 master 节点的污点，命令如下。

```
[root@master ~]# kubectl taint node master node-role.kubernetes.io/
control-plane:NoSchedule
```

项目小结

Pod调度是Kubernetes中非常重要的功能，用户可以通过合理调度Pod实现资源的高效利用、应用程序的高可用和性能优化、应对节点故障和资源隔离等。任务4-1介绍了使用nodeName和nodeSelector字段调度Pod，任务4-2介绍了使用污点和容忍度调度Pod，任务4-3介绍了使用亲和性调度Pod。

项目练习与思考

1. 选择题

（1）通过（　　）字段可以将 Pod 调度到集群中的指定节点。

A. nodeSelector　　B. nodeName

C. labels　　D. taints

（2）使用 nodeSelector 前要为节点添加（　　）。

A. 镜像　　B. 容器　　C. Pod　　D. 标签

（3）在默认情况下，master 节点存在（　　），所以 Pod 不能调度到 master 节点。

A. 网络　　B. 存储　　C. 污点　　D. 标签

（4）当不满足节点硬亲和性调度时，Pod 的状态为（　　）。

A. Describe　　B. Explain　　C. Pending　　D. Unknown

（5）Pod 亲和性调度是根据（　　）关键字进行调度的。

A. 拓扑域　　B. 标签　　C. 污点　　D. 容忍度

2. 填空题

（1）节点亲和性调度是根据 Pod 与________的亲密关系进行调度的。

（2）在默认情况下，Pod 不能调度到存在________的节点。

（3）effect 值为________的污点会驱逐该节点上的 Pod。

（4）亲和性调度包括________亲和性调度和________亲和性调度。

（5）配置了________调度后，Pod 可以调度到有污点的节点。

3. 简答题

（1）简述 Scheduler 调度器的工作过程。

（2）简述污点配置中 effect 的作用。

项目 5

配置数据存储

项目描述

在Kubernetes集群上部署服务时，Pod容器和外部之间的数据同步是非常重要的。公司项目经理要求王亮使用存储卷技术实现Pod容器目录和集群持久化目录的数据同步，使用ConfigMap、Secret资源保存服务的配置信息和敏感数据。

该项目思维导图如图5-1所示。

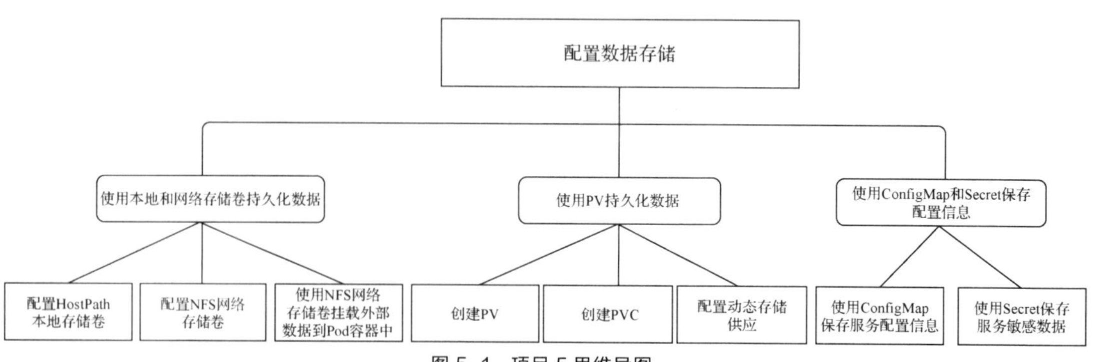

图 5-1　项目 5 思维导图

任务 5-1 使用本地和网络存储卷持久化数据

学习目标

知识目标

（1）掌握存储卷的作用和种类。

（2）掌握存储卷的挂载行为。

技能目标

（1）能够配置 HostPath 本地存储卷持久化数据。

（2）能够配置 NFS 网络存储卷持久化数据。

素养目标

（1）通过学习 HostPath 本地存储卷，培养对任务进行模块化拆分和组装的能力。

（2）通过学习 NFS 网络存储卷，培养全方位思考和解决问题的能力。

5.1.1 任务描述

公司要在 Kubernetes 集群中部署 Web 服务和 MySQL 数据库管理系统。在部署 Web 服务时，需要将 Web 程序代码存储在 Pod 外部，实现部署多个 Web 服务时使用同一程序代码；在部署 MySQL 数据库管理系统时，为保证 MySQL 容器重新启动时数据库的相关数据不会丢失，需要持久化数据库目录。公司项目经理要求王亮分别使用 HostPath 本地存储卷和 NFS 网络存储卷实现以上需求。

5.1.2 必备知识

1. 数据持久化

在 Kubernetes 中进行数据持久化，可以确保应用程序的数据在容器和集群生命周期中得到持续的存储及保护，实现应用程序的数据共享、数据保护和数据备份，具体功能如下。

（1）重要数据不丢失

当 Pod 重启、迁移或替换时，容器中的数据通常会丢失，因为容器是临时的，通过将数据持久化到存储卷中，可以确保 Pod 重新创建时应用程序的数据保持不变，这对于数据库、持久缓存、文件存储等需要长期保存数据的应用程序尤为重要。

（2）高可用性和容错性

通过将数据存储在持久化存储中，可实现高可用性和容错性。当一个 Pod 发生故障时，Kubernetes 可以自动将其替换为新的 Pod，并重新挂载持久化存储，保证数据的可用性。

（3）数据共享

多个 Pod 之间共享数据是常见的需求，通过使用共享的持久化存储或文件系统，各个 Pod 可以访问相同的数据，共同协作或共享状态，这对于分布式应用程序和有状态服务程序来说尤为重要。

（4）数据保护和数据备份

将数据保存到持久化存储中，可以更容易地实施数据保护和数据备份策略，使用现有的备份工具对存储卷进行备份，并在需要时还原数据，保护业务数据免受意外删除、故障或灾难性事件的影响。

2. 存储卷

存储卷（Volume）是用于持久化数据的一种抽象概念。它提供了一种方法，使容器能够在不受宿主机生命周期影响的情况下访问和存储数据。存储卷可以与一个或多个容器进行关联，使它们能够共享和访问相同的数据。

Kubernetes 提供了多种类型的存储卷，以满足不同的需求和使用场景，以下是一些常见的存储卷类型。

（1）空目录卷

空目录卷（EmptyDir Volume）在 Pod 的生命周期内存在，并且可以由 Pod 中的多个容器共享。它适用于临时数据的存储，当 Pod 重启或迁移时，其中的数据会丢失，在实际生产环境中很少使用。

（2）本地存储卷

本地存储卷（HostPath Volume）将主机操作系统的目录或文件挂载到 Pod 容器中。本地存储卷适用于需要与主机操作系统进行直接交互的场景。使用本地存储卷会导致 Pod 在不同节点上的迁移出现困难。如果一个 Pod 固定调度在一个工作节点上，则可以使用本地存储卷持久化数据。

（3）网络存储卷

网络存储卷（Network Storage Volume）通过将外部的网络存储系统连接到 Kubernetes 集群中，为应用程序提供可靠的持久化存储。有多种类型的网络存储卷可供选择，其中常见的是网络文件系统（Network File System，NFS）网络存储卷。NFS 网络存储卷使用 NFS 协议连接到远程的 NFS 服务器，并将共享的文件系统挂载到 Pod 的容器中。除了 NFS 网络存储卷之外，还有其他的网络存储卷类型，如 GlusterFS、Ceph 等。在实际生产环境中，应根据需求选择合适的网络存储卷类型。

（4）持久卷

持久卷（Persistent Volume，PV）提供了一种将存储资源与 Pod 解耦的方式，使得 Pod 能够独立于底层存储技术。持久卷声明（Persistent Volume Claim，PVC）用于请求和使用持久卷资源，这种卷类型支持各种外部存储解决方案，如 NFS、Ceph 等。

3. 存储卷挂载行为

Kubernetes 中的存储卷挂载行为有以下两种。

（1）存储卷目录为空

当存储卷的目录为空时，Pod 挂载目录的数据会显示在存储卷目录下，两个目录的数据同步，经常使用这种方式实现 Pod 数据的持久化存储。

（2）存储卷目录不为空

如果存储卷和 Pod 挂载目录都有数据，则 Pod 会优先显示和使用存储卷中的数据，存储卷中的内容会覆盖 Pod 中相同目录的内容，使用这种方式可以将外部的代码和相关配置同步到 Pod 中。

5.1.3 配置 HostPath 本地存储卷

微课

V5-1 配置 HostPath 本地存储卷

1. 编写使用 HostPath 本地存储卷的 YAML 脚本

使用 HostPath 本地存储卷可以将 Pod 容器目录或文件挂载到宿主机的某个目录或文件上，在重新创建 Pod 时，宿主机上存储的数据不会丢失。在集群中运行的 MySQL 容器将数据库存储在/var/lib/mysql 目录下，日志数据存储在/var/log/mysql 目录下，一旦 Pod 出现问题，数据库和日志数据都将丢失，所以要对这两部分重要数据进行持久化存储，下面使用 HostPath 本地存储卷实现这一需求。

（1）编写 YAML 脚本

首先创建一个目录 project5，然后在 project5 目录下创建 mysql-hostpath.yaml 文件，打开文件，输入以下内容。

```
apiVersion: apps/v1
kind: Deployment
metadata:
  name: mysql
  labels:
    app: mysql
spec:
  replicas: 1
  selector:
    matchLabels:
      app: mysql
  template:
    metadata:
      labels:
        app: mysql
    spec:
      nodeName: node1                          #调度到 node1 节点上
      containers:
      - name: mysql
        image: registry.cn-hangzhou.aliyuncs.com/lnstzy/mysql:5.7
        #数据库的镜像
        imagePullPolicy: IfNotPresent          #镜像拉取策略
        ports:
        - containerPort: 3306                  #容器开放的端口
        env:                                   #通过环境变量方式设置数据库初始密码
        - name: MYSQL_ROOT_PASSWORD            #环境变量的名称
          value: "000000"                  #环境变量的值（数据库的初始密码）
        volumeMounts:                      #在容器中挂载存储卷
        - name: mysql-data                 #将/var/lib/mysql 挂载到 mysql-data 存储卷
          mountPath: /var/lib/mysql
        - name: mysql-log                  #将/var/log/mysql 挂载到 mysql-log 存储卷
          mountPath: /var/log/mysql
      volumes:                             #定义存储卷
      - name: mysql-data                   #存储卷的名称为 mysql-data
        hostPath:                          #使用 HostPath 本地存储卷
          path: /mysql-datas               #HostPath 本地存储卷的目录为/mysql-datas
          type: DirectoryOrCreate          #如果宿主机不存在该目录，则自动创建该目录
      - name: mysql-log                    #存储卷的名称为 mysql-log
        hostPath:                          #使用 HostPath 本地存储卷
          path: /mysql-logs                #HostPath 本地存储卷的目录为/mysql-logs
          type: DirectoryOrCreate          #如果宿主机不存在该目录，则自动创建该目录
```

（2）代码语义

以上代码定义了一个名称为 mysql 的 Deployment 控制器，运行了一个 Pod，调度到 node1 节点上，在 Pod 中基于 mysql:5.7 镜像运行容器，容器开放的端口是 3306，通过环境变量的方式设置了数据库的密码为 000000。

在定义 Pod 存储卷时，定义了两个 HostPath 本地存储卷。其中一个名称为 mysql-data，目录是宿主机根目录下的 mysql-datas；另一个名称为 mysql-log，目录是宿主机根目录下的 mysql-logs。在定义容器时，将容器的/var/lib/mysql 数据库目录挂载到 mysql-data 存储卷，将/var/log/mysql 默认日志目录挂载到 mysql-log 存储卷。

2. 验证 HostPath 本地存储卷

（1）创建控制器

使用编写好的 mysql-hostpath.yaml 文件创建 mysql 控制器，命令如下。

```
[root@master project5]# kubectl apply -f mysql-hostpath.yaml
```

创建完成后，查看 mysql 控制器运行的 Pod，结果如图 5-2 所示。

```
[root@master project5]# kubectl get pod -o wide
NAME                    READY   STATUS    RESTARTS   AGE    IP               NODE    NOMINATED NODE   READINESS GATES
mysql-58d7fc98f7-swbb4  1/1     Running   0          2m4s   172.16.166.165   node1   <none>           <none>
```

图 5-2　查看 mysql 控制器运行的 Pod

从结果中可以发现，mysql 控制器运行的 Pod 已经调度到 node1 节点上。在 node1 节点上查看根目录，结果如图 5-3 所示。

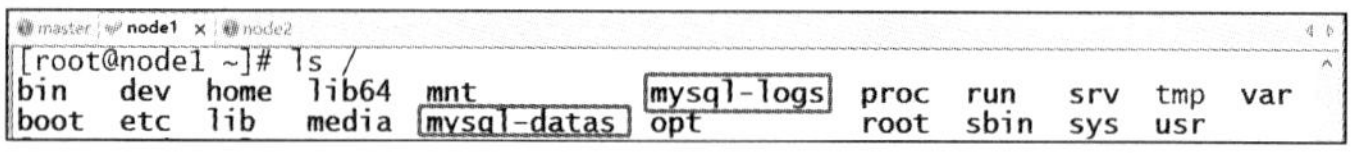

```
[root@node1 ~]# ls /
bin   dev   home  lib64  mnt          mysql-logs  proc  run   srv  tmp  var
boot  etc   lib   media  mysql-datas  opt         root  sbin  sys  usr
```

图 5-3　在 node1 节点上查看根目录

从结果中可以发现，在 node1 节点上，已经存在了 mysql-datas 目录和 mysql-logs 目录，这是由于在创建 Pod 时，通过 HostPath 本地存储卷自动创建了 mysql-datas 目录和 mysql-logs 目录。查看 mysql-datas 目录，结果如图 5-4 所示。

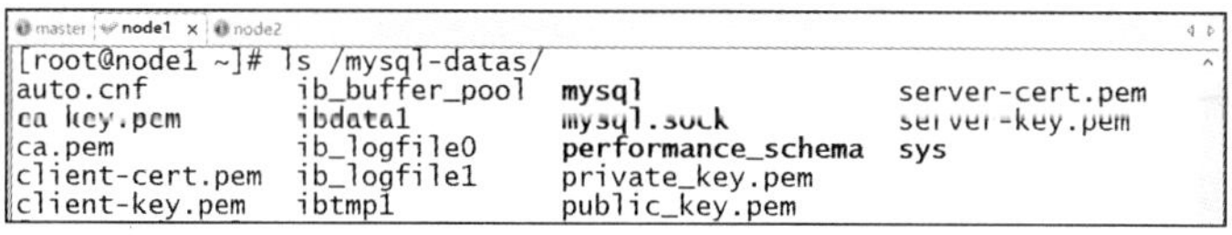

```
[root@node1 ~]# ls /mysql-datas/
auto.cnf         ib_buffer_pool  mysql               server-cert.pem
ca-key.pem       ibdata1         mysql.sock          server-key.pem
ca.pem           ib_logfile0     performance_schema  sys
client-cert.pem  ib_logfile1     private_key.pem
client-key.pem   ibtmp1          public_key.pem
```

图 5-4　查看 mysql-datas 目录

从结果中可以发现，mysql-datas 目录中已经存在了数据库相关文件，这是由于在运行 Pod 容器时，将容器的/var/lib/mysql 数据库目录挂载到了 mysql-data 存储卷，而 mysql-data 存储卷定义的目录就是宿主机的 mysql-datas 目录。继续查看 mysql-logs 目录，发现内容为空，这是由于没有对数据库日志进行相关配置和操作，还没有产生数据库的相关日志。

（2）创建数据库

在 master 节点上安装 MySQL 数据库管理系统的客户端程序，命令如下。

```
[root@master project5]# yum install mariadb -y
```

安装完成后，在 master 节点上登录运行于 node1 节点的 MySQL 数据库管理系统，命令如下。

```
[root@master project5]# mysql -uroot -p000000 -h 172.16.166.165
```

登录成功后，创建数据库，名称为 k8s，命令如下。

```
MySQL [(none)]> create database k8s;
```

（3）验证重新创建 Pod 后数据是否丢失

删除名称为 mysql-58d7fc98f7-swbb4 的 Pod，命令如下。

```
[root@master project5]# kubectl delete pod mysql-58d7fc98f7-swbb4
```

因为该 Pod 是由名称为 mysql 的 Deployment 控制器创建的，所以 Pod 被删除后会重新创建。查看运行的 Pod，结果如图 5-5 所示。

```
[root@master project5]# kubectl get pod -o wide
NAME                    READY   STATUS    RESTARTS   AGE   IP               NODE    NOMINATED NODE   READINESS GATES
mysql-58d7fc98f7-lqj25  1/1     Running   0          7s    172.16.166.164   node1   <none>           <none>
```

图 5-5　查看运行的 Pod

从结果中可以发现，删除 Pod 后，mysql 控制器自动创建了新的 Pod，并调度到 node1 节点上，IP 地址为 172.16.166.164。登录到重新创建的 MySQL 数据库管理系统，命令如下。

```
[root@master project5]# mysql -uroot -p000000 -h 172.16.166.164
```

登录成功后，查看数据库信息，结果如图 5-6 所示。

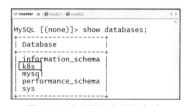

```
MySQL [(none)]> show databases;
+--------------------+
| Database           |
+--------------------+
| information_schema |
| k8s                |
| mysql              |
| performance_schema |
| sys                |
+--------------------+
```

图 5-6　查看数据库信息（1）

从结果中可以发现，在重新创建 Pod 容器后，之前创建的 k8s 数据库仍然存在，数据没有丢失，这是由于使用 HostPath 本地存储卷将容器中的/var/lib/mysql 数据库目录持久化到了 node1 节点的/mysql-datas 目录。当重新创建 Pod 时，挂载该目录到容器的/var/lib/mysql 目录，使得重新创建 Pod 时数据不会丢失。

3. HostPath 本地存储卷存在的问题

（1）删除控制器和 Pod

删除基于 mysql-hostpath.yaml 文件创建的 Deployment 控制器和 Pod，命令如下。

```
[root@master project5]# kubectl delete -f mysql-hostpath.yaml
```

（2）调度 Pod 到 node2 节点上

将 mysql-hostpath.yaml 中的 nodeName: node1 修改为 nodeName: node2，运行该 YAML 脚本，调度 Pod 到 node2 节点上，命令如下。

```
[root@master project5]# kubectl apply -f mysql-hostpath.yaml
```

查看运行的 Pod 信息，结果如图 5-7 所示。

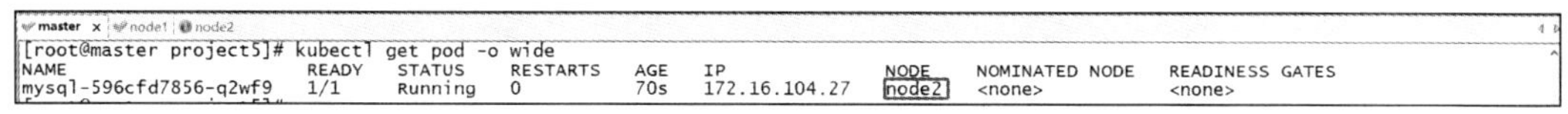

```
[root@master project5]# kubectl get pod -o wide
NAME                    READY   STATUS    RESTARTS   AGE   IP              NODE    NOMINATED NODE   READINESS GATES
mysql-596cfd7856-q2wf9  1/1     Running   0          70s   172.16.104.27   node2   <none>           <none>
```

图 5-7　查看运行的 Pod 信息

从结果中可以发现，Pod 已经成功调度到 node2 节点上，IP 地址是 172.16.104.27。

（3）查看数据是否丢失

登录运行在 node2 节点上的 MySQL 数据库管理系统，命令如下。

```
[root@master project5]# mysql -uroot -p000000 -h 172.16.104.27
```

登录成功后，查看数据库信息，命令如下。

```
MySQL [(none)]> show databases;
```

结果如图 5-8 所示。

```
MySQL [(none)]> show databases;
+--------------------+
| Database           |
+--------------------+
| information_schema |
| mysql              |
| performance_schema |
| sys                |
+--------------------+
4 rows in set (0.001 sec)
```

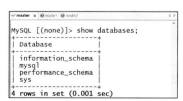

图 5-8　查看数据库信息（2）

从结果中可以发现，创建的 k8s 数据库已经不见了，这是由于将 Pod 调度到 node2 节点上后，容器中的数据库目录挂载到 node2 节点的/mysql-datas 目录，而 node2 节点的/mysql-datas 目录并不存在 k8s 数据库，所以登录到 MySQL 数据库管理系统查看数据库时，看不到 k8s 数据库。由此可以发现使用 HostPath 本地存储卷持久化数据存储后，当 Pod 在不同节点上调度时，容器中的数据会丢失。

为了不影响后续任务，删除控制器和 Pod，命令如下。

```
[root@master project5]# kubectl delete -f mysql-hostpath.yaml
```

5.1.4 配置 NFS 网络存储卷

微课

V5-2 配置 NFS 网络存储卷

1. 编写使用 NFS 网络存储卷的 YAML 脚本

在实际生产环境中，Pod 会调度到不同的集群节点上，NFS 网络存储卷不但可以实现 Pod 容器目录和文件的持久化，而且适用于 Pod 在不同节点上调度的场景。

（1）安装和启动 NFS 服务

① 安装 NFS 服务。

在 master 节点上安装 NFS 服务，命令如下。

```
[root@master ~]# yum install nfs-utils -y
```

② 共享目录。

在根目录下创建/mysql 目录，命令如下。

```
[root@master ~]# mkdir /mysql
```

修改/etc/exports 文件，命令如下。

```
/mysql 192.168.200.0/24(rw,no_root_squash)
```

以上配置实现了共享本机的/mysql 目录，允许来自 192.168.200.0/24 网段的主机读写访问，不限制 root 用户的权限。在进行 NFS 挂载时，默认情况下，远程 root 用户（UID 为 0 的用户）被映射为一个匿名用户（通常是 nobody），这样可以避免潜在的安全风险。使用 no_root_squash 可以禁用这种映射，允许远程 root 用户以其真实身份访问 NFS 共享。这通常用于需要 root 用户权限的特定应用场景，如备份、系统复制等。

③ 启用 NFS 服务。

配置完成后，启用 NFS 服务，命令如下。

```
[root@master ~]# systemctl start nfs-server && systemctl enable nfs-server
```

④ 客户端安装 NFS 服务。

在 node1 和 node2 节点上安装 NFS 服务，用于挂载 master 节点的 NFS 服务，命令如下。

```
[root@node1 ~]# yum install nfs-utils -y
[root@node2 ~]# yum install nfs-utils -y
```

（2）编写 YAML 脚本

在 project5 目录下创建 mysql-nfs.yaml 文件，打开文件，输入以下内容。

```
apiVersion: apps/v1
kind: Deployment
metadata:
 name: mysql-nfs
 labels:
   app: mysql
spec:
  replicas: 1
  selector:
```

```
    matchLabels:
     app: mysql
  template:
    metadata:
      labels:
        app: mysql
    spec:
      nodeName: node1                    #调度到 node1 节点上
      containers:
        - name: mysql
          image: registry.cn-hangzhou.aliyuncs.com/lnstzy/mysql:5.7
          #数据库的镜像
          imagePullPolicy: IfNotPresent   #镜像拉取策略
          ports:
            - containerPort: 3306        #容器开放的端口
          env:                           #通过环境变量方式设置数据库初始密码
            - name: MYSQL_ROOT_PASSWORD   #环境变量的名称
              value: "000000"            #环境变量的值（数据库的初始密码）
          volumeMounts:                  #在容器中挂载存储卷
            - name: mysql-data           #挂载/var/lib/mysql 到 mysql-data 存储卷
              mountPath: /var/lib/mysql
      volumes:                           #定义存储卷
      - name: mysql-data                 #存储卷名称为 mysql-data
        nfs:                             #存储卷类型为 NFS
          path: /mysql                   #定义存储卷的路径为/mysql
          server: 192.168.200.10         #定义存储卷的访问地址
```


以上代码定义了一个名称为 mysql-nfs 的 Deployment 控制器，运行了一个 Pod，将其调度到 node1 节点上，在 Pod 中基于 mysql:5.7 镜像运行容器，容器开放的端口是 3306，通过环境变量的方式设置了数据库密码为 000000。

在定义 Pod 存储卷时，定义了一个名称为 mysql-data 的 NFS 网络存储卷，路径是 192.168.200.10 主机上的/mysql 目录。在定义容器时，将容器的/var/lib/mysql 数据库目录挂载到 mysql-data 存储卷。

2. 验证 NFS 网络存储卷

（1）创建控制器

使用编写好的 mysql-nfs.yaml 文件创建 mysql-nfs 控制器，命令如下。

```
[root@master project5]# kubectl apply -f mysql-nfs.yaml
```

创建完成后，查看 mysql-nfs 控制器运行的 Pod，结果如图 5-9 所示。

```
[root@master project5]# kubectl get pod -o wide
NAME                        READY   STATUS    RESTARTS   AGE   IP               NODE    NOMINATED NODE   READINESS GATES
mysql-nfs-b5fffbdbd-569zp   1/1     Running   0          32s   172.16.166.179   node1   <none>           <none>
```

图 5-9 查看 mysql-nfs 控制器运行的 Pod

从结果中可以发现，mysql-nfs 控制器运行的 Pod 被调度到 node1 节点上，IP 地址为 172.16.166.179。在 master 节点上，查看/mysql 目录，结果如图 5-10 所示。

从结果中可以发现，master 节点的/mysql 目录已经包含了 MySQL 数据库管理系统的相关文件，说明 NFS 网络存储卷已经生效了。

```
[root@master project5]# ls /mysql
auto.cnf      client-cert.pem  ibdata1       ibtmp1       performance_schema
ca-key.pem    client-key.pem   ib_logfile0   mysql        private_key.pem
ca.pem        ib_buffer_pool   ib_logfile1   mysql.sock   public_key.pem
```

图 5-10　查看/mysql 目录

（2）创建数据库

登录 MySQL 数据库管理系统，命令如下。

```
[root@master project5]# mysql -uroot -p000000 -h 172.16.166.179
```

创建数据库，名称为 nfs，命令如下。

```
MySQL [(none)]> create database nfs;
```

（3）调度 Pod 到 node2 节点上

删除基于 mysql-nfs.yaml 文件创建的控制器和 Pod，命令如下。

```
[root@master project5]# kubectl delete -f mysql-nfs.yaml
```

将 mysql-nfs.yaml 中的 nodeName: node1 修改为 nodeName: node2，运行该 YAML 脚本，调度 Pod 到 node2 节点上，命令如下。

```
[root@master project5]# kubectl apply -f mysql-nfs.yaml
```

查看运行的 Pod 信息，结果如图 5-11 所示。

```
[root@master project5]# kubectl get pod -o wide
NAME                        READY   STATUS    RESTARTS   AGE   IP              NODE    NOMINATED NODE   READINESS GATES
mysql-nfs-9f69bdd97-sfs2m   1/1     Running   0          5s    172.16.104.28   node2   <none>           <none>
```

图 5-11　查看运行的 Pod 信息

从结果中可以发现，Pod 已经调度到 node2 节点上，IP 地址是 172.16.104.28。

（4）查看数据是否丢失

登录运行在 node2 节点上的 MySQL 数据库管理系统，命令如下。

```
[root@master project5]# mysql -uroot -p000000 -h 172.16.104.28
```

登录成功后，查看数据库信息，命令如下。

```
MySQL [(none)]> show databases;
```

结果如图 5-12 所示。

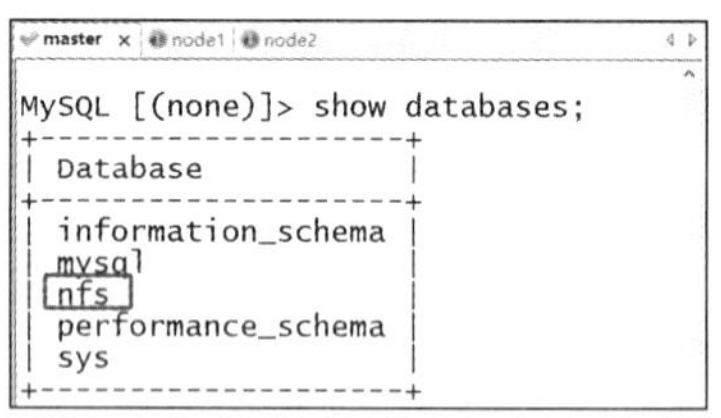

```
MySQL [(none)]> show databases;
+--------------------+
| Database           |
+--------------------+
| information_schema |
| mysql              |
| nfs                |
| performance_schema |
| sys                |
+--------------------+
```

图 5-12　查看数据库信息

从结果中可以发现，nfs 数据库仍然存在，这是因为在重新创建 Pod 时，Pod 使用 NFS 网络存储卷将容器的数据库目录/var/lib/mysql 挂载到了 master 节点的/mysql 目录，因为该目录存在 nfs 数据库，所以登录到 MySQL 数据库管理系统查看数据库时，自然能查询到 nfs 数据库。由此可以发现，使用 NFS 网络存储卷持久化数据存储后，当 Pod 在不同节点上调度时，容器中的数据不会丢失。

微课

V5-3　使用 NFS 网络存储卷挂载外部数据到 Pod 容器中

5.1.5　使用NFS网络存储卷挂载外部数据到Pod容器中

1. 共享/code 目录

在集群上部署多个 Web 服务可以保证服务的高可用性，为了确保多个服务使用的是同样的代码，可以将程序代码保存到 NFS 网络存储卷中，并在部署

Web 服务时，同步服务的根目录和 NFS 网络存储卷目录。

（1）准备网站内容

在 node2 节点上创建目录/code，在该目录下创建 index.html 文件并输入内容“hello world”，命令如下。

```
[root@node2 ~]# mkdir /code
[root@node2 ~]# echo hello world > /code/index.html
```

（2）共享/code 目录

修改/etc/exports 文件，添加如下内容。

```
/code 192.168.200.0/24(rw,no_root_squash)
```

以上配置实现了共享本机的/code 目录，允许来自 192.168.200.0/24 网段的主机读写访问，不限制 root 用户的权限。

2. 运行多个 Web 服务

（1）编写 YAML 脚本

在 project5 目录下创建 nginx-nfs.yaml 文件，打开文件，输入以下内容。

```
apiVersion: apps/v1
kind: Deployment
metadata:
 name: nginx-nfs
 labels:
   app: nginx
spec:
  replicas: 3          #创建 3 个 Pod，运行 3 个 Web 服务
  selector:
    matchLabels:
     app: nginx
  template:
    metadata:
      labels:
        app: nginx
    spec:
      containers:
        - name: nginx
          image: registry.cn-hangzhou.aliyuncs.com/lnstzy/nginx:alpine
          #Web 服务镜像
          imagePullPolicy: IfNotPresent  #镜像拉取策略
          ports:
           - containerPort: 80          #容器开放的端口
          volumeMounts:                 #在容器中挂载存储卷
           - name: code-data  #同步 code-data 存储卷数据到/usr/share/nginx/html 目录
             mountPath: /usr/share/nginx/html
      volumes:                          #定义存储卷
      - name: code-data                 #存储卷名称为 code-data
        nfs:                            #存储卷类型为 NFS
          path: /code                   #定义存储卷的路径为/code
          server: 192.168.200.30        #定义存储卷的访问地址
```

以上代码定义了一个名称为 nginx-nfs 的 Deployment 控制器，运行了 3 个 Pod，每个 Pod 容器的/usr/share/nginx/html 目录同步 NFS 网络存储卷，NFS 网络存储卷的路径是 192.168.200.30 主

机上的/code 目录。

（2）运行服务

运行 nginx-nfs.yaml 文件，创建控制器，命令如下。

```
[root@master project5]# kubectl apply -f nginx-nfs.yaml
```

创建完成后，查看运行的 Pod，结果如图 5-13 所示。

```
[root@master project5]# kubectl get pod -o wide
NAME                        READY   STATUS    RESTARTS   AGE     IP               NODE    NOMINATED NODE   READINESS
 GATES
nginx-nfs-54dfbd67dc-6lr7r  1/1     Running   0          2m27s   172.16.104.1     node2   <none>           <none>
nginx-nfs-54dfbd67dc-72tx8  1/1     Running   0          2m27s   172.16.166.145   node1   <none>           <none>
nginx-nfs-54dfbd67dc-9vjzs  1/1     Running   0          2m27s   172.16.104.63    node2   <none>           <none>
```

图 5-13　查看运行的 Pod

从结果中可以发现，3 个 Pod 都已经成功运行了。

（3）验证数据同步效果

进入一个 Pod，查看/usr/share/nginx/html/index.html 内容，命令如下。

```
[root@master project5]# kubectl exec -it nginx-nfs-54dfbd67dc-6lr7r /bin/sh
-- cat /usr/share/nginx/html/index.html
```

结果如下。

```
hello world
```

从结果中可以发现，Pod 容器目录已经与 node2 节点的 NFS 共享目录数据同步。

访问各 Pod 容器，结果如图 5-14 所示。

```
[root@master project5]# curl 172.16.104.1
hello world
[root@master project5]# curl 172.16.166.145
hello world
[root@master project5]# curl 172.16.104.63
hello world
```

图 5-14　访问各 Pod 容器

从结果中可以发现，无论访问哪个 Web 服务，返回的都是集群外部存储卷共享的数据。

任务 5-2　使用 PV 持久化数据

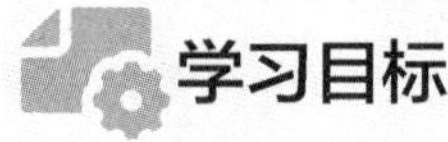

学习目标

知识目标

（1）掌握 PV 的访问模式。

（2）掌握 PV 的回收策略。

（3）掌握 PV 生命周期的 4 种状态。

技能目标

（1）能够创建 PV 来隐藏后端存储细节。

（2）能够创建 PVC 绑定 PV。

（3）能够在创建 Pod 时引用 PVC 实现数据的持久化存储。

素养目标

（1）通过学习 PV，培养对复杂问题进行拆分和组装的能力。

（2）通过学习 PVC 绑定 PV，培养认真思考和解决问题的能力。

5.2.1 任务描述

根据业务对存储的不同需求，公司在服务器上部署了 NFS、Ceph、GlusterFS 等多种后端存储。为屏蔽后端存储技术的实现细节，公司项目经理要求王亮使用 PV 对接后端存储，使用 PVC 绑定 PV，并在创建 Pod 容器时调用 PVC，实现 Pod 容器数据持久化存储到 PV 对应的后端存储上。

5.2.2 必备知识

1. PV

PV 是对底层共享存储的一种抽象，由管理员进行创建和配置，它能屏蔽掉 NFS、Ceph、GlusterFS 等底层共享存储技术的实现细节，在定义存储资源后提供给上层的 PVC 使用。在创建 PV 时，要了解以下概念。

（1）capacity（存储能力）

PV 对象通过 capacity 指定存储容量，用来设置存储空间的大小。

（2）accessModes（访问模式）

在 Kubernetes 中，accessModes 用来定义 PV 的读写机制，访问模式在 PV 中定义，在 PVC 中声明。以下是 Kubernetes 支持的几种访问模式。

① ReadWriteOnce（RWO）。

单个节点上的单个 Pod 可以读写 PV，即这个 PV 只能被一个节点上的 Pod 挂载和读写。这种模式适用于单个 Pod 独占一块存储的场景。

② ReadOnlyMany（ROX）。

多个节点上的多个 Pod 可以读取 PV，但是只能在一个节点上挂载为读写，其他节点只能挂载为只读。这种模式适用于多个 Pod 需要同时读取同一块存储，但只有一个 Pod 需要写入的场景。

③ ReadWriteMany（RWX）。

多个节点上的多个 Pod 可以同时读写 PV。这种模式适用于多个 Pod 需要同时读写同一块存储的场景，如共享存储的文件系统。

（3）persistentVolumeReclaimPolicy（PV 回收策略）

PV 回收策略用于定义 PV 被释放（即与它绑定的 PVC 被删除或释放）时存储资源的处理方式。PV 回收策略通过 persistentVolumeReclaimPolicy 字段来指定。以下是可用的 PV 回收策略选项。

① Retain（保留）。

当 PV 被释放时，保留 PV 中的数据。Kubernetes 不会自动删除与 PV 关联的存储资源，需要管理员手动清理这些资源，以确保数据的安全性和保留需求。

② Recycle（回收）。

在过去，Recycle 策略用于清除 PV 中的数据，以便重新使用 PV。然而，由于实现和安全性问题，Recycle 策略已经在 Kubernetes 1.7 中被废弃，并不推荐使用。现有的集群中仍可能存在使用该策略的 PV，但推荐迁移到 Delete 或 Retain 策略。

③ Delete（删除）。

当 PV 被释放时，Kubernetes 将尝试自动删除与 PV 关联的存储资源。通常，在云服务提供商（如 AWS、Azure、GCP 等）中，与 PV 相关联的存储卷（如 EBS、Azure Disk、GCE PD 等）会被彻底删除。Delete 策略可以配合外部存储类（StorageClass）的数据保护机制（如数据快照或者其他持久化解决方案）来保护数据。使用 Delete 策略可以节省资源和减少手动管理的需求。

（4）PV 生命周期状态

在 Kubernetes 中，PV 的生命周期包含多个不同的阶段，这些阶段描述了 PV 的状态和使用情况，包括以下 4 种。

① Available（可用）。

Available 表示 PV 已经被创建且尚未被任何 PVC 绑定，处于可用状态。在这个阶段，PV 可以被符合其要求的 PVC 绑定。

② Bound（已绑定）。

Bound 表示 PV 进入绑定状态。PV 被某个 PVC 绑定后，将不再被其他 PVC 使用，直到该 PVC 被删除或释放。

③ Released（已释放）。

Released 表示 PV 进入释放状态。PV 不再与任何 PVC 直接关联，但 PV 中的数据仍然存在，直到 PV 被重新声明或删除。在这个阶段，管理员需要检查和处理 PV 中的数据，如备份或清理。

④ Failed（失败）。

Failed 表示 PV 进入失败状态，表示 Kubernetes 无法完成 PV 的回收过程。这种状态一般是存储后端或其他技术问题导致的，在这种情况下，需要管理员手动干预，排查并找出导致回收失败的原因。

以上 4 种状态反映了 PV 在其生命周期中可能遇到的不同情况和操作状态。对于管理员来说，了解和管理这些状态是确保存储资源有效利用和数据安全的重要一环。

2. PVC

PVC 是 Kubernetes 中用来请求 PV 资源的声明。在定义 PVC 时，可以指定所需的存储容量、访问模式（如只读或读写）、存储类别，以及其他相关参数。

PVC 的主要作用是与提供实际存储资源的 PV 进行绑定，当某个 PVC 与 PV 绑定成功后，Pod 就可以使用该 PVC，进而使用 PVC 绑定的 PV 持久存储。这种抽象层级使得 Kubernetes 用户能够更加灵活和便捷地管理及使用持久化存储，而不必过多地关注底层的存储实现细节。

5.2.3 创建 PV

1. 创建 NFS 后端存储

微课

V5-4 创建 PV

PV 只是对后端存储的抽象，所以首先要配置后端存储，这里将 NFS 服务安装在 node2 节点上，步骤如下。

（1）安装 NFS 服务

在 node2 节点上安装 NFS 服务，命令如下。

```
[root@node2 ~]# yum install nfs-utils -y
```

（2）共享目录

在根目录下创建/mysql 目录，命令如下。

```
[root@node2 ~]# mkdir /mysql
```

修改/etc/exports 文件，具体如下。

```
/mysql 192.168.200.0/24(rw,no_root_squash)
```

以上配置实现了共享本机的/mysql 目录，允许来自 192.168.200.0/24 网段的主机访问，不限制 root 用户的权限。

（3）启用 NFS 服务

配置完成后，启用 NFS 服务，命令如下。

```
[root@master ~]# systemctl start nfs-server && systemctl enable nfs-server
```

（4）客户端安装 NFS 服务

在 node1 节点上安装 NFS 服务，命令如下。

```
[root@node1 ~]# yum install nfs-utils -y
```

2. 创建 pv1 持久卷

（1）编写创建 PV 的 YAML 脚本

在创建 PV 时，主要包括定义存储能力、访问模式、存储类型、回收策略等关键信息。在 master 节点的 project5 目录下创建名称为 pv.yaml 的文件，打开文件，输入以下内容。

```
apiVersion: v1                                   #定义 API 版本
kind: PersistentVolume                           #定义资源类型为 PV
metadata:
 name: pv1
spec:
  capacity:                                      #定义存储能力
   storage: 2Gi                                  #大小为 2GB
  accessModes:                                   #定义访问模式
  - ReadWriteOnce                                #定义只能被单个节点挂载读写
  persistentVolumeReclaimPolicy: Retain          #定义回收策略
  nfs:                                           #定义后端存储
     path: /mysql                                #后端存储的目录
     server: 192.168.200.30                      #后端存储的 IP 地址
```

以上脚本定义了 pv1 持久卷，该持久卷使用 NFS 后端存储，设置了 2GB 的存储空间，访问模式为 ReadWriteOnce，回收策略为 Retain。

（2）运行 YAML 脚本

运行 pv.yaml 文件，创建 pv1 持久卷，命令如下。

```
[root@master project5]# kubectl apply -f pv.yaml
```

创建完成后，查看 pv1 持久卷，结果如图 5-15 所示。

master node1 node2
[root@master project5]# kubectl get pv
NAME CAPACITY ACCESS MODES RECLAIM POLICY STATUS CLAIM STORAGECLASS VOLUMEATTRIBUTESCLASS REASON AGE
pv1 2Gi RWO Retain Available <unset> 5m30s

图 5-15 查看 pv1 持久卷

从结果中可以发现，pv1 持久卷已经处于 Available 状态，即可用状态。

5.2.4 创建 PVC

微课

V5-5 创建 PVC

1. 编写创建 PVC 的 YAML 脚本

创建了 pv1 持久卷后，即可创建 PVC 申请 pv1 持久卷的存储资源。在 project5 目录下，创建名称为 pvc.yaml 的文件，打开文件，输入以下内容。

```
apiVersion: v1                          #定义 API 版本
kind: PersistentVolumeClaim             #定义资源类型为 PVC
metadata:
 name: pvc1
spec:
  accessModes:                          #定义访问模式
    - ReadWriteOnce
  resources:                            #定义资源要求
```

```
    requests:
     storage: 1Gi                       #定义资源大小
```

以上脚本定义了名称为 pvc1 的 PVC，访问模式是 ReadWriteOnce，申请的存储资源大小是1GB。脚本编写完成后，运行该脚本，命令如下。

```
[root@master project5]# kubectl apply -f pvc.yaml
```

创建完成后，查看集群中的 PVC，结果如图 5-16 所示。

```
[root@master project5]# kubectl get pvc
NAME   STATUS   VOLUME   CAPACITY   ACCESS MODES   STORAGECLASS   VOLUMEATTRIBUTESCLASS   AGE
pvc1   Bound    pv1      2Gi        RWO                           <unset>                 98s
```

图 5-16　查看集群中的 PVC

从结果中可以发现，名称为 pvc1 的 PVC 已经绑定到了 pv1 持久卷上，状态为 Bound。

2. 创建测试 Pod

（1）编写测试 Pod 的 YAML 脚本

创建了 PVC 之后，即可在 Pod 中使用该 PVC 申请 PV 对接的后端存储资源。在 project5 目录下创建 mysql-pvc.yaml 文件，打开文件，输入以下内容。

```
apiVersion: apps/v1
kind: Deployment
metadata:
 name: mysql-pvc
 labels:
   app: mysql
spec:
  replicas: 1
  selector:
    matchLabels:
     app: mysql
  template:
    metadata:
      labels:
        app: mysql
    spec:
      nodeName: node1                        #调度到 node1 节点上
      containers:
        - name: mysql                        #容器的名称
         image: registry.cn-hangzhou.aliyuncs.com/lnstzy/mysql:5.7
         #数据库的镜像
         imagePullPolicy: IfNotPresent       #镜像拉取策略
         ports:
          - containerPort: 3306              #容器开放的端口
         env:                                #通过环境变量方式设置数据库初始密码
          - name: MYSQL_ROOT_PASSWORD        #环境变量的名称
            value: "000000"                  #环境变量的值（数据库的初始密码）
         volumeMounts:                       #在容器中挂载存储卷
          - name: mysql-data           #挂载/var/lib/mysql 到 mysql-data 存储卷
            mountPath: /var/lib/mysql
      volumes:                               #定义存储卷
```

```
      - name: mysql-data                  #存储卷名称为 mysql-data
        persistentVolumeClaim:            #使用 PVC
          claimName: pvc1                 #PVC 的名称为 pvc1
```

以上脚本定义了一个名称为 mysql-pvc 的 Deployment 控制器，运行了一个 Pod，并基于 mysql:5.7 镜像运行了名称为 mysql 的容器，调度到 node1 节点上，使用了名称为 pvc1 的 PVC，对/var/lib/mysql 目录进行数据持久化，存储到 pvc1 绑定的 pv1 持久卷中。

（2）创建测试 Pod 并测试效果

运行 mysql-pvc.yaml 文件，创建测试 Pod，命令如下。


```
[root@master project5]# kubectl apply -f mysql-pvc.yaml
```

创建完成后，查看测试 Pod 的运行状态，结果如图 5-17 所示。

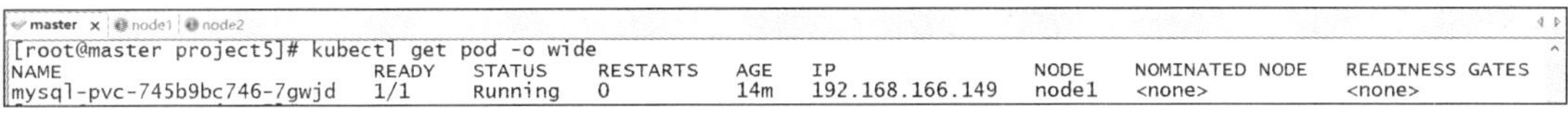

图 5-17 查看测试 Pod 的运行状态

从结果中可以发现，通过 mysql-pvc 控制器创建的测试 Pod 已经正常运行了，并调度到了 node1 节点上。在 node2 节点上，查看/mysql 目录的内容，结果如图 5-18 所示。

```
[root@node2 ~]# ls /mysql
auto.cnf     client-cert.pem   ibdata1       ibtmp1       performance_schema   server-cert.pem
ca-key.pem   client-key.pem    ib_logfile0   mysql        private_key.pem      server-key.pem
ca.pem       ib_buffer_pool    ib_logfile1   mysql.sock   public_key.pem       sys
```

图 5-18 查看/mysql 目录的内容

从结果中可以发现，测试 Pod 的/var/lib/mysql 目录内容已经成功存储到 pv1 持久卷对接的后端 NFS 共享目录中。

（3）验证删除 Pod 和 PVC 的效果

删除测试 Pod，命令如下。

```
[root@master project5]# kubectl delete -f mysql-pvc.yaml
```

删除 pvc1，命令如下。

```
[root@master project5]# kubectl delete -f pvc.yaml
```

查看 pv1 持久卷的状态，结果如图 5-19 所示。

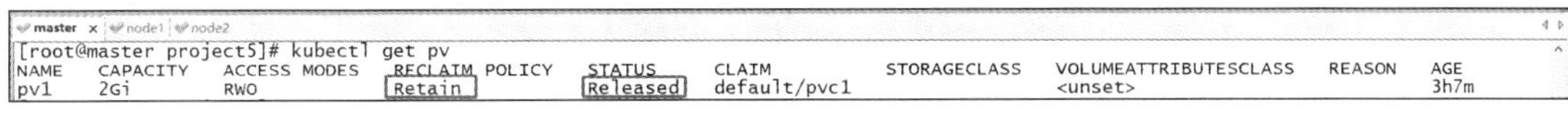

master node1 node2
[root@master project5]# kubectl get pv
NAME CAPACITY ACCESS MODES RECLAIM POLICY STATUS CLAIM STORAGECLASS VOLUMEATTRIBUTESCLASS REASON AGE
pv1 2Gi RWO Retain Released default/pvc1 <unset> 3h7m

图 5-19 查看 pv1 持久卷的状态

从结果中可以看出，当删除了测试 Pod 和 pvc1 后，pv1 持久卷的状态为 Released，表示当前的 pv1 处于释放状态。这是因为在创建 pv1 时使用了回收策略 Retain，作用是当 PV 被释放后，持久化的数据仍然存在。

微课

V5-6 配置动态存储供应

5.2.5 配置动态存储供应

当创建 Pod 容器并申请 PV 持久化存储时，通常需要预先创建 PV。动态存储类可以自动创建 PV，当一个控制器部署多个 Pod 副本时，可以为每个 Pod 副本创建不同的 PV。动态存储类的实现如图 5-20 所示。

图 5-20 动态存储类的实现

从图 5-20 可以发现，在使用动态存储类实现持久化存储时，首先要使用动态存储类驱动绑定到后端存储上，然后创建动态存储类，在创建 PVC 时，就可以动态创建 PV 了。同时，真实的后端存储会为每个 Pod 容器创建持久化目录，动态存储类包括多种类型，这里介绍 NFS 动态存储类。

1. 创建 NFS 动态存储类驱动

将本书资源中提供的 nfs-provisioner-driver.yaml 文件上传到 project5 目录下，打开该文件，需要关注和修改图 5-21 所示的方框标识部分。

```
  env:
   - name: PROVISIONER_NAME
     value: nfs-provisioner        # 提供给存储类的名称，后续创建动态存储类时要使用到该值
   - name: NFS_SERVER
     value: 192.168.200.30         # NFS服务的IP地址
   - name: NFS_PATH
     value: /mysql                 # NFS服务共享路径
volumes:
 - name: nfs-client-root
   nfs:
    server: 192.168.200.30         # NFS服务的IP地址
    path: /mysql                   # NFS服务共享路径
```

图 5-21 需要关注和修改的部分

第一个方框中的 nfs-provisioner 是提供给存储类的名称，后续在创建存储类时，provisioner 的值要和这个值一致。下面 4 个方框的内容要修改为对应的后端 NFS 存储。修改完成后，运行该脚本，命令如下。

```
[root@master project5]# kubectl apply -f nfs-provisioner-driver.yaml
```

2. 创建 NFS 动态存储类

在 project5 目录下，创建名称为 nfs-provider.yaml 的文件，打开文件，输入以下内容。

```
apiVersion: storage.k8s.io/v1
kind: StorageClass
metadata:
 name: nfs                          #NFS 存储类名称，PVC 申请时需明确指定该名称
provisioner: nfs-provisioner
#NFS 供应商名称，必须和定义的 PROVISIONER_NAME 变量值一致
parameters:
 archiveOnDelete: "true"
 #删除 PVC 后保留后端数据。如果值为 false，则表示删除 PVC 后删除目录内容
 pathPattern: "${.PVC.name}"      #创建目录的名称，这里设置为 PVC 的名称
reclaimPolicy: Retain               #定义 PV 的回收策略
```

以上脚本定义了一个名称为 nfs 的动态存储类，在使用 PVC 申请时，需要指定存储类的名称为 nfs；在定义 provisioner 时，指定名称为存储类驱动提供的名称，即 nfs-provisioner；通过 parameters 字段设置了删除 PVC 后仍然保留后端数据；在后端存储中创建目录时，使用 PVC 的名称；通过 reclaimPolicy 字段设置了 PV 的回收策略为 Retain。

运行该 YAML 脚本，创建存储类，命令如下。

```
[root@master project5]# kubectl apply -f nfs-provisioner.yaml
```

创建成功后，查看存储类，结果如图 5-22 所示。

```
[root@master project5]# kubectl get storageclass
NAME    PROVISIONER         RECLAIMPOLICY   VOLUMEBINDINGMODE   ALLOWVOLUMEEXPANSION   AGE
nfs     nfs-provisioner     Retain          Immediate           false                  4m4s
```

图 5-22　查看存储类

3. 使用 NFS 动态存储类

（1）删除 PV

为验证效果，删除创建的 PV，命令如下。

```
[root@master project5]# kubectl delete -f pv.yaml
```

（2）修改 PVC

修改 pvc.yaml 文件，在 spec 字段下加入引用动态存储类 nfs 的配置，具体如下。

```
spec:
  storageClassName: nfs
```

修改完成后，再次运行 pvc.yaml 文件，命令如下。

```
[root@master project5]# kubectl apply -f pvc.yaml
```

创建完成后，查看 pvc1，结果如图 5-23 所示。

```
[root@master project5]# kubectl get pvc
NAME   STATUS   VOLUME                                     CAPACITY   ACCESS MODES   STORAGECLASS   VOLUMEATTRIBUTESCLASS   AGE
pvc1   Bound    pvc-1813b795-7ab4-40ea-a1e5-79c7f0e33132   1Gi        RWO            nfs            <unset>                 5m53s
```

图 5-23　查看 pvc1

从结果中可以发现，pvc1 通过动态存储类绑定了一个新的 PV，名称为 pvc-1813b795-7ab4-40ea-a1e5-79c7f0e33132，显然这个 PV 是动态存储类自动创建的。继续查看 PV 资源，结果如图 5-24 所示。

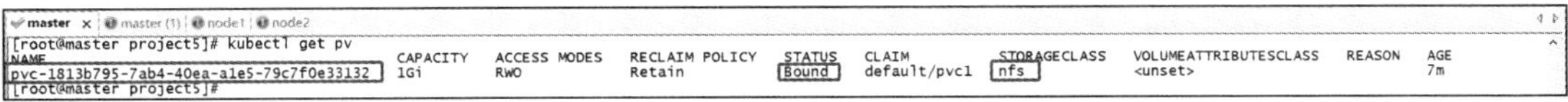

```
[root@master project5]# kubectl get pv
NAME                                       CAPACITY   ACCESS MODES   RECLAIM POLICY   STATUS   CLAIM          STORAGECLASS   VOLUMEATTRIBUTESCLASS   REASON   AGE
pvc-1813b795-7ab4-40ea-a1e5-79c7f0e33132   1Gi        RWO            Retain           Bound    default/pvc1   nfs            <unset>                          7m
[root@master project5]#
```

图 5-24　查看 PV 资源

从结果中可以发现，名称为 nfs 的动态存储类自动创建了名称为 pvc-1813b795-7ab4-40ea-a1e5-79c7f0e33132 的 PV。

（3）创建 Pod

运行 mysql-pvc.yaml 文件，创建 Pod 并使用 pvc1 申请持久化存储，命令如下。

```
[root@master project5]# kubectl apply -f mysql-pvc.yaml
```

创建完成后，在 node2 节点上查看持久化数据，结果如图 5-25 所示。

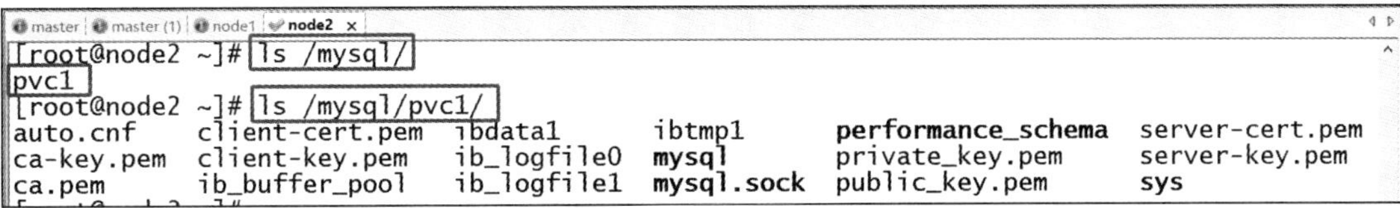

```
[root@node2 ~]# ls /mysql/
pvc1
[root@node2 ~]# ls /mysql/pvc1/
auto.cnf     client-cert.pem   ibdata1       ibtmp1       performance_schema   server-cert.pem
ca-key.pem   client-key.pem    ib_logfile0   mysql        private_key.pem      server-key.pem
ca.pem       ib_buffer_pool    ib_logfile1   mysql.sock   public_key.pem       sys
```

图 5-25　查看持久化数据

从结果中可以发现，nfs 动态存储类在持久化目录下创建了名称为 pvc1 的子目录，持久化了数据库目录。

任务 5-3 使用 ConfigMap 和 Secret 保存配置信息

学习目标

知识目标

（1）掌握 ConfigMap 的作用。
（2）掌握创建 ConfigMap 的两种方法。
（3）掌握 Secret 的 3 种类型。

技能目标

（1）能够创建 ConfigMap。
（2）能够创建 Secret。
（3）能够在容器中引用 ConfigMap 配置和 Secret 配置。

素养目标

（1）通过学习创建和引用 ConfigMap 的方法，培养形成合理规划的意识。
（2）通过学习创建和引用 Secret 的方法，培养精益求精的工匠精神。

5.3.1 任务描述

根据业务需求，公司在 Kubernetes 集群中部署了多项服务，有些服务（如 Nginx）需要修改配置，每次修改配置时都需要重新构建镜像、运行容器，影响了运维的效率，而有些服务（如数据库）需要登录密码，如果将密码写到 YAML 脚本里会带来安全隐患。公司项目经理要求王亮使用 ConfigMap 资源解决配置和应用分离的问题，实现修改配置无须重新构建镜像；使用 Secret 资源保存应用的敏感信息，保障数据安全。

5.3.2 必备知识

1. ConfigMap

ConfigMap 是 Kubernetes 中的一种 API 资源，用于存储非敏感的配置数据，如字符串、键值对、配置文件等。它提供了一种将配置数据与应用程序分离的方式，使得应用程序可以动态地获取配置数据。ConfigMap 的作用有以下 4 种。

（1）存储配置数据

ConfigMap 可以存储各种类型的配置数据，包括文本、属性文件、JSON 文件、INI 文件等，使得这些配置可以在不重新构建容器镜像的情况下进行修改和更新。

（2）解耦配置与应用

通过将配置数据存储在 ConfigMap 中，应用程序可以通过环境变量、命令行参数或者挂载文件的方式来使用这些配置数据，从而实现配置与应用逻辑的解耦。

（3）不同环境共享配置数据

在不同的环境（如开发、测试、生产）下使用相同的应用镜像时，通过不同的 ConfigMap 提供不同的配置数据，从而确保应用在不同环境下的一致性和灵活性。

（4）动态更新和管理

ConfigMap 的数据可以动态更新，Pod 可以在不重启的情况下重新加载最新的配置数据。

2. 创建 ConfigMap 的两种方法

创建 ConfigMap 的两种方法如下。

（1）命令行创建

使用 kubectl create configmap 命令可以创建 ConfigMap，在创建时应指定配置数据来源，可以是键值对、文件、目录。在 ConfigMap 中，数据是以键值对的方式存储的。

① 基于键值对。

在使用命令行创建 ConfigMap 时，--from-literal 选项用于指定数据的来源是键值对。例如，创建一个名称为 my-config、name 关键字的值为 zs、age 关键字的值为 30 的 ConfigMap，命令如下。


```
[root@master ~]# kubectl create configmap my-config --from-literal=name=zs
--from-literal=age=30
```

② 基于文件。

在使用命令行创建 ConfigMap 时，--from-file 选项用于指定数据的来源是文件。示例如下。

```
[root@master ~]# kubectl create configmap my-config --from-file=file.txt
```

创建完成后，file.txt 中的数据保存到 my-config 中，键为 file.txt（文件名），值为文件中的数据。

③ 基于目录。

可以一次性把多个文件的数据保存到 ConfigMap 中，如当前目录下包含 file1.txt、file2.txt、file3.txt，通过以下命令将 3 个文件的数据保存到 ConfigMap 中。

```
[root@master ~]# kubectl create configmap my-config --from-file ./
```

创建完成后，名称为 my-config 的 ConfigMap 中包含 3 个键，分别为 file1.txt、file2.txt、file3.txt，每个键的值为文件的内容。

（2）声明式创建

声明式创建 ConfigMap 的方法是编写关于 ConfigMap 的脚本，并使用命令创建 ConfigMap，创建一个文件，名称为 1.yaml，打开文件，输入以下内容。

```
apiVersion: v1
kind: ConfigMap
metadata:
 name: my-config
data:
 key1: value1
 key2: value2
 nginx: |
  server {
  listen 80;
  server_name localhost;
  location / {
      root /usr/share/nginx/html;
      index index.html index.htm;
  }
}
```

以上脚本定义了名称为 my-config 的 ConfigMap，包含 3 个键，分别为 key1、key2、nginx。其中，key1 的值为 value1，key2 的值为 value2，nginx 的值为多行，所以在 nginx:后加上了|。

编写完成后，创建 ConfigMap 的命令如下。

```
[root@master ~]# kubectl apply -f 1.yaml
```

3. Secret 的类型

在 Kubernetes 中，Secret 用于存储和管理敏感数据，如密码、API 密钥、OAuth 令牌等。

根据数据存储和编码方式的不同，Secret 可以分为以下 3 种类型。

（1）Opaque Secrets（不透明密钥）

Opaque Secrets 是常见的 Secret 类型，用于存储任意类型的数据，通常是 Base64 编码的内容。这种类型的 Secret 适用于存储不便公开的敏感数据，如密码、API 密钥等。

在创建 Opaque Secrets 时，数据会被 Base64 编码并存储在 Kubernetes 中，因此需要解码才能获得原始的数据内容。

（2）Service Account Tokens（服务账户令牌）

Service Account Tokens 是在 Kubernetes 中用于身份验证的工具，主要在 Pod 内进行 API 请求时帮助服务账户进行身份验证。其会被存储到 Secret 中。

（3）TLS Secrets

TLS Secrets 用于存储传输层安全（Transport Layer Security，TLS）协议证书和私钥，以便在 Kubernetes 中安全地配置和管理 HTTPS 服务或其他需要 TLS 加密的服务。这种类型的 Secret 可以包含一个或多个文件，用于存储证书、私钥和可选的 CA 证书链。

4. 引用 ConfigMap 和 Secret 配置的两种方式

在 Kubernetes 中，可以通过环境变量方式和卷挂载方式引用 ConfigMap 和 Secret 配置。

（1）环境变量方式

在定义容器时，通过 ENV 环境变量引用 ConfigMap 键值对数据。这种方式适用于将配置数据作为环境变量传递给容器的场景。

（2）卷挂载方式

通过卷挂载（Volume Mounts）方式可以将 ConfigMap 中的数据作为文件挂载到容器的文件系统中。这种方式适用于配置文件较复杂或者需要引入多个配置文件的场景。

5.3.3 使用 ConfigMap 保存服务配置信息

微课

V5-7 使用 ConfigMap 保存服务配置信息

为实现配置与应用的解耦，公司在部署 Redis 服务时，将服务的配置保存在 ConfigMap 中；在更改 Redis 服务配置时，无须重新构建镜像，只需要修改 ConfigMap 中的配置。

1. 创建 ConfigMap

（1）编写 YAML 脚本

在 project5 目录下，创建 redis-cm.yaml 文件，打开文件，输入以下内容。

```
apiVersion: v1
kind: ConfigMap
metadata:
 name: redis-cm
data:
 redis-config: |
   bind 0.0.0.0
   port 6380
```

以上脚本定义了名称为 redis-cm 的 ConfigMap，保存数据的键是 redis-config，值是关于 Redis 的两行配置，bind 0.0.0.0 表示监听本机的所有 IP 地址，port 6380 表示使用 6380 端口提供服务。

（2）创建 ConfigMap

基于 redis-cm.yaml 文件，创建名称为 redis-cm 的 ConfigMap，命令如下。

```
[root@master project5]# kubectl apply -f redis-cm.yaml
```

创建完成后，使用 kubectl describe 命令查看名称为 redis-cm 的 ConfigMap，结果如图 5-26 所示。


```
[root@master project5]# kubectl describe configmaps redis-cm
Name:         redis-cm
Namespace:    default
Labels:       <none>
Annotations:  <none>

Data
====
redis-config:
----
bind 0.0.0.0
port 6380
```

图 5-26　查看名称为 redis-cm 的 ConfigMap

从结果中可以发现，在名称为 redis-cm 的 ConfigMap 中，保存的数据键为 redis-config，值如下。

```
bind 0.0.0.0
port 6380
```

2. 使用卷挂载方式引用 ConfigMap

（1）编写 YAML 脚本

创建了 ConfigMap 后，在创建 Pod 容器时，就可以将 ConfigMap 中保存的配置内容挂载到容器中。在 project5 目录下创建 redis.yaml 文件，打开文件，输入以下内容。

```
apiVersion: v1
kind: Pod
metadata:
 name: redis-server-cm
spec:
  containers:
  - name: redis
    image: registry.cn-hangzhou.aliyuncs.com/lnstzy/redis:latest
    imagePullPolicy: IfNotPresent
    command:
    - redis-server                    #启动时执行的命令
    - "/etc/redis.conf"               #启动时执行命令的配置文件
    volumeMounts:                     #使用卷挂载方式
    - name: config                    #使用 config 卷，名称与定义的卷名称一致
      mountPath: /etc/redis.conf      #写入/etc/redis.conf 文件
      subPath: redis-config           #指定源为 redis-cm 的 redis-config 键对应的值
  volumes:                            #定义卷
  - name: config                      #名称为 config
    configMap:                        #使用 ConfigMap
     name: redis-cm                   #指定 ConfigMap 的名称为 redis-cm
```

以上脚本定义了一个名称为 redis-server-cm 的 Pod，使用 redis:latest 镜像运行了名称为 redis 的容器，引入了名称为 redis-cm 的 ConfigMap，将 redis-config 键的值写入容器的 /etc/redis.conf 文件中。

（2）测试效果

① 创建 Pod。

运行 redis.yaml 文件，创建 Pod，命令如下。

```
[root@master project5]# kubectl apply -f redis.yaml
```

创建完成后，查看运行的 Pod，结果如图 5-27 所示。

```
[root@master project5]# kubectl get pod -o wide
NAME              READY   STATUS    RESTARTS   AGE   IP               NODE    NOMINATED NODE   READINESS GATES
redis-server-cm   1/1     Running   0          27s   172.16.166.181   node1   <none>           <none>
```

图 5-27　查看运行的 Pod

查看名称为 redis-server-cm 的 Pod 中运行容器的/etc/redis.conf 文件的内容，命令如下。

```
[root@master project5]# kubectl exec -it redis-server-cm -- cat
/etc/redis.conf
```

结果如图 5-28 所示。

```
[root@master project5]# kubectl exec -it redis-server-cm -- cat /etc/redis.conf
bind 0.0.0.0
port 6380
```

图 5-28　查看/etc/redis.conf 文件的内容

从结果中可以发现，容器的/etc/redis.conf 文件内容就是 ConfigMap 中 redis-config 键对应的值。

② 验证配置效果。

为了验证容器配置文件效果，首先在 master 节点上安装 Redis 服务，以使用 redis-cli 客户端工具，命令如下。

```
[root@master project5]# yum install redis -y
```

安装完成后，使用 redis-cli 命令登录 Redis 服务器，并使用 info 命令查看 Redis 服务器的配置信息，结果如图 5-29 所示。

```
[root@master project5]# redis-cli -h 172.16.166.181 -p 6380
172.16.166.181:6380> info
# Server
redis_version:7.2.5
redis_git_sha1:00000000
redis_git_dirty:0
redis_build_id:c2b7a5cd72a5634f
redis_mode:standalone
os:Linux 4.18.0-348.el8.x86_64 x86_64
arch_bits:64
monotonic_clock:POSIX clock_gettime
multiplexing_api:epoll
atomicvar_api:c11-builtin
gcc_version:12.2.0
process_id:1
process_supervised:no
run_id:ef9140fabae9e27c0129e6236d4735cb9c8e76c2
tcp_port:6380
server_time_usec:1721974894808980
uptime_in_seconds:251
uptime_in_days:0
hz:10
configured_hz:10
lru_clock:10698862
executable:/data/redis-server
config_file:/etc/redis.conf
io_threads_active:0
listener0:name=tcp,bind=0.0.0.0,port=6380
```

图 5-29　查看 Redis 服务器的配置信息

从结果中可以看出，使用 redis-cli 客户端工具能够登录 Redis 服务器，使用的是 6380 端口，通过 info 命令可以查看 Redis 服务器的配置信息。

（3）修改配置

修改 redis-cm.yaml 文件，具体如下。

```
apiVersion: v1
kind: ConfigMap
metadata:
 name: redis-cm
data:
 redis-config: |
```

```
bind 0.0.0.0
port 6380
requirepass k8s
```

以上配置在 redis-cm.yaml 文件中添加了一行，内容为 requirepass k8s，目的是设置客户端的登录密码为 k8s。修改完成后，重新运行 redis-cm.yaml 文件，命令如下。

```
[root@master project5]# kubectl apply -f redis-cm.yaml
```

查看 ConfigMap 内容，结果如图 5-30 所示。

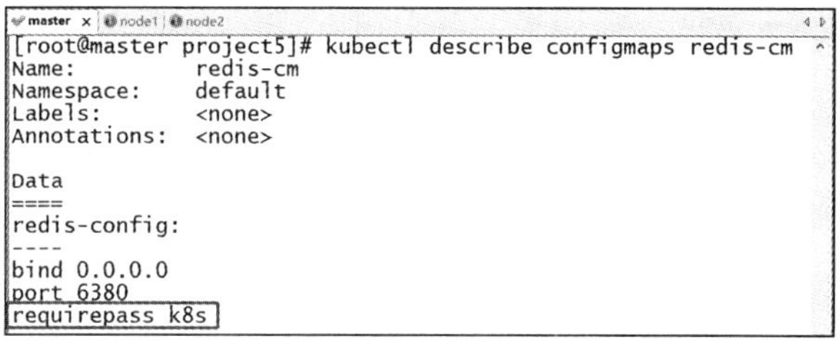

```
[root@master project5]# kubectl describe configmaps redis-cm
Name:         redis-cm
Namespace:    default
Labels:       <none>
Annotations:  <none>

Data
====
redis-config:
----
bind 0.0.0.0
port 6380
requirepass k8s
```

图 5-30 查看 ConfigMap 内容

从结果中可以看出，requirepass k8s 已经添加到 ConfigMap 配置中。

（4）查看修改配置后的登录效果

因为 Redis 程序不支持动态更新，所以需要重启运行了 redis 容器的 Pod，目的是使 redis 容器重新读取配置文件。删除 Pod，命令如下。

```
[root@master project5]# kubectl delete pod redis-server-cm
```

删除 Pod 后，重新创建 Pod，运行 redis 容器，命令如下。

```
[root@master project5]# kubectl apply -f redis.yaml
```

查看运行的 Pod，结果如图 5-31 所示。

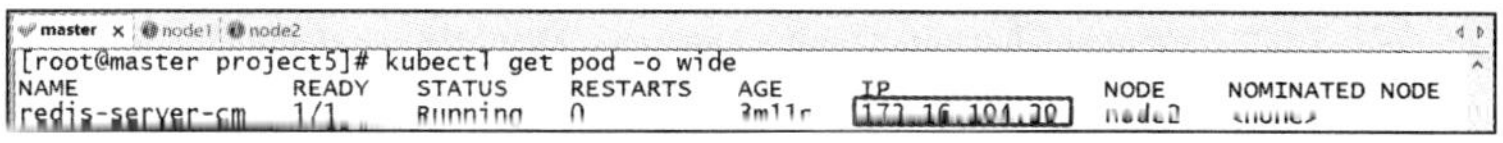

```
[root@master project5]# kubectl get pod -o wide
NAME              READY   STATUS    RESTARTS   AGE     IP              NODE    NOMINATED NODE
redis-server-cm   1/1     Running   0          3m11s   172.16.104.29   node2   <none>
```

图 5-31 查看运行的 Pod

使用 redis-cli 命令再次登录 Redis 服务器，并使用 info 命令查看 Redis 服务器的配置信息，结果如图 5-32 所示。

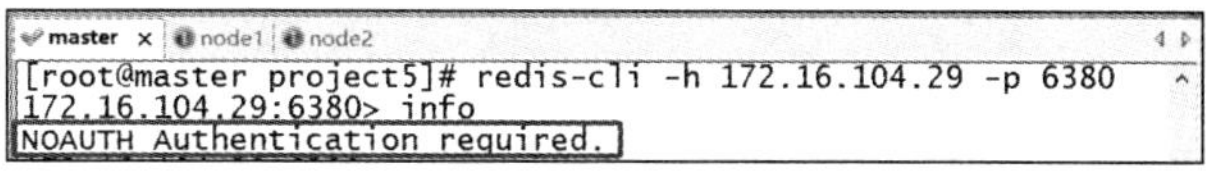

```
[root@master project5]# redis-cli -h 172.16.104.29 -p 6380
172.16.104.29:6380> info
NOAUTH Authentication required.
```

图 5-32 再次查看 Redis 服务器的配置信息

从结果中可以看到，提示没有授权。使用 redis-cli 登录时，加入-a k8s 再次登录 Redis 服务器，并查看 Redis 服务器的配置信息，结果如图 5-33 所示。

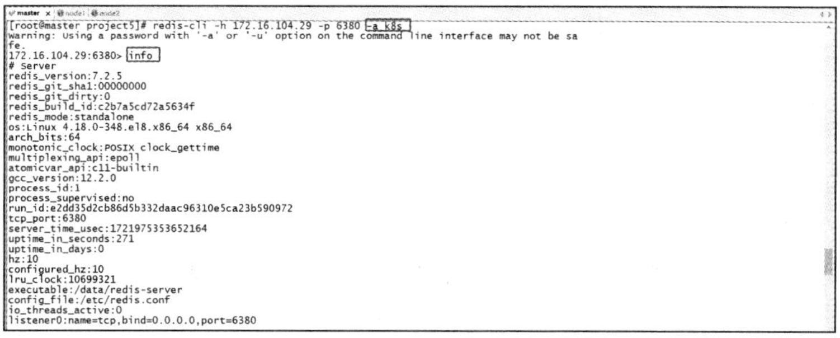

```
[root@master project5]# redis-cli -h 172.16.104.29 -p 6380 -a k8s
Warning: Using a password with '-a' or '-u' option on the command line interface may not be sa
fe.
172.16.104.29:6380> info
# Server
redis_version:7.2.5
redis_git_sha1:00000000
redis_git_dirty:0
redis_build_id:c2b7a5cd72a5634f
redis_mode:standalone
os:Linux 4.18.0-348.el8.x86_64 x86_64
arch_bits:64
monotonic_clock:POSIX clock_gettime
multiplexing_api:epoll
atomicvar_api:c11-builtin
gcc_version:12.2.0
process_id:1
process_supervised:no
run_id:e2dd35d2cb86d5b332daac96310e5ca23b590972
tcp_port:6380
server_time_usec:1721975353652164
uptime_in_seconds:271
uptime_in_days:0
hz:10
configured_hz:10
lru_clock:10699321
executable:/data/redis-server
config_file:/etc/redis.conf
io_threads_active:0
listener0:name=tcp,bind=0.0.0.0,port=6380
```

图 5-33 使用密码成功登录 Redis 服务器

从结果中可以发现，在使用密码 k8s 登录 Redis 服务器后，再次使用 info 命令就可以查看 Redis 服务器的配置信息了，说明已经成功地读取了 ConfigMap 中的配置信息。

5.3.4 使用 Secret 保存服务敏感数据

公司部署的 MySQL 数据库管理系统中有各类应用的数据库，数据的安全问题非常重要，所以需要将数据库的密码单独保存到 Secret 中，并在 YAML 脚本中引用 Secret 中的数据。

微课

V5-8 使用 Secret 保存服务敏感数据

1. 使用 Secret 保存数据库密码

（1）生成 Base64 编码的密码

在 Secret 中，敏感数据采用 Base64 编码存储，所以首先将数据库的密码生成 Base64 编码的数据。假设数据的密码为 mysql123456，生成 Base64 编码的命令如下。

```
[root@master project5]# echo -n 'mysql123456' | base64
```

此时，得到的结果是 bXlzcWwxMjM0NTY=。

（2）编写创建 Secret 的 YAML 脚本

在 project5 目录下，创建 mysql-secret.yaml 文件，打开文件，输入以下内容。

```
apiVersion: v1
kind: Secret
metadata:
 name: mysql-secret
type: Opaque
data:
 password: bXlzcWwxMjM0NTY=
```

以上脚本定义了名称为 mysql-secret 的 Secret，类型为 Opaque，即不透明密钥，保存数据的键为 password，值为 bXlzcWwxMjM0NTY=，即 mysql123456 的 Base64 编码。

（3）创建 Secret

基于编写好的 mysql-secret.yaml 文件，创建 Secret，命令如下。

```
[root@master project5]# kubectl apply -f mysql-secret.yaml
```

创建完成后，查看 mysql-secret 的内容，结果如图 5-34 所示。

```
[root@master project5]# kubectl describe secrets mysql-secret
Name:         mysql-secret
Namespace:    default
Labels:       <none>
Annotations:  <none>

Type:  Opaque

Data
====
password:  11 bytes
```

图 5-34 查看 mysql-secret 的内容

从结果中可以发现，在名称为 mysql-secret 的 Secret 中，保存了键为 password、值为 11 字节的没有明文显示的数据。

2. 通过环境变量引用 Secret 资源数据

（1）编写 YAML 脚本

在创建了 Secret 并保存了数据库的密码后，创建 MySQL 数据库管理系统的容器，引用 Secret 中的数据。在 project5 目录下创建名称为 mysql.yaml 的文件，打开文件，输入以下内容。

```
apiVersion: v1
kind: Pod
metadata:
 name: mysql
spec:
  containers:
    - name: mysql
      image: registry.cn-hangzhou.aliyuncs.com/lnstzy/mysql:5.7
      env:                              #通过环境变量引用数据
        - name: MYSQL_ROOT_PASSWORD     #环境变量的名称
          valueFrom:                    #值来自
            secretKeyRef:               #Secret 的键和值
              name: mysql-secret        #Secret 的名称为 mysql-secret
              key: password             #键为 password
```

以上脚本定义了一个名称为 mysql 的 Pod，使用 mysql:5.7 镜像创建了一个容器，通过环境变量引用名称为 mysql-secret 的 Secret，设置 MYSQL_ROOT_PASSWORD 环境变量的值是 mysql-secret 中键为 password 的值。

（2）创建 Pod 并登录数据库管理系统

运行 mysql.yaml 文件，创建 Pod，命令如下。

```
[root@master project5]# kubectl apply -f mysql.yaml
```

创建完成后，查看 Pod，结果如图 5-35 所示。

```
[root@master project5]# kubectl get pod -o wide
NAME    READY   STATUS    RESTARTS   AGE   IP              NODE    NOMINATED NODE   READINESS GATES
mysql   1/1     Running   0          4s    172.16.104.30   node2   <none>           <none>
```

图 5-35　查看 Pod

使用客户端登录 MySQL 数据库管理系统，结果如图 5-36 所示。

```
[root@master project5]# mysql -uroot -pmysql123456 -h 172.16.104.30
Welcome to the MariaDB monitor.  Commands end with ; or \g.
Your MySQL connection id is 4
Server version: 5.7.44 MySQL Community Server (GPL)

Copyright (c) 2000, 2018, Oracle, MariaDB Corporation Ab and others.

Type 'help;' or '\h' for help. Type '\c' to clear the current input statement.

MySQL [(none)]> show databases;
+--------------------+
| Database           |
+--------------------+
| information_schema |
| mysql              |
| performance_schema |
| sys                |
+--------------------+
4 rows in set (0.001 sec)
```

图 5-36　使用客户端登录 MySQL 数据库管理系统

从结果中可以发现，在登录 MySQL 数据库管理系统时，使用了数据库的密码 mysql12345，使用 show database 命令即可查询数据库信息。

（3）查看环境变量的值

因为在创建 Pod 容器时，使用 env 环境变量引用 Secret，所以查看容器中 MYSQL_ROOT_PASSWORD 环境变量值的命令如下。

```
[root@master ~]# kubectl exec -it mysql -- env | grep MYSQL_ROOT_PASSWORD
```

结果如图 5-37 所示。

```
[root@master ~]# kubectl exec -it mysql -- env | grep MYSQL_ROOT_PASSWORD
MYSQL_ROOT_PASSWORD=mysql123456
```

图 5-37　查看环境变量的值

从结果中可以发现，MYSQL_ROOT_PASSWORD 环境变量的值确实已经是 mysql123456 了。

项目小结

容器运行后，有两部分数据需要关注，一部分是需要持久化存储的数据，另一部分是容器需要使用的配置数据。本项目介绍了如何使用HostPath、NFS、PV和PVC持久化容器数据到容器外部的存储中，当容器重启或者出现故障时，容器中的重要数据不会丢失。另外，本项目介绍了将容器需要的配置数据保存到ConfigMap中，将容器需要使用的密码等敏感数据保存到Secret中，以及在创建容器时使用卷挂载或者环境变量的方式对其进行引用。

项目练习与思考

1. 选择题

（1）容器可以通过挂载（　　）的方式持久化数据。

A. 计算　　B. 网络　　C. 存储卷　　D. 资源

（2）HostPath 本地存储卷只能将容器中的数据持久化到（　　）上。

A. 网络　　B. 宿主机　　C. NFS　　D. Ceph

（3）PV 能屏蔽掉底层存储的实现细节，使用（　　）可以绑定 PV。

A. HostPath　　B. PVC　　C. 网络　　D. 存储

（4）ConfigMap 用来存储容器应用的（　　）。

A. 敏感数据　　B. 配置数据　　C. 网络数据　　D. 计算数据

（5）Secret 用来存储容器的（　　）。

A. 敏感数据　　B. 本地数据　　C. 远程数据　　D. 配置数据

2. 填空题

（1）PV 的________访问模式表示该 PV 只能被一个节点上的 Pod 挂载和读写。

（2）使用________回收策略后，当删除 PV 绑定时，不会删除存储中的数据。

（3）________状态表示 PV 当前是可用状态。

（4）使用 ConfigMap 可以实现应用和配置________。

（5）通过卷挂载和________的方式可以引用 ConfigMap 及 Secret 中的数据。

3. 简答题

（1）简述存储卷的类型。

（2）简述创建 ConfigMap 的两种方法。

项目 6

使用Ingress发布服务

项目描述

公司在Kubernetes集群上部署了多个对外提供服务的业务系统，通过开放NodePort提供对外访问时，发现开放的端口过多，有安全隐患，且无法实现域名、HTTPS等应用层访问功能。另外，公司在升级业务系统时，需要考虑新的业务系统版本可能产生的风险。公司项目经理要求王亮部署Ingress服务，实现外部用户通过域名、HTTPS访问内部服务，同时通过配置灰度发布实现业务系统从旧版本到新版本的平滑升级。

该项目思维导图如图6-1所示。

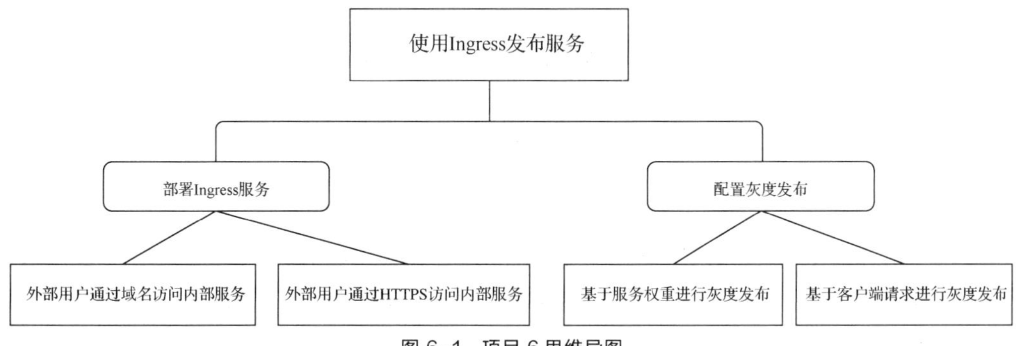

图 6-1　项目 6 思维导图

任务 6-1 部署 Ingress 服务

学习目标

知识目标

（1）掌握 Kubernetes 集群对外提供服务的方式。
（2）掌握 Ingress 资源对象和 Ingress Controller 的关系。
（3）掌握第七层代理的特点。
（4）理解 Ingress 实现外部用户访问内部服务的机制。

技能目标

（1）能够部署 Nginx Ingress 控制器。
（2）能够配置 Ingress 规则实现外部用户通过域名和 HTTPS 访问内部服务。

素养目标

（1）通过学习 Nginx Ingress 控制器，培养不断尝试、大胆探索的优秀品质。
（2）通过学习配置 Ingress 规则，培养从多种角度思考和解决问题的能力。

6.1.1 任务描述

公司在 Kubernetes 集群上部署了对外宣传的网站，发现通过开放 NodePort 方式暴露服务存在数据安全隐患。公司项目经理要求王亮部署 Ingress 服务，配置访问规则实现外部用户基于域名访问内部服务，同时配置安全规则实现外部用户使用 HTTPS 访问内部服务。

6.1.2 必备知识

1. 集群暴露服务的方式

Kubernetes 通常使用以下几种方式将集群中的服务暴露给外部访问。

（1）Ingress（入口）资源

Ingress 是 Kubernetes 中管理外部访问的 API 资源对象。Ingress 允许定义 HTTP 和 HTTPS 路由规则，可以基于主机名、路径等条件将流量路由到不同的服务。Ingress 需要配合 Ingress Controller（入口控制器）使用，Ingress Controller 负责实现 Ingress 规则的具体路由和负载均衡功能。Ingress 通常支持高级功能，如安全套接字层（Secure Scoket Layer，SSL）终止、虚拟主机路由等，适用于复杂的多服务和多域名场景。

（2）NodePort（节点端口）

NodePort 是 Kubernetes 中一种简单的服务暴露方式。它会在每个节点上开放一个固定的端口（通常端口号为 30000～32767），并将该端口映射到 Service 指定的端口。外部用户可以通过访问任意节点的该端口来访问服务。NodePort 方式适用于开发和测试环境，不适用于复杂路由和负载均衡的情况。

（3）LoadBalancer（负载均衡器）

LoadBalancer 类型的服务通过云服务提供商（如 AWS、Azure、GCP 等）的负载均衡器来暴露服务。Kubernetes 会为该服务分配一个外部 IP 地址，并将外部流量通过负载均衡器转发到集群中的对应服务。这种方式适用于生产环境，能够实现负载均衡、自动扩展等。

（4）ExternalName（外部名称）

ExternalName 是一种特殊类型的 Kubernetes 服务，它允许将 Kubernetes 内部的服务映射到外部服务。ExternalName 不提供负载均衡或路由功能，仅通过 DNS CNAME 记录将服务名映射到外部服务的地址，适用于需要引用外部服务的场景。

2. Ingress 资源对象与 Ingress Controller 的关系

在 Kubernetes 中，Ingress 是一种 API 资源对象，用于管理集群服务的外部访问。它定义了从外部到集群内部服务的路由规则，允许根据不同的规则将流量路由到不同的服务。

（1）Ingress 资源对象

Ingress 资源对象本身只是一个定义了路由规则的 YAML 配置文件，它描述了应该如何将外部流量路由到后端服务。Ingress 规则包括路径、主机名等条件，以及要将流量转发到的服务的名称。

Ingress 资源对象由 Kubernetes API 服务器管理，存储在 etcd 中，然后由 Ingress Controller 根据 Ingress 资源对象实现负载均衡器或代理服务器。

（2）Ingress Controller

Ingress Controller 是一个独立于 Kubernetes 的实体，它负责实现 Ingress 规则所定义的路由策略。Ingress Controller 通常是一个运行在集群中的 Pod，可以是 Nginx、HAProxy 等负载均衡器或反向代理软件。

Ingress Controller 监听 Kubernetes API 服务器中的 Ingress 资源对象的变化，并据此动态地配置负载均衡器或代理服务器，实现流量的路由和负载均衡。

3. 七层代理

Ingress 服务实现的是第七层（应用层）的访问代理，即七层代理，有以下特点。

（1）工作在应用层

Ingress 服务工作在 OSI 参考模型的第七层，能够理解并处理 HTTP、HTTPS、简单邮件传送协议（Simple Mail Transfer Protocol，SMTP）等应用层协议。

（2）基于应用层数据

七层代理能够深入应用层数据中，根据统一资源定位符（Uniform Resource Locator，URL）路径、域名、报文头等更高层次的信息进行处理和决策。

（3）能够解析和修改数据包

七层代理可以解析和修改传输的数据内容，如可以实现 HTTP 请求的负载均衡、缓存、SSL 终止等高级功能。

（4）功能更丰富

因为能够操作更多应用层信息，所以七层代理通常用于需要复杂路由、内容过滤、会话管理等功能的场景。

4. Ingress 实现外部用户访问内部服务的机制

当外部用户访问内部的 Pod 容器时，首先用户会访问 Ingress Controller，Ingress Controller 读取 Ingress 资源的配置，根据配置的后端 Service 服务查询到 Pod 的地址，然后直接访问每个 Pod 容器的服务，如图 6-2 所示。

5. 常用的 Ingress Controller

在 Kubernetes 生态系统中，以下几种 Ingress Controlle 应用较多。

（1）Nginx Ingress 控制器

特点：基于 Nginx 软件的 Ingress Controller，广泛使用且功能强大。

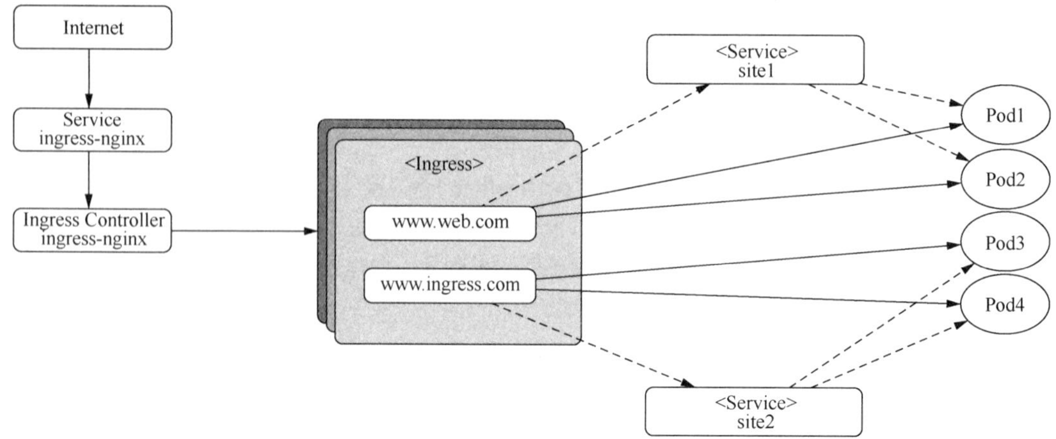

图 6-2　访问内部服务机制

优点：稳定性好，性能高，支持灵活的配置选项，适合大多数基本的 HTTP 和 HTTPS 路由需求。

（2）Traefik

特点：一款现代化的反向代理和负载均衡控制器，专为微服务架构设计。

优点：支持自动化配置（支持 Kubernetes 动态发现）、自动 TLS、多种后端服务、多种应用层协议等。

（3）HAProxy Ingress

特点：基于 HAProxy 的 Ingress Controller，提供高性能的负载均衡和代理服务。

优点：非常适用于需要高度定制化和控制的场景，对于大规模部署有很好的表现。

6.1.3　外部用户通过域名访问内部服务

微课

V6-1　外部用户通过域名访问内部服务

1．部署 Nginx Ingress 控制器

（1）上传 YAML 脚本

在 master 节点上创建目录 project6，将本书提供的部署 Nginx Ingress 控制器的 YAML 脚本 deploy.yaml 上传到 project6 目录下。运行该脚本，命令如下。

```
[root@master project6]# kubectl apply -f deploy.yaml
```

（2）查看运行结果

deploy.yaml 文件将 Nginx Ingress 控制器部署在 ingress-nginx 命名空间下。查看创建的 Pod 资源，结果如图 6-3 所示。

```
[root@master project6]# kubectl get pod -o wide -n ingress-nginx
NAME                                   READY   STATUS      RESTARTS   AGE   IP               NODE    NOMINATED NO
DE   READINESS GATES
ingress-nginx-admission-create-kq5n5   0/1     Completed   0          26s   172.16.104.25    node2   <none>
     <none>
ingress-nginx-admission-patch-t8b8r    0/1     Completed   1          26s   172.16.104.26    node2   <none>
     <none>
ingress-nginx-controller-d4c58fc45-gqtpf   1/1   Running   0          26s   192.168.200.30   node2   <none>
     <none>
```

图 6-3　查看创建的 Pod 资源

从结果中可以发现，Nginx Ingress 控制器成功部署在了 node2 节点上。在 deploy.yaml 中定义 Nginx Ingress 控制器容器时，配置了 hostNetwork: true，进而实现了 Nginx Ingress 控制器容器与宿主机共享网络，所以在 node2 节点上查看该 Pod 与宿主机共享网络的端口，结果如图 6-4 所示。

```
[root@node2 ~]# netstat -ntlp | grep 80
tcp        0      0 0.0.0.0:80              0.0.0.0:*               LISTEN      137005/nginx: maste
tcp6       0      0 :::80                   :::*                    LISTEN      137005/nginx: maste
[root@node2 ~]# netstat -ntlp | grep 443
tcp        0      0 0.0.0.0:443             0.0.0.0:*               LISTEN      137005/nginx: maste
tcp6       0      0 :::8443                 :::*                    LISTEN      136985/nginx-ingres
tcp6       0      0 :::443                  :::*                    LISTEN      137005/nginx: maste
```

图 6-4 查看该 Pod 与宿主机共享网络的端口

从结果中可以发现，因为 Nginx Ingress 控制器与 node2 节点共享网络，所以访问 node2 节点的 80 或者 443 端口，即可访问 Nginx Ingress 控制器服务。

2. 部署 Web 网站服务

在 project6 目录下，创建 web-tomcat.yaml 文件，打开文件，输入以下内容。

```
apiVersion: apps/v1
kind: Deployment
metadata:
  name: tomcat-deploy
  namespace: default
spec:
  replicas: 2
  selector:
    matchLabels:
      app: tomcat
  template:
    metadata:
      labels:
        app: tomcat
    spec:
      containers:
      - name: tomcat
        image: registry.cn-hangzhou.aliyuncs.com/lnstzy/tomcat:8.5.34-
jre8-alpine
        ports:
        - name: http
          containerPort: 8080
---
apiVersion: v1
kind: Service
metadata:
  name: tomcat
  namespace: default
spec:
  selector:
    app: tomcat
  ports:
  - name: http
    targetPort: 8080
    port: 8080
```

以上脚本定义了一个名称为 tomcat-deploy 的 Deployment 控制器，Pod 数量是 2，使用的镜像是 registry.cn-hangzhou.aliyuncs.com/lnstzy/tomcat:8.5.34-jre8-alpin，容器暴露的端口是 8080；同时定义了名称为 tomcat 的 Service 服务发现，端口是 8080。使用以上脚本创建控制器和服务发现，命令如下。

```
[root@master project6]# kubectl apply -f web-tomcat.yaml
```

查看创建的 Pod 容器和 Service 服务发现，结果如图 6-5 所示。

```
[root@master project6]# kubectl get pod,service
NAME                                  READY   STATUS    RESTARTS   AGE
pod/tomcat-deploy-797745ff68-8lclf    1/1     Running   0          15m
pod/tomcat-deploy-797745ff68-kt2l9    1/1     Running   0          15m

NAME                 TYPE        CLUSTER-IP      EXTERNAL-IP   PORT(S)    AGE
service/kubernetes   ClusterIP   10.96.0.1       <none>        443/TCP    20h
service/tomcat       ClusterIP   10.96.169.68    <none>        8080/TCP   15m
```

图 6-5　查看创建的 Pod 容器和 Service 服务发现

使用 curl 命令访问 Service 服务发现的 8080 端口，结果如图 6-6 所示。

```
[root@master project6]# curl 10.96.169.68:8080



<!DOCTYPE html>
<html lang="en">
    <head>
        <meta charset="UTF-8" />
        <title>Apache Tomcat/8.5.34</title>
        <link href="favicon.ico" rel="icon" type="image/x-icon" />
        <link href="favicon.ico" rel="shortcut icon" type="image/x-icon" />
        <link href="tomcat.css" rel="stylesheet" type="text/css" />
    </head>

    <body>
        <div id="wrapper">
            <div id="navigation" class="curved container">
                <span id="nav-home"><a href="https://tomcat.apache.org/">Home</a
                <span id="nav-hosts"><a href="/docs/">Documentation</a></span>
                <span id="nav-config"><a href="/docs/config/">Configuration</a><
                <span id="nav-examples"><a href="/examples/">Examples</a></span>
                <span id="nav-wiki"><a href="https://wiki.apache.org/tomcat/Fron
                <span id="nav-lists"><a href="https://tomcat.apache.org/lists.ht
                <span id="nav-help"><a href="https://tomcat.apache.org/findhelp.
```

图 6-6　访问 Service 服务发现的 8080 端口

3. 配置 Ingress 资源对象访问规则

（1）编写创建 Ingress 资源对象访问规则的 YAML 脚本

为实现在集群外部通过七层代理访问集群内部服务，需要创建 Ingress 规则。在 project6 目录下创建 ingress.yaml 文件，打开文件，输入以下内容。

```
apiVersion: networking.k8s.io/v1
kind: Ingress
metadata:
 name: ingress-myapp
 namespace: default
spec:
  ingressClassName: nginx    #定义匹配控制器的类名
  rules:                     #定义规则
  - host: www.web.com        #定义访问的域名为 www.web.com
    http:                    #访问的协议是 HTTP
      paths:                 #设置访问的路径
      - path: /     #设置路径为 /，表示所有以 www.web.com/ 开头的请求都匹配这个路径
        pathType: Prefix     #Prefix 表示路径前缀匹配，所有以 / 开头的路径都会匹配此规则
        backend:             #指定后端服务配置
         service:            #指定请求转发的后端 Serivce 服务名称
          name: tomcat       #Service 服务名称为 tomcat
          port:              #指定 Service 服务端口
           number: 8080      #指定 Service 服务具体端口号
```

以上脚本在默认命名空间下创建了名称为 ingress-myapp 的 Ingress 资源，当用户在集群外部访问集群服务时，通过类名为 nginx 的 Ingress 控制器实现请求转发，访问的规则是当用户访问

http://www.web.com 时，跳转到集群中名称为 tomcat 的服务发现，进而跳转到 tomcat 容器服务。

path: /表示所有以 www.web.com/开头的请求都将匹配这个规则。因为所有 URL 都以/开头，所以任何 URL 请求都会被处理。例如，请求 www.web.com/、www.web.com/about、www.web.com/contact 等都将匹配此路径。

pathType: Prefix:Prefix 表示这是一个前缀匹配，即如果请求的路径以配置中指定的路径为前缀，则会匹配这个规则，这样就实现了所有以/开头的请求（包括根路径和子路径）都将匹配该规则。

（2）在 Windows 主机上配置域名解析

因为访问 www.web.com 时，要通过运行在 node2 节点上的 Ingress Nginx 控制器进行解析，所以要将 www.web.com 解析到 node2 节点的 IP 地址。配置 Windows 的域名解析文件，文件的路径是 C:\Windows\System32\drivers\etc\hosts，打开该文件，增加以下配置。

```
192.168.200.30 www.web.com
```

保存文件后，在 Windows 主机的命令行中，测试 www.web.com 的域名解析，结果如图 6-7 所示。

```
C:\Windows\system32\cmd.exe
Microsoft Windows [版本 10.0.19045.4529]
(c) Microsoft Corporation。保留所有权利。

C:\Users\yang>ping www.web.com

正在 Ping www.web.com [192.168.200.30] 具有 32 字节的数据:
来自 192.168.200.30 的回复: 字节=32 时间<1ms TTL=64
来自 192.168.200.30 的回复: 字节=32 时间<1ms TTL=64
来自 192.168.200.30 的回复: 字节=32 时间<1ms TTL=64
来自 192.168.200.30 的回复: 字节=32 时间<1ms TTL=64

192.168.200.30 的 Ping 统计信息:
    数据包: 已发送 = 4，已接收 = 4，丢失 = 0 (0% 丢失)，
往返行程的估计时间(以毫秒为单位):
    最短 = 0ms，最长 = 0ms，平均 = 0ms
```

图 6-7 测试 www.web.com 域名解析

从结果中可以发现，当访问 www.web.com 时访问了 192.168.200.30，即集群的 node2 节点。

（3）验证 Ingress 规则

创建了 Ingress 资源并配置域名解析后，打开浏览器，访问 http://www.web.com，结果如图 6-8 所示。

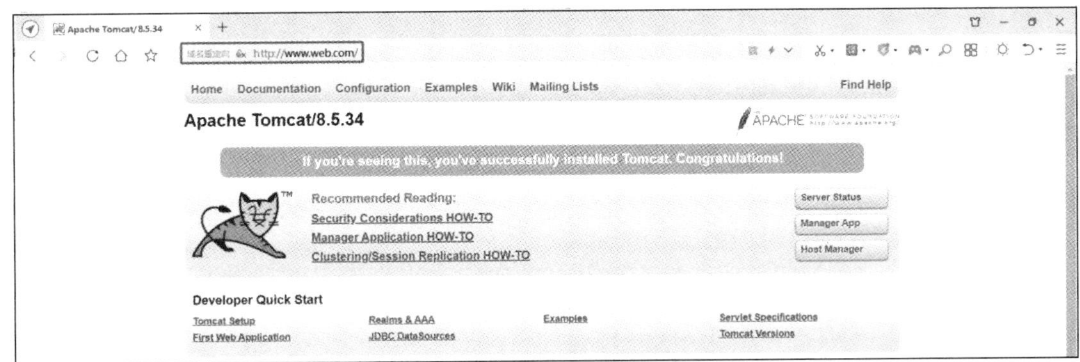

图 6-8 访问 http://www.web.com

从结果中可以发现，在集群外部访问 www.web.com 时，在集群中安装了 Nginx Ingress 控制器，读取了 Ingress 规则，将请求转发到了后端的 Tomcat 服务上。

6.1.4 外部用户通过 HTTPS 访问内部服务

微课

V6-2 外部用户通过 HTTPS 访问内部服务

为实现 HTTPS 的安全访问，可以在 Ingress 规则配置中增加 TLS 加密规则，引入 TLS Secret 资源，配置过程如下。

1. 创建 TLS 类型的 Secret

创建 TLS 类型的 Secret 的前提是具备私钥文件和证书文件。

（1）创建私钥文件

使用 openssl 命令创建私钥文件 web.key，命令如下。

```
[root@master project6]# openssl genrsa -out web.key
```

（2）创建证书文件

通过 web.key 创建一个自签名的证书文件 web.crt，命令如下。

```
[root@master project6]# openssl req -x509 -days 365 -key web.key -out web.crt
-subj "/CN=web/O=dev"
```

在创建证书文件 web.crt 时，通过设置-subj 可以直接填入证书信息，实现免交互输入，其中，CN 代表名称，O 代表组织。

（3）创建 TLS Secret

TLS Secret 是一种用来存储证书和私钥的资源，通常用于将证书和私钥安全地存储和传递给容器化的应用程序或者服务。创建名称为 web-secret 的 Secret，保存 web.key 和 web.crt，命令如下。

```
[root@master project6]# kubectl create secret tls web-secret --key web.key
--cert web.crt
```

2. 配置并验证 Ingress 加密规则

（1）增加 TLS 加密规则

在 project6 目录的 ingress.yaml 文件中加入 TLS 加密规则配置，实现 HTTPS 的安全访问，内容如下。

```
tls:                          #启用 TLS 加密
- hosts:                      #指定 hosts 域名列表
  - www.web.com               #域名为 www.web.com
  secretName: web-secret      #引入的 Secret 名称
```

注意，tls 字段要和 rules 字段对齐。

（2）验证加密配置

在 Windows 主机上打开浏览器，访问 https://www.web.com，结果如图 6-9 所示。

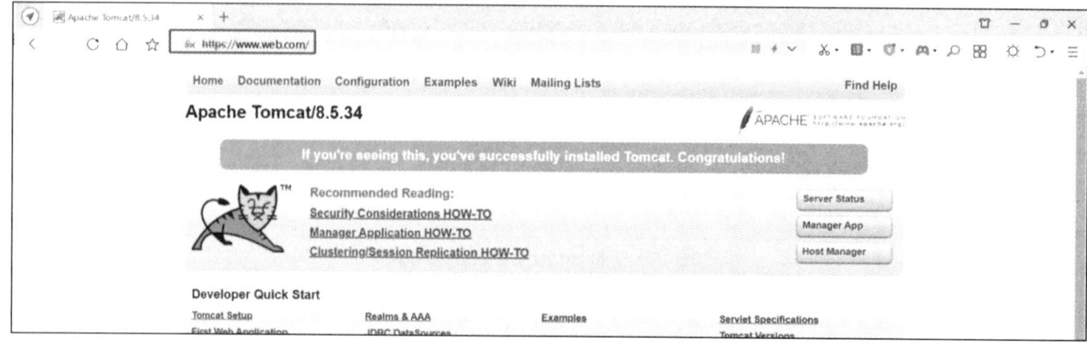

图 6-9 访问 https://www.web.com

从结果中可以发现，在集群外部已经成功地实现了通过 HTTPS 访问集群内部服务，说明 Ingress 的 TLS 加密规则已经生效了。

任务 6-2 配置灰度发布

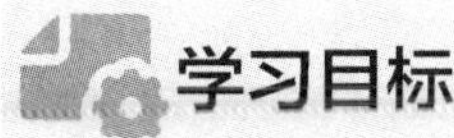

知识目标

（1）掌握灰度发布的作用。

（2）掌握灰度发布的策略。

技能目标

（1）能够基于服务权重进行灰度发布。

（2）能够基于客户端请求进行灰度发布。

素养目标

（1）通过学习基于权重的灰度发布，培养分析和解决实际问题的能力。

（2）通过学习基于客户端请求的灰度发布，培养从多个角度思考并解决问题的能力。

6.2.1 任务描述

根据业务需求，公司升级了业务系统，为避免业务系统升级后带来的风险，可以通过对用户流量进行权重划分，将少部分用户流量路由到新版本业务系统，将大部分用户流量路由到旧版本业务系统。另外，可以根据用户请求头和 IP 地址引导用户流量，实现将内部用户的流量路由到新版本业务系统，当新版本业务系统测试通过后，再将所有用户流量路由到新版本业务系统。公司项目经理要求王亮通过配置灰度发布实现业务系统新旧版本的平滑升级。

6.2.2 必备知识

1. 灰度发布的作用

灰度发布（Grey Release）是一种应用发布策略，主要用于降低新版本发布带来的风险，基本思想是在全量发布之前，先将新版本的功能或者代码在一小部分用户中进行限制性部署，以便于观察新版本的表现和影响。其主要功能有以下 3 种。

（1）风险控制

灰度发布能够控制新功能或者代码对整个系统稳定性的影响。在少数用户中先行发布，可以及早发现和解决潜在的问题，从而降低全量发布带来的风险。

（2）收集用户反馈

在灰度发布期间，开发团队可以收集到用户的反馈，进一步优化新版本的功能和用户体验。这种反馈对于决定是否进行全量发布非常重要。

（3）逐步升级

灰度发布允许开发团队逐步将新版本扩展到更多的用户，可以逐步增加用户比例，这种逐步升级可以有效地分散风险，确保整个系统的稳定性和可用性。

2. 灰度发布的策略

实施灰度发布可以采用不同的策略，具体取决于软件开发团队的需求和实际情况，主要包括以下 3 种。

（1）用户百分比控制

最常见的方法是根据用户百分比来控制新版本的发布。例如，初始阶段只向 1%或者 5%的用户开放，并根据反馈逐步增加发布比例。

（2）时间段控制

根据时间段来控制发布，如在每天的非高峰时间段进行灰度发布，确保即使出现问题也可以及时处理。

（3）功能开关控制

对于某些功能或者模块，可以通过功能开关方式进行控制。这样可以根据需要随时开启或者关闭特定功能，而不影响其他部分的稳定性。

3. 灰度发布注意事项

监控和反馈机制：灰度发布过程中应当配备充分的监控和反馈机制，及时捕获和处理用户的反馈以及系统的异常情况。

回滚计划：在全量发布前，应当准备好回滚计划。如果在灰度发布过程中发现了严重问题，则可以快速回滚到之前稳定的版本，以保证系统的可用性和稳定性。

团队协作和沟通：灰度发布涉及多个团队的协作，包括开发、运维、产品和测试团队等，需要良好的沟通，确保整个发布过程顺利进行。

4. nginx.ingress.kubernetes.io/canary 注解

nginx.ingress.kubernetes.io/canary 是 Nginx Ingress Controller 的一个注解，用于实现灰度发布策略，主要功能如下。

（1）控制流量

根据权重将一部分流量路由到新版本业务系统上，另一部分流量仍然保持在旧版本业务系统上，逐步测试新版本业务系统的稳定性和性能。

（2）匹配请求头

当请求头的值与指定的值匹配时，将触发灰度发布的行为，以将请求转发到相应的后端服务。

6.2.3 基于服务权重进行灰度发布

微课

V6-3 基于服务权重进行灰度发布

公司在 Kubernetes 集群上部署了 nginx1.25 和 nginx1.26。为了保证 nginx1.26 的稳定访问，将 90%的用户流量路由到 nginx1.25 上，将 10%的用户流量路由到 nginx1.26 上，当完成测试后，再将所有流量路由到 nginx1.26 上。

1. 部署 Nginx 旧版本服务

（1）部署 nginx1.25 的 Nginx 服务

在 project6 目录下，创建 nginx-old.yaml 文件，打开文件，输入以下内容。

```
apiVersion: apps/v1
kind: Deployment
metadata:
 name: nginx-old
 namespace: default
spec:
  replicas: 1
  selector:
    matchLabels:
```

```
      app: nginx-old
  template:
    metadata:
      labels:
        app: nginx-old
    spec:
      containers:
      - name: nginx
        image: registry.cn-hangzhou.aliyuncs.com/lnstzy/nginx:alpine
        ports:
        - containerPort: 80
---
apiVersion: v1
kind: Service
metadata:
 name: nginx-old-service
 namespace: default
spec:
  selector:
    app: nginx-old
  ports:
  - port: 80
    targetPort: 80
```


以上脚本定义了一个名称为 nginx-old 的 Deployment 控制器，生成了一个 Pod，在 Pod 中使用 registry.cn-hangzhou.aliyuncs.com/lnstzy/nginx:alpine（nginx1.25）镜像运行容器；同时定义了一个名称为 nginx-old-service 的 Service 服务发现，访问后端的 Nginx 服务。运行 nginx-old.yaml 文件，命令如下。

```
[root@master project6]# kubectl apply -f nginx-old.yaml
```

（2）修改主页内容

创建完成后，查看运行的 Pod 和 Service 服务发现，结果如图 6-10 所示。

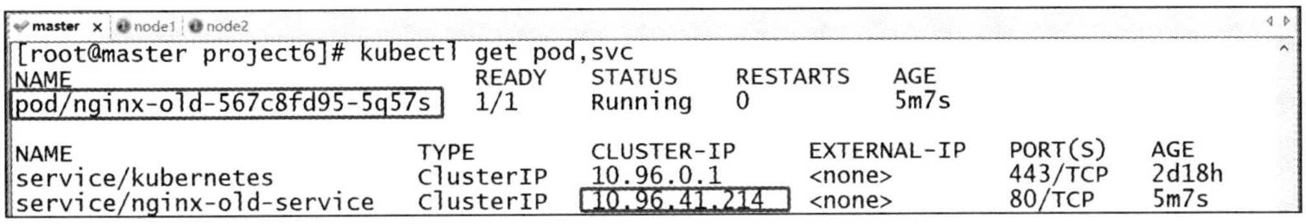
master node1 node2
[root@master project6]# kubectl get pod,svc
NAME READY STATUS RESTARTS AGE
pod/nginx-old-567c8fd95-5q57s 1/1 Running 0 5m7s
NAME TYPE CLUSTER-IP EXTERNAL-IP PORT(S) AGE
service/kubernetes ClusterIP 10.96.0.1 <none> 443/TCP 2d18h
service/nginx-old-service ClusterIP 10.96.41.214 <none> 80/TCP 5m7s

图 6-10　查看运行的 Pod 和 Service 服务发现

进入 Pod 容器，修改主页内容为 nginx1.25，命令如下。

```
[root@master project6]# kubectl exec -it nginx-old-567c8fd95-5q57s /bin/sh
/ # echo nginx1.25 > /usr/share/nginx/html/index.html
```

修改完成后，通过访问 Service 查看 Nginx 旧版本主页内容，结果如图 6-11 所示。

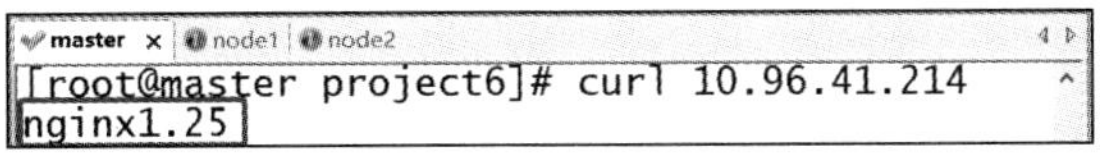
master node1 node2
[root@master project6]# curl 10.96.41.214
nginx1.25

图 6-11　查看 Nginx 旧版本主页内容

从结果中可以发现，主页内容已经修改为 nginx1.25 了。

2. 部署 Nginx 新版本服务

（1）部署 nginx1.26 的 Nginx 服务

在 project6 目录下，创建 nginx-new.yaml 文件，打开文件，输入以下内容。

```
apiVersion: apps/v1
kind: Deployment
metadata:
 name: nginx-new
 namespace: default
spec:
  replicas: 1
  selector:
    matchLabels:
     app: nginx-new
  template:
    metadata:
     labels:
       app: nginx-new
    spec:
      containers:
      - name: nginx
        image: registry.cn-hangzhou.aliyuncs.com/lnstzy/nginx:1.26.1
        ports:
        - containerPort: 80
---
apiVersion: v1
kind: Service
metadata:
 name: nginx-new-service
 namespace: default
spec:
  selector:
    app: nginx-new
  ports:
  - port: 80
    targetPort: 80
```

以上脚本定义了一个名称为 nginx-new 的 Deployment 控制器，生成了一个 Pod，在 Pod 中使用 registry.cn-hangzhou.aliyuncs.com/lnstzy/nginx:1.26.1（nginx1.26）镜像运行容器；同时定义了一个名称为 nginx-new-service 的 Service 服务发现，访问后端的 Nginx 服务。运行 nginx-new.yaml 文件，命令如下。

```
[root@master project6]# kubectl apply -f nginx-new.yaml
```

（2）修改主页内容

创建完成后，查看运行的 Pod 和 Service 服务发现，结果如图 6-12 所示。

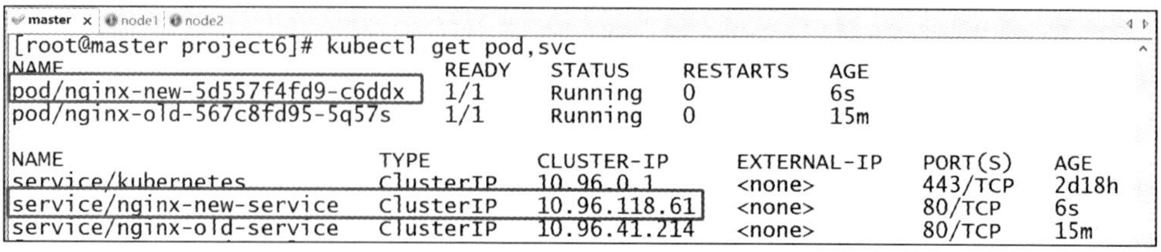

```
[root@master project6]# kubectl get pod,svc
NAME                              READY   STATUS    RESTARTS   AGE
pod/nginx-new-5d557f4fd9-c6ddx    1/1     Running   0          6s
pod/nginx-old-567c8fd95-5q57s     1/1     Running   0          15m

NAME                        TYPE        CLUSTER-IP      EXTERNAL-IP   PORT(S)   AGE
service/kubernetes          ClusterIP   10.96.0.1       <none>        443/TCP   2d18h
service/nginx-new-service   ClusterIP   10.96.118.61    <none>        80/TCP    6s
service/nginx-old-service   ClusterIP   10.96.41.214    <none>        80/TCP    15m
```

图 6-12　查看运行的 Pod 和 Service 服务发现

进入 Pod 容器，修改主页内容为 nginx1.26，命令如下。

```
[root@master project6]# kubectl exec -it nginx-new-5d557f4fd9-c6ddx /bin/sh
# echo nginx1.26 > /usr/share/nginx/html/index.html
```

修改完成后，通过访问 Service 查看 Nginx 新版本主页内容，结果如图 6-13 所示。

```
[root@master project6]# curl 10.96.118.61
nginx1.26
```

图 6-13　查看 Nginx 新版本主页内容

从结果中可以发现，主页内容已经修改为 nginx1.26 了。

3. 配置基于权重的灰度发布

（1）编写灰度发布的 YAML 脚本

在 project6 目录下创建名称为 ingress-nginx.yaml 的文件，打开文件，输入以下内容。


```
apiVersion: networking.k8s.io/v1
kind: Ingress
metadata:
 name: ingress-old
 namespace: default
spec:
  ingressClassName: nginx
  rules:
  - host: www.ingress.com                    #指定访问服务的域名为 www.ingress.com
    http:
      paths:
      - path: /
        pathType: Prefix
        backend:
         service:
          name: nginx-old-service            #指定访问旧版本的 Service
          port:
           number: 80
---
apiVersion: networking.k8s.io/v1
kind: Ingress
metadata:
 name: ingress-new
 namespace: default
 annotations:
   nginx.ingress.kubernetes.io/canary: "true"                    #启用灰度发布功能
   nginx.ingress.kubernetes.io/canary-weight-total: "100"   #设置总权重为 100%
   #设置 10%的流量路由到此灰度发布版本
   nginx.ingress.kubernetes.io/canary-weight: "10"
spec:
  ingressClassName: nginx
  rules:
  - host: www.ingress.com                    #指定访问服务的域名为 www.ingress.com

    http:
      paths:
      - path: /
        pathType: Prefix
        backend:
         service:
          name: nginx-new-service            #指定访问新版本的 Service
          port:
           number: 80
```

以上脚本定义了两个 Ingress，名称分别为 ingress-old 和 ingress-new，设置了访问服务的域名都是 www.ingress.com。在名称为 ingress-old 的 Ingress 中，设置域名通过名称为 nginx-old-service 的 Service 服务发现访问后端 Pod 容器。在名称为 ingress-new 的 Ingress 中，设置域名通过名称为 nginx-new-service 的 Service 服务发现访问后端 Pod 容器。通过设置注解 nginx.ingress.kubernetes.io/canary 的值为 true，启用灰度发布功能；通过设置 nginx.ingress.kubernetes.io/canary-weight-total 的值为 100，设置灰度发布的总权重为 100%；通过设置 nginx.ingress.kubernetes.io/canary-weight 的值为 10，设置将 10%的流量路由到此灰度发布版本。

（2）创建 Ingress

脚本编写完成后，运行该脚本，创建两个 Ingress，命令如下。

```
[root@master project6]# kubectl apply -f ingress-nginx.yaml
```

查看创建的 Ingress，结果如图 6-14 所示。

```
[root@master project6]# kubectl get ingress
NAME                 CLASS    HOSTS             ADDRESS          PORTS     AGE
ingress-dir          <none>   www.web.com       192.168.200.30   80        41h
ingress-myapp        nginx    www.web.com       192.168.200.30   80, 443   2d12h
ingress-new          nginx    www.ingress.com   192.168.200.30   80        5m58s
ingress-old          nginx    www.ingress.com   192.168.200.30   80        5m58s
multi-site-ingress   <none>   www.example.com                    80        41h
```

图 6-14　查看创建的 Ingress

（3）测试效果

打开 master 节点的/etc/hosts 域名解析文件，在 192.168.200.30 node2 一行的后面增加 www.ingress.com，修改后这一行的内容如下。修改完成后保存并退出文件。

```
192.168.200.30 node2 www.ingress.com
```

使用 curl 命令多次访问 www.ingress.com，结果如图 6-15 所示。

```
[root@master project6]# curl www.ingress.com
nginx1.25
[root@master project6]# curl www.ingress.com
nginx1.25
[root@master project6]# curl www.ingress.com
nginx1.25
[root@master project6]# curl www.ingress.com
nginx1.25
[root@master project6]# curl www.ingress.com
nginx1.25
[root@master project6]# curl www.ingress.com
nginx1.25
[root@master project6]# curl www.ingress.com
nginx1.25
[root@master project6]# curl www.ingress.com
nginx1.25
[root@master project6]# curl www.ingress.com
nginx1.25
[root@master project6]# curl www.ingress.com
nginx1.25
[root@master project6]# curl www.ingress.com
nginx1.25
[root@master project6]# curl www.ingress.com
nginx1.26
```

图 6-15　使用 curl 命令多次访问 www.ingress.com

从结果中可以发现，访问了 12 次 www.ingress.com，只有一次返回的是 nginx1.26，说明 10%的灰度发布配置已经成功了。

（4）将所有流量路由到新版本业务系统

经过一段时间的测试后，发现新版本业务系统没有问题，此时就可以修改 ingress-nginx.yaml 文件，将 nginx.ingress.kubernetes.io/canary-weight 的值设置为 100，即所有流量都路由到灰度发布版本（新版本业务系统）。修改完成后，再次运行 ingress-nginx.yaml 文件，命令如下。

```
[root@master project6]# kubectl apply -f ingress-nginx.yaml
```

多次访问 www.ingress.com，结果如图 6-16 所示。

```
[root@master project6]# curl www.ingress.com
nginx1.26
[root@master project6]# curl www.ingress.com
nginx1.26
[root@master project6]# curl www.ingress.com
nginx1.26
[root@master project6]# curl www.ingress.com
nginx1.26
[root@master project6]# curl www.ingress.com
nginx1.26
[root@master project6]# curl www.ingress.com
nginx1.26
[root@master project6]# curl www.ingress.com
nginx1.26
[root@master project6]# curl www.ingress.com
nginx1.26
[root@master project6]# curl www.ingress.com
nginx1.26
[root@master project6]# curl www.ingress.com
nginx1.26
[root@master project6]# curl www.ingress.com
nginx1.26
```

图 6-16　多次访问 www.ingress.com

从结果中可以发现，无论访问多少次 www.ingress.com，流量都已经路由到 nginx1.26。

6.2.4 基于客户端请求进行灰度发布

微课

V6-4　基于客户端请求进行灰度发布

当开发了某款软件的新功能后，若希望在生产环境中进行验证，但又不希望所有用户立即看到这个新功能，则可以通过用户访问的请求头来控制流量。只有带有特定请求头的用户请求才会被路由到新功能上，其余的请求继续路由到稳定版本。

1．根据不同操作系统的请求头路由流量

当使用 Windows 主机上的 360 安全浏览器访问一个 Web 服务时，操作系统会发送一个名称为 User-Agent 的请求头，值为“Mozilla/5.0 (Windows NT 10.0; Win64; x64) AppleWebKit/537.36 (KHTML, like Gecko) Chrome/122.0.6261.95 Safari/537.36”，所以可以根据这个请求头来区分用户使用的是 Windows 操作系统还是其他操作系统。

为方便测试，先删除名称为 ingress-old 和 ingress-new 的 Ingress，命令如下。

```
[root@master project6]# kubectl delete -f ingress-nginx.yaml
```

再复制 ingress-nginx.yaml 文件到当前目录下，修改名称为 ingress-system，并修改以下 3 处内容：将名称 ingress-old 修改为 ingress-other，将名称 ingress-new 修改为 ingress-windows，修改注解部分，内容如下。

```
annotations:
    nginx.ingress.kubernetes.io/canary: "true"      #启用灰度发布功能
    nginx.ingress.kubernetes.io/canary-by-header: "User-Agent" #请求头的名称
    nginx.ingress.kubernetes.io/canary-by-header-value: "Mozilla/5.0
(Windows NT 10.0; Win64; x64) AppleWebKit/537.36 (KHTML, like Gecko)
Chrome/122.0.6261.95 Safari/537.36" #请求头的值
```

修改注解部分的含义是当使用浏览器访问服务时，将请求头名称为 User-Agent、值为 Mozilla/5.0 (Windows NT 10.0; Win64; x64) AppleWebKit/537.36 (KHTML, like Gecko) Chrome/122.0.6261.95 Safari/537.36 的请求路由到 nginx1.26，将其他请求路由到 nginx1.25。需要注意的是，要将“Windows”内容包含在一个单引号中。修改并保存文件后，运行该 YAML 脚本，命令如下。

```
[root@master project6]# kubectl apply -f ingress-system.yaml
```

运行完成后，查看创建的 Ingress，结果如图 6-17 所示。

```
[root@master project6]# kubectl get ingress
NAME                  CLASS    HOSTS               ADDRESS          PORTS     AGE
ingress-dir           <none>   www.web.com         192.168.200.30   80        43h
ingress-myapp         nginx    www.web.com         192.168.200.30   80, 443   2d14h
ingress-other         nginx    www.ingress.com     192.168.200.30   80        31m
ingress-windows       nginx    www.ingress.com     192.168.200.30   80        31m
multi-site-ingress    <none>   www.example.com                      80        43h
```

图 6-17　查看创建的 Ingress

从结果中可以发现名称为 ingress-other 和 ingress-windows 的 Ingress 被成功创建了。

2. 测试结果

（1）在 Windows 主机上测试结果

先在 C:\Windows\System32\drivers\etc\hosts 中添加 www.ingress.com 的域名解析，将 www.ingress.com 域名解析到 IP 地址 192.168.200.30 上，命令如下。

```
192.168.200.30 www.web.com www.ingress.com
```

再打开浏览器，按 F12 键调出开发者工具，选择“网络”菜单，在地址栏中访问 www.ingress.com，结果如图 6-18 所示。

图 6-18　在 Windows 主机上测试结果

从结果中可以发现，返回的是新版本 nginx1.26 的页面内容，右侧部分的请求头显示了访问页面后的内容，单击“www.ingress.com”名称，通过观察发现，浏览器确实发送了名称为 User-Agent 的请求头，值为 Mozilla/5.0 (Windows NT 10.0; Win64; x64) AppleWebKit/537.36 (KHTML, like Gecko) Chrome/122.0.6261.95 Safari/537.36。

（2）在 Linux 主机上测试结果

在 master 节点（Linux 主机）上访问 www.ingress.com，结果如图 6-19 所示。

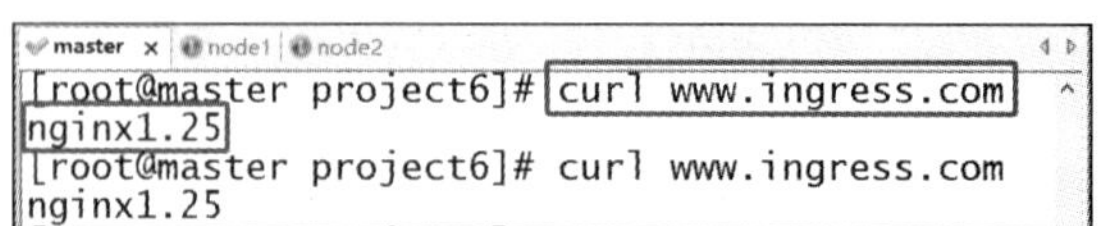

图 6-19　在 Linux 主机上测试结果

从结果中可以发现，两次访问后返回的都是旧版本 nginx1.25，验证了根据请求头进行路由的配置。

项目小结

在集群上部署的业务系统需要对外提供访问服务，任务6-1介绍了如何部署Ingress控制器和配置相关规则，实现将外部用户的流量路由到集群的服务上；任务6-2介绍了当系统版本升级时，为避免新版本带来的风险，可以通过Ingress的注解实现灰度发布，即将部分流量路由到新版本上，其他流量仍然访问旧版本，待确保新版本没有问题时，再路由所有流量到新版本上。

项目练习与思考

1. 选择题

（1）Ingress 能够实现第（　　）层的代理访问。

A. 4　　B. 5　　C. 6　　D. 7

（2）Ingress 控制器负责实现 Ingress 规则所定义的（　　）策略。

A. 路由　　B. 计算　　C. 网络　　D. 存储

（3）通过灰度发布可以（　　）新版本带来的风险。

A. 增加　　B. 降低　　C. 保持　　D. 消除

（4）可以根据权重和（　　）配置灰度发布。

A. 敏感数据　　B. 路由　　C. 请求头　　D. 计算数据

（5）Ingress 控制器通过（　　）获取后端 Pod 容器服务的访问路径。

A. 服务发现　　B. 计算数据　　C. 远程数据　　D. 配置数据

2. 填空题

（1）使用________方式暴露端口无法实现基于域名的路由访问。

（2）Ingress 灰度发布需要通过________实现。

（3）在配置 Ingress 规则时，需要通过________字段匹配控制器的类名称。

（4）通过________键，可以调出浏览器的开发者工具，查看请求头。

（5）Ingress 控制器需要借助________访问后端 Pod。

3. 简答题

（1）简述 Kubernetes 集群暴露服务的方式。

（2）简述灰度发布的作用。

项目 7

使用Helm包管理工具部署应用

项目描述

为了实现各种资源配置文件的统一管理，方便集群管理人员在开发、测试和生产环境下进行应用的版本控制和部署，公司决定使用Helm包管理工具，基于Helm仓库部署常用的数据库等中间件，管理公司的应用程序配置文件，公司项目经理要求王亮实现这一需求。

该项目思维导图如图7-1所示。

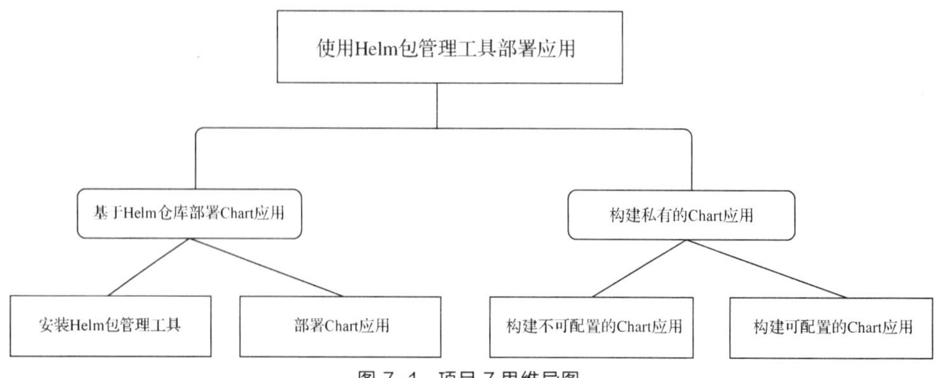

图 7-1　项目 7 思维导图

任务 7-1 基于 Helm 仓库部署 Chart 应用

学习目标

知识目标

（1）掌握 Helm 中的 Chart、Repository、Release 等概念。

（2）掌握 Helm 部署应用流程。

技能目标

（1）能够安装 Helm 包管理工具。

（2）能够通过 Helm 仓库部署应用。

素养目标

（1）通过安装 Helm 包管理工具，培养对所学知识进行迁移的能力。

（2）通过使用 Helm 仓库部署应用，培养精益求精、不断探索的优秀品质。

7.1.1 任务描述

为简化数据库等中间件的部署，公司决定采用 Helm 包管理工具，基于 Helm 仓库部署常用的中间件。公司项目经理要求王亮安装 Helm 包管理工具，并基于 Helm 仓库安装 MySQL 数据库管理系统。

7.1.2 必备知识

1. Helm 包管理工具的功能

Helm 包管理工具具备以下 5 种功能。

（1）简化部署和管理

Helm 将复杂的应用程序打包为一个 Chart（图表），其中包含相关的 Kubernetes 资源定义和配置。这样，部署团队可以通过简单的 Helm 命令快速部署和管理应用程序，而不必手动创建和配置每个 Kubernetes 资源。

（2）版本控制

Helm 能够管理应用程序的不同版本和配置，使用户可以方便地升级和回滚应用程序。通过 Helm 可以轻松地在不同环境（如开发、测试、生产）中管理和维护应用程序的不同版本。

（3）依赖管理

Helm 支持 Chart 之间的依赖关系。这使得开发团队可以建立和管理复杂的应用程序栈，每个 Chart 都可以依赖于其他 Chart，从而形成一个完整的应用程序解决方案。

（4）参数化部署

使用 Helm 时，可以通过参数化配置文件来定制应用程序的部署，这些参数可以根据不同的环境或需求进行调整，使得同一个 Chart 可以适应不同的部署场景。

（5）持续集成/持续部署

Helm 可以集成到持续集成/持续部署（Continuous Integration/Continuous Deployment，CI/CD）流程中，使得开发团队可以通过自动化工具链来自动化构建、测试和部署 Kubernetes 应用程序，这样可以大大提高部署的效率和一致性。

2. Helm 核心概念

Helm 的核心概念包括 Chart、Repository（仓库）、Release（发布）等。

（1）Chart

Chart 通过打包 Kubernetes 资源，简化了复杂应用程序的部署过程。一个典型的 Chart 包含以下核心文件和目录。

① Chart.yaml：Chart 的元数据信息，包括版本号、描述等信息。

② values.yaml：默认的配置选项，定义了部署时的模板文件参数。

③ templates/：Kubernetes 资源模板文件的目录，包括 Deployment、Service、ConfigMap、Secret、Ingress 等资源。在通过 Helm 部署应用时，模板目录文件和 values.yaml 文件是核心的两类文件。

④ helpers/：可选目录，包含用于模板渲染的辅助文件。

⑤ 其他自定义文件和目录，如 LICENSE、README.md 等。

（2）Repository

Chart 被存储在 Helm 仓库（Repository）中，这些仓库可以是公有的，也可以是私有的。Helm 仓库允许用户分享和获取 Chart，并支持版本控制和管理。

（3）Release

当使用 Helm 安装一个 Chart 时，会生成一个 Release，代表该 Chart 的一个特定实例，每个 Release 都包含 Chart 的部署状态及其所使用的配置参数。

3. Helm 部署应用流程

① 编写或选择应用程序的 Chart 资源文件。

② 使用 Helm 命令安装（helm install）、升级（helm upgrade）、回滚（helm rollback）或删除（helm uninstall）Chart。

通过 Helm 将 Chart 应用部署到 Kubernetes 集群的流程如图 7-2 所示，首先 Helm 工具读取 Chart 资源文件，然后通过 kubeconfig 文件连接到 Kubernetes 集群的 API 服务器，进而通过 Chart 资源文件将 Deployment 等资源部署到 Kubernetes 集群上。

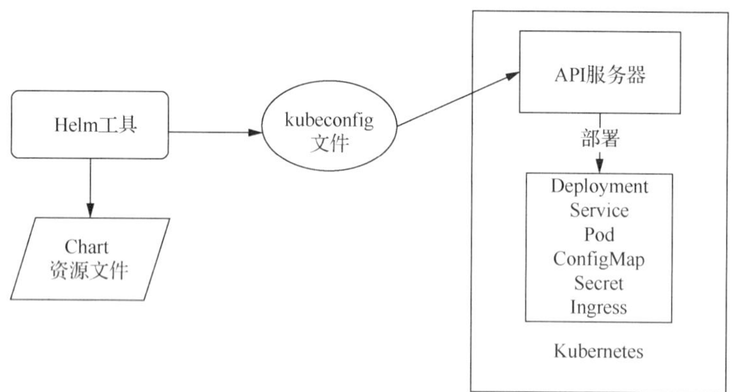

图 7-2 通过 Helm 将 Chart 应用部署到 Kubernetes 集群的流程

7.1.3 安装 Helm 包管理工具

1. 下载并解压缩 Helm 包管理工具

（1）下载 Helm 包管理工具

登录 GitHub 源代码仓库的 Helm 包管理工具页面，如图 7-3 所示。

右击方框中的“Linux amd64”选项，选择“复制链接地址”选项，在 master 节点上，使用 wget 命令和链接地址下载 Helm 包管理工具，命令如下。

微课

V7-1 安装 Helm 包管理工具

```
[root@master ~]# wget https://get.helm.sh/helm-v3.15.3-linux-amd64.tar.gz
```

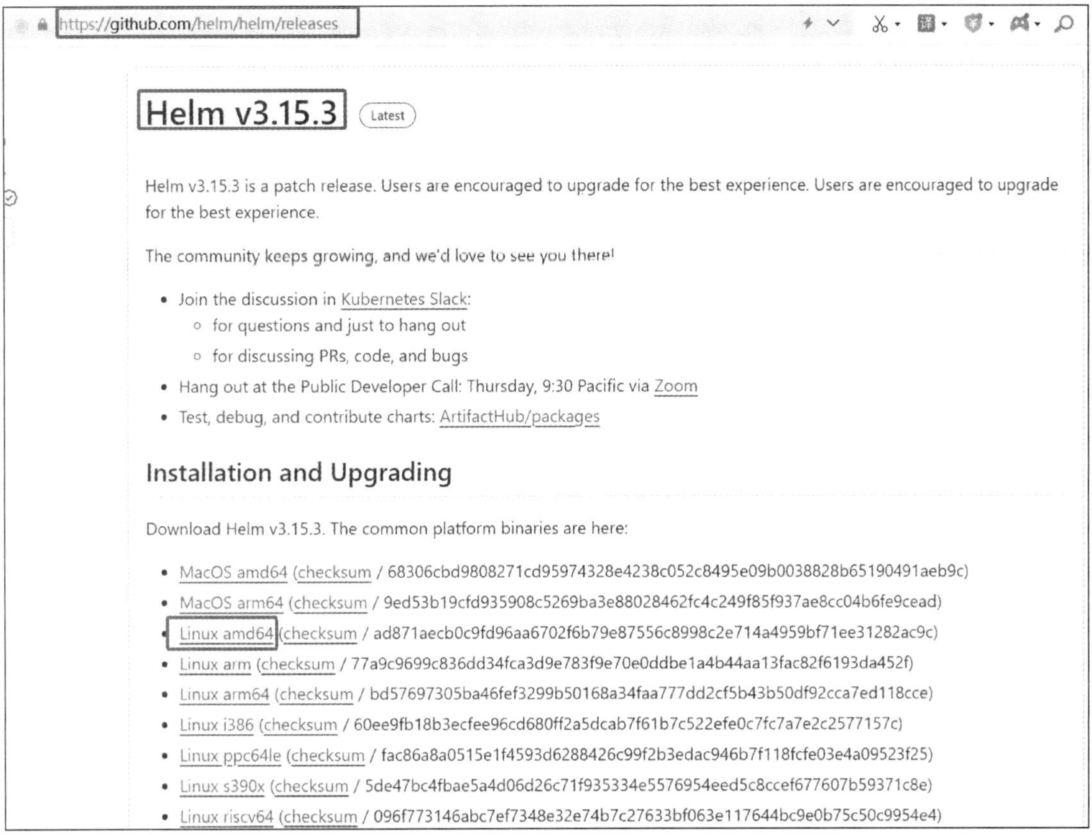

https://github.com/helm/helm/releases

Helm v3.15.3 Latest

Helm v3.15.3 is a patch release. Users are encouraged to upgrade for the best experience. Users are encouraged to upgrade for the best experience.

The community keeps growing, and we'd love to see you there!

- Join the discussion in Kubernetes Slack:
  - for questions and just to hang out
  - for discussing PRs, code, and bugs
- Hang out at the Public Developer Call: Thursday, 9:30 Pacific via Zoom
- Test, debug, and contribute charts: ArtifactHub/packages

Installation and Upgrading

Download Helm v3.15.3. The common platform binaries are here:

- MacOS amd64 (checksum / 68306cbd9808271cd95974328e4238c052c8495e09b0038828b65190491aeb9c)
- MacOS arm64 (checksum / 9ed53b19cfd935908c5269ba3e88028462fc4c249f85f937ae8cc04b6fe9cead)
- Linux amd64 (checksum / ad871aecb0c9fd96aa6702f6b79e87556c8998c2e714a4959bf71ee31282ac9c)
- Linux arm (checksum / 77a9c9699c836dd34fca3d9e783f9e70e0ddbe1a4b44aa13fac82f6193da452f)
- Linux arm64 (checksum / bd57697305ba46fef3299b50168a34faa777dd2cf5b43b50df92cca7ed118cce)
- Linux i386 (checksum / 60ee9fb18b3ecfee96cd680ff2a5dcab7f61b7c522efe0c7fc7a7e2c2577157c)
- Linux ppc64le (checksum / fac86a8a0515e1f4593d6288426c99f2b3edac946b7f118fcfe03e4a09523f25)
- Linux s390x (checksum / 5de47bc4fbae5a4d06d26c71f935334e5576954eed5c8ccef677607b59371c8e)
- Linux riscv64 (checksum / 096f773146abc7ef7348e32e74b7c27633bf063e117644bc9e0b75c50c9954e4)

图 7-3 登录 GitHub 源代码仓库的 Helm 包管理工具页面

（2）解压缩 Helm 包管理工具

下载完成后，解压缩 Helm 包管理工具，命令如下。

```
[root@master ~]# tar xf helm-v3.15.3-linux-amd64.tar.gz
```

解压缩后的目录为 linux-amd64，如图 7-4 所示。

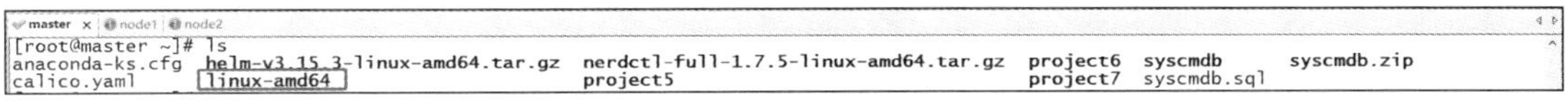

```
[root@master ~]# ls
anaconda-ks.cfg  helm-v3.15.3-linux-amd64.tar.gz  nerdctl-full-1.7.5-linux-amd64.tar.gz  project6  syscmdb      syscmdb.zip
calico.yaml      linux-amd64                      project5                               project7  syscmdb.sql
```

图 7-4 解压缩后的目录

2. 配置 Helm

（1）复制 Helm 目录

因为 Helm 工具是一种可以直接运行的工具，所以复制 linux-amd64/helm 目录到 Path 环境变量目录/usr/local/bin 下，命令如下。

```
[root@master ~]# cp -r linux-amd64/helm  /usr/local/bin/
```

复制完成后，使用 helm version 命令查看 Helm 版本，如图 7-5 所示。

```
[root@master ~]# helm version
version.BuildInfo{Version:"v3.15.3", GitCommit:"3bb50bbbdd9c946ba9989fbe4fb4104766302a64", GitTreeState:"clean", GoVersion:"go1.22.5"}
```

图 7-5 查看 Helm 版本

（2）配置命令补全功能

为方便执行 Helm 命令，可配置 Helm 命令的自动补全功能，命令如下。

```
[root@master ~]# helm completion bash > /etc/bash_completion.d/helm
```

helm completion bash 命令会生成 Helm 的 Bash 自动补全脚本，将其保存到/etc/bash_completion.d/helm 文件中，按 Ctrl+D 组合键退出登录终端并重新连接到 master 节点，就可以使用 Helm 命令的自动补全功能了。

7.1.4 部署 Chart 应用

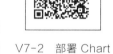

微课

V7-2 部署 Chart 应用

1. 添加 Helm 仓库

（1）添加仓库

部署 Chart 应用的方法有两种：一种是通过仓库直接部署 Chart 应用，另一种是构建自己的 Chart 应用。这里介绍通过仓库直接部署 Chart 应用。先添加 Helm 的阿里云仓库，命令如下。

```
[root@master ~]# helm repo add aliyun https://kubernetes.oss-cn-hangzhou.aliyuncs.com/charts
```

再添加 Azure 的源，命令如下。

```
[root@master ~]# helm repo add stable http://mirror.azure.cn/kubernetes/charts
```

以上两条命令中，helm repo add 是添加仓库的命令，aliyun 和 stable 是仓库的名称，在仓库名称后输入仓库的地址。添加完成后，查看 Helm 仓库，命令如下。

```
[root@master ~]# helm repo list
```

结果如下。

```
NAME    URL
aliyun  https://kubernetes.oss-cn-hangzhou.aliyuncs.com/charts
stable  http://mirror.azure.cn/kubernetes/charts
```

从结果中可以发现，Helm 仓库已经添加成功了。

（2）更新仓库索引

添加仓库后，需要更新仓库索引，确保可以访问到仓库中最新的资源，命令如下。

```
[root@master ~]# helm repo update
```

2. 直接部署 Chart 应用

（1）查询 Chart 应用

在仓库中查询名称包含 mysql 的 Chart 应用，命令如下。

```
[root@master ~]# helm search repo mysql
```

结果如图 7-6 所示。

```
[root@master ~]# helm search repo mysql
NAME                                CHART VERSION   APP VERSION     DESCRIPTION
aliyun/mysql                        0.3.5                           Fast, reliable, scalable, and easy to use open-...
stable/mysql                        1.6.9           5.7.30          DEPRECATED - Fast, reliable, scalable, and easy...
stable/mysqldump                    2.6.2           2.4.1           DEPRECATED! - A Helm chart to help backup MySQL...
stable/prometheus-mysql-exporter    0.7.1           v0.11.0         DEPRECATED A Helm chart for prometheus mysql ex...
aliyun/percona                      0.3.0                           free, fully compatible, enhanced, open source d...
aliyun/percona-xtradb-cluster       0.0.2           5.7.19          free, fully compatible, enhanced, open source d...
stable/percona                      1.2.3           5.7.26          DEPRECATED - free, fully compatible, enhanced, ...
stable/percona-xtradb-cluster       1.0.8           5.7.19          DEPRECATED - free, fully compatible, enhanced, ...
stable/phpmyadmin                   4.3.5           5.0.1           DEPRECATED phpMyAdmin is an mysql administratio...
aliyun/gcloud-sqlproxy              0.2.3                           Google Cloud SQL Proxy
aliyun/mariadb                      2.1.6           10.1.31         Fast, reliable, scalable, and easy to use open-...
stable/gcloud-sqlproxy              0.6.1           1.11            DEPRECATED Google Cloud SQL Proxy
stable/mariadb                      7.3.14          10.3.22         DEPRECATED Fast, reliable, scalable, and easy t...
```

图 7-6 在仓库中查询名称包含 mysql 的 Chart 应用

从结果中可以发现，返回了与 MySQL 相关的 Chart 列表，包含 Chart 名称、Chart 版本、Chart 部署的应用程序版本。本次任务部署了名称为 stable/mysql 的 Chart，其版本号为 1.6.9，部署的应用程序版本号为 5.7.30。

（2）部署 Chart 应用

通过 Helm 仓库直接部署 Chart 应用的方式有两种：一种是直接部署 Chart 应用，另一种是将 Chart 应用拉取到本地。在直接部署 Chart 应用时，需要设置必要的选项。查询名称为 stable/mysql

的 Chart 选项，命令如下。

```
[root@master ~]# helm show values stable/mysql
```

在查询结果中，重点关注需要修改的镜像部分和设置管理系统密码的部分，如图 7-7 所示。

```
[root@master ~]# helm show values stable/mysql
## mysql image version
## ref: https://hub.docker.com/r/library/mysql/tags/
##
image: "mysql"
imageTag: "5.7.30"

strategy:
  type: Recreate

busybox:
  image: "busybox"
  tag: "1.32"

testFramework:
  enabled: true
  image: "bats/bats"
  tag: "1.2.1"
  imagePullPolicy: IfNotPresent
  securityContext: {}

## Specify password for root user
##
## Default: random 10 character string
# mysqlRootPassword: testing

## Create a database user
##
# mysqlUser:
## Default: random 10 character string
# mysqlPassword:

## Allow unauthenticated access, uncomment to enable
##
# mysqlAllowEmptyPassword: true
```

图 7-7 镜像部分和设置管理系统密码的部分

在结果中，找到持久化存储部分，如图 7-8 所示。

```
persistence:
  enabled: true
  ## database data Persistent Volume Storage Class
  ## If defined, storageClassName: <storageClass>
  ## If set to "-", storageClassName: "", which disables dynamic provisioning
  ## If undefined (the default) or set to null, no storageClassName spec is
  ##   set, choosing the default provisioner.  (gp2 on AWS, standard on
  ##   GKE, AWS & OpenStack)
  ##
  # storageClass: "-"
  accessMode: ReadWriteOnce
  size: 8Gi
  annotations: {}
```

图 7-8 持久化存储部分

通过 helm 命令部署名称为 stable/mysql 的 Chart，命令如下。

```
[root@master ~]# helm install  mysql stable/mysql \
--set image=registry.cn-hangzhou.aliyuncs.com/lnstzy/mysql \
--set imageTag=5.7 \
--set busybox.image=registry.cn-hangzhou.aliyuncs.com/lnstzy/busybox \
--set busybox.tag=latest \
--set mysqlRootPassword="000000" \
--set persistence.storageClass="nfs"
```

以上代码通过 helm install 命令部署了名称为 stable/mysql 的 Chart，部署完成后的 Release 名称为 mysql。在设置选项时，通过修改 image 和 imageTag 的值设置 MySQL 数据库管理系统的镜像和版本，通过修改 busybox.image 和 busybox.tag 的值设置 BusyBox 应用的镜像和版本，通过修改 mysqlRootPassword 的值设置 MySQL 数据库管理系统的 root 用户的密码为 000000，通过修改 persistence.storageClass 的值设置 MySQL 数据库管理系统的动态存储类为 nfs，该动态存储类是项目 5 中配置动态存储供应时创建的，如图 7-9 所示。

```
[root@master ~]# kubectl get storageclasses.storage.k8s.io
NAME   PROVISIONER       RECLAIMPOLICY   VOLUMEBINDINGMODE   ALLOWVOLUMEEXPANSION   AGE
nfs    nfs-provisioner   Retain          Immediate           false                  10d
```

图 7-9 查询动态存储类

部署完成后，查询创建的 Release，如图 7-10 所示。

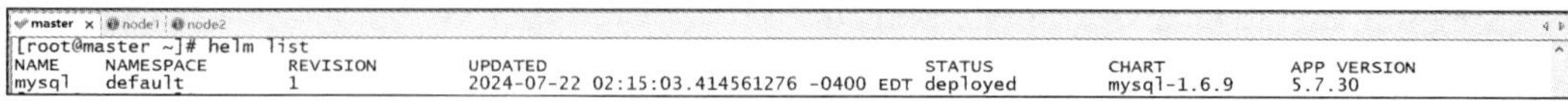
```
[root@master ~]# helm list
NAME    NAMESPACE   REVISION    UPDATED                                 STATUS      CHART           APP VERSION
mysql   default     1           2024-07-22 02:15:03.414561276 -0400 EDT deployed    mysql-1.6.9     5.7.30
```

图 7-10　查询创建的 Release

从结果中可以发现，Chart 部署成功后，生成了名称为 mysql 的 Release。

（3）登录 MySQL 数据库管理系统

查询 Chart 部署的 Pod，结果如图 7-11 所示。

```
[root@master ~]# kubectl get pod -o wide
NAME                            READY   STATUS    RESTARTS   AGE   IP              NODE    NOMINATED NODE   READINESS
 GATES
mysql-5cdb4989f7-vpf2r          0/1     Running   0          6s    172.16.104.23   node2   <none>           <none>
```

图 7-11　查询 Chart 部署的 Pod

使用 mysql 命令成功登录 MySQL 数据库管理系统，结果如图 7-12 所示。

```
[root@master ~]# mysql -uroot -p000000 -h172.16.104.23
mysql: [Warning] Using a password on the command line interface can be insecure.
Welcome to the MySQL monitor.  Commands end with ; or \g.
Your MySQL connection id is 27
Server version: 5.7.44 MySQL Community Server (GPL)

Copyright (c) 2000, 2021, Oracle and/or its affiliates.

Oracle is a registered trademark of Oracle Corporation and/or its
affiliates. Other names may be trademarks of their respective
owners.

Type 'help;' or '\h' for help. Type '\c' to clear the current input statement.

mysql>
```

图 7-12　使用 mysql 命令成功登录 MySQL 数据库管理系统

3. 通过本地 Chart 部署应用

（1）删除 Release

为演示通过本地 Chart 部署应用，首先删除名称为 mysql 的 Release，命令如下。

```
[root@master ~]# helm uninstall mysql
```

（2）拉取 Chart 到本地

将名称为 stable/mysql 的 Chart 拉取到本地，命令如下。

```
[root@master ~]# helm pull stable/mysql
```

拉取完成后，查看当前目录内容，如图 7-13 所示。

```
[root@master ~]# ls
anaconda-ks.cfg  helm-v3.15.3-linux-amd64.tar.gz  mysql-1.6.9.tgz                          project5  project7  syscmdb.sql
calico.yaml      linux-amd64                      nerdctl-full-1.7.5-linux-amd64.tar.gz    project6  syscmdb   syscmdb.zip
```

图 7-13　查看当前目录内容

从结果中可以发现，下载的 Chart 文件名称为 mysql-1.6.9.tgz，解压缩该文件，命令如下。

```
[root@master ~]# tar xf mysql-1.6.9.tgz
```

再次查看当前目录内容，发现解压缩后的目录为 mysql，如图 7-14 所示。

```
[root@master ~]# ls
anaconda-ks.cfg                   linux-amd64      nerdctl-full-1.7.5-linux-amd64.tar.gz  project7     syscmdb.zip
calico.yaml                       mysql            project5                               syscmdb
helm-v3.15.3-linux-amd64.tar.gz   mysql-1.6.9.tgz  project6                               syscmdb.sql
```

图 7-14　解压缩后的目录

查看 mysql 目录内容，如图 7-15 所示。

```
[root@master ~]# cd mysql/
[root@master mysql]# ls
Chart.yaml  README.md  templates  values.yaml
```

图 7-15　查看 mysql 目录内容

备份 values.yaml 文件，备份文件的名称为 values_bak.yaml，命令如下。

```
[root@master mysql]# cp values.yaml values_bak.yaml
```

打开 values.yaml 文件，修改 MySQL 数据库管理系统的镜像和版本、BusyBox 的镜像和版本、MySQL 数据库管理系统的 root 用户的密码等信息，如图 7-16 所示。

```
## mysql image version
## ref: https://hub.docker.com/r/library/mysql/tags/
##
image: "registry.cn-hangzhou.aliyuncs.com/lnstzy/mysql"
imageTag: "5.7"

strategy:
  type: Recreate

busybox:
  image: "registry.cn-hangzhou.aliyuncs.com/lnstzy/busybox"
  tag: "latest"

testFramework:
  enabled: true
  image: "bats/bats"
  tag: "1.2.1"
  imagePullPolicy: IfNotPresent
  securityContext: {}

## Specify password for root user
##
## Default: random 10 character string
mysqlRootPassword: 000000
```

图 7-16　修改信息

修改 MySQL 数据库管理系统的动态存储类为 nfs，如图 7-17 所示。

```
  successThreshold: 1
  failureThreshold: 3

readinessProbe:
  initialDelaySeconds: 5
  periodSeconds: 10
  timeoutSeconds: 1
  successThreshold: 1
  failureThreshold: 3

## Persist data to a persistent volume
persistence:
  enabled: true
  ## database data Persistent Volume Storage Class
  ## If defined, storageClassName: <storageClass>
  ## If set to "-", storageClassName: "", which disables dynamic provisioning
  ## If undefined (the default) or set to null, no storageClassName spec is
  ##   set, choosing the default provisioner.  (gp2 on AWS, standard on
  ##   GKE, AWS & OpenStack)
  ##
  storageClass: "nfs"
  accessMode: ReadWriteOnce
```

图 7-17　修改 MySQL 数据库管理系统的动态存储类

（3）部署 Chart 应用

修改完成后，保存并退出文件，部署该 Chart，命令如下。

```
[root@master mysql]# helm install mysql .
```

以上命令基于当前目录的 Chart 部署了名称为 mysql 的 Release。部署完成后，查看 Release 和运行的 Pod，结果如图 7-18 所示。

```
[root@master mysql]# helm list
NAME    NAMESPACE   REVISION   UPDATED                                   STATUS     CHART         APP VERSION
mysql   default     1          2024-07-22 03:03:28.165849898 -0400 EDT   deployed   mysql-1.6.9   5.7.30
[root@master mysql]# kubectl get pod -o wide
NAME                           READY   STATUS    RESTARTS   AGE    IP               NODE    NOMINATED NODE   READINES
S GATES
mysql-5cdb4989f7-8pwb9         1/1     Running   0          3m4s   172.16.166.171   node1   <none>           <none>
```

图 7-18　查看 Release 和运行的 Pod

从结果中可以发现，Chart 应用已经部署成功了。

任务 7-2　构建私有的 Chart 应用

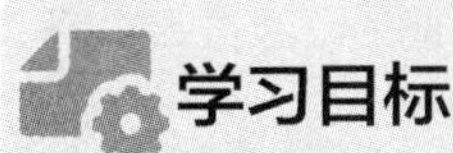

学习目标

知识目标

（1）掌握构建私有的 Chart 应用的流程。

（2）掌握不可配置与可配置的 Chart 应用的区别。

技能目标

（1）能够构建不可配置的 Chart 应用。

（2）能够构建可配置的 Chart 应用。

素养目标

（1）通过学习不可配置的 Chart 应用，培养勤于动手、善于思考的习惯。

（2）通过学习可配置的 Chart 应用，培养灵活应对环境变化和需求变更的能力。

7.2.1 任务描述

为方便在开发、测试和生产环境下共享资源，实现配置和部署模块化，公司决定将每个应用的各种资源打包成自定义的 Chart。公司项目经理要求王亮熟悉构建 Chart 应用的流程，并构建不可配置的 Chart 应用和可配置的 Chart 应用。

7.2.2 必备知识

1. 构建私有的 Chart 应用的流程

（1）创建 Chart

使用 Helm 创建一个 Chart，命令如下。

```
helm create mychart
```

以上命令在当前目录下创建了一个名称为 mychart 的新目录，包含 Chart 的基本结构和文件。

（2）编辑 Chart

① 编辑 Chart.yaml 文件。

在 mychart 目录下编辑 Chart.yaml 文件，指定 Chart 的基本信息，如版本号、描述等。

② 配置 Deployment。

在 templates 目录下编辑 deployment.yaml 文件，定义 Deployment 资源模板。根据应用程序的需求配置容器镜像、环境变量、资源请求等。

③ 配置 Service。

编辑 service.yaml 文件，定义 Service 资源模板。根据需要定义 Service 的类型和端口等信息。

④ 配置其他资源。

如果有需要，则可在 templates 目录下添加其他资源的模板文件，如 ConfigMap、Secret、Ingress 等。

（3）添加依赖

如果应用程序依赖于其他的 Chart，则可以使用 Helm 的依赖管理功能。在 requirements.yaml 文件中列出依赖的 Chart，并使用 helm dependency update 命令来下载和管理这些依赖。

（4）本地测试

在开发阶段，使用 Helm 将 Chart 安装到本地集群中进行测试，命令如下。

```
helm install mychart ./mychart --dry-run
```

使用 --dry-run 可以查看 Helm 安装过程中生成的 YAML 文件，确保生成的资源符合预期。

（5）打包和发布

① 打包 Chart。

发布 Chart 前，使用 Helm 将其打包成 TGZ 文件，命令如下。

```
helm package mychart
```

这将在当前目录下生成一个名称为 mychart-x.x.x.tgz 的压缩包，其中 x.x.x 是 Chart 的版本号。

② 发布 Chart。

如果要将 Chart 分享给团队或者社区使用，则可以将打包好的 TGZ 文件上传到 Helm 仓库中，或者直接使用 helm install 命令部署服务到本地集群中。

2. 不可配置和可配置的 Chart 应用的区别

（1）不可配置的 Chart 应用

不可配置的 Chart 应用指的是其配置选项在定义后不能轻易更改或定制。通常情况下，这类 Chart 应用的模板文件（如 deployment.yaml、service.yaml 等）已经预先设置好，且没有提供参数化的选项供用户自定义。

这种类型的 Chart 应用适用于那些配置相对固定，不需要频繁修改或个性化定制的应用程序，如简单的 Web 应用程序或者测试用途的服务。

用户在部署这类 Chart 时，只需执行 helm install 命令即可，不需要额外的配置文件或参数。因为所有配置选项都已经预先定义好，并且不提供修改接口，所以用户只能使用默认的配置进行部署。

（2）可配置的 Chart 应用

可配置的 Chart 应用通过提供灵活的参数化选项，使用户可以在不同的部署场景中定制化地配置 Chart，从而满足特定的需求和标准。

用户首先通过 values.yaml 文件定义各种配置选项，如指定不同的镜像版本、调整资源请求、设置环境变量等，然后在模板文件中引用这些选项。这样用户在部署应用时，就可以传递不同的选项值，以适应各种部署环境和个性化需求。

3. Helm 模板语法

Helm 使用 Go 语言模板引擎生成 Kubernetes 资源文件，它的模板语法相对简单而强大。下面介绍 Helm 模板语法的基本要点和常用技巧。

（1）定义和引用变量

① 在 values.yaml 中定义变量。

```
replicaCount: 3
image:
  repository: nginx
  tag: alpine
```

以上脚本使用 replicaCount 定义了 Pod 的副本数为 3，image 部分定义了镜像的仓库和标签。

② 在 Helm 模板文件中引用变量。

Deployment 模板文件的路径为 templates/deployment.yaml，在这个文件中引用上面定义的变量。

```
apiVersion: apps/v1
kind: Deployment
metadata:
 name: {{ .Release.Name }}-deployment
spec:
  replicas: {{ .Values.replicaCount }}
  selector:
    matchLabels:
     app: {{ .Release.Name }}
  template:
    metadata:
      labels:
        app: {{ .Release.Name }}
    spec:
```

```
        containers:
          - name: {{ .Chart.Name }}
            image: {{ .Values.image.repository }}:{{ .Values.image.tag }}
            ports:
              - containerPort: 80
```

以上脚本使用{{ }}方式在模板文件中引用变量，引用部分内容的含义如下。

.Release.Name 表示 Chart 发布后的 Release 名称，这个变量是系统自定义的变量。

.Values.replicaCount 引用了 values.yaml 中定义的 replicaCount 变量，用来设置 Deployment 的 Pod 副本数。

.Chart.Name 表示定义的 Chart 名称，这个变量同样是系统自定义的变量。

.Values.image.repository 引用了镜像仓库的变量，.Values.image.tag 引用了镜像版本的变量，用来设置容器的镜像信息，这里的 image 和 repository、tag 是层级关系，用.进行连接。

（2）选择结构

选择结构根据判断执行相关语句。在 values.yaml 中定义变量 environment，值为 dev 时表示开发环境，值为 prod 时表示生产环境，内容如下。

```
environment: dev
```

在 templates/service.yaml 模板文件中输入以下内容。

```
{{ if eq .Values.environment "dev" }}
apiVersion: v1
kind: Service
metadata:
 name: {{ .Release.Name }}-dev-service
spec:
  selector:
    app: {{ .Chart.Name }}
  ports:
    - protocol: TCP
      port: 80
      targetPort: 8080
{{ else if eq .Values.environment "prod" }}
apiVersion: v1
kind: Service
metadata:
 name: {{ .Release.Name }}-prod-service
spec:
  selector:
    app: {{ .Chart.Name }}
  ports:
    - protocol: TCP
      port: 80
      targetPort: 8081
{{ end }}
```

以上模板文件内容的含义如下。

{{ if eq .Values.environment "dev" }} 使用 Helm 内置函数 eq 判断当前环境是否为开发环境。如果环境是 dev（开发环境），则生成一个名为{.Release.Name}-dev-service 的 Service 资源，将端口 8080 映射到 80。

{{ else if eq .Values.environment "prod" }}表示如果环境是 prod（生产环境），则生成一个名为{.Release.Name}-prod-service 的 Service 资源，将端口 8081 映射到 80。

{{ end }}表示结束 if-else 条件判断。

（3）循环结构

当一个序列中包含多个元素时，循环结构可以重复处理该序列中的每个元素。在 values.yaml 文件中输入以下内容。

```
apps:
  - name: app1
    replicas: 3
    image: nginx:1.21
  - name: app2
    replicas: 1
    image: nginx:1.22
  - name: app3
    replicas: 2
    image: nginx:1.23
```

以上脚本定义了 apps 变量，其包含 3 个元素，每个元素又包含 name、replicas、image 这 3 个变量。

在 templates/deployment.yaml 模板文件中输入以下内容。

```
{{ range .Values.apps }}
apiVersion: apps/v1
kind: Deployment
metadata:
  name: {{ .name }}-deployment
spec:
  replicas: {{ .replicas }}
  selector:
    matchLabels:
     app: {{ .name }}
  template:
    metadata:
     labels:
       app: {{ .name }}
    spec:
      containers:
        - name: {{ .name }}-container
          image: {{ .image }}
          ports:
            - containerPort: 80
{{ end }}
```

在这个模板文件中，通过{{range .Values.apps}} {{end }}实现了一个循环程序。

{{ range .Values.apps }}表示开始循环，遍历 apps 序列中的每个元素。

name、replicas 和 image 是每个应用配置的属性，通过.name、.replicas 和.image 访问每个元素的字段。

每次循环都会生成一个 Deployment，并根据当前应用的配置信息填充相应的字段。循环完成后，生成 3 个 Deployment，分别为 app1-deployment、app2-deployment、app3-deployment，它们分别使用不同的镜像和副本数配置。

7.2.3 构建不可配置的 Chart 应用

1. 构建 Chart

（1）创建 Chart 目录

在当前目录下，创建名称为 nginx 的 Chart 目录，命令如下。

```
[root@master ~]# helm create nginx
```

微课

V7-3 构建不可配置的 Chart 应用

执行命令后，在当前目录下会自动创建一个名称为 nginx 的目录，在 nginx 目录下创建名称为 charts 和 templates 的子目录以及 Chart.yaml 和 values.yaml 文件。查看 nginx 目录，结果如图 7-19 所示。

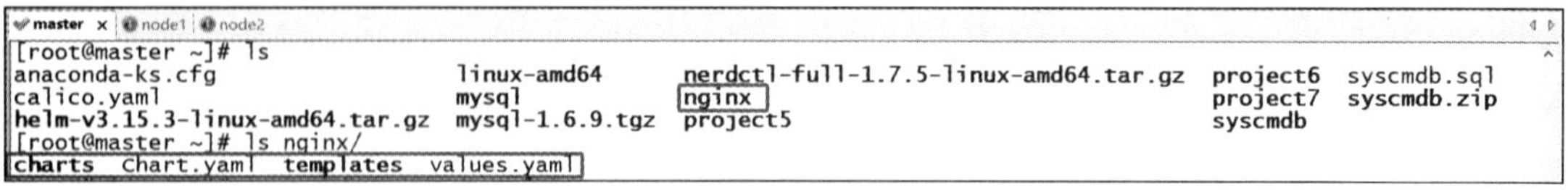

```
[root@master ~]# ls
anaconda-ks.cfg                  linux-amd64      nerdctl-full-1.7.5-linux-amd64.tar.gz  project6  syscmdb.sql
calico.yaml                      mysql            nginx                                  project7  syscmdb.zip
helm-v3.15.3-linux-amd64.tar.gz  mysql-1.6.9.tgz  project5                               syscmdb
[root@master ~]# ls nginx/
charts  Chart.yaml  templates  values.yaml
```

图 7-19　查看 nginx 目录

（2）编辑 Chart

① 编辑 Chart.yaml 文件。

进入 nginx 目录，打开 Chart.yaml 文件，删除默认内容后，输入以下内容。

```
apiVersion: v3                    #定义 Chart 的 API 版本
name: nginx                       #定义 Chart 的名称
description: nginx webserver      #定义 Chart 部署的应用描述
version: 0.1.0                    #定义 Chart 的发布版本
```

② 配置 Deployment。

先删除 templates 目录下的目录和文件，命令如下。

```
[root@master nginx]# rm -rf templates/*
```

再进入 templates 目录，创建 deployment.yaml 文件，打开文件，输入以下内容。

```
apiVersion: apps/v1
kind: Deployment
metadata:
 name: nginx-deployment
 labels:
   app: nginx
spec:
  replicas: 2
  selector:
    matchLabels:
     app: nginx
  template:
    metadata:
      labels:
        app: nginx
    spec:
      containers:
      - name: nginx
        image: registry.cn-hangzhou.aliyuncs.com/lnstzy/nginx:alpine
        ports:
        - containerPort: 80
```

以上脚本定义了名称为 nginx-deployment 的控制器，创建了两个 Pod，基于 registry.cn-hangzhou.aliyuncs.com/lnstzy/nginx:alpine 镜像运行了名称为 nginx 的容器，标签为 app: nginx。

③ 配置 Service。

在 templates 目录下创建 service.yaml 文件，打开文件，输入以下内容。

```
apiVersion: v1
kind: Service
```

```
metadata:
 name: nginx-service
 labels:
   app: nginx
spec:
  ports:
    - port: 80
      targetPort: 80
  selector:
    app: nginx
```


以上脚本定义了名称为 nginx-service 的服务发现，使用 80 端口暴露标签为 app:nginx 的 Pod。

2. 测试、部署和打包 Chart

（1）测试 Chart

在部署或者打包 Chart 前，先测试 Chart 的可用性。回到 nginx 目录，执行以下测试命令。

```
[root@master nginx]# helm install mynginx ./ --dry-run
```

结果如图 7-20 所示。

```
[root@master nginx]# helm install mynginx ./ --dry-run
NAME: mynginx
LAST DEPLOYED: Mon Jul 22 20:58:53 2024
NAMESPACE: default
STATUS: pending-install
REVISION: 1
TEST SUITE: None
HOOKS:
MANIFEST:
---
# Source: mynginx/templates/service.yaml
apiVersion: v1
kind: Service
metadata:
  name: nginx-service
  labels:
    app: nginx
spec:
  ports:
    - port: 80
      targetPort: 80
  selector:
    app: nginx
---
# Source: mynginx/templates/deployment.yaml
apiVersion: apps/v1
kind: Deployment
metadata:
  name: nginx-deployment
  labels:
    app: nginx
spec:
  replicas: 2
```

图 7-20 测试 Chart

从结果中可以发现，在基于当前目录部署 Chart 应用时，使用--dry-run 可以查看该 Chart 是否有误以及每个 YAML 文件是否符合预期要求。

（2）部署 Chart

测试没有问题后，正式部署该 Chart 到集群中，命令如下。

```
[root@master nginx]# helm install mynginx ./
```

部署完成后，结果如图 7-21 所示。

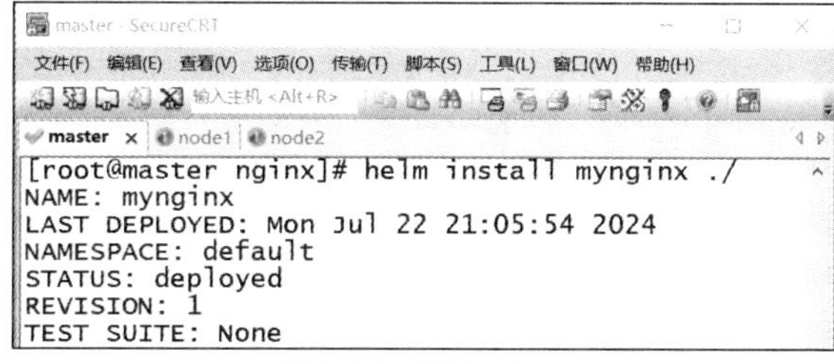

图 7-21 部署 Chart

从结果中可以发现，部署了名称为 mynginx 的 Chart，状态为 deployed，表示 Chart 已经成功部署到集群中；REVISION 表示发布的版本号，每次对 Chart 进行更新并重新部署时，版本号都会递增。

查看该 Chart 部署的 Deployment 和 Service，结果如图 7-22 所示。

```
[root@master ~]# kubectl get deployments,service | grep nginx
deployment.apps/nginx-deployment        2/2     2            2           11m
service/nginx-service    ClusterIP   10.96.233.85   <none>        80/TCP     11m
[root@master ~]#
```

图 7-22　查看 Chart 部署的 Deployment 和 Service

从结果中可以发现，名称为 mynginx 的 Chart 已经在集群中成功地部署了名称为 nginx-deployment 的控制器，运行了两个 Pod，同时部署了名称为 nginx-service 的服务发现。

使用 curl 命令访问 nginx-service 服务发现，结果如图 7-23 所示。

```
[root@master ~]# curl 10.96.233.85
<!DOCTYPE html>
<html>
<head>
<title>Welcome to nginx!</title>
<style>
html { color-scheme: light dark; }
body { width: 35em; margin: 0 auto;
font-family: Tahoma, Verdana, Arial, sans-serif; }
</style>
</head>
<body>
<h1>Welcome to nginx!</h1>
<p>If you see this page, the nginx web server is successfully installed and
working. Further configuration is required.</p>

<p>For online documentation and support please refer to
<a href="http://nginx.org/">nginx.org</a>.<br/>
Commercial support is available at
<a href="http://nginx.com/">nginx.com</a>.</p>

<p><em>Thank you for using nginx.</em></p>
</body>
</html>
```

图 7-23　使用 curl 命令访问 nginx-service 服务发现

从结果中可以发现，已经能够成功地访问运行的 Nginx 服务了。

（3）打包 Chart

为方便后续使用和团队共享 Chart，可以将自定义的 Chart 打包，上传到 Helm 仓库中或者直接分享给团队合作人员。

打包名称为 mynginx 的 Chart 时，先回到/root 目录，再执行以下打包命令。

```
[root@master ~]# helm package nginx
```

这里的 nginx 是目录名称。命令执行完成后，在当前目录下生成了以 Chart 名称和版本号命名的压缩文件 mynginx-0.1.0.tgz，如图 7-24 所示。

```
[root@master ~]# ls
anaconda-ks.cfg                    linux-amd64         mysql-1.6.9.tgz                        project5  syscmdb
calico.yaml                        mynginx-0.1.0.tgz   nerdctl-full-1.7.5-linux-amd64.tar.gz  project6  syscmdb.sql
helm-v3.15.3-linux-amd64.tar.gz    mysql               nginx                                  project7  syscmdb.zip
[root@master ~]#
```

图 7-24　查看 Chart 打包文件

可以上传该压缩文件到仓库中或者直接分享给团队合作人员，提升部署效率。

7.2.4　构建可配置的 Chart 应用

下面讲解如何通过可配置的 Chart 应用部署一个 Nginx 服务。在测试环境下，基于 registry.cn-hangzhou.aliyuncs.com/lnstzy/nginx:alpine 镜像运行容器，不创建服务发现；在生产环境下，基于 registry.cn-hangzhou.aliyuncs.com/lnstzy/nginx:latest 镜像运行容器，创建服务发现，同时使用探针进行 Pod 健康性检查。

微课

V7-4　构建可配置的 Chart 应用

1. 构建 Chart

（1）创建 Chart 目录

在当前目录下，创建名称为 nginx-env 的 Chart 目录，命令如下。

```
[root@master ~]# helm create nginx-env
```

执行命令后，在当前目录下会自动创建一个名称为 nginx-env 的目录，在 nginx-env 目录下创建名称为 charts 和 templates 的子目录以及 Chart.yaml 和 values.yaml 文件。查看 nginx-env 目录，结果如图 7-25 所示。

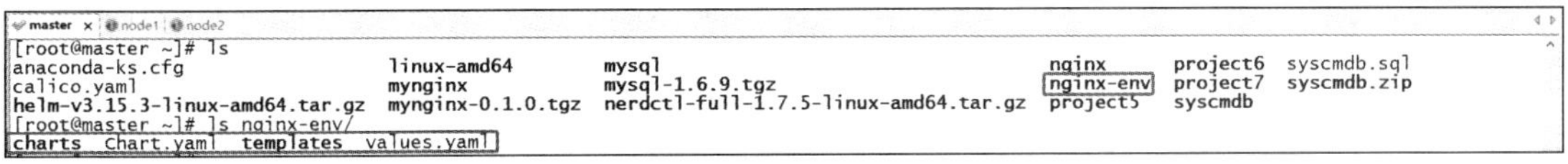

```
master × node1 node2
[root@master ~]# ls
anaconda-ks.cfg                  linux-amd64          mysql                                    nginx       project6  syscmdb.sql
calico.yaml                      mynginx              mysql-1.6.9.tgz                          nginx-env   project7  syscmdb.zip
helm-v3.15.3-linux-amd64.tar.gz  mynginx-0.1.0.tgz    nerdctl-full-1.7.5-linux-amd64.tar.gz    project5    syscmdb
[root@master ~]# ls nginx-env/
charts  Chart.yaml  templates  values.yaml
```

图 7-25　查看 nginx-env 目录

（2）编辑 Chart

① 编辑 Chart.yaml 文件。

进入 nginx-env 目录，打开 Chart.yaml 文件，删除默认内容后，输入以下内容。

```
apiVersion: v3                                  #定义 Chart 的 API 版本
name: nginx-env                                 #定义 Chart 的名称
description: nginx env_base deployment          #定义 Chart 部署的应用描述
version: 0.1.0                                  #定义 Chart 的发布版本
```

② 编辑 values.yaml 文件。

打开 values.yaml 文件，删除默认内容后，输入以下内容。

```
image:
  repository: nginx
  tag: alpine
environment: test    #默认为测试环境
```

以上脚本通过设置 environment 的值为 test 定义了当前的环境是测试环境，设置了镜像名称为 nginx，版本为 alpine。

③ 配置 Deployment。

先删除 templates 目录下的目录和文件，命令如下。

```
[root@master nginx-env]# rm -rf templates/*
```

再进入 templates 目录，创建 deployment.yaml 文件，打开文件，输入以下内容。

```
apiVersion: apps/v1
kind: Deployment
metadata:
 name: {{ .Release.Name }}-nginx
spec:
  replicas: 2
  selector:
    matchLabels:
     app: {{ .Release.Name }}
  template:
    metadata:
     labels:
       app: {{ .Release.Name }}
    spec:
      containers:
```

```
          - name: nginx
            image:
    registry.cn-hangzhou.aliyuncs.com/lnstzy/{{.Values.image.repository}}:{{.
Values.image.tag}}
            ports:
              - containerPort: 80
    {{ if eq .Values.environment "prod" }}
    #如果 values.yaml 中 environment 的值为 prod，则进行探针测试
            readinessProbe:                  #定义就绪探针
              httpGet:                       #指定使用 HTTP GET 方法来检查服务的健康状态
                path: /                      #指定要检查的路径为根路径
                port: 80                     #指定检查容器的 80 端口
              initialDelaySeconds: 10        #容器启动 10s 后执行探针
              periodSeconds: 5               #执行探针的间隔时间
         {{ end }}
```

以上脚本定义了名称为{{ .Release.Name }}-nginx 的控制器（其中，{{ .Release.Name }}变量的值为 chart 的名称，即 nginx-env，所以 chart 运行后，控制器的名称为 nginx-env-nginx)，创建了两个 Pod，使用的镜像为 registry.cn-hangzhou.aliyuncs.com/lnstzy/{{.Values.image.repository}}:{{.Values.image.tag}}，其中，{{.Values.image.repository}}和{{.Values.image.tag}}的值是从 values.yaml 文件中获取的。

当 values.yaml 中定义的 environment 值为 prod（生产环境）时，执行 Pod 健康性检查。

④ 配置 Service。

创建 service.yaml 文件，打开文件，输入以下内容。

```
{{ if eq .Values.environment "prod" }}
#如果 values.yaml 中 environment 的值为 prod，则创建服务发现
apiVersion: v1
kind: Service
metadata:
 name: {{ .Release.Name }}-nginx
spec:
  selector:
    app: {{ .Release.Name }}
  ports:
    - protocol: TCP
      port: 80
      targetPort: 80
{{ end }}
```

以上脚本判断 values.yaml 中的 environment 值为 prod 时，创建名称为{{ .Release.Name }}-nginx 的服务发现，暴露标签为 app: {{ .Release.Name }}的 Pod，服务发现的端口为 80，后端 Pod 容器端口为 80，其中.Release.Name 变量的值为 chart 的名称。

2．测试和部署 Chart

（1）测试 Chart

① 测试环境。

在默认的测试环境下进行测试。回到 nginx-env 目录，执行以下测试命令。

```
[root@master nginx-env]# helm install nginx-env ./ --dry-run
```

结果如图 7-26 所示。

```
[root@master nginx-env]# helm install nginx-env ./ --dry-run
NAME: nginx-env
LAST DEPLOYED: Wed Jul 24 23:22:13 2024
NAMESPACE: default
STATUS: pending-install
REVISION: 1
TEST SUITE: None
HOOKS:
MANIFEST:
---
# Source: nginx-env/templates/deployment.yaml
apiVersion: apps/v1
kind: Deployment
metadata:
  name: nginx-env-nginx
spec:
  replicas: 2
  selector:
    matchLabels:
      app: nginx-env
  template:
    metadata:
      labels:
        app: nginx-env
    spec:
      containers:
        - name: nginx
          image: registry.cn-hangzhou.aliyuncs.com/lnstzy/nginx:alpine
          ports:
            - containerPort: 80
```

图 7-26 测试 Chart

从结果中可以发现，在默认的测试环境下，只渲染了一个 deployment.yaml 文件，使用的镜像是 registry.cn-hangzhou.aliyuncs.com/lnstzy/nginx:alpine，没有进行探针检查，也没有部署 Service 服务发现。

② 生产环境。

修改 values.yaml 文件，内容如下。

```
image:
  repository: nginx
  tag: latest          #修改镜像版本
environment: prod      #修改环境为生产环境
```

修改完成后，测试 Chart，查看渲染的资源文件，并查看镜像的版本和探针，结果如图 7-27 和图 7-28 所示。

```
[root@master nginx-env]# helm install nginx-env ./ --dry-run
NAME: nginx-env
LAST DEPLOYED: Wed Jul 24 23:32:05 2024
NAMESPACE: default
STATUS: pending-install
REVISION: 1
TEST SUITE: None
HOOKS:
MANIFEST:
---
# Source: nginx-env/templates/service.yaml
#判断values.yaml中environment的值为prod时
apiVersion: v1
kind: Service
metadata:
  name: nginx-env-nginx
spec:
  selector:
    app: nginx-env
  ports:
    - protocol: TCP
      port: 80
      targetPort: 80
---
# Source: nginx-env/templates/deployment.yaml
apiVersion: apps/v1
kind: Deployment
metadata:
  name: nginx-env-nginx
spec:
  replicas: 2
  selector:
    matchLabels:
      app: nginx-env
  template:
```

图 7-27 查看渲染的资源文件

```
# Source: nginx-env/templates/deployment.yaml
apiVersion: apps/v1
kind: Deployment
metadata:
  name: nginx-env-nginx
spec:
  replicas: 2
  selector:
    matchLabels:
      app: nginx-env
  template:
    metadata:
      labels:
        app: nginx-env
    spec:
      containers:
        - name: nginx
          image: registry.cn-hangzhou.aliyuncs.com/lnstzy/nginx:latest
          ports:
            - containerPort: 80
        #如果values.yaml中environment的值为prod，则进行探针测试
          readinessProbe:
            httpGet:
              path: /
              port: 80
            initialDelaySeconds: 10
            periodSeconds: 5
```

图 7-28　查看镜像的版本和探针

从结果中可以发现，修改 values.yaml 中 environment 值为 prod 后，再次测试，发现渲染了 service.yaml 和 deployment.yaml 文件，在 deployment.yaml 中修改了镜像的版本，执行了探针测试，实现了生产环境下的部署要求。

（2）部署 Chart

在生产环境下部署 Chart，命令如下。

```
[root@master nginx-env]# helm install nginx-env ./
```

结果如图 7-29 所示。

```
[root@master nginx-env]# helm install nginx-env ./
NAME: nginx-env
LAST DEPLOYED: Wed Jul 24 23:40:16 2024
NAMESPACE: default
STATUS: deployed
REVISION: 1
TEST SUITE: None
```

图 7-29　部署 Chart

部署完成后，查看 nginx-env 部署的 Deployment 控制器、Service 服务发现和 Pod，结果如图 7-30 所示。

```
[root@master nginx-env]# kubectl get deployment,service,pod | grep nginx-env
deployment.apps/nginx-env-nginx          2/2     2            2           4m18s
service/nginx-env-nginx    ClusterIP   10.96.187.95    <none>        80/TCP      4m18s
pod/nginx-env-nginx-77b5f9b9b-4vbjp          1/1     Running   0          4m18s
pod/nginx-env-nginx-77b5f9b9b-klrq2          1/1     Running   0          4m18s
```

图 7-30　查看 nginx-env 部署的 Deployment 控制器、Service 服务发现和 Pod

从结果中可以发现，已经成功地部署了相关的 Deployment 控制器、Service 服务发现和 Pod。使用 curl 命令访问 Service 服务发现，结果如图 7-31 所示。

```
[root@master nginx-env]# curl 10.96.187.95
<!DOCTYPE html>
<html>
<head>
<title>Welcome to nginx!</title>
<style>
html { color-scheme: light dark; }
body { width: 35em; margin: 0 auto;
font-family: Tahoma, Verdana, Arial, sans-serif; }
</style>
</head>
<body>
<h1>Welcome to nginx!</h1>
<p>If you see this page, the nginx web server is successfully installed and
working. Further configuration is required.</p>

<p>For online documentation and support please refer to
<a href="http://nginx.org/">nginx.org</a>.<br/>
Commercial support is available at
<a href="http://nginx.com/">nginx.com</a>.</p>

<p><em>Thank you for using nginx.</em></p>
</body>
</html>
```

图 7-31　使用 curl 命令访问 Service 服务发现

从结果中可以发现，已经能够通过 Service 服务发现访问后端 Pod 容器服务了。

项目小结

Helm是Kubernetes的包管理工具，用于简化应用程序的部署和更新。在任务7-1中，学习了Helm包管理工具的安装，通过Helm仓库部署了Chart应用；在任务7-2中，构建了不可配置的Chart应用和可配置的Chart应用，通过Chart模板语言，实现了在测试和生产环境下的不同部署需求。

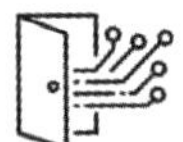

项目练习与思考

1. 选择题

（1）Helm 可以通过（　　）直接部署应用。

A. 网络　　B. 仓库　　C. 镜像　　D. 容器

（2）Helm 的核心概念包括（　　）、Repository、Release。

A. Chart　　B. 模板　　C. values　　D. go

（3）Helm（　　）Chart 名称可以将 Chart 拉取到本地。

A. search　　B. pull　　C. push　　D. get

（4）部署后的 Chart 叫作（　　）。

A. Release　　B. values　　C. 镜像　　D. 容器

（5）（　　）命令用于安装一个 Helm Chart。

A. helm install　　B. helm add　　C. helm search　　D. helm create

2. 填空题

（1）Chart 中的模板文件通常存放在名为________的目录中。

（2）Chart 中的 Chart.yaml 文件包含关于 Chart 的________信息。

（3）Helm 中用于卸载一个已安装 Chart 的命令是 helm________。

（4）在 Chart 中，values.yaml 文件用于定义________。

（5）Helm Chart 的 templates 目录中通常包含________文件。

3. 简答题

（1）简述 Helm 包管理工具的功能。

（2）简述构建私有的 Chart 应用的流程。

项目 8

使用Operator自定义控制器部署中间件

项目描述

随着业务的不断扩展，公司在集群中部署了数据库、缓存、消息队列等中间件，为简化部署和运维、减少人为操作带来的风险，公司决定采用Operator自定义控制器部署复杂的中间件和监控系统。公司项目经理要求王亮首先学习和部署有状态服务，然后使用Operator部署有状态的MySQL和Redis数据库集群。

该项目思维导图如图8-1所示。

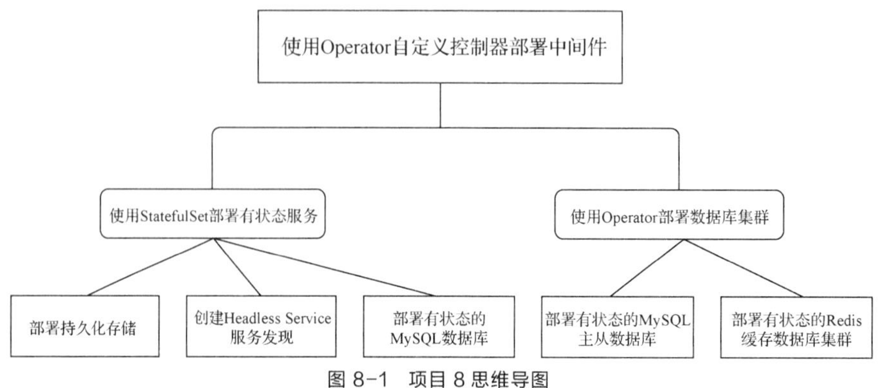

图 8-1　项目 8 思维导图

任务 8-1 使用 StatefulSet 部署有状态服务

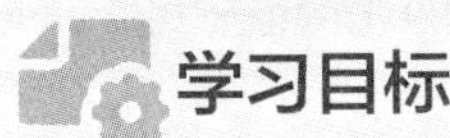

学习目标

知识目标

（1）掌握有状态服务的特点。

（2）掌握 StatefulSet 控制器的特点。

（3）掌握 Headless Service 服务发现的作用。

技能目标

（1）能够部署 Headless Service 服务发现。

（2）能够部署有状态的 MySQL 数据库。

素养目标

（1）通过部署 Headless Service 服务发现，培养刻苦钻研并不断解决问题的品质。

（2）通过部署有状态的 MySQL 数据库，培养根据实际需求选择相关技术的能力。

8.1.1 任务描述

公司准备将各类业务系统迁移到 Kubernetes 平台上，各类业务系统都需要将数据存储到数据库中，且要求数据库有稳定的访问名称和存储。公司项目经理要求王亮部署有状态的 MySQL 数据库，提供给各类应用系统使用。

8.1.2 必备知识

1. 有状态服务的应用场景

有状态服务通常指的是依赖持久性存储和稳定标识的应用程序。相比无状态服务，有状态服务需要保留特定的状态信息或数据，这些数据对应用的正确性和运行非常重要。以下是一些有状态服务的应用场景。

（1）数据库服务

关系数据库（如 MySQL、PostgreSQL）或 NoSQL 数据库（如 MongoDB、Cassandra）通常需要持久性存储来保存数据，且需要稳定的标识以便应用程序可以可靠地访问。

（2）分布式缓存

如 Redis 或 Memcached，这些缓存服务通常存储了应用程序的临时数据或者频繁访问的数据，需要持久性存储以确保数据不会因为节点重启而丢失。

（3）消息队列和事件驱动系统

如 Kafka、RabbitMQ 等，它们需要确保事件或消息的顺序性和一致性，同时需要持久性存储以保证在节点重启或出现故障后不会丢失数据。

（4）分布式文件系统

如 NFS、GlusterFS 等，这些文件系统需要在集群内部提供稳定的文件访问服务，且通常需要持久性存储来保存文件数据。

2. 有状态服务的特点

（1）持久性存储

有状态服务通常需要使用 PVC 来保持数据的持久性，以确保即使 Pod 重启或迁移，数据也不会丢失。

（2）稳定的网络标识

有状态服务通常需要通过稳定的网络标识（如 StatefulSet 提供 DNS 记录）来保证节点之间的通信和服务发现的可靠性。

（3）有序部署和扩展

有状态服务可能依赖于节点的顺序部署和扩展，如数据库的主从复制关系或者分布式系统中的特定角色分配。

3. StatefulSet 控制器

StatefulSet 控制器是 Kubernetes 中用于管理有状态服务的一种资源控制器。相比于 Deployment 无状态控制器，StatefulSet 在集群中部署和管理需要稳定的网络标识、持久化存储的应用程序，其有以下 3 个特点。

（1）有序部署

StatefulSet 控制器保证 Pod 按照定义的顺序进行部署和扩展，每个 Pod 都有一个唯一的编号（如 pod-0、pod-1 等），这个编号在 Pod 的整个生命周期内保持不变。在创建多个 Pod 时，按照顺序依次创建 pod-0、pod-1，在删除 Pod 时，依次按照 pod-1、pod-0 的顺序进行删除，所以说部署 Pod 是有序的。

（2）稳定的网络标识

每个 Pod 在创建时都会自动分配一个与 StatefulSet 和 Headless Service 相关的 DNS 记录。例如，一个名为 mysql 的 StatefulSet 可能会有 mysql-0、mysql-1 等 DNS 记录，这些记录可以用来访问每个 Pod。

（3）持久存储

StatefulSet 允许每个 Pod 使用 PVC，这样 Pod 重启后可以重新挂载到相同的持久化存储卷，保证数据的持久性和一致性。

4. Headless Service 服务发现

有状态服务需要提供稳定的访问标识，StatefulSet 控制器和 Headless Service 服务发现一起提供了稳定的域名服务，无论有状态服务的 Pod 调度到哪个节点上，这个服务的域名都是不变的。

StatefulSet 控制器生成稳定的 Pod 名，如 StatefulSet 的名称为 mysql，那么第一个 Pod 的名称就是 mysql-0，第二个 Pod 的名称就是 mysql-1，以此类推。

Headless Service 服务域名为$(service name).$(namespace).svc.cluster.local，其中，service name 是 Headless Service 服务发现的名称，namespace 指服务发现所在的命名空间，svc.cluster.local 指集群的域名。

访问一个 Pod 的完整域名是 Pod 名.$(service name).$(namespace).svc.cluster.local，如当访问名称为 mysql-0 的 Pod 时，可以使用的域名为 mysql-0.$(service name).$(namespace).svc.cluster.local。为了方便访问，可以省略集群的域名 svc.cluster.local，如果服务发现的命名空间为 default，则可以省略不写。

8.1.3 部署持久化存储

有状态服务需要持久化的存储，这里采用 NFS 后端存储，使用动态存储类创建 PV 资源，这部分的内容与 5.2.3 小节和 5.2.5 小节是完全一致的，这里不赘述。在 node2 节点上安装 NFS 且共享/mysql 目录后，创建 NFS 存储类驱动，命令如下。

微课

V8-1 部署持久化存储

```
[root@master project8]# kubectl apply -f nfs-provisioner-driver.yaml
```

创建名称为 nfs 的动态存储类，命令如下。

```
[root@master project8]# kubectl apply -f nfs-provisioner.yaml
```

查看创建的动态存储类，结果如图 8-2 所示。

```
Last login: Wed Jul 31 07:02:50 2024 from 192.168.200.1
[root@master ~]# kubectl get storageclasses.storage.k8s.io
NAME   PROVISIONER       RECLAIMPOLICY   VOLUMEBINDINGMODE   ALLOWVOLUMEEXPANSION   AGE
nfs    nfs-provisioner   Retain          Immediate           false                  3d16h
```

图 8-2　查看创建的动态存储类

8.1.4　创建 Headless Service 服务发现

V8-2　创建 Headless Service 服务发现

1. 编写 YAML 脚本

在 project8 目录下，创建 mysql-service.yaml 文件，打开文件，输入以下内容。

```
apiVersion: v1
kind: Service
metadata:
 name: mysql-service      #设置服务名称
spec:
  clusterIP: None         #设置 clusterIP 的值为 None
  selector:               #选择器为 app:mysql，创建有状态服务时，也要使用这个名称
    app: mysql
  ports:
    - port: 3306          #服务发现的端口
      targetPort: 3306    #访问 Pod 容器的端口
```

以上脚本定义了名称为 mysql-service 的服务发现，设置 clusterIP: None 表示这个服务发现没有集群 IP 地址，是 Headless Service，通过服务发现的名称访问后端对应的 Pod 容器。

2. 创建服务发现

运行 mysql-service.yaml 文件，创建 Headless Service 服务发现，命令如下。

```
[root@master project8]# kubectl apply -f mysql-service.yaml
```

创建完成后，查看该服务发现，结果如图 8-3 所示。

```
[root@master project8]# kubectl get svc mysql-service
NAME            TYPE        CLUSTER-IP   EXTERNAL-IP   PORT(S)    AGE
mysql-service   ClusterIP   None         <none>        3306/TCP   15s
```

图 8-3　查看服务发现

从结果中可以发现，创建的服务发现的集群 IP 地址为 None，后续可以直接使用其名称。

8.1.5　部署有状态的 MySQL 数据库

V8-3　部署有状态的 MySQL 数据库

1. 编写 YAML 脚本

在 project8 目录下，创建 mysql-sts.yaml 文件，打开文件，输入以下内容。

```
apiVersion: apps/v1
kind: StatefulSet
metadata:
 name: mysql-sts
 labels:
   app: mysql
```

```
spec:
  replicas: 5
  serviceName: mysql-service                #指定使用的服务发现的名称
  selector:
    matchLabels:
      app: mysql
  template:
    metadata:
      labels:
        app: mysql
    spec:
      containers:
        - name: mysql                       #容器的名称
          image: registry.cn-hangzhou.aliyuncs.com/lnstzy/mysql:5.7
                                            #数据库的镜像
          imagePullPolicy: IfNotPresent     #镜像拉取策略
          ports:
            - containerPort: 3306           #容器开放的端口
          env:                              #通过环境变量方式设置数据库初始密码
            - name: MYSQL_ROOT_PASSWORD     #环境变量的名称
              value: "000000"               #环境变量的值（数据库的初始密码）
          volumeMounts:                     #在容器中挂载存储卷
            - name: mysql-pvc               #挂载/var/lib/mysql 到 mysql-pvc
              mountPath: /var/lib/mysql
  volumeClaimTemplates:                     #卷声明模板
  - metadata:
      name: mysql-pvc                       #定义名称
    spec:
      accessModes: ["ReadWriteOnce"]        #设置访问模式
      resources:
        requests:
          storage: 1Gi                      #申请 1GB 资源
      storageClassName: nfs                 #使用动态存储类 nfs
```

以上脚本定义了名称为 mysql-sts 的 StatefulSet 控制器，副本数为 5（后续有 5 个业务应用），通过 serviceName 指定了服务发现的名称为 mysql-service，容器采用位于阿里云的 mysql:5.7 镜像，设置了数据库的初始密码为 000000。

需要注意的是，在使用 StatefulSet 控制器创建 Pod 时，可以将 PVC 写在脚本中，名称为 mysql-pvc，这样就可以为每个 Pod 创建一个 PVC，PVC 的名称为 mysql-pvc+Pod 名称，使用动态存储类 nfs 可以动态地创建 PV 资源。

2. 创建有状态的 MySQL 数据库

运行 mysql-sts.yaml 文件，创建有状态的 MySQL 数据库，命令如下。

```
[root@master project8]# kubectl apply -f mysql-sts.yaml
```

查看运行的有状态数据库，结果如图 8-4 所示。

```
[root@master project8]# kubectl get pod -o wide | grep sts
mysql-sts-0          1/1   Running   0     51s   172.16.104.47    node2   <none>   <none>
mysql-sts-1          1/1   Running   0     27s   172.16.166.165   node1   <none>   <none>
mysql-sts-2          1/1   Running   0     25s   172.16.104.48    node2   <none>   <none>
mysql-sts-3          1/1   Running   0     22s   172.16.166.161   node1   <none>   <none>
mysql-sts-4          1/1   Running   0     19s   172.16.104.50    node2   <none>   <none>
```

图 8-4　查看运行的有状态数据库

从结果中可以发现，5 个 Pod 名称分别为 mysql-sts-0、mysql-sts-1、mysql-sts-2、mysql-sts-3 和 mysql-sts-4，查看创建的 PVC 持久化申请，结果如图 8-5 所示。

```
[root@master project8]# kubectl get pvc | grep sts
mysql-pvc-mysql-sts-0    Bound    pvc-3b908dbc-d10b-4b39-b9f1-21820c2ba670   1Gi   RWO   nfs   <unset>   2m51s
mysql-pvc-mysql-sts-1    Bound    pvc-b4b32ef0-d8b8-4d27-b58c-a8e00a035ea7   1Gi   RWO   nfs   <unset>   2m27s
mysql-pvc-mysql-sts-2    Bound    pvc-274c1703-6e90-4a7d-80ba-ca4f3f9943c5   1Gi   RWO   nfs   <unset>   2m25s
mysql-pvc-mysql-sts-3    Bound    pvc-936d4a58-b562-419d-af24-da91095bc3ae   1Gi   RWO   nfs   <unset>   2m22s
mysql-pvc-mysql-sts-4    Bound    pvc-15ea62cb-f125-4d21-9f8e-f32853ae81bb   1Gi   RWO   nfs   <unset>   2m19s
```

图 8-5 查看创建的 PVC 持久化申请

从结果中可以发现，每个 PVC 的名称为卷声明模板中的 mysql-pvc+Pod 名称，使用的动态存储类是 nfs，同时绑定到了自动创建的 PV 资源。

查看 node2 节点的/mysql 持久化目录和每个目录下的内容，结果如图 8-6 所示。

```
[root@node2 ~]# ls /mysql/
mysql-pvc-mysql-sts-0  mysql-pvc-mysql-sts-1  mysql-pvc-mysql-sts-2  mysql-pvc-mysql-sts-3  mysql-pvc-mysql-sts-4
[root@node2 ~]# ls /mysql/mysql-pvc-mysql-sts-0/
auto.cnf     ca.pem           client-key.pem   ibdata1      ib_logfile1  mysql        performance_schema  public_key.pem   server-key.pem
ca-key.pem   client-cert.pem  ib_buffer_pool   ib_logfile0  ibtmp1       mysql.sock   private_key.pem     server-cert.pem  sys
```

图 8-6 查看持久化目录和每个目录下的内容

从结果中可以发现，持久化目录的名称为 PVC 的名称，在每个持久化目录下都存在 MySQL 数据库目录内容。

3. 验证有状态服务

（1）重新创建 Pod 后查看其名称

删除 Pod 容器，命令如下。

```
[root@master project8]# kubectl delete pod mysql-sts-0
```

因为 Pod 是通过 StatefulSet 控制器创建的，所以删除 Pod 后会自动重新创建 Pod。再次查看运行的 Pod，结果如图 8-7 所示。

```
[root@master project8]# kubectl get pod -o wide | grep sts
mysql-sts-0    1/1   Running   0   48s     172.16.104.52    node2   <none>
mysql-sts-1    1/1   Running   0   4m31s   172.16.166.165   node1   <none>
mysql-sts-2    1/1   Running   0   4m29s   172.16.104.48    node2   <none>
mysql-sts-3    1/1   Running   0   4m26s   172.16.166.161   node1   <none>
mysql-sts-4    1/1   Running   0   4m23s   172.16.104.50    node2   <none>
```

图 8-7 再次查看运行的 Pod

从结果中可以发现，重新创建的 Pod 的 IP 地址已经变化为 172.16.104.52，但是 Pod 的名称没有任何变化，还是 mysql-sts-0，PVC 和 PV 的名称以及后端的存储同样没有任何变化。

（2）减少两个 Pod

修改 mysql-sts.yaml 中 Pod 的副本数，将 replicas 的值修改为 3。再次运行 mysql-sts.yaml 文件，查看修改副本数后的 Pod，结果如图 8-8 所示。

```
[root@master project8]# kubectl get pod -o wide | grep sts
mysql-sts-0    1/1   Running   0   3m31s   172.16.104.52    node2   <none>
mysql-sts-1    1/1   Running   0   7m14s   172.16.166.165   node1   <none>
mysql-sts-2    1/1   Running   0   7m12s   172.16.104.48    node2   <none>
```

图 8-8 查看修改副本数后的 Pod

从结果中可以发现，mysql-sts-3 和 mysql-sts-4 被删除了，说明删除的是后两个 Pod，因为 StatefulSet 控制器创建和删除 Pod 时都是有序的。

（3）验证服务发现

进入名称为 mysql-sts-0 的 Pod，命令如下。

```
[root@master project8]# kubectl exec -it mysql-sts-0 /bin/bash
```

使用 Pod 名称加上服务发现名称访问 Pod，这里访问了 mysql-sts-1 的数据库管理系统，如图 8-9 所示。

```
[root@master project8]# kubectl exec -it mysql-sts-0 /bin/bash
kubectl exec [POD] [COMMAND] is DEPRECATED and will be removed in a future version. Use kubectl exec [POD] -- [COMMAN
D] instead.
bash-4.2# mysql -uroot -p000000 -h mysql-sts-1.mysql-service
mysql: [Warning] Using a password on the command line interface can be insecure.
Welcome to the MySQL monitor.  Commands end with ; or \g.
Your MySQL connection id is 2
Server version: 5.7.44 MySQL Community Server (GPL)

Copyright (c) 2000, 2023, Oracle and/or its affiliates.

Oracle is a registered trademark of Oracle Corporation and/or its
affiliates. Other names may be trademarks of their respective
owners.

Type 'help;' or '\h' for help. Type '\c' to clear the current input statement.

mysql>
```

图 8-9　使用 Pod 名称加上服务发现名称访问 Pod

从结果中可以发现，通过 mysql-sts-1.mysql-service 名称已经成功登录了名称为 mysql-sts-1 的 Pod 容器，这里省略了服务发现的命名空间 default，集群的域名 svc.cluster.local 默认可以省略。

任务 8-2　使用 Operator 部署数据库集群

学习目标

知识目标

（1）掌握 Operator 自定义控制器的概念。

（2）掌握 CRD 的概念。

技能目标

（1）能够部署有状态的 MySQL 主从数据库。

（2）能够部署有状态的 Redis 缓存数据库集群。

素养目标

（1）通过学习 Operator 自定义控制器，培养根据实际需求不断开拓和创新的能力。

（2）通过学习数据库集群的部署，培养不断改进和优化数据库管理的能力。

8.2.1　任务描述

在实际生产环境中，为保证数据访问的安全性、高可用性、容错性，公司决定部署 MySQL 主从数据库和 Redis 缓存数据库集群，通过 Operator 自定义控制器简化数据库集群的部署和运维，公司项目经理要求王亮实现这一需求。

8.2.2　必备知识

1. Operator 自定义控制器

（1）自定义控制器

自定义控制器是一种 Kubernetes 控制器，负责管理自定义资源。这种控制器由开发人员编写和扩展，以适应特定应用程序的管理和运维需求。

Operator 是一种 Kubernetes 的自定义控制器，它允许开发人员扩展 Kubernetes API，引入新的自定义资源。定义自定义控制器和资源，能够在 Kubernetes 上运行和管理复杂的系统及服务。

（2）Operator 的作用和优势

① 自动化运维任务。

Operator 可以自动化运维常见任务，如应用程序的部署、配置更新、扩展和故障恢复等。Operator 基于事先定义的规则和策略执行操作，从而减少手动管理的需求，提高运维效率和一致性。

② 声明式管理。

Operator 基于 Kubernetes 的声明式 API，实现了一种更高级别的抽象，允许用户使用声明性配置来描述应用程序和其相关资源的期望状态，系统将自动调节以使当前状态与所需状态一致。

③ 增强应用程序特定的管理能力。

通过自定义控制器和资源，Operator 为特定的应用程序或服务引入更高级别的管理能力，包括对应用程序生命周期的端到端管理，从部署、配置、监控到自动伸缩和故障处理等。

④ 与运维工具的集成。

Operator 可以与现有的运维工具和流程集成，利用 Kubernetes 的 API 和扩展机制来管理及操作应用程序，使 Operator 可以无缝地融入现有的开发和运维工作流程中。

（3）Operator 的实现方式

① 基于控制器。

Operator 通常是基于 Go 或其他编程语言的 Kubernetes 控制器，它通过监听自定义资源对象的变更事件来执行相应的操作。

② 使用 Operator SDK。

Operator SDK 是一个开源工具集，简化了 Operator 的开发和部署，提供了生成和管理 Operator 项目的命令行工具，帮助开发人员快速上手实践。

（4）应用场景

Operator 在各种场景中都有广泛的应用，包括数据库管理、监控和日志收集、应用程序部署和运维、自动化配置管理等，这使得在 Kubernetes 上运行复杂的应用程序和服务变得更加简单及可靠。

2. 定制资源定义

（1）定制资源定义的概念

定制资源定义（Custom Resource Definition，CRD）是用户自定义的资源类型，将其引入 Kubernetes 集群中，这些自定义资源可以通过 Kubernetes API 进行管理和操作，就像原生资源（如 Pod、Service 等）一样。CRD 的定义包括资源的名称、结构和可接收的参数。

（2）CRD 和 Operator 的关系

Operator 是 Kubernetes 扩展的控制器，类似 Deployment；而 CRD 是资源，有了控制器之后，就可以通过 YAML 文件定义和创建资源。

例如，Database 自定义资源定义了数据库名称、版本、备份策略等参数，Operator 会监听和处理 Database 资源的事件，如创建、更新和删除，并在 Kubernetes 上执行相关动作。

3. MySQL 和 Redis 的优势及应用场景

MySQL 和 Redis 各自有不同的优势及应用场景。MySQL 作为主要的关系数据库来存储和管理结构化数据，Redis 作为缓存可以加快数据的读写。在实际应用中，应根据需求和数据特性选择存储，实现系统性能的最优。

（1）MySQL 的优势及应用场景

结构化数据存储：MySQL 是关系数据库，适合存储和管理结构化数据，支持复杂的查询和事务操作。

数据一致性和完整性：MySQL 通过 ACID（原子性、一致性、隔离性、持久性）事务支持，保证了数据的一致性和完整性。

复杂查询和分析：对于需要复杂查询、数据分析和聚合的场景，MySQL 的结构查询语言（Structured Query Language，SQL）的功能非常强大。

大容量和长期存储：MySQL 能够处理大量数据，并且可以长期存储历史数据，适合业务数据的长期保存和管理。

成熟的生态系统和支持：MySQL 作为开源数据库，有着成熟的生态系统和广泛的支持，拥有大量的工具和社区资源。

（2）Redis 的优势及应用场景

高性能的读写操作：Redis 将数据存储在内存中，读写速度非常快，特别适合存储需要快速访问的数据，如缓存数据、计数器等。

丰富的数据结构支持：Redis 支持多种复杂数据结构（如哈希、列表、集合等），可以更灵活地存储和处理数据。

缓存和会话管理：Redis 作为缓存层，可以显著减轻后端数据库的压力，同时作为会话存储来提供高效的用户会话管理能力。

发布-订阅模式：Redis 支持发布-订阅模式，用于实现消息队列、实时通知等功能。

持久化和高可用性支持：Redis 支持数据持久化，可以保证数据在服务器重启后不丢失，同时支持主从复制和集群模式，具备高可用性和可扩展性。

4. MySQL 主从数据库的优势

MySQL 主从复制（Master-Slave Replication）是一种常见的数据库复制技术，其主要优势如下。

① 高可用性和容错性：主从复制可以提升系统的可用性。当主数据库（Master）发生故障或者需要维护时，可以快速切换到从数据库（Slave）进行读写操作，避开了系统的停机时间，提升了系统的容错性。

② 负载均衡：主从架构能够分担主数据库的读取压力。所有的写操作都集中在主数据库上，而读操作可以分发到多个从数据库上进行并发处理，有效提升系统的整体读取性能和响应速度。

③ 数据备份和恢复：从数据库可以用作主数据库的实时备份。当主数据库发生数据丢失或者损坏时，可以通过从数据库快速恢复数据，保证数据的安全性和可靠性。

④ 地理位置分布和数据局部性：主从复制可以将从数据库部署在不同的地理位置，实现数据的局部性存储和快速访问，同时支持异地灾备和满足数据分布的需求。

⑤ 读写分离：通过主从复制，可以实现读写分离的架构。其将读操作分发到从数据库，而将写操作集中在主数据库，有效提高了系统的并发处理能力和整体性能。

⑥ 实时分析和报表生成：从数据库可以用于实时分析、报表生成等操作，而不影响主数据库的性能和稳定性，同时可以避免主数据库的额外负载。

5. Redis 缓存数据库集群分类

（1）主从复制模式

基本架构：由一个主节点（Master）和多个从节点（Slave）组成。

读写分离：主节点负责处理写入操作，并将写入操作复制到所有从节点，从节点只能进行读取操作。

故障恢复：当主节点失效时，可以手动或自动将一个从节点晋升为新的主节点，实现故障恢复。

用途：适用于简单的高可用性需求，对读写分离和故障恢复有一定的支持。

（2）哨兵模式（Sentinel Mode）

自动故障检测和故障转移：通过 Sentinel 监视和管理多个 Redis 实例（主从复制架构），实现自动故障检测和故障转移。

高可用性：可以配置多个 Sentinel 节点，相互协作以进行故障检测和决策，确保高可用性。

用途：适用于需要自动化故障转移和高可用性的场景，能够在主节点发生故障时自动选择新的主节点。

（3）集群模式（Cluster Mode）

分布式数据存储：Redis 集群将数据分片存储在多个节点上，每个节点都负责存储部分数据。

自动化分片和负载均衡：支持自动化分片和负载均衡，当节点增加或减少时，集群会自动重新平衡数据。

高可用性和故障转移：支持主从复制，每个分片都可以配置主节点和多个从节点，提供高可用性和故障转移。

用途：适用于需要横向扩展和高吞吐量的场景，能够处理大规模的数据和请求。

每种 Redis 缓存数据库集群模式都有其独特的优点及适用场景。主从复制适用于简单的读写分离和故障恢复，哨兵模式适用于自动化故障转移和基本的高可用性需求，而集群模式更适用于大规模数据和请求的分布式存储及处理。本任务中要部署的是 Redis 集群模式。

6. Redis 集群槽位

在 Redis 中，槽（Slot）是用来分布数据的基本单位，Redis 集群中的数据被分成 16384 个槽位（0～16383）。当一个 Redis 集群有 3 个主节点，每个主节点有 1 个从节点时，槽位的分布原则如下。

（1）主节点负责槽位分配

每个主节点都负责一部分槽位的数据存储和处理，即每个主节点负责 16384/3≈5461 个槽位。在 Redis 集群中，槽位的分布信息会被主节点广播给所有的节点，包括从节点。

（2）从节点复制主节点的数据

每个主节点都有 1 个从节点，负责复制其所属主节点的数据。从节点只是主节点的备份，不参与直接的数据存储和分片。

（3）槽位的自动重新分配

Redis 集群支持槽位的自动重新分配，当集群的拓扑结构发生变化（如新增或删除节点）时，Redis 会自动调整槽位的分配，确保数据的均衡和高可用性。

8.2.3 部署有状态的 MySQL 主从数据库

微课

V8-4 部署有状态的 MySQL 主从数据库

1. 使用 Helm 部署 MySQL Operator

（1）下载和部署 MySQL Operator

Operator 官方仓库的地址为 https://operatorhub.io/，登录后的页面如图 8-10 所示。

Operator 官方仓库上包含一些常用中间件和应用控制器，如 MySQL、Redis、RabbitMQ、ZooKeeper、Kafka、Prometheus 等，查询到每个应用后，都需要参看文档部署。除了在官方仓库下载 Operator 之外，还可以登录 GitHub 下载相关的 Operator 自定义控制器。这里部署编者下载好的 MySQL Operator 自定义控制器。将本书资源中提供的 mysql-operator 目录资源上传到 project8 目录下，并查看 mysql-operator 目录内容，结果如图 8-11 所示。

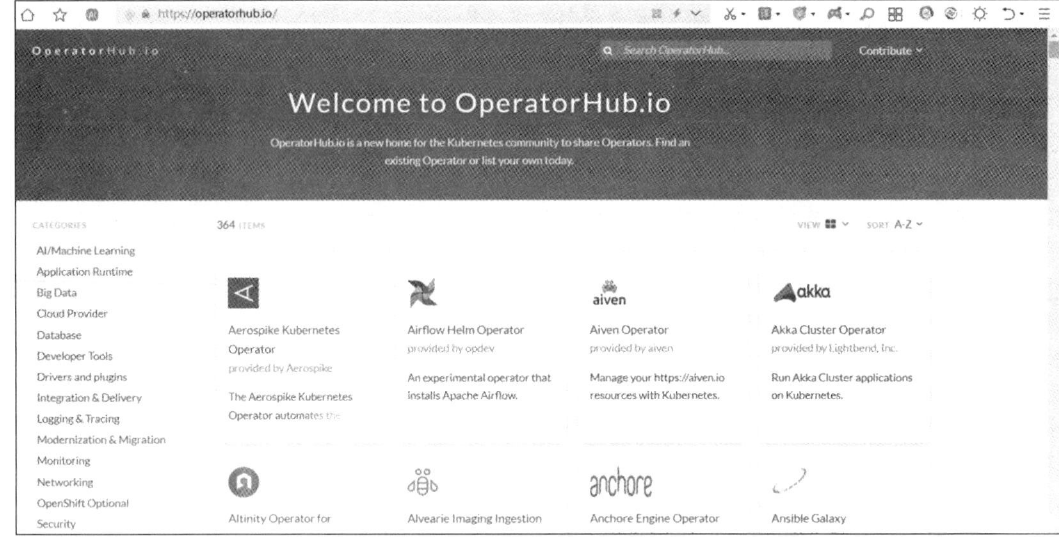

图 8-10　登录 Operator 后的页面

```
[root@master project8]# clear
[root@master project8]# ls mysql-operator/
Chart.yaml  crds  README.md  templates  values.yaml
```

图 8-11　查看 mysql-operator 目录内容

进入 mysql-operator 目录，使用 Helm 部署 Chart，命令如下。

```
[root@master mysql-operator]# helm install mysql-operator ./
```

结果如图 8-12 所示。

```
[root@master mysql-operator]# helm install mysql-operator ./
NAME: mysql-operator
LAST DEPLOYED: Tue Jul 30 01:30:47 2024
NAMESPACE: default
STATUS: deployed
REVISION: 1
TEST SUITE: None
NOTES:
You can create a new cluster by issuing:

cat <<EOF | kubectl apply -f-
apiVersion: mysql.presslabs.org/v1alpha1
kind: MysqlCluster
metadata:
  name: my-cluster
spec:
  replicas: 1
  secretName: my-cluster-secret
---
apiVersion: v1
kind: Secret
metadata:
  name: my-cluster-secret
type: Opaque
data:
  ROOT_PASSWORD: $(echo -n "not-so-secure" | base64)
EOF
[root@master mysql-operator]#
```

图 8-12　使用 Helm 部署 Chart

结果中提示了部署 MySQL 的 Cluster 资源和 Secret 资源的方法。

（2）验证部署效果

① 查看自定义控制器。

查看 MySQL Operator 部署的自定义控制器，结果如图 8-13 所示。

```
[root@master ~]# kubectl get pod -o wide
NAME                READY   STATUS    RESTARTS   AGE    IP               NODE    NOMINATED NODE   READINESS
GATES
mysql-operator-0    2/2     Running   0          4m40s  172.16.166.170   node1   <none>           <none>
```

图 8-13　查看 MySQL Operator 部署的自定义控制器

② 查看扩展资源类型。

部署了 MySQL Operator 自定义控制器后，在 Kubernetes 集群中增加了相应的 API 版本和自定义的资源类型，查询结果如图 8-14 所示。

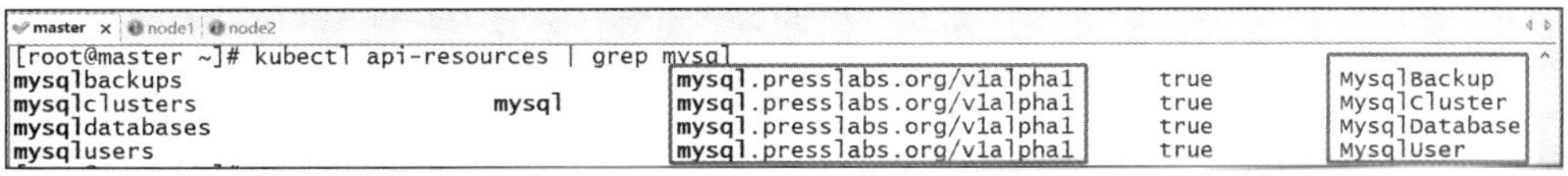

```
[root@master ~]# kubectl api-resources | grep mysql
mysqlbackups                                mysql.presslabs.org/v1alpha1     true     MysqlBackup
mysqlclusters              mysql            mysql.presslabs.org/v1alpha1     true     MysqlCluster
mysqldatabases                              mysql.presslabs.org/v1alpha1     true     MysqlDatabase
mysqlusers                                  mysql.presslabs.org/v1alpha1     true     MysqlUser
```

图 8-14 查看 MySQL Operator 自定义控制器增加的 API 版本和资源类型

从结果中可以发现，MySQL Operator 自定义控制器在集群中增加了 API 版本和资源类型，API 版本为 mysql.presslabs.org/v1alpha1，资源类型包括 MysqlBackup、MysqlCluster、MysqlDatabase、MysqlUser。

2. 创建并验证主从数据库

（1）创建主从数据库

创建了 MySQL Operator 自定义控制器，在集群中新增了 API 版本和资源类型后，就可以创建相应的数据库资源了。下面创建 Secret 资源，保存密码 000000，获取 000000 的 Base64 编码，命令如下。

```
[root@master project8]# echo -n '000000' | base64
MDAwMDAw
```

在 project8 目录下创建 secret.yaml 文件，打开文件，输入以下内容。

```
apiVersion: v1
kind: Secret
metadata:
 name: my-secret
type: Opaque
data:
 ROOT_PASSWORD : MDAwMDAw
```

以上脚本定义了名称为 my-secret 的 Secret，类型为 Opaque，即不透明密钥，保存数据的键为 ROOT_PASSWORD，值为 MDAwMDAw，即 000000 的 Base64 编码。基于编写好的 secret.yaml 文件，创建 Secret，命令如下。

```
[root@master project8]# kubectl apply -f secret.yaml
```

在 project8 目录下创建 mysql-master-slave.yaml 文件，打开文件，输入以下内容。

```
apiVersion: mysql.presslabs.org/v1alpha1
kind: MysqlCluster
metadata:
 name: mysql-cluster
spec:
 image: registry.cn-hangzhou.aliyuncs.com/lnstzy/percona:latest  #拉取的镜像
 replicas: 3                                     #创建 3 个副本
 secretName: my-secret                           #引用 my-secret
 volumeSpec:                                     #申请 PV 存储
  persistentVolumeClaim:
   storageClassName: nfs                         #使用集群中的 nfs 存储类
   accessModes:
   - ReadWriteOnce                               #设置访问模式
   resources:
     requests:
      storage: 1Gi                               #为每个数据库申请 1GB 的存储空间
```

以上脚本使用 MySQL Operator 新增的 API 版本、mysql.presslabs.org/v1alpha1 和 MysqlCluster 资源类型，定义了一个名称为 mysql-cluster 的 MysqlCluster 资源；使用 registry.cn-hangzhou.aliyuncs.com/lnstzy/percona:latest 运行了 3 个数据库管理系统，其中第 1 个是主数据库管理系统，第 2、3 个是从数据库管理系统；引用了 my-secret；使用名称为 nfs 的存储类（项目 5 中创建）为数据库提供持久化存储。以上脚本的各个字段在 mysql-operator/crds 目录的 mysql.presslabs.org_mysqlclusters.yaml 文件中进行了定义，配置时可以参考该文件。

配置完成后，执行该脚本，命令如下。

```
[root@master project8]# kubectl apply -f mysql-master-slave.yaml
```

（2）验证主从数据库

① 查看资源。

查看创建的 MysqlCluster 资源，结果如图 8-15 所示。

```
[root@master project8]# clear
[root@master project8]# kubectl get mysqlclusters
NAME            READY   REPLICAS   AGE
mysql-cluster   True    3          38h
```

图 8-15　查看创建的 MysqlCluster 资源

查看 mysql-cluster 创建的 3 个 Pod，结果如图 8-16 所示。

```
[root@master project8]# kubectl get pod
NAME                                      READY   STATUS    RESTARTS         AGE
mysql-cluster-mysql-0                     4/4     Running   0                32m
mysql-cluster-mysql-1                     4/4     Running   0                31m
mysql-cluster-mysql-2                     4/4     Running   0                31m
mysql-operator-0                          2/2     Running   0                3h16m
nfs-client-provisioner-54fc9844f8-hczk4   1/1     Running   3 (4h30m ago)    2d2h
```

图 8-16　查看 mysql-cluster 创建的 3 个 Pod

从结果中可以看出，mysql-cluster 创建了 3 个有状态的 Pod，其中，mysql-cluster-mysql-0 包含主数据库管理系统，mysql-cluster-mysql-1 和 mysql-cluster-mysql-2 包含从数据库管理系统。

② 进入主数据库容器。

进入名称为 mysql-cluster-mysql-0 的 Pod 容器，命令如下。

```
[root@master project8]# kubectl exec -it mysql-cluster-mysql-0 /bin/bash
```

默认进入主数据库容器，登录数据库，查看主数据库状态，结果如图 8-17 所示。

```
[root@master project8]# kubectl exec -it mysql-cluster-mysql-0 /bin/bash
kubectl exec [POD] [COMMAND] is DEPRECATED and will be removed in a future version. Use kubectl exec [POD] -- [COMMAND] instead.
Defaulted container "mysql" out of: mysql, sidecar, metrics-exporter, pt-heartbeat, init (init), mysql-init-only (init)
bash-4.4$ mysql -uroot -p000000;
mysql: [Warning] Using a password on the command line interface can be insecure.
Welcome to the MySQL monitor.  Commands end with ; or \g.
Your MySQL connection id is 1348
Server version: 5.7.35-38-log Percona Server (GPL), Release 38, Revision 3692a61

Copyright (c) 2009-2021 Percona LLC and/or its affiliates
Copyright (c) 2000, 2021, Oracle and/or its affiliates.

Oracle is a registered trademark of Oracle Corporation and/or its
affiliates. Other names may be trademarks of their respective
owners.

Type 'help;' or '\h' for help. Type '\c' to clear the current input statement.

mysql> show master status\G;
*************************** 1. row ***************************
             File: mysql-bin.000009
         Position: 1046141
     Binlog_Do_DB:
 Binlog_Ignore_DB:
Executed_Gtid_Set: 67637f08-4d79-11ef-b994-564b85a5e355:1-25964
1 row in set (0.00 sec)
```

图 8-17　查看主数据库状态

从结果中可以发现，返回了主数据库用于复制的文件和位置，说明该数据库是主数据库。在该数据库中，创建名称为 test 的数据库，结果如图 8-18 所示。

```
bash-4.4$ mysql -uroot -p000000
mysql: [Warning] Using a password on the command line interface can be insecure.
Welcome to the MySQL monitor.  Commands end with ; or \g.
Your MySQL connection id is 1502
Server version: 5.7.35-38-log Percona Server (GPL), Release 38, Revision 3692a61

Copyright (c) 2009-2021 Percona LLC and/or its affiliates
Copyright (c) 2000, 2021, Oracle and/or its affiliates.

Oracle is a registered trademark of Oracle Corporation and/or its
affiliates. Other names may be trademarks of their respective
owners.

Type 'help;' or '\h' for help. Type '\c' to clear the current input statement.

mysql> create database test;
Query OK, 1 row affected (0.00 sec)
```

图 8-18 创建名称为 test 的数据库

③ 进入从数据库容器。

进入名称为 mysql-cluster-mysql-1 的 Pod 容器，命令如下。

```
[root@master project8]# kubectl exec -it mysql-cluster-mysql-1 /bin/bash
```

默认进入从数据库管理系统容器，登录数据库，查看从数据库状态，结果如图 8-19 所示。

```
[root@master project8]# kubectl exec -it mysql-cluster-mysql-1 /bin/bash
kubectl exec [POD] [COMMAND] is DEPRECATED and will be removed in a future version. Use kubectl exec [POD] -- [COMMAND] instead.
Defaulted container "mysql" out of: mysql, sidecar, metrics-exporter, pt-heartbeat, init (init), mysql-init-only (init)
bash-4.4$ mysql -uroot -p000000
mysql: [Warning] Using a password on the command line interface can be insecure.
Welcome to the MySQL monitor.  Commands end with ; or \g.
Your MySQL connection id is 1736
Server version: 5.7.35-38-log Percona Server (GPL), Release 38, Revision 3692a61

Copyright (c) 2009-2021 Percona LLC and/or its affiliates
Copyright (c) 2000, 2021, Oracle and/or its affiliates.

Oracle is a registered trademark of Oracle Corporation and/or its
affiliates. Other names may be trademarks of their respective
owners.

Type 'help;' or '\h' for help. Type '\c' to clear the current input statement.

mysql> show slave status\G;
*************************** 1. row ***************************
               Slave_IO_State: Waiting for master to send event
                  Master_Host: mysql-cluster-mysql-0.mysql.default
                  Master_User: sys_replication
                  Master_Port: 3306
                Connect_Retry: 1
              Master_Log_File: mysql-bin.000009
          Read_Master_Log_Pos: 1296224
               Relay_Log_File: mysql-cluster-mysql-1-relay-bin.000002
                Relay_Log_Pos: 1296397
        Relay_Master_Log_File: mysql-bin.000009
             Slave_IO_Running: Yes
            Slave_SQL_Running: Yes
```

图 8-19 查看从数据库状态

从结果中可以发现，在 mysql-cluster-mysql-1 中运行的数据库管理系统容器的类型是从数据库，查看到了主数据库的域名是 mysql-cluster-mysql-0.mysql.default，复制的文件为 mysql-bin.000009。

查看从数据库是否包含主数据库中创建的 test 数据库，结果如图 8-20 所示。

```
bash-4.4$ mysql -uroot -p000000
mysql: [Warning] Using a password on the command line interface can be insecure.
Welcome to the MySQL monitor.  Commands end with ; or \g.
Your MySQL connection id is 1900
Server version: 5.7.35-38-log Percona Server (GPL), Release 38, Revision 3692a61

Copyright (c) 2009-2021 Percona LLC and/or its affiliates
Copyright (c) 2000, 2021, Oracle and/or its affiliates.

Oracle is a registered trademark of Oracle Corporation and/or its
affiliates. Other names may be trademarks of their respective
owners.

Type 'help;' or '\h' for help. Type '\c' to clear the current input statement.

mysql> show databases;
+--------------------+
| Database           |
+--------------------+
| information_schema |
| mysql              |
| performance_schema |
| sys                |
| sys_operator       |
| test               |
```

图 8-20 查看从数据库是否包含主数据库中创建的 test 数据库

从结果中可以发现，test 数据库已经存在了，说明已经进行了主从复制。同理，进入 mysql-cluster-mysql-2 数据库管理系统容器，其查看结果和 mysql-cluster-mysql-1 数据库管理系统是一样的。

8.2.4 部署有状态的 Redis 缓存数据库集群

V8-5 部署有状态的 Redis 缓存数据库集群

Redis 缓存数据库解决的是读取磁盘慢的问题，将磁盘上的数据存储到 Redis 缓存上，可以实现快速读取。

1. 使用 Helm 部署 Redis 缓存数据库集群

（1）上传资源

将本书提供的 td-redis-operator 目录资源上传到 project8 目录下，并查看其内容，结果如图 8-21 所示。

```
[root@master project8]# clear
[root@master project8]# ls td-redis-operator/
Chart.yaml  crds  index.yaml  LICENSE  README.md  README-zh.md  templates  values.yaml
```

图 8-21 查看 td-redis-operator 目录内容

（2）修改 values.yaml 文件内容

打开 values.yaml 文件，修改方框中的镜像内容，如图 8-22 所示。

```
# Default values for td-redis-operator.
# This is a YAML-formatted file.
# Declare variables to be passed into your templates.

name: td-redis-operator
namespace: default

replicaCount: 1

registry: "registry.cn-hangzhou.aliyuncs.com"

# all|cluster|standby|manager|none
# if remove the type option nothing will be installed expect crd
type: all

image:
  name: lnstzy/redis-operator:latest
  pullPolicy: IfNotPresent

monitorimage: lnstzy/redis-exporter:1.0
secret: myredis

cluster:
  name: jerry
  #  production|demo|staging
  env: demo
  #  appName: jerry
  image: lnstzy/redis-cluster:0.2
  proxyimage: lnstzy/predixy:1.0
```

图 8-22 修改方框中的镜像内容

其中，registry 表示镜像仓库所在的网站，其余 4 项表示具体的镜像仓库。另外，将 secret 的值修改为 myredis，即后续登录 Redis 缓存数据库的密码。

（3）修改 templates/redis-cluster.yaml 文件内容

在 templates/redis-cluster.yaml 文件中定义了部署 Redis 集群的选项，打开文件并修改存储相关配置，如图 8-23 所示。

```
{{- if .Values.type -}}
{{- if or (eq .Values.type "cluster") (eq .Values.type "all") -}}
{{- if .Capabilities.APIVersions.Has "cache.tongdun.net/v1alpha1" -
}}
apiVersion: cache.tongdun.net/v1alpha1
kind: RedisCluster
metadata:
  name: redis-{{ .Values.cluster.name }}
  namespace: {{ default .Values.namespace .Release.Namespace }}
spec:
  app: {{ .Values.cluster.name }}
  capacity: 32768
  dc: hz
  env: {{ .Values.cluster.env }}
  image: {{ .Values.registry }}/{{ .Values.cluster.image }}
  monitorimage: {{ .Values.registry }}/{{ .Values.monitorimage }}
  netmode: NodePort
  proxyimage: {{ .Values.registry }}/{{ .Values.cluster.proxyimage
}}
  proxysecret: "123"
  realname: demo
  secret: {{ .Values.secret }}
  size: 3
  storageclass: "nfs"
  vip: 192.168.1.3
{{- end }}
{{- end }}
{{- end }}
```

图 8-23 修改存储相关配置

从方框中可以看出，集群默认创建的是 3 个主服务器，3 个从服务器，存储类设置为集群中已经存在的 nfs 存储类，为 Redis 提供持久化的存储服务。

（4）部署 Redis 集群

修改完成后，部署集群模式的 Redis 集群，命令如下。

```
[root@master td-redis-operator]# helm install redis ./ --set type=cluster
```

因为本例部署的是集群模式，所以使用--set type=cluster。如果要部署哨兵模式，则使用--set type=standby。部署后给出了图 8-24 所示的提示信息。

```
[root@master td-redis-operator]# helm install redis ./ --set type=cluster
NAME: redis
LAST DEPLOYED: Thu Aug  1 05:01:38 2024
NAMESPACE: default
STATUS: deployed
REVISION: 1
TEST SUITE: None
NOTES:
Thank you for installing td-redis-operator.

Your release is named redis.

To learn more about the release, try:

  $ helm status redis -n default
  $ helm get [command] redis -n default


Default secret is: myredis
Now you can enjoy your redis cluster!
#Kind: RedisCluster
You can get the redis service by using command such as:
  $ kubectl get svc -n default redis-jerry

#redis-cli -h $serviceIp:$port -a myredis
```

图 8-24　部署后给出的提示信息

从结果中可以发现，默认的 Redis 服务密码为 myredis，同时给出了获取 Service 和登录 Redis 服务的方法。

2. 查看 Redis 集群

（1）解决 Predixy 代理 Pod 问题

查看与 Redis 集群相关的 Pod，结果如图 8-25 所示。

```
[root@master td-redis-operator]# kubectl get pod | grep redis
predixy-redis-jerry-98d444df-5fdck     0/1     Pending    0     2m47s
predixy-redis-jerry-98d444df-9fk6q     0/1     Pending    0     2m47s
redis-jerry-0-0                        2/2     Running    0     3m3s
redis-jerry-0-1                        2/2     Running    0     3m1s
redis-jerry-1-0                        2/2     Running    0     3m3s
redis-jerry-1-1                        2/2     Running    0     3m
redis-jerry-2-0                        2/2     Running    0     3m3s
redis-jerry-2-1                        2/2     Running    0     2m59s
td-redis-operator-866686b4b8-f6g55     1/1     Running    0     3m4s
```

图 8-25　查看与 Redis 集群相关的 Pod

其中，td-redis-operator-866686b4b8-f6g55 运行 Redis 自定义控制器，redis-jerry-0-0 运行第 1 个主 Redis 服务容器，redis-jerry-0-1 运行第 1 个主 Redis 服务备份容器，redis-jerry-1-0 运行第 2 个主 Redis 服务容器，redis-jerry-1-1 运行第 2 个主 Redis 服务备份容器，redis-jerry-2-0 运行第 3 个主 Redis 服务容器，redis-jerry-2-1 运行第 3 个主 Redis 服务备份容器。predixy-redis-jerry-98d444df-5fdck 和 predixy-redis-jerry-98d444df-9fk6q 运行外部程序访问 Redis 容器的代理服务，但发现两个 Pod 都处于 Pending 状态（非正常运行状态），原因是这两个 Pod 申请的资源过大，解决的方法是编辑并运行这两个 Pod 的控制器，命令如下。

```
[root@master td-redis-operator]# kubectl edit deployments.apps predixy-redis-jerry
```

删除第 66～70 行的内容，如图 8-26 所示。

```
66          resources:
67            limits:
68              memory: 32Gi
69            requests:
70              memory: 4Gi
```

图 8-26　删除第 66～70 行的内容

删除后再次查看与 Redis 集群相关的 Pod，发现所有的 Pod 都运行正常了，如图 8-27 所示。

```
[root@master td-redis-operator]# clear
[root@master td-redis-operator]# kubectl get pod | grep redis
predixy-redis-jerry-8bd949c54-d8nl4       1/1    Running   0      9s
predixy-redis-jerry-8bd949c54-p288m       1/1    Running   0      8s
redis-jerry-0-0                           2/2    Running   0      20m
redis-jerry-0-1                           2/2    Running   0      20m
redis-jerry-1-0                           2/2    Running   0      20m
redis-jerry-1-1                           2/2    Running   0      20m
redis-jerry-2-0                           2/2    Running   0      20m
redis-jerry-2-1                           2/2    Running   0      20m
td-redis-operator-866686b4b8-f6g55        1/1    Running   0      20m
```

图 8-27　再次查看与 Redis 集群相关的 Pod

（2）查看集群状态

进入第 1 个主 Redis 服务容器，命令如下。

```
[root@master td-redis-operator]# kubectl exec -it redis-jerry-0-0 -c redis-jerry-0 /bin/bash
```

其中，-c redis-jerry-0 是 redis-jerry-0-0 中运行的 Redis 服务容器。进入容器后，登录 Redis 服务并查看集群状态，如图 8-28 所示。

```
[root@redis-jerry-0-0 /]# clear
[root@redis-jerry-0-0 /]# redis-cli -a myredis
Warning: Using a password with '-a' or '-u' option on the command line interface may not be safe.
127.0.0.1:6379> cluster info
cluster_state:ok
cluster_slots_assigned:16384
cluster_slots_ok:16384
cluster_slots_pfail:0
cluster_slots_fail:0
cluster_known_nodes:6
cluster_size:3
cluster_current_epoch:3
cluster_my_epoch:3
cluster_stats_messages_ping_sent:5824
cluster_stats_messages_pong_sent:5802
cluster_stats_messages_meet_sent:3
cluster_stats_messages_sent:11629
cluster_stats_messages_ping_received:5799
cluster_stats_messages_pong_received:5827
cluster_stats_messages_meet_received:3
cluster_stats_messages_received:11629
```

图 8-28　登录 Redis 服务并查看集群状态

从结果中可以发现，当使用 redis-cli 命令加上 myredis 密码登录容器内的 Redis 服务后，使用 cluster info 命令查看集群状态，发现集群的状态是 ok，即正常运行状态。

使用 cluster nodes 命令查看集群节点信息，结果如图 8-29 所示。

```
[root@redis-jerry-0-0 /]# redis-cli -a myredis
Warning: Using a password with '-a' or '-u' option on the command line interface may not be safe.
127.0.0.1:6379> cluster nodes
7d55cd99017452f160309518e64a1a0252edf101 172.16.104.28:6379@16379 myself,master - 0 1722505248000 3 connected 10923-16383
60c6e7474133bf9313980cd5388297bb8d2041a4 172.16.166.148:6379@16379 slave ef18128bcec5301d737f3da530e290660ad9d03a 0 1722505248589 1 connected
e7a782c5abfd6f018ec4ebf9181f75d9fd0b5c21 172.16.104.34:6379@16379 slave bf8d91f32f08166814198855124c3d5481c0c783 0 1722505248890 2 connected
bf8d91f32f08166814198855124c3d5481c0c783 172.16.166.178:6379@16379 master - 0 1722505248000 2 connected 5461-10922
2f32d31671b2b54a168af6bdf51ff13842889b91 172.16.166.151:6379@16379 slave 7d55cd99017452f160309518e64a1a0252edf101 0 1722505248000 3 connected
ef18128bcec5301d737f3da530e290660ad9d03a 172.16.104.36:6379@16379 master - 0 1722505248588 1 connected 0-5460
```

图 8-29　查看集群节点信息

从结果中可以发现，集群中共有 3 个主节点和 3 个从节点，同时显示了每个节点的 IP 地址和端口号。

3. 访问 Redis 集群

（1）查看部署的 Service 服务发现

查看 Redis 集群部署的 Service 服务发现，结果如图 8-30 所示。

```
[root@master td-redis-operator]# kubectl get svc
NAME                          TYPE        CLUSTER-IP      EXTERNAL-IP   PORT(S)              AGE
kubernetes                    ClusterIP   10.96.0.1       <none>        443/TCP              25d
mysql                         ClusterIP   None            <none>        3306/TCP,9125/TCP    3d19h
mysql-cluster-mysql           ClusterIP   10.96.252.15    <none>        3306/TCP             2d14h
mysql-cluster-mysql-master    ClusterIP   10.96.220.236   <none>        3306/TCP,8080/TCP    2d14h
mysql-cluster-mysql-replicas  ClusterIP   10.96.239.60    <none>        3306/TCP,8080/TCP    2d14h
mysql-operator                ClusterIP   10.96.115.24    <none>        80/TCP,9125/TCP      2d16h
mysql-operator-0-orc-svc      ClusterIP   10.96.65.150    <none>        80/TCP,10008/TCP     2d16h
predixy-redis-jerry           NodePort    10.96.189.12    <none>        6379:30432/TCP       6m37s
redis-jerry                   ClusterIP   10.96.43.94     <none>        6379/TCP             6m53s
zm                            ClusterIP   10.96.48.95     <none>        80/TCP               22h
zzgl                          ClusterIP   10.96.13.182    <none>        8000/TCP             17h
```

图 8-30　查看 Redis 集群部署的 Service 服务发现

从结果中可以发现，使用 Redis Operator 部署 Redis 集群时，创建了 Service 服务发现，其中为集群内部提供访问服务的名称为 redis-jerry，查看该服务发现的详细信息，结果如图 8-31 所示。

```
[root@master td-redis-operator]# clear
[root@master td-redis-operator]# kubectl describe svc redis-jerry
Name:              redis-jerry
Namespace:         default
Labels:            APPNAME=redis
                   CLUSTER=redis-jerry
                   DC=hz
                   ENV=demo
                   RESOURCE_ID=redis-jerry
Annotations:       service.alpha.tongdun.net/redis-cluster-selector: APPNAME=redis,APP=jerry
Selector:          <none>
Type:              ClusterIP
IP Family Policy:  SingleStack
IP Families:       IPv4
IP:                10.96.43.94
IPs:               10.96.43.94
Port:              redis-service-port  6379/TCP
TargetPort:        6379/TCP
Endpoints:         172.16.104.54:6379,172.16.166.143:6379,172.16.104.60:6379 + 3 more...
Session Affinity:  None
Events:            <none>
```

图 8-31　查看服务发现的详细信息

从结果中可以发现，服务发现 redis-jerry 的后端服务 IP 地址是 3 个主 Redis 服务的 IP 地址。

（2）在容器外部访问 Redis 集群

在 master 节点上安装 Redis 服务，命令如下。

```
[root@master td-redis-operator]# yum install redis -y
```

使用 Service 的 IP 地址登录部署的 Redis 集群，如图 8-32 所示。

```
[root@master td-redis-operator]# redis-cli -h 10.96.43.94 -a myredis
Warning: Using a password with '-a' or '-u' option on the command line interface may not be s
afe.
10.96.43.94:6379> cluster info
cluster_state:ok
cluster_slots_assigned:16384
cluster_slots_ok:16384
cluster_slots_pfail:0
cluster_slots_fail:0
cluster_known_nodes:6
cluster_size:3
cluster_current_epoch:3
cluster_my_epoch:1
cluster_stats_messages_ping_sent:2134
cluster_stats_messages_pong_sent:2128
cluster_stats_messages_sent:4262
cluster_stats_messages_ping_received:2123
cluster_stats_messages_pong_received:2134
cluster_stats_messages_meet_received:5
cluster_stats_messages_received:4262
```

图 8-32　使用 Service 的 IP 地址登录部署的 Redis 集群

需要说明的是，3 主 3 从 Redis 集群数据是同步的，所以无论登录到哪个 Redis 服务容器，都可以获取和写入集群数据。

（3）在容器内部访问 Redis 集群

登录到一个容器，这里登录到第 2 个主容器，命令如下。

```
[root@master td-redis-operator]# kubectl exec -it redis-jerry-2-0 -c redis-jerry-2 /bin/bash
```

在容器内通过 Service 的名称访问 Redis 集群，如图 8-33 所示。

```
[root@master td-redis-operator]# kubectl exec -it redis-jerry-2-0 -c redis-jerry-2 /bin/bash
kubectl exec [POD] [COMMAND] is DEPRECATED and will be removed in a future version. Use kubec
tl exec [POD] -- [COMMAND] instead
[root@redis-jerry-2-0 /]# redis-cli -h redis-jerry.default -a myredis
Warning: Using a password with '-a' or '-u' option on the command line interface may not be s
afe.
redis-jerry.default:6379> cluster nodes
9e39a7974b36ed70f70abe72a16a6425186ba410 172.16.104.60:6379@16379 master - 0 1722552232000 3
connected 10923-16383
6dd0fbf54c02d466656d67b4177cf7565bb9adbd 172.16.166.154:6379@16379 master - 0 1722552231676 2
 connected 5461-10922
23377f1b7a84b1d08756320b2491c4bb7f8ff970 172.16.166.141:6379@16379 myself,master - 0 17225522
31000 1 connected 0-5460
bb32314031028ce4288020f673f69ec4f213add7 172.16.166.143:6379@16379 slave 9e39a7974b36ed70f70a
be72a16a6425186ba410 0 1722552232683 3 connected
f90622c637487de306a57e33e6efb4a938b4fb1a 172.16.104.54:6379@16379 slave 23377f1b7a84b1d087563
20b2491c4bb7f8ff970 0 1722552232000 1 connected
15590897664fa12750b7c23de400ae1d8ea1780d 172.16.104.7:6379@16379 slave 6dd0fbf54c02d466656d67
b4177cf7565bb9adbd 0 1722552232583 2 connected
redis-jerry.default:6379>
```

图 8-33　在容器内通过 Service 的名称访问 Redis 集群

从结果中可以发现，在容器内使用服务发现的名称 redis-jerry 加上 default 命名空间成功访问了 Redis 集群，并通过 myself 得知本次登录的 Redis 服务容器的 IP 地址是 172.16.166.141。

4．验证数据同步

当前登录的 Redis 服务容器的 IP 地址是 172.16.166.141，在当前容器服务中添加数据，key 为 a，value 为 1，如图 8-34 所示。

```
redis-jerry.default:6379> clear
redis-jerry.default:6379> set a 1
(error) MOVED 15495 172.16.104.60:6379
```

图 8-34　添加数据

当使用 set a 1 添加数据时，提示槽位分配到 IP 地址为 172.16.104.60 的服务上。注意，error 不是错误信息，只是提示信息。退出当前服务，登录到 IP 地址为 172.16.104.60 的 Redis 服务上添加数据，如图 8-35 所示。

```
redis-jerry.default:6379> exit
[root@redis-jerry-2-0 /]# redis-cli -h 172.16.104.60 -a myredis
Warning: Using a password with '-a' or '-u' option on the command line interface may not
be safe.
172.16.104.60:6379> set a 1
OK
```

图 8-35　登录到 IP 地址为 172.16.104.60 的 Redis 服务上添加数据

从结果中可以发现，成功地添加了数据，key 为 a，value 为 1。再次登录集群，查看当前登录的服务，并查询 key 为 a 的值，如图 8-36 所示。

从结果中可以发现，本次登录的容器服务的 IP 地址是 172.16.104.7，当查询 a 的值时，再次定位到 IP 地址 172.16.104.60 上。登录到 IP 地址为 172.16.104.60 的 Redis 服务上查询 a 的值，如图 8-37 所示。

```
@redis-jerry-2-0:/ x  node1  node2
[root@redis-jerry-2-0 /]# clear
[root@redis-jerry-2-0 /]# redis-cli -h redis-jerry.default -a myredis
Warning: Using a password with '-a' or '-u' option on the command line interface may not
be safe.
redis-jerry.default:6379> cluster nodes
23377f1b7a84b1d08756320b2491c4bb7f8ff970 172.16.166.141:6379@16379 master - 0 17225541586
81 1 connected 0-5460
9e39a7974b36ed70f70abe72a16a6425186ba410 172.16.104.60:6379@16379 master - 0 172255415818
0 3 connected 10923-16383
6dd0fbf54c02d466656d67b4177cf7565bb9adbd 172.16.166.154:6379@16379 master - 0 17225541580
79 2 connected 5461-10922
f90622c637487de306a57e33e6efb4a938b4fb1a 172.16.104.54:6379@16379 slave 23377f1b7a84b1d08
756320b2491c4bb7f8ff970 0 1722554158179 1 connected
bb32311031028cc4200020f07Jf09ec4f21Jadd7 172.16.166.145:6379@16379 slave 9e39a7974b36ed70
f70abe72a16a6425186ba410 0 1722554158000 3 connected
15590897664fa12750b7c23de400ae1d8ea1780d 172.16.104.7:6379@16379 myself slave 6dd0fbf54c0
2d466656d67b4177cf7565bb9adbd 0 1722554157000 0 connected
redis-jerry.default:6379> get a
(error) MOVED 15495 172.16.104.60:6379
redis-jerry.default:6379>
```

图 8-36　再次登录集群并查询 key 为 a 的值

```
@redis-jerry-2-0:/ x  node1  node2
[root@redis-jerry-2-0 /]# redis-cli -h 172.16.104.60 -a myredis
Warning: Using a password with '-a' or '-u' option on the command line interface may not
be safe.
172.16.104.60:6379> get a
"1"
172.16.104.60:6379>
```

图 8-37　登录到 IP 地址为 172.16.104.60 的 Redis 服务上查询 a 的值

从结果中可以发现，当登录到 IP 地址为 172.16.104.60 的 Redis 服务上时，已经可以查询到 a 的值了。注意，当客户端服务（如某个电商系统）访问 Redis 集群时，添加数据和获取数据的过程都是自动化完成的，这是因为集群中的每个 Redis 服务都清楚集群的槽位信息。

项目小结

Operator自定义控制器可以扩展Kubernetes集群的API版本和资源类型，适合部署一些复杂的中间件和服务，部署的服务通常是有状态的。在任务8-1中介绍了有状态服务的特点并部署了有状态的MySQL数据库，在任务8-2中部署了MySQL主从数据库和Redis缓存数据库集群，后续项目中会使用到这两个数据库集群。

项目练习与思考

1. 选择题

（1）StatefulSet 控制器负责部署（　　）服务。

A. 网络　　B. 存储　　C. 有状态　　D. 无状态

（2）有状态服务运行的 Pod 名称是（　　）。

A. 无序的　　B. 有序的　　C. 混排的　　D. 序列的

（3）需要为有状态服务提供持久化的（　　）。

A. 计算　　B. 存储　　C. 网络　　D. 互联

（4）（　　）可以定义新的资源类型。

A. Operator　　B. Release　　C. values　　D. Helm

（5）（　　）是缓存数据库。

A. MySQL　　B. Helm　　C. Database　　D. Redis

2. 填空题

（1）使用 MySQL________数据库可以实现数据的安全访问。

（2）可以使用________、________和________ 3 种模式实现 Redis 的高可用性。

（3）Operator 能够________集群资源。

（4）Operator 使用________扩展 Kubernetes 的能力。

（5）Operator 可以简化复杂应用程序的________和________，提高运维效率和可靠性。

3. 简答题

（1）简述有状态服务的应用场景。

（2）简述 Operator 自定义控制器。

项目 9

部署项目到Kubernetes集群

项目描述

为保证项目稳定运行，实现弹性伸缩和自动化运维，公司决定将各类项目（如PHP Web项目、Python Web项目、Go项目、Spring Cloud微服务项目）迁移到Kubernetes集群，公司项目经理要求王亮学习各类项目的特点，并部署项目到集群中。

该项目思维导图如图9-1所示。

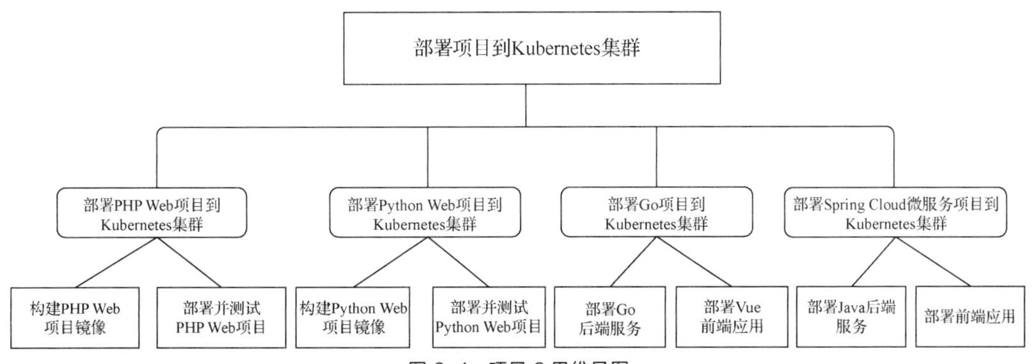

图 9-1　项目 9 思维导图

任务 9-1 部署 PHP Web 项目到 Kubernetes 集群

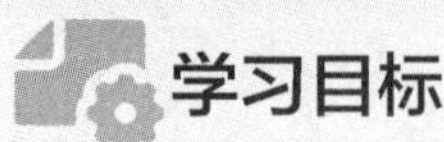

学习目标

知识目标

（1）掌握 LAMP 架构的组成部分。

（2）掌握部署项目到 Kubernetes 集群的流程。

技能目标

（1）能够构建 PHP Web 项目镜像。

（2）能够部署并测试 PHP Web 项目。

素养目标

（1）通过学习 LAMP 架构，培养从全局思考问题、解决问题的能力。

（2）通过学习部署 PHP Web 项目，培养从简单到复杂、循序渐进思考问题的习惯。

9.1.1 任务描述

如图 9-2 所示，公司将 PHP Web 开源项目（织梦内容管理系统）部署到 Kubernetes 集群中，通过部署 Ingress 和 Service 实现外部用户访问服务；为了保证服务的高可用性，通过项目镜像运行了多个 Web 容器服务；为保证集群服务数据的一致性，将每个 Web 服务数据保存到同一个 MySQL 有状态数据库中；同时每个 Web 服务的代码要保持一致，所以需要挂载集群存储卷数据到网站根目录下。公司项目经理要求王亮按照以上要求部署 PHP Web 项目。

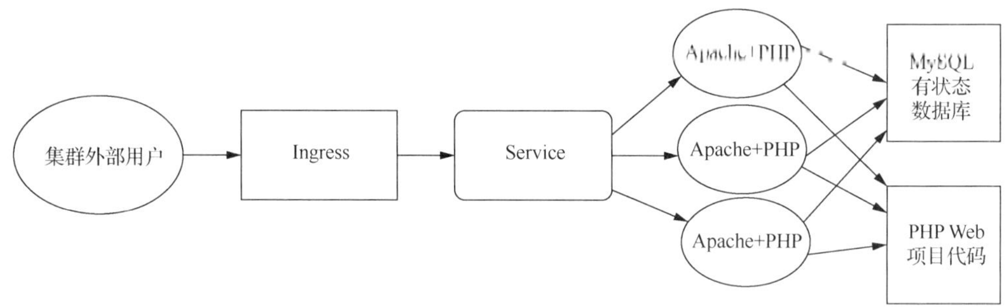

图 9-2 PHP Web 项目部署架构

9.1.2 必备知识

1. LAMP 架构

LAMP 架构是一种经典的 Web 应用程序架构，通常用于构建动态网站和应用程序。LAMP 架构包括以下 4 个组成部分。

（1）Linux 操作系统

LAMP 架构的基础是 Linux 操作系统。Linux 作为开源和免费的操作系统，具备稳定性、安全性和灵活性，是许多 Web 服务器的首选操作系统。

（2）Apache HTTP 服务器

Apache HTTP 服务器是最流行的开源 Web 服务器软件之一。它支持多种操作系统，并且具有强大的可扩展性和配置选项。Apache 可以处理 HTTP 请求，并将 Web 页面或应用程序文件发送给客户端浏览器。

（3）MySQL 数据库管理系统

MySQL 是一个开源的关系数据库管理系统，广泛用于存储和管理 Web 应用程序的数据。它支持标准的 SQL，具有高性能和可靠性，满足大多数 Web 应用程序的数据存储需求。

（4）PHP 编程语言

PHP 是一种流行的开源服务器端脚本语言，特别适用于 Web 应用开发。PHP 与 Apache 紧密集成，可以通过 Apache 模块直接运行 PHP 代码。PHP 具有强大的功能、丰富的标准库和广泛的支持社区等。

2. 部署项目到 Kubernetes 集群的流程

（1）分析项目

拿到项目后，首先分析项目，包括项目是否需要提供对外访问服务，项目是否需要数据库、缓存等存储支持，项目是有状态的服务还是无状态的服务，等等。

（2）部署数据库管理系统

一般项目需要数据库管理系统的支持，包括持久化存储和管理结构化数据的关系数据库管理系统，如 MySQL，还包括提高数据访问速度和性能的缓存数据库管理系统，如 Redis。本任务采用任务 8-1 中部署的 MySQL 有状态数据库，Pod 名称为 mysql-sts-0，不需要部署缓存数据库管理系统。

（3）构建镜像

在 Kubernetes 集群中，服务是通过容器部署的，所以需要先构建项目的镜像，再通过镜像运行容器为用户提供服务。

（4）编写需要的 YAML 脚本

分析项目需要使用到的资源，如 Deployment、StatefulSet、Service、Ingress、ConfigMap、Secret 等，编写相对应的 YAML 脚本。

（5）部署并测试项目

通过 YAML 脚本部署项目后，进行访问测试，解决遇到的部署问题。

9.1.3 构建 PHP Web 项目镜像

1. 制作镜像

（1）编写 Dockerfile 脚本

在 Kubernetes 部署项目之前，要制作好运行容器的镜像。新建 project9 目录，在其下创建目录 phpweb。进入 phpweb 目录，下载 CentOS 7 的阿里云 yum 源配置，命令如下。

微课

V9-1 构建 PHP Web 项目镜像

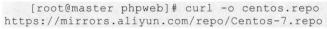

```
[root@master phpweb]# curl -o centos.repo https://mirrors.aliyun.com/repo/Centos-7.repo
```

创建文件 Dockerfile，打开文件，输入以下内容。

```
#基础镜像为 registry.cn-hangzhou.aliyuncs.com/lnstzy/centos:7
FROM registry.cn-hangzhou.aliyuncs.com/lnstzy/centos:7
#删除默认的 yum 源配置
RUN  rm -rf /etc/yum.repos.d/
#将阿里云的 yum 源配置添加到/etc/yum.repos.d/目录下
ADD  centos.repo /etc/yum.repos.d/
#安装 httpd、php、php-mysql、php-gd 服务
RUN  yum install httpd php php-mysql php-gd -y
```

```
#暴露服务的 80 端口
EXPOSE 80
#启动容器时，将 httpd 服务运行在前台
CMD ["/usr/sbin/httpd","-DFOREGROUND"]
```

以上脚本在 registry.cn-hangzhou.aliyuncs.com/lnstzy/centos:7 基础镜像（编者在阿里云上构建的镜像）上删除默认源并添加阿里云的 yum 源配置后，安装了 httpd、php、php-mysql、php-gd 服务，其中，httpd 和 php 服务用于提供动态网站服务，php-mysql 服务用于连接数据库，php-gd 服务用于提供图形库支持，暴露了 80 端口，并在前台运行 httpd 服务。

（2）构建镜像

基于编写好的 Dockerfile 脚本，构建名称为 registry.cn-hangzhou.aliyuncs.com/lnstzy/zm:v1 的镜像，命令如下。

```
[root@master phpweb]# nerdctl build -t registry.cn-hangzhou.aliyuncs.com/lnstzy/zm:v1 .
```

构建完成后，查看该镜像，结果如图 9-3 所示。

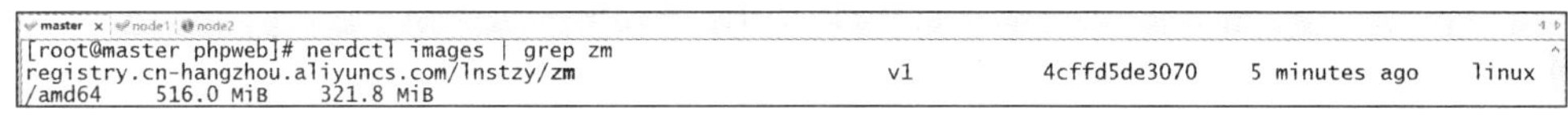

```
[root@master phpweb]# nerdctl images | grep zm
registry.cn-hangzhou.aliyuncs.com/lnstzy/zm                    v1          4cffd5de3070     5 minutes ago     linux
/amd64     516.0 MiB     321.8 MiB
```

图 9-3 查看镜像

从结果中可以发现，镜像已经成功构建了。

2. 推送镜像到镜像仓库

在集群上部署项目时，node1 和 node2 节点都需要拉取该镜像，所以需要将该镜像推送到镜像仓库中，可以在本地自建镜像仓库，也可以将该镜像推送到网络中的镜像仓库。这里将该镜像推送到编者在阿里云上创建的镜像仓库，后续读者可以直接使用该镜像，推送命令如下。

```
[root@master phpweb]# nerdctl push registry.cn-hangzhou.aliyuncs.com/lnstzy/zm:v1
```

9.1.4 部署并测试 PHP Web 项目

微课

V9-2 部署并测试 PHP Web 项目

1. 共享项目代码

本任务部署 PHP Web 项目，即织梦内容管理系统。首先在 node2 节点上创建目录/phpweb，命令如下。

```
[root@node2 ~]# mkdir /phpweb
```

将织梦内容管理系统程序 zm.zip 上传到该目录下，命令如下。

```
[root@node2 ~]# cd /phpweb/
[root@node2 phpweb]# ls
zm.zip
```

解压缩 zm.zip，命令如下。

```
[root@node2 phpweb]# unzip zm.zip
```

解压缩完成后，在 NFS 的配置文件/etc/exports 中增加如下配置，共享 zm 目录。

```
/phpweb/zm 192.168.200.0/24(rw,no_root_squash)
```

配置完成后，重新启用 NFS 服务，命令如下。

```
[root@node2 phpweb]# systemctl restart nfs-server
```

为了方便用户操作织梦内容管理系统，授予用户对/phpweb/zm 的权限，命令如下。

```
[root@node2 ~]# chmod -R 777 /phpweb/zm
```

2. 构建项目资源

部署织梦内容管理系统时，采用无状态的 Deployment 控制器部署多个副本，然后通过 Service

和 Ingress 服务发布程序。

（1）编写 Deployment 控制器脚本

在 project9 目录下，创建 deployment-zm.yaml 文件，打开文件，输入以下内容。

```
apiVersion: apps/v1
kind: Deployment
metadata:
 name: zm
 labels:
   app: zm
spec:
  replicas: 3
  selector:
    matchLabels:
      app: zm
  template:
    metadata:
     labels:
       app: zm
    spec:
      containers:
        - name: zm
          image: registry.cn-hangzhou.aliyuncs.com/lnstzy/zm:v1  #使用阿里云镜像
          imagePullPolicy: IfNotPresent   #镜像拉取策略
          ports:
           - containerPort: 80     #容器开放的端口
          volumeMounts:            #在容器中挂载存储卷
           - name: zm-data         #挂载 zm-data 存储卷内容到/var/www/html 目录
             mountPath: /var/www/html
      volumes:                     #定义存储卷
      - name: zm-data              #存储卷名称为 zm-data
        nfs:                       #存储卷类型为 NFS
          path: /phpweb/zm         #定义 NFS 存储卷的路径为/phpweb/zm
          server: 192.168.200.30 #定义存储卷的访问地址
```

以上脚本定义了名称为 zm 的 Deployment 控制器，基于推送到阿里云的镜像创建了 3 个 Pod，在每个 Pod 容器中，通过 NFS 存储卷挂载织梦内容管理系统代码到/var/www/html 默认网站根目录下。运行该脚本，命令如下。

```
[root@master project9]# kubectl apply -f deployment-zm.yaml
```

创建完成后，查看运行的 3 个 Pod，结果如图 9-4 所示。

```
[root@master project9]# clear
[root@master project9]# kubectl get pod | grep zm
zm-69cb59fb6f-4spmn                     1/1
zm-69cb59fb6f-8pw6g                     1/1
zm-69cb59fb6f-ppvwh                     1/1
```

图 9-4　查看运行的 3 个 Pod

（2）编写 Service 服务发现脚本

为方便集群内部访问 Pod 容器，需要创建 Service 服务发现。在 project9 目录下，创建 service-zm.yaml 文件，打开文件，输入以下内容。

```
apiVersion: v1
kind: Service
```

```
  metadata:
    name: zm
  spec:
    selector:        #选择后端 Pod
      app: zm
    ports:
    - port: 80
      targetPort: 80
```

以上脚本定义了名称为 zm 的 Service 服务发现，暴露了运行的 3 个 Pod 容器，暴露的端口是 80。运行该脚本，命令如下。

```
[root@master project9]# kubectl apply -f service-zm.yaml
```

（3）编写 Ingress 脚本

为方便集群外部用户访问集群内的服务，需要建立 Ingress 资源，将织梦内容管理系统发布给外部用户。在 project9 目录下，创建 ingress-zm.yaml 文件，打开文件，输入以下内容。

```
apiVersion: networking.k8s.io/v1
kind: Ingress
metadata:
 name: ingress-zm                    #Ingress 资源的名称
 namespace: default
spec:
  ingressClassName: nginx            #Ingress 类名称
  rules:
  - host: www.zm.com                 #访问的域名
    http:
      paths:                         #路径方式
      - path: /                      #根路径
        pathType: Prefix
        backend:                     #后端服务
          service:
            name: zm                 #名称为 zm 的服务发现
            port:
              number: 80             #端口号为 80
```

以上脚本定义了 Ingress 资源，实现了当外部用户访问 www.zm.com 时，路由到名称为 zm 的服务发现上，进而访问后端的 3 个 Pod 服务。运行该脚本，命令如下。

```
[root@master project9]# kubectl apply -f ingress-zm.yaml
```

3. 访问并安装服务

（1）在 Windows 主机上访问服务

在 C:\Windows\System32\drivers\etc\hosts 中添加 www.zm.com 的域名解析，将 www.zm.com 域名解析到 IP 地址 192.168.200.30 上，命令如下。

```
192.168.200.30 www.web.com www.ingress.com www.zm.com
```

在浏览器中访问 www.zm.com，结果如图 9-5 所示。

从结果中可以发现，在集群外部访问 www.zm.com 时，已经成功跳转到织梦内容管理系统安装页面。

（2）配置数据库信息

在织梦内容管理系统安装页面中，勾选“我已经阅读并同意此协议”复选框，单击“继续”按钮，跳转到环境检测页面，如图 9-6 所示。

域名重定向
http://www.zm.com/install/index.php
DEDECMS SP2
织梦内容管理系统 安装程序
官方网站 技术论坛 帮助
DedeCMS V5.7 UTF8SP2
安装步骤
许可协议
环境检测
参数配置
正在安装
安装完成
阅读许可协议
版权所有 (c)2003-2011，DedeCMS.com 保留所有权利。
感谢您选择织梦内容管理系统（以下简称DedeCMS），DedeCMS是目前国内最强大、最稳定的中小型门户网站建设解决方案之一，基于 PHP + MySQL 的技术开发，全部源码开放。
DedeCMS 的官方网址是：www.dedecms.com 交流论坛：bbs.dedecms.com
为了使你正确并合法的使用本软件，请你在使用前务必阅读清楚下面的协议条款：
一、本授权协议适用且仅适用于 DedeCMS 5.x.x 版本，DedeCMS官方对本授权协议的最终解释权。
二、协议许可的权利
1、您可以在完全遵守本最终用户授权协议的基础上，将本软件应用于非商业用途，而不必支付软件版权授权费用。
2、您可以在协议规定的约束和限制范围内修改 DedeCMS 源代码或界面风格以适应您的网站要求。
3、您拥有使用本软件构建的网站全部内容所有权，并独立承担与这些内容的相关法律义务。
4、获得商业授权之后，您可以将本软件应用于商业用途，同时依据所购买的授权类型中确定的技术支持内容，自购买时刻起，在技术支持期限内拥有通过指定的方式获得指定范围内的技术支持服务。商业授权用户享有反映和提出意见的权力，相关意见将被作为首要考虑，但没有一定被采纳的承诺或保证。
我已经阅读并同意此协议
继 续

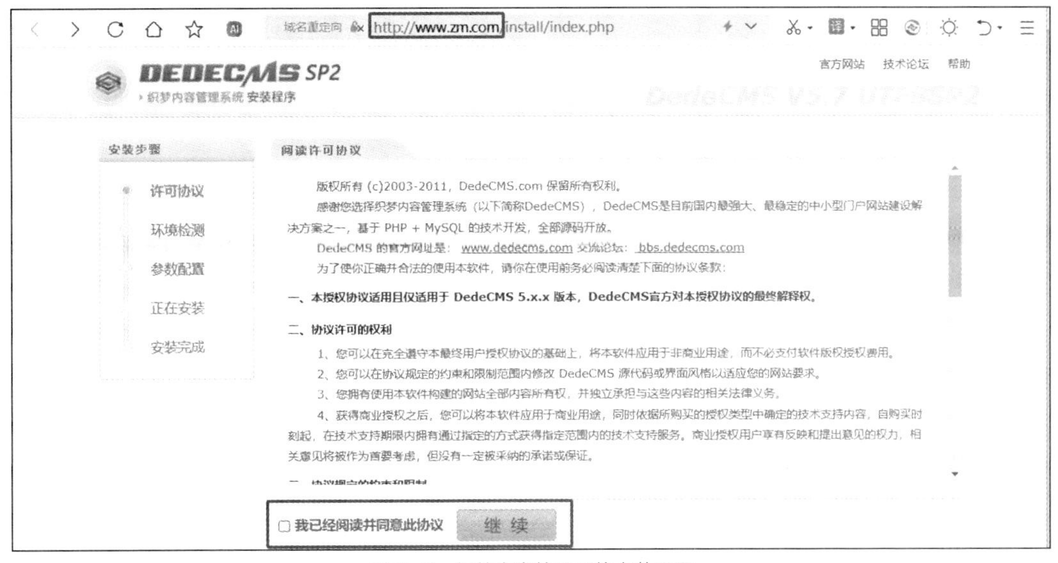

图 9-5 织梦内容管理系统安装页面

域名重定向
http://www.zm.com/install/index.php?step=2
DEDECMS SP2
织梦内容管理系统 安装程序
官方网站 技术论坛 帮助
安装步骤
许可协议
环境检测
参数配置
正在安装
安装完成
服务器信息
参数 值
服务器域名 www.zm.com
服务器操作系统 Linux
服务器解译引擎 Apache/2.4.6 (CentOS) PHP/5.4.16
PHP版本 5.4.16
系统安装目录 /var/www/html
系统环境检测
系统环境要求必须满足下列所有条件，否则系统或系统部份功能将无法使用。
需开启的变量或函数 要求 实际状态及建议
allow_url_fopen On [√]On (不符合要求将导致采集、远程资料本地化等功能无法应用)
safe_mode Off [√]Off (本系统不支持在非win主机的安全模式下运行)
GD 支持 On [√]On (不支持将导致与图片相关的大多数功能无法使用或引发警告)
MySQL 支持 On [√]On (不支持无法使用本系统)
目录权限检测
系统要求必须满足下列所有的目录权限全部可读写的需求才能使用，其它应用目录可安装后在管理后台检测。
目录名 读取权限 写入权限
/ [√]读 [√]写
/plus/* [√]读 [√]写
/dede/* [√]读 [√]写
/data/* [√]读 [√]写
/a/* [√]读 [√]写
/install [√]读 [√]写
/special [√]读 [√]写
/uploads/* [√]读 [√]写
后 退
继 续

图 9-6 环境检测页面

单击图 9-6 中的“继续”按钮，进入参数配置页面，如图 9-7 所示。

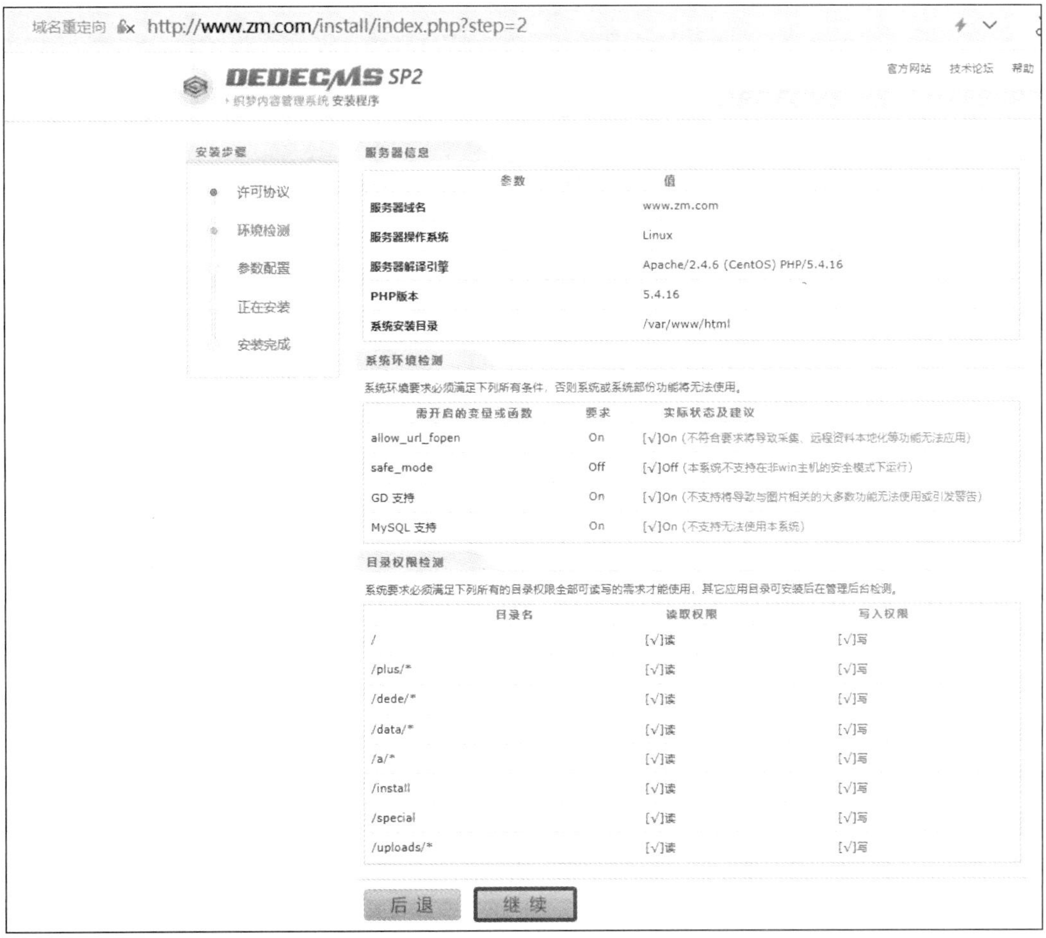

域名重定向 http://www.zm.com/install/index.php?step=3

DEDECMS SP2
织梦内容管理系统 安装程序

官方网站 技术论坛 帮助

安装步骤

许可协议
环境检测
参数配置
正在安装
安装完成

模块选择

默认已安装模块(不需要可在后台卸载):
百度新闻、文件管理器、挑错管理、德得广告管理、投票模块、友情链接
已下载并可选安装的: (不能选中的为未下载)
留言簿模块 手机WAP浏览 小说模块 黄页模块 站内新闻
问答模块 圈子模块 邮件订阅 UCenter模块

数据库设定

数据库类型: MySQL --一般为MySQL，SQLite仅用于开发调试不建议生产中使用
数据库主机: mysql-cluster-mysql-0.mysql --一般为localhost
数据库用户: root
数据库密码: 000000 信息正确
数据表前缀: dede_ 如无特殊需要,请不要修改
数据库名称: dedecmsv57utf8sp2 数据库不存在,系统将自动创建
数据库编码: UTF8 仅对4.1+以上版本的MySql选择

管理员初始密码

用户名: admin
只能用'0-9'、'a-z'、'A-Z'、'.'、'@'、'_'、'-'、'!'以内范围的字符
密　码: admin
Cookie加密码: all9evlPodSXxYlb7tVcggwiCD8lg

图 9-7　参数配置页面

如图 9-7 所示，在“数据库主机”文本框中输入“mysql-cluster-mysql-0.mysql”，即项目 8 中创建的主从数据库中的主数据库，在“数据库用户”文本框中输入“root”，在“数据库密码”文本框中输入“000000”，数据库名称保持默认即可，管理员的用户名和密码默认都为 admin。配置完成后，单击参数配置页面下方的“继续”按钮，显示“正在安装”，安装完成后进入安装完成页面，如图 9-8 所示。

图 9-8　安装完成页面

在安装完成页面中，包括“访问网站首页”和“登录网站后台”按钮，单击“访问网站首页”按钮，可以访问网站首页，如图 9-9 所示。

图 9-9　访问网站首页

通过访问 http://www.zm.com/dede/login.php，可以访问网站后台登录页面，如图 9-10 所示。

图 9-10　访问网站后台登录页面

在图 9-10 所示的页面中，输入用户名“admin”、密码“admin”和验证码“YKM7”，单击“登录”按钮，即可登录后台管理系统，如图 9-11 所示。

图 9-11　登录后台管理系统

（3）查看数据库持久化存储信息

在 master 节点上，进入域名为 mysql-cluster-mysql-0 的 Pod 主数据库容器，查看数据库信息，如图 9-12 所示。

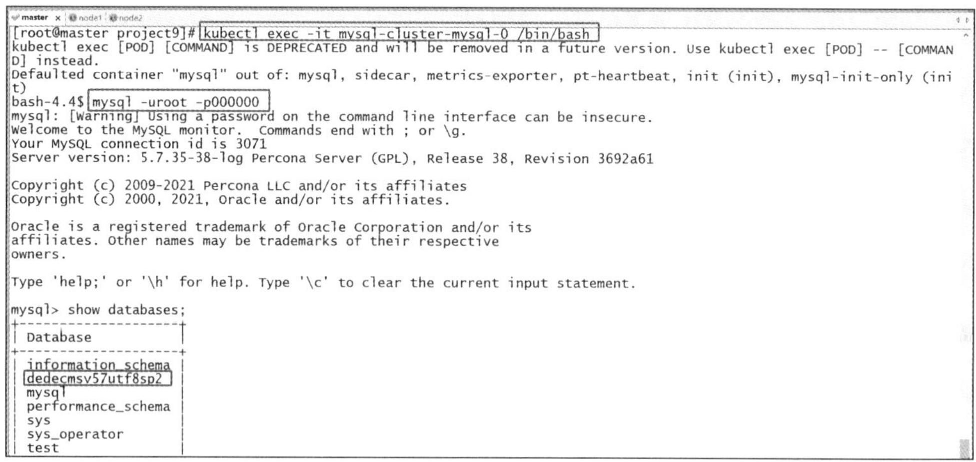

图 9-12　查看数据库信息

通过查询数据库，发现已经成功地创建了 dedecmsv57utf8sp2 数据库。

任务 9-2　部署 Python Web 项目到 Kubernetes 集群

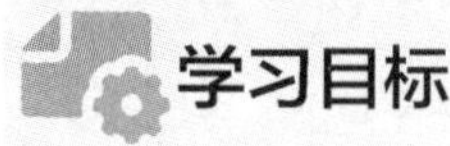

学习目标

知识目标

（1）了解 Python 中的 Django 开发框架。

（2）掌握 Python 包管理工具 pip 的用法。

技能目标

（1）能够构建 Python Web 项目镜像。

（2）能够部署 Python Web 项目到 Kubernetes 集群。

素养目标

（1）通过学习构建 Python Web 项目镜像，培养从需求出发选择相关技术栈的思维习惯。

（2）通过学习部署 Python Web 项目，培养遇到问题后冷静思考和分析并最终解决问题的能力。

9.2.1 任务描述

如图 9-13 所示，公司将 Python Web 开源项目（资产管理系统）部署到 Kubernetes 集群中，通过部署 Ingress 和 Service 实现外部用户访问服务；为了保证服务的高可用性，通过项目镜像运行了多个 Web 容器服务；为保证数据的一致性，将每个 Web 容器服务数据保存到同一个 MySQL 有状态数据库中；同时每个 Web 服务的代码要保持一致，所以需要挂载集群存储卷数据到网站根目录下。公司项目经理要求王亮按照以上要求部署 Python Web 项目。

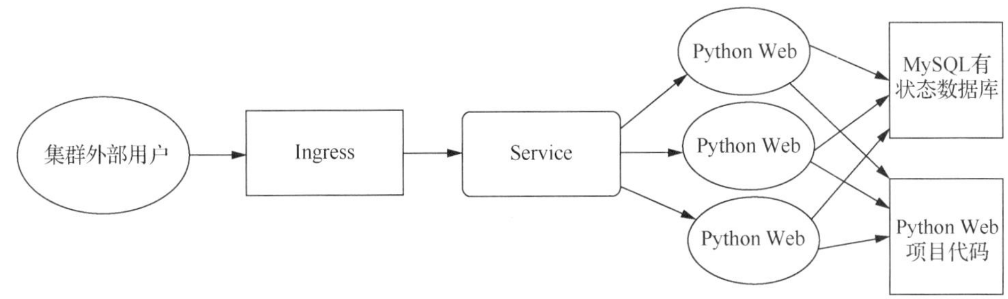

图 9-13 Python Web 项目部署架构

9.2.2 必备知识

1. Django 开发框架

Django 是开源的 Python Web 开发框架，用于快速构建强大的 Web 应用程序。以下是 Django 的关键特点。

（1）MTV 架构

Django 使用了 MTV（Model-Template-View）架构，这与传统的 MVC（Model-View-Controller）架构有所不同。

Model 层负责数据访问和处理，Template 层负责页面的呈现，View 层负责处理用户请求和业务逻辑。

（2）强大的关系映射

Django 提供了强大的对象关系映射系统，使开发人员可以使用 Python 代码而非 SQL 来定义和查询数据库模型。

（3）强大的 URL 设计

Django 使用 URL 映射规则，使开发人员可以轻松地定义 URL 和视图之间的映射关系。

Django 支持正则表达式和命名 URL 模式，有助于构建清晰和易于维护的 URL 结构。

（4）模板系统

Django 的模板系统简单而强大，支持模板继承、模板标签和过滤器等功能，可以有效地组织和重用页面元素，提高开发效率和代码重用性。

（5）安全性

Django 默认提供了许多安全特性，包括防止常见的 Web 攻击（如跨站请求伪造、跨站脚本攻击、SQL 注入攻击等）。开发人员可以通过简单配置和最佳实践保障应用的安全性。

（6）可扩展性和灵活性

Django 本身设计灵活，支持插件和第三方应用的集成，有丰富的社区支持和大量的第三方插件，可以满足各种需求和扩展应用功能。

2. pip 包管理工具

pip 是 Python 的官方软件包管理工具，用于安装和管理软件包。以下是 pip 的一些常用命令。

（1）搜索软件包：pip search query

通过这个命令可以在官方软件包仓库中搜索与 query 相关的 Python 软件包。

（2）安装软件包：pip install package_name

通过这个命令可以安装名为 package_name 的软件包及其依赖项。PyPI 是 pip 的默认仓库，也可以通过-i 选项指明下载安装软件的仓库，如-i https://mirrors.aliyun.com/pypi/simple/指定从阿里云仓库下载安装软件包，不设置该选项表示从默认仓库下载软件包。

（3）升级软件包：pip install --upgrade package_name

通过这个命令可以将已安装的 package_name 升级到最新版本。

（4）卸载软件包：pip uninstall package_name

通过这个命令可以从当前 Python 环境中移除已安装的 package_name。

（5）查看已安装的软件包：pip list

通过这个命令可以列出当前 Python 环境中安装的所有软件包及其版本号。

（6）从 requirement 文件安装软件包：pip install -r requirement.txt

通过这个命令可以从指定的 requirement.txt 文件中安装列出的所有软件包及其依赖项。

9.2.3 构建 Python Web 项目镜像

1. 制作镜像

（1）编写 Dockerfile 脚本

在 Kubernetes 部署项目之前，要制作好运行容器的镜像。在 project9 目录下创建目录 pythonweb。进入 pythonweb 目录，下载 CentOS 7 的阿里云 yum 源配置，命令如下。

微课

V9-3 构建 Python Web 项目镜像

```
[root@master pythonweb]# curl -o centos.repo
https://mirrors.aliyun.com/repo/Centos-7.repo
```

将安装软件包时需要使用到的 requirement.txt 文件上传到当前目录下，并查询准备好的两个文件，命令如下。

```
[root@master pythonweb]# ls
centos.repo  requirement.txt
```

创建 Dockerfile 文件，打开文件，输入以下内容。

```
#基础镜像为 registry.cn-hangzhou.aliyuncs.com/lnstzy/centos:7
FROM registry.cn-hangzhou.aliyuncs.com/lnstzy/centos:7
#删除默认的 yum 源配置
RUN  rm -rf /etc/yum.repos.d/
#将阿里云的 yum 源配置添加到/etc/yum.repos.d/目录下
ADD  centos.repo /etc/yum.repos.d/
#创建目录/python，后续把项目挂载到这个目录下
RUN  mkdir /python
#将需要安装的软件包配置文件上传到根目录下
ADD  requirement.txt /requirement.txt
#安装 Python 3 解释器和相关工具
```

```
RUN  yum install gcc gcc-c++ python3 python3-devel net-tools -y
#安装需要的软件包
RUN pip3 install  -i https://mirrors.aliyun.com/pypi/simple -r requirement.txt
#暴露容器的 8000 端口
EXPOSE 8000
#运行资产管理系统/zzgl 目录下的 manage.py 脚本，使用本机任意地址的 8000 端口提供服务
CMD ["python3","/python/zzgl/manage.py","runserver","0.0.0.0:8000"]
```

以上脚本在 registry.cn-hangzhou.aliyuncs.com/lnstzy/centos:7 基础镜像上（编者在阿里云上构建的镜像）删除默认源并添加阿里云的 yum 源配置后，安装了 Python 3 解释器和相关工具，以及 requirement.txt 中需要的软件包，暴露容器的 8000 端口，并运行/zzgl/manage.py，使用本机任意 IP 地址的 8000 端口提供服务，其中 zzgl 目录需要在运行容器时挂载 NFS 存储卷。

（2）构建镜像

基于编写好的 Dockerfile 脚本，创建名称为 registry.cn-hangzhou.aliyuncs.com/lnstzy/zzgl:v1 的镜像，命令如下。

```
[root@master pythonweb]# nerdctl build -t registry.cn-hangzhou.aliyuncs.com/
lnstzy/zzgl:v1 .
```

创建完成后，查看该镜像，结果如图 9-14 所示。

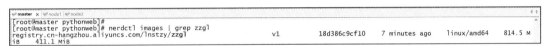

```
master x | node1 | node2
[root@master pythonweb]#
[root@master pythonweb]# nerdctl images | grep zzgl
registry.cn-hangzhou.aliyuncs.com/lnstzy/zzgl            v1       18d386c9cf10    7 minutes ago    linux/amd64    814.5 M
iB    411.1 MiB
```

图 9-14　查看镜像

从结果中可以发现，镜像已经成功构建了。

2. 推送镜像到镜像仓库中

在集群上部署项目时，node1 和 node2 节点都需要拉取该镜像，所以需要将该镜像推送到镜像仓库中，可以在本地自建镜像仓库，也可以将该镜像推送到网络的镜像仓库中。这里将该镜像推送到编者在阿里云上构建的镜像仓库中，后续读者可以直接使用该镜像，推送命令如下。

```
[root@master Pythonweb]# nerdctl push registry.cn-hangzhou.aliyuncs.com/
lnstzy/zzgl:v1
```

9.2.4　部署并测试 Python Web 项目

1. 共享项目代码

微课

V9-4　部署并测试 Python Web 项目

本任务部署 Python Web 项目，即资产管理系统。在 node2 节点上上传 zzgl.zip 到根目录下，命令如下。

```
[root@node2 /]# ls zzgl.zip
zzgl.zip
```

解压缩 zzgl.zip，命令如下。

```
[root@node2 /]# unzip zzgl.zip
```

解压缩完成后，在 NFS 的配置文件/etc/exports 中增加如下配置，共享 zzgl 目录。

```
/zzgl 192.168.200.0/24(rw,no_root_squash)
```

配置完成后，重新启用 NFS 服务，命令如下。

```
[root@node2 python web]# systemctl restart nfs-server
```

2. 创建数据库

（1）修改数据库配置文件

打开 node2 节点的/zzgl/syscmdb/settings.py 文件，修改第 89、90 行的配置，如图 9-15 所示。

```
DATABASES = {
    'default': {
        'ENGINE': 'django.db.backends.mysql',
        'NAME': 'syscmdb',
        'USER': 'root',
        'PASSWORD': '000000',
        'HOST': 'mysql-cluster-mysql-0.mysql',
        'PORT': '3306',
```

图 9-15　修改数据库配置文件

将数据库 syscmdb 的 root 用户登录密码修改为 000000，将主机地址修改为 mysql-cluster-mysql-0.mysql，即项目 8 中创建的主从数据库中的主数据库。

（2）创建数据库

① 复制数据库脚本文件。

在 master 节点上，复制 node2 节点上项目的数据库脚本文件/zzgl/syscmdb.sql 到当前目录下，命令如下。

```
[root@master ~]# scp root@node2:/zzgl/syscmdb.sql .
The authenticity of host 'node2 (192.168.200.30)' can't be established.
ECDSA key fingerprint is SHA256:ricCw1vptbGoVlHoGsNoM59IDf0CZq6kDrTHKEpHQK0.
Are you sure you want to continue connecting (yes/no/[fingerprint])? yes
Warning: Permanently added 'node2,192.168.200.30' (ECDSA) to the list of known hosts.
```

在密码提示框中输入 node2 节点的密码“1”，命令如下。

```
root@node2's password:
```

② 安装 MySQL 客户端工具。

在 master 节点上，安装 MySQL 客户端工具，命令如下。

```
[root@master ~]# yum install mysql -y
```

③ 登录数据库管理系统。

在登录数据库管理系统前，查看 mysql-cluster-mysql-0 数据库管理系统的 IP 地址，结果如图 9-16 所示。

```
[root@master ~]# kubectl get pod -o wide | grep mysql-cluster-mysql-0
mysql-cluster-mysql-0        4/4     Running   15 (29m ago)   44h    172.16.166.163   node1   <none>
```

图 9-16　查看数据库管理系统的 IP 地址

登录 mysql-cluster-mysql-0 数据库管理系统，命令如下。

```
[root@master ~]# mysql -uroot -p000000 -h 172.16.166.163
```

④ 创建数据库并导入脚本配置。

登录完成后，创建数据库 syscmdb，导入 syscmdb.sql 配置，如图 9-17 所示。

```
[root@master ~]# mysql -uroot -p000000 -h 172.16.166.163
mysql: [Warning] Using a password on the command line interface can be insecure.
Welcome to the MySQL monitor.  Commands end with ; or \g.
Your MySQL connection id is 1326
Server version: 5.7.35-38-log Percona Server (GPL), Release 38, Revision 3692a61

Copyright (c) 2000, 2021, Oracle and/or its affiliates.

Oracle is a registered trademark of Oracle Corporation and/or its
affiliates. Other names may be trademarks of their respective
owners.

Type 'help;' or '\h' for help. Type '\c' to clear the current input statement.

mysql> create database syscmdb;
Query OK, 1 row affected (0.00 sec)

mysql> use syscmdb;
Database changed
mysql> source syscmdb.sql;
Query OK, 0 rows affected (0.00 sec)

Query OK, 0 rows affected (0.00 sec)

Query OK, 0 rows affected (0.00 sec)
```

图 9-17　创建数据库并导入脚本配置

3. 构建项目资源

部署资产管理系统时，采用无状态的 Deployment 控制器部署多个副本，并通过 Service 和 Ingress 服务发布程序。

（1）编写 Deployment 控制器脚本

在 project9 目录下，创建 deployment-zzgl.yaml 文件，打开文件，输入以下内容。

```
apiVersion: apps/v1
kind: Deployment
metadata:
 name: zzgl
apiVersion: apps/v1
kind: Deployment
metadata:
 name: zzgl
apiVersion: apps/v1
kind: Deployment
metadata:
 name: zzgl
 labels:
   app: zzgl
spec:
  replicas: 3
  selector:
    matchLabels:
     app: zzgl
  template:
    metadata:
      labels:
        app: zzgl
    spec:
      containers:
      - name: zzgl
        image: registry.cn-hangzhou.aliyuncs.com/lnstzy/zzgl:v1 #从阿里云拉取镜像
        imagePullPolicy: IfNotPresent     #镜像拉取策略
        ports:
        - containerPort: 8000                #容器开放的端口
        volumeMounts:
        - name: nfs-data
          mountPath: /python    #将初始化容器的共享目录挂载到此容器的/python 目录下
      initContainers:
      - name: init-nfs
        image: registry.cn-hangzhou.aliyuncs.com/lnstzy/busybox:latest
        command: ['sh', '-c', 'cp -R /zzgl /mnt/']
        #将通过 NFS 存储卷获取的/zzgl 目录复制到共享目录/mnt 下
        volumeMounts:
        - name: nfs-data
          mountPath: /mnt     #共享/mnt 目录给主容器
        - name: nfs-volume
          mountPath: /zzgl    #NFS 存储卷在初始化容器中的挂载路径
      volumes:
      - name: nfs-data
        emptyDir: {}
```

```
      #定义一个空的临时目录卷，用于 init-nfs 初始化容器和 zzgl 主容器之间共享数据
    - name: nfs-volume
      nfs:
       server: 192.168.200.30 #NFS 存储卷的路径
       path: /zzgl
```

以上脚本定义了名称为 zzgl 的 Deployment 控制器，基于推送到阿里云的镜像创建了 3 个 Pod 副本。需要注意的是 zzgl 主容器挂载 NFS 存储卷目录/zzgl 的方法，因为 registry.cn-hangzhou.aliyuncs.com/lnstzy/zzgl:v1 镜像需要直接运行项目 zzgl 目录下的程序，所以需要定义一个初始化容器 init-nfs，然后将 NFS 存储卷的内容挂载到 init-nfs 初始化容器的/zzgl 目录下，并将这个目录通过执行命令的方式复制到/mnt 目录下，通过定义 nfs-data 临时目录卷共享/mnt 目录的内容给 zzgl 主容器的/python 目录，这使得在运行容器前，/python 目录中就包含 NFS 共享的/zzgl 目录内容。运行该脚本，命令如下。

```
[root@master project9]# kubectl apply -f deployment-zzgl.yaml
```

创建完成后，查看运行的 3 个 Pod，结果如图 9-18 所示。

```
[root@master project9]# kubectl get pod -o wide | grep zzgl
zzgl-666cbf7f86-tlxbq     1/1   Running   0    26m   172.16.166.156   node1   <none>   <none>
zzgl-666cbf7f86-wfvgl     1/1   Running   0    26m   172.16.104.37    node2   <none>   <none>
zzgl-666cbf7f86-x67q7     1/1   Running   0    26m   172.16.104.39    node2   <none>   <none>
```

图 9-18　查看运行的 3 个 Pod

（2）编写 Service 服务发现脚本

为方便集群内部访问 Pod 容器，需要创建 Service 服务发现。在 project9 目录下，创建 service-zzgl.yaml 文件，打开文件，输入以下内容。

```
apiVersion: v1
kind: Service
metadata:
   name: zzgl
spec:
   selector:          #选择后端 Pod
     app: zzgl
   ports:
   - port: 8000
     targetPort: 8000
```

以上脚本定义了名称为 zzgl 的 Service 服务发现，暴露了运行的 3 个 Pod 容器，暴露的端口是 8000。运行该脚本，命令如下。

```
[root@master project9]# kubectl apply -f service-zzgl.yaml
```

（3）编写 Ingress 脚本

为方便集群外部用户访问集群内的服务，需要建立 Ingress 资源，将资产管理系统发布给外部用户。在 project9 目录下，创建 ingress-zzgl.yaml 文件，打开文件，输入以下内容。

```
apiVersion: networking.k8s.io/v1
kind: Ingress
metadata:
 name: ingress-zzgl                #Ingress 资源的名称
 namespace: default
spec:
  ingressClassName: nginx          #Ingress 类名称
  rules:
  - host: www.zzgl.com             #访问的域名
    http:
```

```
      paths:                              #路径方式
      - path: /                           #根路径
        pathType: Prefix
        backend:                          #后端服务
          service:
            name: zzgl                    #名称为 zzgl 的服务发现
            port:
              number: 8000                #端口号为 8000
```


以上脚本定义了 Ingress 资源，实现了当外部用户访问 www.zzgl.com 时，路由到名称为 zzgl 的服务发现上，进而访问后端的 3 个 Pod 服务。运行该脚本，命令如下。

```
[root@master project9]# kubectl apply -f ingress-zzgl.yaml
```

4. 访问安装服务

在 C:\Windows\System32\drivers\etc\hosts 中添加 www.zzgl.com 的域名解析，将 www.zzgl.com 域名解析到 IP 地址 192.168.200.30 上，具体如下。

```
192.168.200.30 www.web.com www.ingress.com www.zm.com www.zzgl.com
```

在浏览器中访问 www.zzgl.com，进入资产管理系统登录页面，如图 9-19 所示。

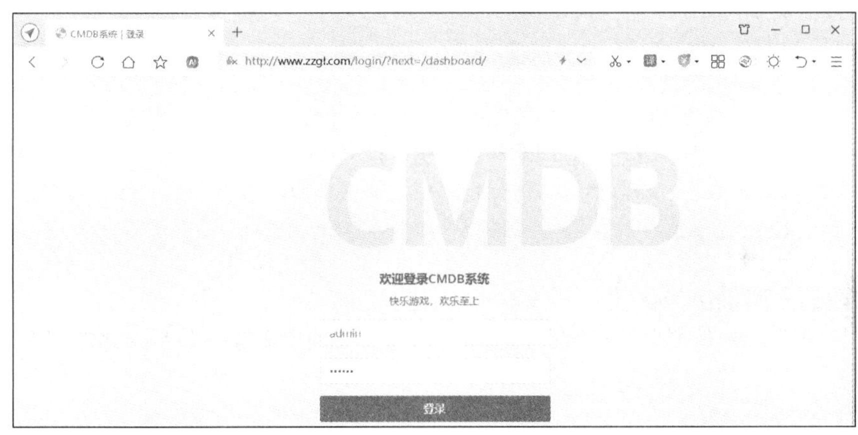

图 9-19　资产管理系统登录页面

输入用户名“admin”、密码“123456”即可登录资产管理系统，登录后的页面如图 9-20 所示。

图 9-20　登录后的页面

任务 9-3 部署 Go 项目到 Kubernetes 集群

学习目标

知识目标

（1）了解前后端分离项目的优势。
（2）掌握 Vue 前端应用部署流程。
（3）掌握 Go 后端服务部署流程。

技能目标

（1）能够构建 Vue 前端应用。
（2）能够部署 Go 项目到 Kubernetes 集群。

素养目标

（1）通过学习部署 Go 后端服务，保持对技术发展的敏感度和适应能力。
（2）通过学习部署 Vue 前端应用，培养遇到新问题时快速学习和适应的能力。

9.3.1 任务描述

公司要将 Go 开源项目（GoAdmin 后台管理系统）部署到 Kubernetes 集群中，因为该项目是前后端分离的，所以要分别部署前端应用和后端服务，部署完成后，通过 Ingress 提供给外部用户访问。公司项目经理要求王亮首先学习 Go 程序和前后端分离项目的特点，然后将项目部署到集群中。

9.3.2 必备知识

1. 前后端分离项目的优势

前后端分离项目是一种软件开发架构模式，它分别实现应用的前端和后端功能，并通过 API 进行通信。这种架构模式的优势包括以下几点。

（1）独立开发与部署

前端和后端可以独立开发，可使用不同的技术栈和开发工具。前端可以使用 JavaScript 框架（如 React、Angular、Vue.js 等）开发用户界面，而后端可以使用各种后端语言和框架（如 Node.js、Java Spring Boot、Python Flask 等）处理业务逻辑及数据存储。

（2）松耦合

前后端分离架构降低了前端和后端之间的耦合度。前端只需关注用户界面和用户体验，后端则专注于数据处理、业务逻辑和安全性。

（3）提升开发效率

前后端分离后，团队可以并行开发，加快了整体项目的开发速度。前端开发人员可以专注于界面设计和交互逻辑，而后端开发人员可以专注于服务端逻辑和数据管理。

（4）灵活性和可扩展性

前后端分离架构使得系统更容易扩展和维护。可以根据需求独立扩展前端或后端的功能，而不影响整体系统的稳定性和运行效率。

（5）适应多平台需求

由于前后端分离，因此前端可以轻松适配不同的终端设备和平台，如 Web、移动端等，而后端则只需处理业务逻辑和数据服务，为不同平台提供统一的接口。

2. Vue 前端应用部署流程

Vue 是一款非常流行的前端框架，本任务中的前端是基于 Vue 框架编写的。Vue 前端应用部署流程如下。

（1）构建应用

需要将 Vue 项目构建成可以在生产环境中运行的静态文件，包括安装依赖和构建项目两个步骤。

安装依赖：安装项目依赖的 Vue 及其他必要的 NPM 包。

构建项目：使用构建工具（如 Yarn、NPM 等）来构建项目。

项目构建完成后，在根目录下生成一个 dist 目录，其中包含构建好的静态资源文件（如 HTML、CSS、JavaScript 等文件）。

（2）部署到服务器

将构建生成的 dist 目录下的所有文件上传到服务器的静态文件目录下，并编写相关的 YAML 脚本以部署项目。

（3）验证部署效果

部署完成后，验证后端服务在生产环境中的运行效果。

3. Go 后端服务部署流程

部署 Go 程序通常涉及以下几个基本步骤。

（1）编译程序

在系统中安装 Go 编译器，安装项目依赖后，使用 go build 命令将 Go 程序编译成可执行文件。

（2）构建镜像

编写 Dockerfile 文件，构建 Docker 镜像，并将镜像推送到镜像仓库中。

（3）迁移数据库

将数据库迁移到目标数据库管理系统中。

（4）部署项目

编译相关的 Deployment、Service、Ingress，部署 Go 项目到 Kubernetes 集群中。

9.3.3 部署 Go 后端服务

微课

V9-5 部署 Go 后端服务

因为前端应用运行时需要依赖后端服务，所以首先部署 Go 后端服务。

1. 安装 Go 开发环境

（1）上传 Go 编译器

下载本书资源中的 go1.22.5.linux-amd64.tar.gz 文件，其中包含编译、运行和开发 Go 程序的环境，上传该文件到 master 节点的/root 目录下，如图 9-21 所示。

```
[root@master ~]# ls
anaconda-ks.cfg          helm-v3.15.3-linux-amd64.tar.gz          nfs-provisioner-driver.yaml  syscmdb.sql
calico.yaml              kube-prometheus                          nfs-provisioner.yaml
deploy.yaml              linux-amd64                              project8
go1.22.5.linux-amd64.tar.gz  nerdctl-full-1.7.5-linux-amd64.tar.gz  project9
```

图 9-21 上传 Go 编译器

（2）配置 Go 环境

将 go1.22.5.linux-amd64.tar.gz 解压缩到/opt 目录下，命令如下。

```
[root@master ~]# tar -zxvf go1.22.5.linux-amd64.tar.gz -C /opt
```

解压缩完成后，在/opt/目录下生成了 go 目录，如图 9-22 所示。

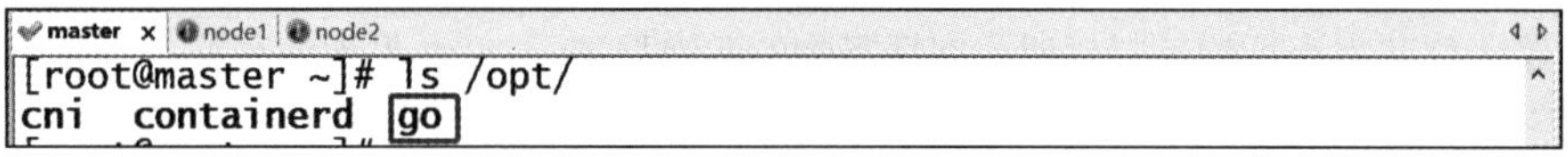

```
[root@master ~]# ls /opt/
cni  containerd  go
```

图 9-22 生成 go 目录

配置 Go 的环境变量，命令如下。

```
[root@master ~]# export GOROOT=/opt/go
```

以上命令设置了 Go 的安装目录为 /opt/go。

```
[root@master ~]#export PATH=$GOROOT/bin:$PATH
```

以上命令将$GOROOT/bin 添加到系统的 PATH 路径中。$GOROOT 的路径是/opt/go，opt/go/bin 是 Go 的可执行文件所在目录，包括 go、gofmt 等命令。

```
[root@master ~]#export GOPROXY=https://goproxy.cn
```

以上命令设置了 Go 模块下载的代理地址，指定了下载 Go 模块的地址是 https://goproxy.cn，用于加速下载模块及其依赖。

2. 打包后端服务

（1）上传项目

下载本书资源中提供的 go-admin 项目，上传项目到 master 节点的/root 目录下，上传完成后，如图 9-23 所示。

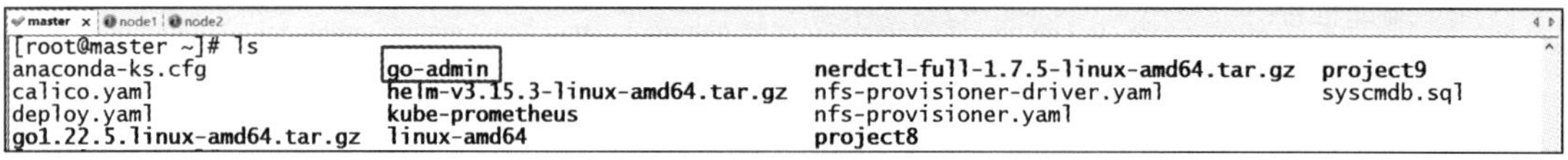

```
[root@master ~]# ls
anaconda-ks.cfg              go-admin                          nerdctl-full-1.7.5-linux-amd64.tar.gz  project9
calico.yaml                  helm-v3.15.3-linux-amd64.tar.gz   nfs-provisioner-driver.yaml            syscmdb.sql
deploy.yaml                  kube-prometheus                   nfs-provisioner.yaml
go1.22.5.linux-amd64.tar.gz  linux-amd64                       project8
```

图 9-23 上传 go-admin 项目

（2）安装依赖

进入 go-admin 目录，为 Go 项目安装依赖，命令如下。

```
[root@master go-admin]# go mod tidy
```

go mod tidy 的作用是清理无用的依赖、安装新的依赖和更新依赖版本。

（3）打包

依赖安装完成后，打包 Go 项目，命令如下。

```
[root@master go-admin]# go build
```

go build 是一个用于编译 Go 程序的命令。它会将当前目录中的 Go 源代码文件编译成一个可执行文件，可以使用"go build -o 文件名"命令指定生成的可执行文件的名称。

打包文件后，生成了一个与目录同名的可执行文件 go-admin，如图 9-24 所示。

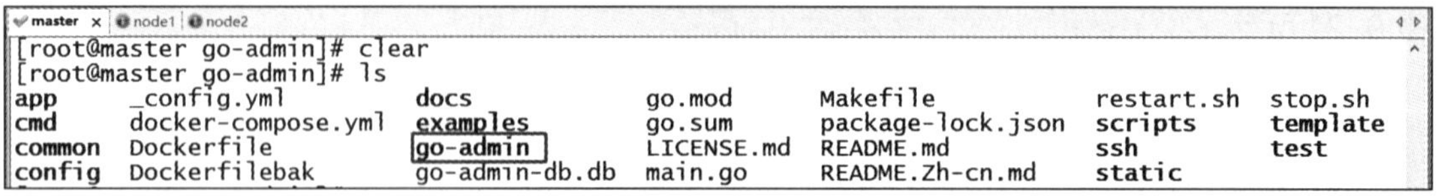

```
[root@master go-admin]# clear
[root@master go-admin]# ls
app     _config.yml          docs            go.mod       Makefile            restart.sh  stop.sh
cmd     docker-compose.yml   examples        go.sum       package-lock.json   scripts     template
common  Dockerfile           go-admin        LICENSE.md   README.md           ssh         test
config  Dockerfilebak        go-admin-db.db  main.go      README.Zh-cn.md     static
```

图 9-24 生成可执行文件 go-admin

查看文件的类型，命令如下。

```
[root@master go-admin]# file go-admin
go-admin: ELF 64-bit LSB executable, x86-64, version 1 (SYSV), statically linked, with debug_info, not stripped
```

从结果中可以发现，该文件是 ELF 类型的可执行文件。

3. 制作后端服务镜像

在 master 节点的/root/project9 目录下创建 go 目录。进入 go 目录，将打包后的 go-admin 可执行文件复制到当前目录下，命令如下。

```
[root@master golang]# cp /root/go-admin/go-admin .
```

在当前目录下创建 Dockerfile 文件，打开文件，输入以下内容。

```
FROM registry.cn-hangzhou.aliyuncs.com/lnstzy/centos:7
COPY go-admin /main
EXPOSE 8000
ENTRYPOINT ["/bin/sh", "-c", "/main server -c /settings.yml"]
```

以上脚本基于 registry.cn-hangzhou.aliyuncs.com/lnstzy/centos:7 镜像，复制可执行文件到/main 目录下，暴露容器的 8000 端口，运行/main 目录下的可执行文件。使用的配置是/settings.yaml，后续 settings.yaml 文件通过引用 ConfigMap 配置获得。

配置完成后，创建名称为 go-admin:v1 的镜像，命令如下。

```
[root@master golang]# nerdctl build -t registry.cn-hangzhou.aliyuncs.com/
lnstzy/go-admin:v1 .
```

推送该镜像到阿里云的镜像仓库中，命令如下。

```
[root@master golang]# nerdctl push registry.cn-hangzhou.aliyuncs.com/
lnstzy/go-admin:v1
```

4. 创建数据库并导入数据

（1）创建数据库

查看项目 8 中部署的 MySQL 主从数据库中的主数据库的 IP 地址，结果如图 9-25 所示。

```
[root@master golang]# kubectl get pod -o wide | grep mysql-0
mysql-cluster-mysql-0                4/4     Running    30 (160m ago)    5d18h   172.16.166.185   node1    <none>
           <none>
```

图 9-25　查看主数据库的 IP 地址

登录主数据库管理系统，创建数据库 go，如图 9-26 所示。

```
[root@master golang]# clear
[root@master golang]# mysql -uroot -p000000 -h 172.16.166.185
mysql: [Warning] Using a password on the command line interface can be insecure.
Welcome to the MySQL monitor.  Commands end with ; or \g.
Your MySQL connection id is 7198
Server version: 5.7.35-38-log Percona Server (GPL), Release 38, Revision 3692a61

Copyright (c) 2000, 2021, Oracle and/or its affiliates.

Oracle is a registered trademark of Oracle Corporation and/or its
affiliates. Other names may be trademarks of their respective
owners.

Type 'help;' or '\h' for help. Type '\c' to clear the current input statement.

mysql> create database go;
Query OK, 1 row affected (0.01 sec)

mysql>
```

图 9-26　创建数据库 go

（2）导入数据

Go 项目后端服务需要数据库的支持。进入 Go 项目的配置文件目录/root/go-admin/config，打开 settings.yml 文件，修改第 34 行的配置，如图 9-27 所示。

```
34     source: root:000000@tcp(172.16.166.185:3306)/go?charset=utf8&parseTime=True&loc=Local&timeout=1000ms
```

图 9-27　修改数据库配置

将连接数据的 IP 地址修改为 172.16.166.185，用户名修改为 root，密码修改为 000000，修改完成后保存并退出文件。

退回到/root/go-admin 目录，向 go 数据库导入数据，命令如下。

```
[root@master go-admin]# go run main.go migrate -c config/settings.yml
```

运行命令时，会运行 main.go 程序，migrate 是 main.go 程序中的一个子命令，用于执行数据库迁移操作，-c config/settings.yml 用于指定程序运行时需要的配置文件。运行完成后，基础数据即可导入主数据库管理系统的 go 数据库中，两个从数据库会同步 go 数据库的内容。

5. 部署后端服务

（1）创建 ConfigMap

在部署后端服务时，需要引入项目配置，方法是基于项目配置文件创建 ConfigMap，然后在 Deployment 控制器中部署后端服务时引用 ConfigMap 配置。

进入/root/go-admin/config 目录，打开 settings.yml 文件，命令如下。

```
[root@master config]# vi settings.yml
```

修改第 34 行中数据库的域名，如图 9-28 所示。

```
34      source: root:000000@tcp(mysql-cluster-mysql-0.mysql:3306)/go?charset=utf8&parseTime=True&loc=Local&timeou
   t=1000ms
```

图 9-28 修改数据库的域名

这里将 172.16.166.185 修改为 mysql-cluster-mysql-0.mysql，因为在容器内，可以通过有状态服务的域名稳定地访问主数据库管理系统，为避免 IP 地址变化，所以将其修改为相应域名。当然，也可以根据需要修改其他配置项，如默认的 8000 端口等。数据库域名修改完成后，基于该文件创建名称为 set 的 ConfigMap，命令如下。

```
[root@master config]# kubectl create configmap set --from-file settings.yml
```

（2）使用 Deployment 控制器部署后端服务

在/root/project9/golang 目录下，创建名称为 deployment-back.yaml 的文件，打开文件，输入以下内容。

```
apiVersion: apps/v1
kind: Deployment
metadata:
 name: go-admin
 labels:
   app: go-admin
spec:
  replicas: 1
  selector:
    matchLabels:
     app: go-admin
  template:
    metadata:
     labels:
       app: go-admin
    spec:
      containers:
        - name: go-admin
          image: registry.cn-hangzhou.aliyuncs.com/lnstzy/go-admin:v1
          imagePullPolicy: IfNotPresent
          ports:
            - containerPort: 80
          volumeMounts:
            - name: settings
              mountPath: /settings.yml
              subPath: settings.yml
      volumes:
```

```
      - name: settings
        configMap:
          name: set
```

以上脚本定义了名称为 go-admin 的 Deployment 控制器，运行了一个 Pod，在 Pod 中基于 registry.cn-hangzhou.aliyuncs.com/lnstzy/go-admin:v1 镜像运行了容器，暴露了容器的 80 端口，将名称为 set 的 ConfigMap 挂载到容器中，将 ConfigMap 中 key 为 settings.yaml 的内容写入/settings.yml 文件。

配置完成后，创建该 Deployment，部署后端服务，命令如下。


```
[root@master golang]# kubectl apply -f deployment-back.yaml
```

（3）暴露后端服务

前端应用需要通过服务发现来访问后端服务，所以要创建后端服务的 Service 服务发现。在/root/project9/golang 目录下，创建 service-back.yaml 文件，打开文件，输入以下内容。

```
apiVersion: v1
kind: Service
metadata:
    name: go-admin
spec:
    selector:
      app: go-admin
    ports:
    - port: 8000
      targetPort: 8000
```

以上脚本定义了名称为 go-admin 的服务发现，通过 app: go-admin 标签暴露了后端 Pod 服务，定义服务发现的端口为 8000，目标端口是后端服务的默认端口，即 8000。

配置完成后，基于该脚本创建服务发现，命令如下。

```
[root@master golang]# kubectl apply -f service-back.yaml
```

9.3.4 部署 Vue 前端应用

1. 安装项目依赖

（1）下载并安装 Node.js

下载本书资源中的 Node.js 程序，将程序安装到 Windows 操作系统上，安装过程可以通过鼠标操作完成，具体可参见微课。

微课

V9-6 部署 Vue 前端应用

（2）安装 Yarn 工具

将本书资源中提供的前端项目 go-admin-ui 下载到桌面，进入该目录，在地址栏中输入“cmd”并按 Enter 键，如图 9-29 所示。

图 9-29 输入“cmd”并按 Enter 键

进入项目所在目录的命令行，如图 9-30 所示。

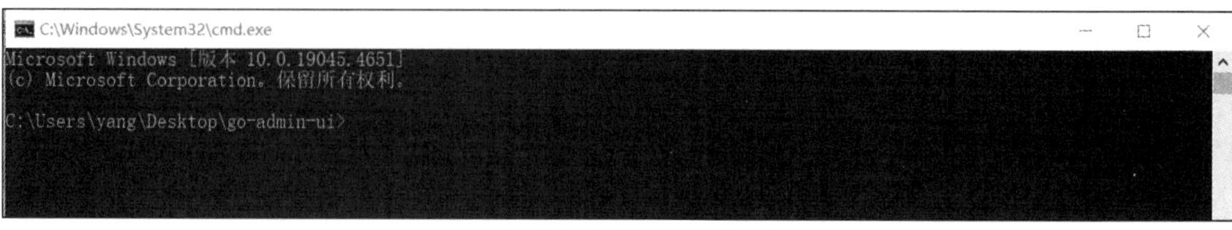

图 9-30　进入项目所在目录的命令行

Yarn 是一种流行的 JavaScript 包管理工具，用于管理项目中的依赖关系，并提供一些其他的开发工具，包括项目打包工具。安装 Yarn 工具，命令如下。

```
C:\Users\yang\Desktop\go-admin-ui>npm install --global yarn
--registry=http://registry.npmmirror.com
```

以上命令的解释如下。

npm install：使用 Node.js 包管理器 NPM 安装软件包。

--global：将软件包安装为全局软件包，而不是当前项目的本地软件包。

yarn：安装的软件包名称。

--registry=http://registry.npmmirror.com：指定了安装软件包时使用的自定义 npm registry 仓库地址，用于加快软件包的下载速度。

安装完成后，查看 Yarn 的版本，命令如下。

```
C:\Users\yang\Desktop\go-admin-ui>yarn --version
1.22.22
```

从结果中可以发现，Yarn 的版本为 1.22.22。

（3）安装依赖

对 Yarn 进行配置，防止在安装依赖过程中出现问题，命令如下。

```
C:\Users\yang\Desktop\go-admin-ui>yarn config set strict-ssl false
```

以上命令忽略安装依赖过程中遇到的 SSL、TLS 问题。

```
C:\Users\yang\Desktop\go-admin-ui>yarn config set ignore-engines true
```

以上命令忽略安装依赖过程中遇到的版本问题。

配置完成后，安装项目依赖，命令如下。

```
C:\Users\yang\Desktop\go-admin-ui>yarn install
```

命令运行完成后，会下载安装项目依赖，需要等待一会儿。

2. 打包项目

安装依赖后，需要打包项目，生成 dist 项目静态目录，步骤如下。

（1）修改环境变量 VUE_APP_BASE_API

使用记事本打开项目根目录下的.env.production 文件，修改 VUE_APP_BASE_API，具体如下。

```
VUE_APP_BASE_API = '/prod-api'
```

后续在配置 Nginx 代理后端服务时，同样需要将访问的路径配置为/prod-api，这样配置可以将前端请求代理到后端服务。

（2）打包

环境变量修改完成后，打包项目，命令如下。

```
C:\Users\yang\Desktop\go-admin-ui>yarn build:prod
```

打包完成后，在项目目录下会生成一个名称为 dist 的目录，如图 9-31 所示。

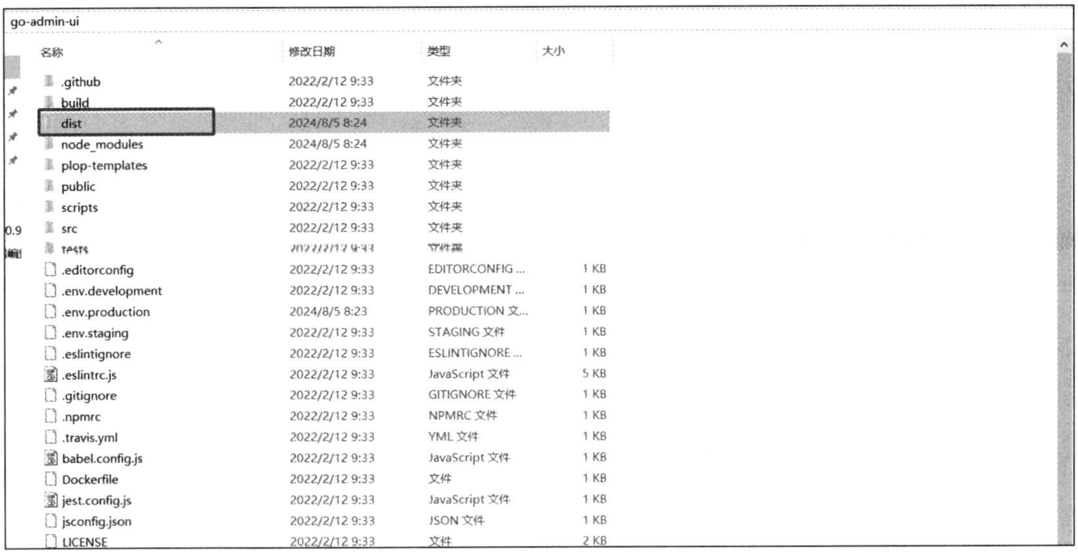

图 9-31 生成一个名称为 dist 的目录

3. 上传和共享项目

（1）上传项目

将 dist 目录上传到 node2 节点的根目录下，如图 9-32 所示。

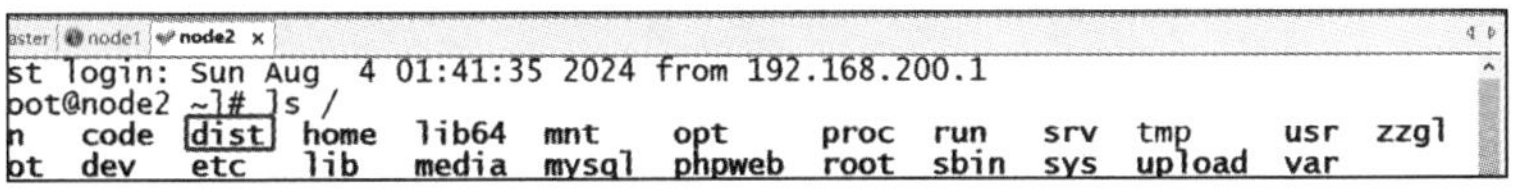

图 9-32 上传项目

（2）共享项目

修改 NFS 配置，共享/dist 目录，命令如下。

```
[root@node2 ~]# vi /etc/exports
/dist 192.168.200.0/24(rw,no_root_squash)
```

配置完成后，重新启用 NFS 服务，命令如下。

```
[root@node2 ~]# systemctl restart nfs-server
```

4. 部署前端应用

（1）创建 ConfigMap

在部署前端应用时，需要对容器进行基础配置和后端代理配置，将这部分内容配置到 ConfigMap 中，并在 Deployment 控制器部署前端应用时引用 ConfigMap 配置。

将本书资源中提供的 nginx.conf 上传到/root/project9/golang 目录下，打开文件，内容如下。

```
worker_processes  1;
events {
    worker_connections  1024;
}
http {
    include       mime.types;
    default_type  application/octet-stream;
    sendfile        on;
    keepalive_timeout  65;
    server {
        listen       80;                               #前端访问端口
```

```
        server_name  _;                           #不限制访问域名
        location / {
           root   /usr/share/nginx/html;      #网站的根目录
           index  index.html index.htm;       #前端页面默认首页名称
        }
        location /prod-api/{              proxy_set_header Host $http_host;
           proxy_set_header X-Real-IP $remote_addr;
           proxy_set_header REMOTE-HOST $remote_addr;
           proxy_set_header X-Forwarded-For $proxy_add_x_forwarded_for;
           proxy_pass http://go-admin:8000/;
        }
    }
}
```

以上代码除了配置了网站的基本访问信息之外，还配置了前端访问如何代理到后端，说明如下。

location /prod-api/：访问/prod-api/路径时代理到后端，/prod-api/路径要与 Vue 的环境变量 VUE_APP_BASE_API 地址配置一致。

Host $http_host：设置 Host 头部为原始客户端请求的 Host 头部。

X-Real-IP $remote_addr：设置 X-Real-IP 头部为客户端的真实 IP 地址。

REMOTE-HOST $remote_addr：设置一个自定义的 REMOTE-HOST 头部，使用客户端的 IP 地址。

X-Forwarded-For $proxy_add_x_forwarded_for：将客户端的 IP 地址追加到 X-Forwarded-For 头部。

proxy_pass http://go-admin:8000/：将请求代理到后端的服务发现上，名称为 go-admin，端口号为 8000，这样就可以将前端访问代理到后端服务了。

配置完成后，基于 nginx.conf 文件创建名称为 nginx 的 ConfigMap，命令如下。

```
[root@master golang]# kubectl create cm nginx --from-file nginx.conf
```

（2）使用 Deployment 控制器部署应用

在/root/project9/golang 目录下创建名称为 deployment-ui.yaml 的文件，打开文件，输入以下内容。

```
apiVersion: apps/v1
kind: Deployment
metadata:
 name: go-admin-ui
 labels:
   app: go-admin-ui
spec:
  replicas: 1
  selector:
    matchLabels:
     app: go-admin-ui
  template:
    metadata:
     labels:
       app: go-admin-ui
    spec:
      containers:
        - name: go-admin-ui
          image: registry.cn-hangzhou.aliyuncs.com/lnstzy/nginx:alpine
          imagePullPolicy: IfNotPresent
```

```
        ports:
          - containerPort: 80
        volumeMounts:
          - name: ui
            mountPath: /usr/share/nginx/html
          - name: nginx-config
            mountPath: /etc/nginx/nginx.conf
            subPath: nginx.conf
      volumes:
      - name: ui
        nfs:
          path: /dist
          server: 192.168.200.30
      - name: nginx-config
        configMap:
         name: nginx
```

以上脚本定义了名称为 go-admin-ui 的 Deployment 控制器，运行了一个 Pod，在 Pod 中基于 registry.cn-hangzhou.aliyuncs.com/lnstzy/nginx:alpine 镜像运行了容器，设置了容器访问的端口为 80；容器中通过 NFS 引入了 192.168.200.30（node2 节点）的前端网站/dist，并挂载到/usr/share/nginx/html 网站根目录下；通过名称为 nginx 的 ConfigMap 引入了网站配置，将 ConfigMap 中 key 为 nginx.conf 的内容写入/etc/nginx/nginx.conf 文件。

配置完成后，运行 deployment-ui.yaml，部署前端应用，命令如下。

```
[root@master golang]# kubectl apply -f deployment-ui.yaml
```

（3）创建前端应用的服务发现

为了方便用户访问，需要为前端应用创建服务发现。在/root/project9/golang 目录下，创建 service-ui.yaml 文件，打开文件，输入以下内容。

```
apiVersion: v1
kind: Service
metadata:
    name: go-admin-ui
spec:
    selector:
      app: go-admin-ui
    ports:
    - port: 80
      targetPort: 80
```

以上脚本定义了名称为 go-admin-ui 的服务发现，通过 app: go-admin-ui 标签暴露后端 Pod 服务，服务发现的端口是 80，后端 Pod 容器的端口是 80。

配置完成后，基于该脚本创建服务发现，命令如下。

```
[root@master golang]# kubectl apply -f service-ui.yaml
```

（4）使用 Ingress 提供给外部用户访问

为方便集群外部用户访问集群内的服务，需要建立 Ingress 资源，以将 GoAdmin 后台管理系统发布给外部用户。在/root/project9/golang 目录下创建 ingress-ui.yaml 文件，打开文件，输入以下内容。

```
apiVersion: networking.k8s.io/v1
kind: Ingress
metadata:
 name: ingress-go-admin
 namespace: default
```

```
spec:
  ingressClassName: nginx
  rules:
  - host: www.goadmin.com
    http:
      paths:
      - path: /
        pathType: Prefix
        backend:
          service:
            name: go-admin-ui
            port:
              number: 80
```

以上脚本定义了 Ingress 资源，实现了当外部用户访问 www.goadmin.com 时路由到名称为 go-damin-ui 的服务发现上，进而访问前端应用。运行该脚本，命令如下。

```
[root@master golang]# kubectl apply -f ingress-ui.yaml
```

运行完成后，查看前后端服务运行状态，结果如图 9-33 所示。

```
[root@master golang]# clear
[root@master golang]# kubectl get pod | grep go-admin
go-admin-77c7d9b98b-dwsbz          1/1     Running   0          36m
go-admin-ui-7fc64557fc-hg9cp       1/1     Running   0          4h6m
```

图 9-33　查看前后端服务运行状态

从结果中可以发现，前后端服务都已经正常运行了。

（5）访问项目

在 C:\Windows\System32\drivers\etc\hosts 中添加 www.goadmin.com 的域名解析，将 www.goadmin.com 域名解析到 IP 地址 192.168.200.30 上，具体如下。

```
192.168.200.30 www.web.com www.ingress.com www.zm.com www.zzgl.com
www.goadmin.com
```

打开浏览器，访问 www.goadmin.com，进入 GoAdmin 后台管理系统登录页面，如图 9-34 所示。

图 9-34　GoAdmin 后台管理系统登录页面

输入用户名“admin”、密码“123456”和提示的验证码后，单击“登录”按钮，进入后台管理页面，如图 9-35 所示。

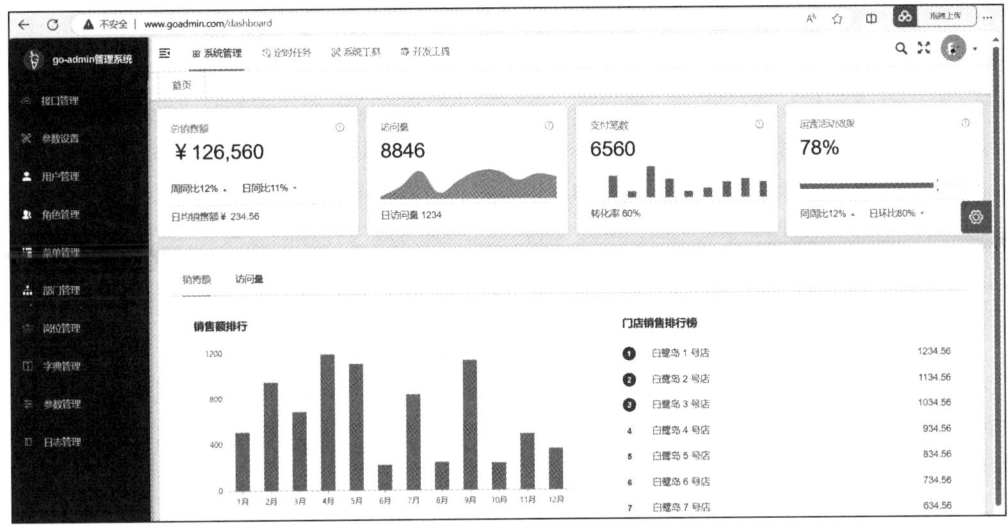

图 9-35　后台管理页面

从结果中可以发现，已经能够从前端应用跳转到后端服务了。

任务 9-4　部署 Spring Cloud 微服务项目到 Kubernetes 集群

学习目标

知识目标

（1）了解 Spring Cloud 微服务架构的优势。

（2）掌握 Nacos 注册与配置中心的作用。

（3）掌握 Gateway 微服务网关的功能。

（4）掌握 Auth 认证中心的功能。

技能目标

（1）能够部署 Nacos、Gateway、Auth 等微服务组件。

（2）能够部署 Spring Cloud 微服务项目。

素养目标

（1）通过学习部署微服务组件，理解微服务之间的关系，培养系统思维。

（2）通过学习部署 Spring Cloud 微服务项目，培养分布式系统设计与实施能力。

9.4.1　任务描述

公司要将 Spring Cloud 开源项目（若依管理系统，简称若依）部署到 Kubernetes 集群中，该项目是前后端分离的，所以要分别部署前端应用和后端服务，部署完成后，通过 Ingress 提供给外部用户访问。公司项目经理要求王亮首先学习 Spring Cloud 微服务项目的特点，然后将项目部署到集群中。

9.4.2　必备知识

1. Spring Cloud 微服务架构的优势

Spring Cloud 是一个基于 Spring Boot 的开发工具集合，用于快速构建分布式系统中的微服务架构。它提供了开发分布式系统所需的各种组件和工具，包括配置管理、服务发现、断路器、路由、微代理、控制总线、分布式消息传递等，帮助开发人员快速实现微服务架构的各种功能。

微服务将单个应用程序拆分为一组小型、松耦合的服务，其中单个应用程序被拆分为一组小型、松耦合的服务，每个服务都运行在自己的进程中，并通过轻量级机制（通常是 HTTP API）进行通信。每个微服务都专注于解决特定的业务问题，并可以独立部署、扩展和更新。这种架构风格有助于提升开发团队的灵活性和可维护性，同时支持更快的交付速度和更高的可扩展性。

微服务架构相比传统的单体应用架构具有多方面的优势，这些优势使得微服务在当今的软件开发中越来越受欢迎。微服务架构的主要优势包括以下 4 个方面。

（1）灵活性和可扩展性

微服务架构将应用程序拆分为多个小型服务，每个服务都专注于解决特定的业务问题。这种模块化的架构使得每个服务都可以独立开发、部署、扩展和更新，不影响整体系统的稳定性和可用性。开发团队可以根据需求独立扩展或更新单个服务，而不需要重新构建整个应用程序。

（2）技术多样性和独立部署

每个微服务都可以使用不同的编程语言、框架和技术栈，因为它们之间通过轻量级的通信机制进行交互。可以独立部署每个服务，无须依赖其他服务的部署。

（3）容错性和弹性设计

微服务架构通过断路器模式和自动扩展等技术来提高系统的容错性及弹性。如果一个服务出现故障，则其余的服务仍然可以继续运行，而不会导致整个系统的崩溃。

（4）快速交付和持续集成/持续部署

微服务架构支持敏捷开发，因为每个服务都可以独立进行构建、测试和部署。这种灵活性和独立性使团队可以快速地交付新功能和更新，实现持续集成/持续部署。

2. Nacos 注册与配置中心

Nacos 是由阿里巴巴开发的一个独立的服务注册与配置中心，可以与 Spring Cloud 应用程序一起使用，提供了与 Spring Cloud 集成的解决方案。其作用有以下 5 种。

（1）服务注册和发现

Nacos 充当服务注册中心，服务在启动时将自己的信息（如 IP 地址、端口号、健康状态等）注册到 Nacos 服务器，其他服务可以通过查询 Nacos 来发现和定位特定服务的位置，从而实现服务间的通信和协作。

（2）配置管理

Nacos 提供了统一的配置管理功能，开发人员将应用程序的配置信息集中存储在 Nacos 服务器上。应用程序可以动态地从 Nacos 获取其所需的配置信息，而无须重新部署应用程序。这种方式使得配置的管理更加集中和便捷，同时支持配置的版本管理和动态更新。

（3）服务健康监测

Nacos 能够周期性地检查注册在其上的服务健康状态。如果服务出现故障或者不可用，则 Nacos 可以及时发现并通知相关服务或者负载均衡器进行处理，保证整体系统的稳定性和可用性。

（4）动态 DNS 解析

Nacos 支持动态 DNS 解析，通过服务发现和注册功能，将服务的逻辑名称映射到具体的网络地址。这对于需要动态扩展和管理服务实例的场景非常有用。

（5）多环境管理

Nacos 支持多环境（如开发、测试、生产环境）的配置管理和隔离，可以为每个环境提供独立的配置信息，确保不同环境的应用程序能够正确地获取和使用其所需的配置。

3. Gateway 微服务网关

Gateway 微服务网关是 Spring Cloud 生态系统中的一个网关解决方案，充当着所有客户端请求的入口，负责路由请求、协议转换、流量控制、安全认证、监控等。其具体功能有以下 6 种。

（1）路由功能

Gateway 负责将外部客户端的请求路由到相应的微服务实例上。通过定义路由规则，可以实现不同请求路径的映射和转发。

（2）负载均衡

Gateway 支持负载均衡策略，可以将请求动态地分发到多个微服务实例上，以提高系统的可用性和可扩展性。

（3）协议转换

Gateway 将外部请求的协议（如 HTTP、WebSocket 等）转换为内部微服务的协议，以适配不同的服务间通信方式。

（4）安全认证

Gateway 提供身份验证和授权机制，保护微服务免受未经授权的访问。

（5）监控和指标收集

Gateway 支持实时监控网关的流量、性能指标和请求日志，有助于实时了解系统运行状况并进行故障排除。

（6）限流和熔断

Gateway 设置了流量控制策略，可对请求进行限流，防止系统过载。同时，通过熔断机制，当后端服务不可用时，可以快速返回错误信息，避免长时间等待导致的雪崩效应。

4. Auth 认证中心

Auth 认证中心用于实现认证和授权，主要功能有以下 4 种。

（1）用户认证

Auth 认证中心可以处理用户的登录请求，验证用户提供的用户名和密码是否有效，并生成相关的身份认证令牌。

（2）访问控制和权限管理

Auth 认证中心可以实现对用户访问系统资源的授权管理，包括定义角色和权限，配置哪些用户可以访问系统中的哪些功能模块。

（3）登录与认证机制的定制化

Auth 认证中心可以定制登录页面和登录逻辑，使其符合特定的界面设计需求或者集成其他认证方式，如第三方登录或者单点登录。

（4）安全配置

Auth 认证中心可以定义安全策略，例如，限制特定用户或角色对某些资源的访问，配置跨站请求伪造保护，设置会话管理策略等。

9.4.3 部署 Java 后端服务

因为前端应用运行时需要依赖后端服务，所以首先部署 Java 后端服务。

1. 打包后端服务

（1）安装 JDK

微课

V9-7 部署 Java 后端服务

在编译和打包后端服务时，需要使用 Maven 工具。Maven 工具运行在 JDK 环境下，所以首先要安装 JDK 工具。下载本书资源中提供的 jdk-8u102-Windows-x64.exe 文件到 Windows 桌面上，双击安装程序，采用默认的设置安装即可，安装过程简单，具体过程参见微课。默认的安装目录是 C:\Program Files\Java\jdk1.8.0_102。

安装结束后，配置 JAVA_HOME 环境变量和可执行命令的 Path 路径。按 Win+R 快捷键，弹出“运行”对话框，输入 sysdm.cpl，打开“系统属性”窗口后，选择“高级”选项卡，单击“环境变量”按钮，在弹出的“环境变量”对话框中单击“新建”按钮，如图 9-36 所示。

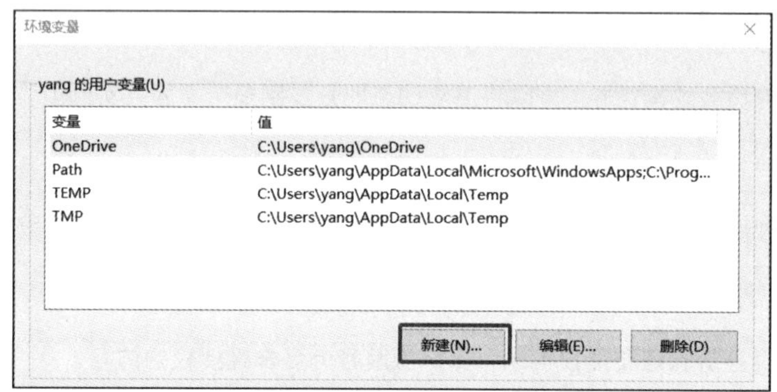

图 9-36 “环境变量”对话框

在弹出的“新建用户变量”对话框中输入变量名“JAVA_HOME”、变量值“C:\Program Files\Java\jdk1.8.0_102”，单击“确定”按钮，如图 9-37 所示。

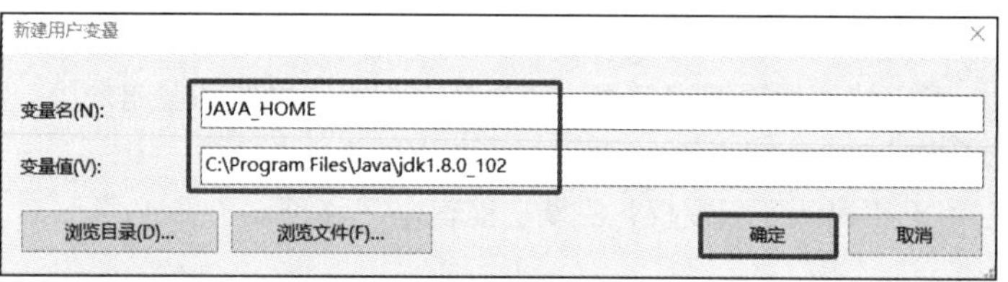

图 9-37 “新建用户变量”对话框

配置完成后，在“环境变量”对话框中新增了 JAVA_HOME 环境变量，如图 9-38 所示。

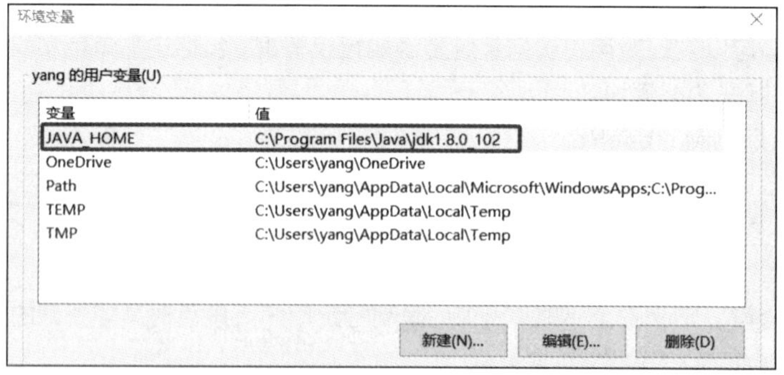

图 9-38 新增了 JAVA_HOME 环境变量

选择“Path”选项，在弹出的“编辑环境变量”对话框中单击“新建”按钮，增加 JDK 可执行命令的 Path 路径，输入“%JAVA_HOME%\bin”，如图 9-39 所示。

其中，%JAVA_HOME%引用的是 C:\Program Files\Java\jdk1.8.0_102 路径，配置完成后，位于 C:\Program Files\Java\jdk1.8.0_102\bin 下的可执行命令都可以在命令行的任意目录下执行。进入 Windows 的命令行窗口，执行 java -version 命令，查看 JDK 的版本，结果如图 9-40 所示。

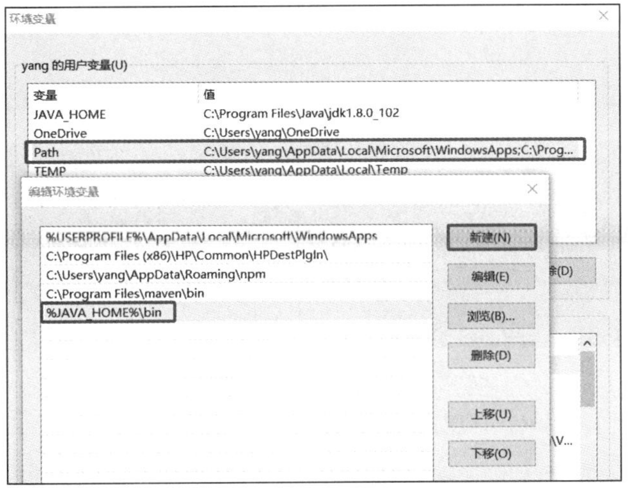

图 9-39　增加 JDK 可执行命令的 Path 路径

```
Microsoft Windows [版本 10.0.19045.4651]
(c) Microsoft Corporation。保留所有权利。

C:\Windows\system32>java -version
java version "1.8.0_102"
Java(TM) SE Runtime Environment (build 1.8.0_102-b14)
Java HotSpot(TM) 64-Bit Server VM (build 25.102-b14, mixed mode)

C:\Windows\system32>
```

图 9-40　查看 JDK 的版本

可以使用 Java 命令，说明环境变量已经配置成功了。

（2）配置 Maven 环境变量

将本书资源中提供的 maven 目录复制到 C 盘（其他盘符也可以）根目录下，将 C:\maven\bin 目录添加到用户环境变量中，增加 Maven 可执行命令的 Path 路径，如图 9-41 所示。

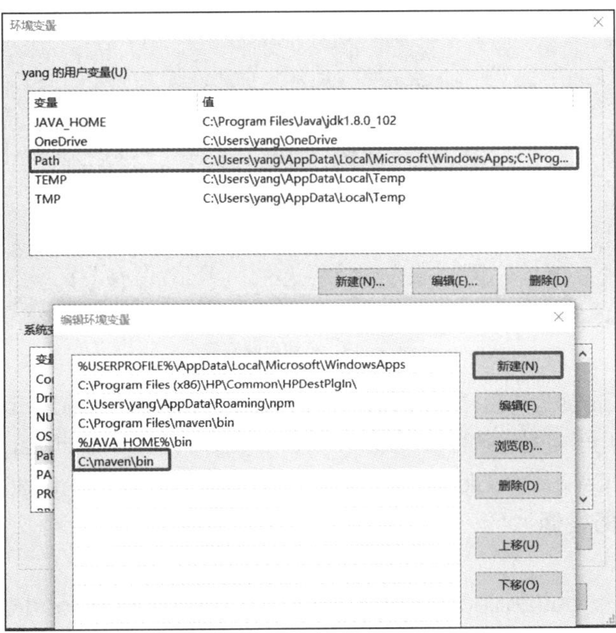

图 9-41　增加 Maven 可执行命令的 Path 路径

配置完成后，进入 Windows 的命令行窗口，执行 mvn --version 命令，查看 Maven 的版本，结果如图 9-42 所示。

```
C:\Windows\system32\cmd.exe
Microsoft Windows [版本 10.0.19045.4651]
(c) Microsoft Corporation。保留所有权利。

C:\Users\yang>mvn --version
Apache Maven 3.9.8 (36645f6c9b5079805ea5009217e36f2cffd34256)
Maven home: C:\maven
Java version: 1.8.0_102, vendor: Oracle Corporation, runtime: C:\Program Files\Java\jdk1.8.0_102\jre
Default locale: zh_CN, platform encoding: GBK
OS name: "windows 10", version: "10.0", arch: "amd64", family: "windows"

C:\Users\yang>
```

图 9-42　查看 Maven 的版本

从结果中可以发现，Maven 环境变量配置成功。

（3）打包后端服务

打包后端服务就是将后端的每个微服务源代码打包成 JAR 包。在命令行窗口中进入项目目录，执行 mvn clean package 命令，命令如下。

```
C:\RuoYi-Cloud-v3.6.4>mvn clean package
```

执行完成后，结果如图 9-43 所示。

```
C:\Windows\System32\cmd.exe
[INFO]
[INFO] ruoyi ............................................ SUCCESS [  2.421 s]
[INFO] ruoyi-common ..................................... SUCCESS [  0.004 s]
[INFO] ruoyi-common-core ................................ SUCCESS [  3.594 s]
[INFO] ruoyi-api ........................................ SUCCESS [  0.004 s]
[INFO] ruoyi-api-system ................................. SUCCESS [  0.597 s]
[INFO] ruoyi-common-redis ............................... SUCCESS [  0.655 s]
[INFO] ruoyi-common-security ............................ SUCCESS [  0.812 s]
[INFO] ruoyi-auth ....................................... SUCCESS [  2.329 s]
[INFO] ruoyi-gateway .................................... SUCCESS [  1.754 s]
[INFO] ruoyi-visual ..................................... SUCCESS [  0.004 s]
[INFO] ruoyi-visual-monitor ............................. SUCCESS [  0.937 s]
[INFO] ruoyi-common-datasource .......................... SUCCESS [  0.389 s]
[INFO] ruoyi-common-datascope ........................... SUCCESS [  0.503 s]
[INFO] ruoyi-common-log ................................. SUCCESS [  0.552 s]
[INFO] ruoyi-common-swagger ............................. SUCCESS [  0.502 s]
[INFO] ruoyi-modules .................................... SUCCESS [  0.004 s]
[INFO] ruoyi-modules-system ............................. SUCCESS [  1.768 s]
[INFO] ruoyi-modules-gen ................................ SUCCESS [  1.383 s]
[INFO] ruoyi-modules-job ................................ SUCCESS [  1.285 s]
[INFO] ruoyi-modules-file ............................... SUCCESS [  1.430 s]
[INFO] ruoyi-common-seata ............................... SUCCESS [  0.326 s]
[INFO] ------------------------------------------------------------------------
[INFO] BUILD SUCCESS
[INFO] ------------------------------------------------------------------------
[INFO] Total time:  21.772 s
[INFO] Finished at: 2024-08-06T13:00:19+08:00
[INFO] ------------------------------------------------------------------------

C:\RuoYi-Cloud-v3.6.4>
```

图 9-43　打包后端服务

使用Maven命令打包源代码后，生成了用于认证服务的C:\RuoYi-Cloud-v3.6.4\ruoyi-auth\target\ruoyi-auth.jar 文件、用于网关服务的 C:\RuoYi-Cloud-v3.6.4\ruoyi-auth\target\ruoyi-gateway.jar 文件、后端系统模块的 C:\RuoYi-Cloud-v3.6.4\ruoyi-auth\target\ruoyi-modules-system.jar 文件。

2. 制作后端服务镜像

（1）建立项目目录

在 master 节点的/root/project9 目录下，创建级联目录 springcloud/docker，并在 docker 目录下创建 3 个子目录，分别为 ruoyi-auth、ruoyi-gateway、ruoyi-system，如图 9-44 所示。

```
[root@master docker]# pwd
/root/project9/springclould/docker
[root@master docker]# ls
ruoyi-auth  ruoyi-gateway  ruoyi-system
```

图 9-44 建立项目目录

将 C:\RuoYi-Cloud-v3.6.4\ruoyi-auth\target\ruoyi-auth.jar 文件上传到 ruoyi-auth 目录下，将 C:\RuoYi-Cloud-v3.6.4\ruoyi-auth\target\ruoyi-gateway.jar 文件上传到 ruoyi gateway 目录下，将 C:\RuoYi-Cloud-v3.6.4\ruoyi-auth\target\ruoyi-modules-system.jar 文件上传到 ruoyi-system 目录下。

（2）制作镜像

① 制作 ruoyi-auth 认证中心镜像。

在 ruoyi-auth 目录下建立 Dockerfile 文件，打开文件，输入以下内容。

```
FROM registry.cn-hangzhou.aliyuncs.com/lnstzy/openjdk:8
COPY ruoyi-auth.jar /app.jar
EXPOSE 8080
ENTRYPOINT ["/bin/sh","-c","java -jar /app.jar ${PARAMS}"]
```

以上脚本基于 registry.cn-hangzhou.aliyuncs.com/lnstzy/openjdk:8 基础镜像，复制 ruoyi-auth.jar 到/目录下，修改其名称为 app.jar，暴露容器的 8080 端口；容器启动时使用 java -jar /app.jar 命令运行认证中心程序，运行时基于 PARAMS 环境变量，PARAMS 环境变量后续通过 ConfigMap 引入容器。

配置完成后，制作镜像，命令如下。

```
[root@master ruoyi-auth]# nerdctl build -t registry.cn-hangzhou.aliyuncs.com/lnstzy/ruoyi-auth:v1 .
```

制作完成后，推送镜像到阿里云的镜像仓库中，命令如下。

```
[root@master ruoyi-auth]# nerdctl push registry.cn-hangzhou.aliyuncs.com/lnstzy/ruoyi-auth:v1
```

② 制作 ruoyi-gateway 网关镜像。

在 ruoyi-gateway 目录下建立 Dockerfile 文件，打开文件，输入以下内容。

```
FROM registry.cn-hangzhou.aliyuncs.com/lnstzy/openjdk:8
COPY ruoyi-gateway.jar /app.jar
EXPOSE 8080
ENTRYPOINT ["/bin/sh","-c","java -jar /app.jar ${PARAMS}"]
```

以上脚本基于 registry.cn-hangzhou.aliyuncs.com/lnstzy/openjdk:8 基础镜像，复制 ruoyi-gateway.jar 到/目录下，修改其名称为 app.jar，暴露容器的 8080 端口；容器启动时使用 java -jar /app.jar 命令运行网关程序，运行时基于 PARAMS 环境变量，PARAMS 环境变量后续通过 ConfigMap 引入容器。

配置完成后，制作镜像，命令如下。

```
[root@master ruoyi-gateway]# nerdctl build -t registry.cn-hangzhou.aliyuncs.com/lnstzy/ruoyi-gateway:v1 .
```

制作完成后，推送镜像到阿里云的镜像仓库中，命令如下。

```
[root@master ruoyi-gateway]# nerdctl push registry.cn-hangzhou.aliyuncs.com/lnstzy/ruoyi-gateway:v1
```

③ 制作 ruoyi-system 系统模块镜像。

在 ruoyi-system 目录下建立 Dockerfile 文件，打开文件，输入以下内容。

```
FROM registry.cn-hangzhou.aliyuncs.com/lnstzy/openjdk:8
COPY ruoyi-system.jar /app.jar
```

```
EXPOSE 8080
ENTRYPOINT ["/bin/sh","-c","java -jar /app.jar ${PARAMS}"]
```

以上脚本基于 registry.cn-hangzhou.aliyuncs.com/lnstzy/openjdk:8 基础镜像，复制 ruoyi-system.jar 到/目录下，修改其名称为 app.jar，暴露容器的 8080 端口；容器启动时使用 java -jar /app.jar 命令运行系统模块，运行时基于 PARAMS 环境变量，PARAMS 环境变量后续通过 ConfigMap 引入容器。

配置完成后，制作镜像，命令如下。

```
[root@master ruoyi-system]# nerdctl build -t registry.cn-hangzhou.aliyuncs.com/lnstzy/ruoyi-system:v1 .
```

制作完成后，推送镜像到阿里云的镜像仓库中，命令如下。

```
[root@master ruoyi-system]# nerdctl push registry.cn-hangzhou.aliyuncs.com/lnstzy/ruoyi-system:v1
```

3. 运行 Nacos 注册与配置中心

因为 3 个后端服务都需要注册与配置中心的支持，所以首先构建 Nacos 注册与配置中心服务。

（1）创建数据库

运行 Nacos 注册与配置中心时，需要数据库的支持，所以在 springcloud 目录下创建子目录 nacos，将本书资源中提供的 nacos.sql 文件上传到 nacos 目录下。进入 nacos 目录，查看 nacos.sql 文件，命令如下。

```
[root@master nacos]# pwd
/root/project9/springclould/nacos
[root@master nacos]# ls nacos.sql
nacos.sql
[root@master nacos]#
```

查看主数据库管理系统的 IP 地址，结果如图 9-45 所示。

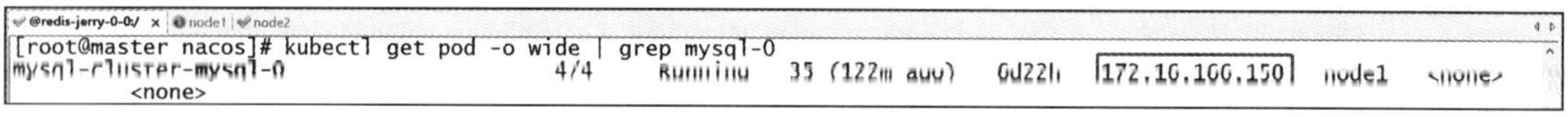

```
[root@master nacos]# kubectl get pod -o wide | grep mysql-0
mysql-cluster-mysql-0                 4/4     Running    35 (122m ago)    6d22h   172.16.166.150   node1    <none>
      <none>
```

图 9-45　查看主数据库管理系统的 IP 的地址

登录主数据库管理系统，创建数据库 ry-config，使用 nacos.sql 导入数据，如图 9-46 所示。

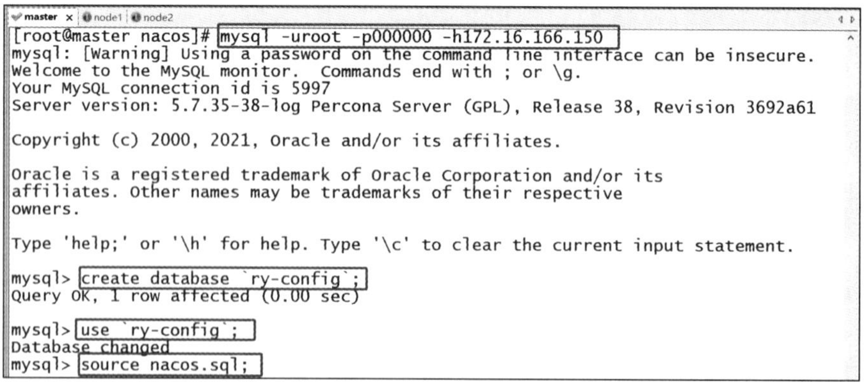

```
[root@master nacos]# mysql -uroot -p000000 -h172.16.166.150
mysql: [Warning] Using a password on the command line interface can be insecure.
Welcome to the MySQL monitor.  Commands end with ; or \g.
Your MySQL connection id is 5997
Server version: 5.7.35-38-log Percona Server (GPL), Release 38, Revision 3692a61

Copyright (c) 2000, 2021, Oracle and/or its affiliates.

Oracle is a registered trademark of Oracle Corporation and/or its
affiliates. Other names may be trademarks of their respective
owners.

Type 'help;' or '\h' for help. Type '\c' to clear the current input statement.

mysql> create database `ry-config`;
Query OK, 1 row affected (0.00 sec)

mysql> use `ry-config`;
Database changed
mysql> source nacos.sql;
```

图 9-46　创建数据库并导入数据

注意，在创建数据库时，因为数据库名称中包括-，所以要使用``符号将数据库名称包裹起来。

（2）创建 ConfigMap

将本书资源中提供的 application.properties 文件上传到 nacos 目录下，打开文件后，注意观察服务端口和数据库的配置信息，如图 9-47 所示。

```
server.servlet.contextPath=/nacos
server.error.include-message=ALWAYS
server.port=8848
spring.datasource.platform=mysql
db.num=1
db.url.0=jdbc:mysql://mysql-cluster-mysql-0.mysql:3306/ry-config?characterEncoding=utf8&connectTimeout=1000&socketTim
eout=3000&autoReconnect=true&useUnicode=true&useSSL=false&serverTimezone=UTC
db.user=root
db.password=000000
db.pool.config.connectionTimeout=30000
db.pool.config.validationTimeout=10000
db.pool.config.maximumPoolSize=20
db.pool.config.minimumIdle=2
nacos.config.push.maxRetryTime=50
server.tomcat.mbeanregistry.enabled=true
management.metrics.export.elastic.enabled=false
management.metrics.export.influx.enabled=false
server.tomcat.accesslog.enabled=true
server.tomcat.accesslog.rotate=true
```

图 9-47　服务端口和数据库的配置信息

从结果中可以观察到 Nacos 的服务端口是 8848，数据库地址为主数据库管理系统域名加上创建的 ry-config 数据库，用户名是 root，密码为 000000。用户可根据实际情况修改相应信息。

基于该文件创建名称为 nacos 的 ConfigMap，命令如下。

```
[root@master nacos]# kubectl create cm nacos  --from-file=application.properties
```

（3）使用 Deployment 控制器运行 Nacos

在 nacos 目录下创建 nacos-sts.yaml 文件，打开文件，输入以下内容。

```
apiVersion: apps/v1
kind: StatefulSet
metadata:
 name: nacos-sts
 labels:
   app: nacos
spec:
  replicas: 1
  serviceName: nacos-service                    #指定服务发现名称，后续需要创建
  selector:
   matchLabels:
     app: nacos
  template:
   metadata:
     labels:
       app: nacos
   spec:
     containers:
       - name: nacos
         image: registry.cn-hangzhou.aliyuncs.com/lnstzy/nacos:v2.4.0
         imagePullPolicy: IfNotPresent
         env:
           - name: MODE
             value: standalone                  #单实例模式
         ports:
           - containerPort: 8848
         volumeMounts:                          #挂载名称为 nacos 的 ConfigMap
           - name: nacos-config
             mountPath: /home/nacos/conf/application.properties   #挂载到配置文件
             subPath: application.properties
     volumes:                                   #引入名称为 nacos 的 ConfigMap
     - name: nacos-config
       configMap:
         name: nacos
```

以上脚本定义了名称为 nacos-sts 的 Deployment 控制器，运行了一个 Pod，在 Pod 中基于 registry.cn-hangzhou.aliyuncs.com/lnstzy/nacos:v2.4.0 镜像运行了容器，以 standalone（单实例）模式运行了 Nacos 注册与配置中心，容器暴露的端口是 8848，指定了服务发现的名称为 nacos-service，同时挂载了名称为 nacos 的 ConfigMap，将 application.properties 的内容写入 /home/nacos/conf/application.properties 配置文件。

配置完成后，运行该 YAML 脚本，创建 Nacos 服务，命令如下。

```
[root@master nacos]# kubectl apply -f nacos-sts.yaml
```

（4）创建 Service 服务发现

为提供稳定的访问，需要为 Nacos 创建 Service 服务发现。在 nacos 目录下创建 nacos-service.yaml 文件，打开文件，输入以下内容。

```
apiVersion: v1
kind: Service
metadata:
  name: nacos-service        #服务发现名称
spec:
  clusterIP: None            #Headless Service 服务发现
  selector:                  #选择器标签为 app: nacos
    app: nacos
  ports:
    - port: 8848             #服务发现的端口
      targetPort: 8848       #访问 Pod 容器的端口
```

以上脚本定义了名称为 nacos-service 的 Headless Service 服务发现，通过 app: nacos 标签暴露后端的 Nacos 服务，服务发现的端口是 8848，目标容器的端口也是 8848。

基于该脚本创建服务发现，命令如下。

```
[root@master nacos]# kubectl apply -f nacos-service.yaml
```

（5）创建 Ingress

因为需要在 Nacos 上做配置，所以需要提供对外访问的域名。在 nacos 目录下创建 nacos-ingress.yaml 文件，打开文件，输入以下内容。

```
apiVersion: networking.k8s.io/v1
kind: Ingress
metadata:
  name: ingress-nacos
  namespace: default
spec:
  ingressClassName: nginx
  rules:
  - host: www.nacos.com
    http:
      paths:
      - path: /nacos
        pathType: Prefix
        backend:
          service:
            name: nacos-service
            port:
              number: 8848
```

以上脚本定义了名称为 ingress-nacos 的 Ingress 资源，通过 www.nacos.com 域名访问名称为 nacos-service 的服务发现，服务发现的端口是 8848。

基于该脚本创建 Ingress，命令如下。

```
[root@master nacos]# kubectl apply -f nacos-ingress.yaml
```

（6）配置 Nacos 注册与配置中心

① 添加域名解析。

在 C:\Windows\System32\drivers\etc\hosts 中添加 www.nacos.com 的域名解析，将 www.nacos.com 域名解析到 IP 地址 192.168.200.30 上，具体如下。


```
    192.168.200.30 www.web.com www.ingress.com www.zm.com www.zzgl.com
www.goadmin.com  www.nacos.com
```

② 访问 Nacos。

在 Windows 主机上访问 www.nacos.com/nacos，返回 Nacos 服务的首页，如图 9-48 所示。

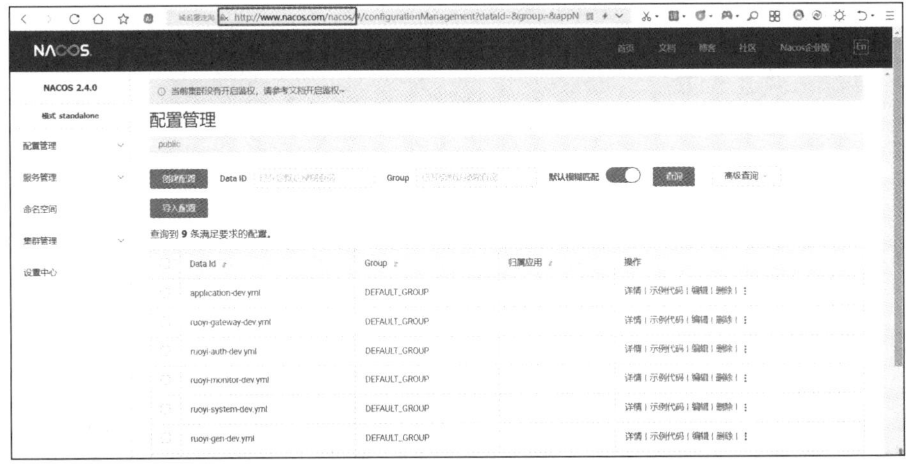

图 9-48　Nacos 服务的首页

③ 配置 ruoyi-gateway-dev.yml。

后端的所有服务都要注册到 Nacos 上，且每个服务都要在 Nacos 上进行配置。

单击 Nacos 首页 ruoyi-gateway-dev.yml 右侧的“编辑”链接，修改 redis 部分配置，将 Redis 缓存服务配置为项目 8 中创建的 Redis 集群信息。配置完 Gateway 网关的 Redis 信息后，单击下方的“发布”按钮，如图 9-49 所示。

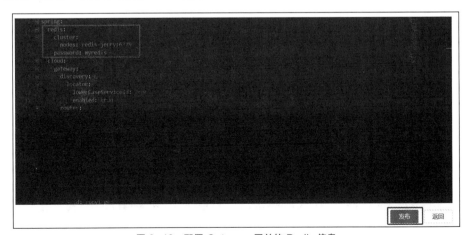

图 9-49　配置 Gateway 网关的 Redis 信息

配置集群地址时，省略的命名空间是 default，密码是 myredis。

④ 配置 ruoyi-auth-dev.yml。

若依的 Auth 认证中心同样需要配置 Redis 缓存。单击 Nacos 首页 ruoyi-auth-dev.yml 右侧的“编辑”链接，修改 redis 部分配置，内容与 ruoyi-gateway-dev.yml 的配置完全一样。配置完 Auth 认证中心的 Redis 信息后，单击“发布”按钮，如图 9-50 所示。

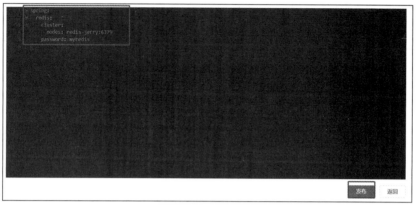

图 9-50　配置 Auth 认证中心的 Redis 信息

⑤ 配置 ruoyi-system-dev.yml。

若依后端系统模块需要同时配置 MySQL 数据库和 Redis 缓存数据库。单击 Nacos 首页 ruoyi-system-dev.yml 右侧的“编辑”链接，配置若依后端系统模块的 Redis 信息，如图 9-51 所示。

图 9-51　配置若依后端系统模块的 Redis 信息

拖动右侧滚动条，配置若依后端系统模块的数据库信息，修改主数据库管理系统为项目 8 中构建的主数据库管理系统，修改从数据库管理系统为项目 8 中构建的从数据库管理系统，如图 9-52 所示。

图 9-52　配置若依后端系统模块的数据库信息

配置完成后，单击“发布”按钮。因为在数据库配置信息中使用的数据库是 ry-cloud，所以需要登录主数据库管理系统，创建数据库并导入数据库脚本数据。

在 springcloud 目录下创建子目录 ruoyi，将本书资源中提供的两个数据库脚本 1.sql、2.sql 上传到该目录下。进入该目录，登录主数据库管理系统，创建 ry-cloud 数据库，导入 1.sql 和 2.sql，如图 9-53 所示。

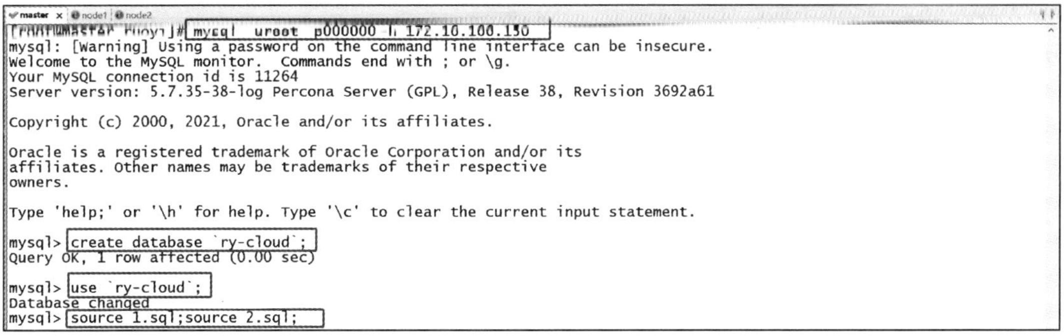

```
[root@master ruoyi]# mysql -uroot -p000000 -h 172.10.100.150
mysql: [Warning] Using a password on the command line interface can be insecure.
Welcome to the MySQL monitor.  Commands end with ; or \g.
Your MySQL connection id is 11264
Server version: 5.7.35-38-log Percona Server (GPL), Release 38, Revision 3692a61

Copyright (c) 2000, 2021, Oracle and/or its affiliates.

Oracle is a registered trademark of Oracle Corporation and/or its
affiliates. Other names may be trademarks of their respective
owners.

Type 'help;' or '\h' for help. Type '\c' to clear the current input statement.

mysql> create database `ry-cloud`;
Query OK, 1 row affected (0.00 sec)

mysql> use `ry-cloud`;
Database changed
mysql> source 1.sql;source 2.sql;
```

图 9-53　创建 ry-cloud 数据库并导入数据

4. 部署后端服务

部署了注册与配置中心之后，就可以部署 ruoyi-auth 认证中心、ruoyi-gateway 服务网关、ruoyi-modules-system 系统模块服务了。

（1）创建 ConfigMap

因为 3 个服务都需要注册到 Nacos 注册与配置中心，且需要从注册与配置中心获取配置信息，所以在部署时，需要在容器中进行相关配置。上传本书资源中提供的 params.env 配置文件到 ruoyi 目录下，查看该文件内容，具体如下。

```
PARAMS="--server.port=8080 --spring.cloud.nacos.discovery.server-addr=nacos-sts-0.nacos-service:8848 --spring.cloud.nacos.config.server-addr=nacos-sts-0.nacos-service:8848"
```

该文件指明了运行容器时暴露的端口，以及找到 Nacos 服务的域名 nacos-sts-0.nacos-service:8848。

使用该文件创建名称为 start 的 ConfigMap，命令如下。

```
[root@master ruoyi]# kubectl create cm start --from-file params.env
```

（2）创建 Deployment 控制器

在 ruoyi 目录下创建 deployment-back.yaml 文件，编写 3 个后端服务的 YAML 脚本，内容如下。

```
apiVersion: apps/v1
kind: Deployment
metadata:
 name: ruoyi-auth
 labels:
   app: ruoyi-auth
spec:
  replicas: 1
  selector:
    matchLabels:
     app: ruoyi-auth
  template:
    metadata:
```

```
        labels:
          app: ruoyi-auth
      spec:
        containers:
          - name: ruoyi-auth
            image: registry.cn-hangzhou.aliyuncs.com/lnstzy/ruoyi-auth:v1
            imagePullPolicy: IfNotPresent
            env:
            - name: PARAMS
              valueFrom:
                configMapKeyRef:
                  name: start
                  key: PARAMS
            ports:
              - containerPort: 8080
---
apiVersion: apps/v1
kind: Deployment
metadata:
  name: ruoyi-gateway
  labels:
    app: ruoyi-gateway
spec:
  replicas: 1
  selector:
    matchLabels:
      app: ruoyi-gateway
  template:
    metadata:
      labels:
        app: ruoyi-gateway                          #后续要通过该标签暴露网关服务
    spec:
      containers:
        - name: ruoyi-gateway
          image: registry.cn-hangzhou.aliyuncs.com/lnstzy/ruoyi-gateway:v1
          imagePullPolicy: IfNotPresent
          env:
          - name: PARAMS
            valueFrom:
              configMapKeyRef:
                name: start
                key: PARAMS
          ports:
            - containerPort: 8080
---
apiVersion: apps/v1
kind: Deployment
metadata:
  name: ruoyi-system
  labels:
    app: ruoyi-system
spec:
  replicas: 1
  selector:
    matchLabels:
```

```
      app: ruoyi-system
  template:
    metadata:
      labels:
        app: ruoyi-system
    spec:
      containers:
      - name: ruoyi-system
        image: registry.cn-hangzhou.aliyuncs.com/lnstzy/ruoyi-system:v1
        imagePullPolicy: IfNotPresent
        env:
        - name: PARAMS
          valueFrom:
            configMapKeyRef:
              name: start
              key: PARAMS
        ports:
        - containerPort: 8080
```

以上脚本定义了 3 个 Deployment 控制器，每个控制器都创建了一个 Pod，基于构建好的 registry.cn-hangzhou.aliyuncs.com/lnstzy/ruoyi-auth:v1 镜像、registry.cn-hangzhou.aliyuncs.com/lnstzy/ruoyi-gateway:v1 镜像、registry.cn-hangzhou.aliyuncs.com/lnstzy/ruoyi-system:v1 镜像构建了容器服务，在每个容器中都通过环境变量的方式引入了名称为 start 的 ConfigMap，环境变量的名称为 PARAMS。运行这个脚本后就可以部署 3 个后端服务了，命令如下。

```
[root@master ruoyi]# kubectl apply -f deployment-back.yaml
```

部署完成后，选择 Nacos 首页中的“服务列表”选项，在服务列表页面中可以发现 3 个后端服务都已经注册了，如图 9-54 所示。

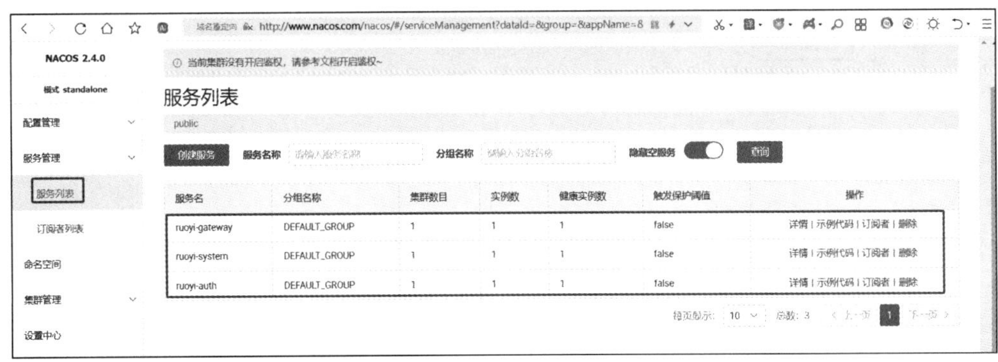

图 9-54　3 个后端服务都已经注册

（3）创建服务发现暴露 Gateway 服务网关

前端应用要通过 Gateway 服务网关访问后端系统模块服务，所以要创建 Service 服务发现，暴露 ruoyi-gateway 服务网关。在 ruoyi 目录下创建 service-back.yaml 文件，打开文件，输入以下内容。

```
apiVersion: v1
kind: Service
metadata:
  name: ruoyi-gateway
spec:
  selector:
    app: ruoyi-gateway
```

```
    ports:
    - port: 8080
      targetPort: 8080
```

以上脚本定义了名称为 ruoyi-gateway 的服务发现，通过 app: ruoyi-gateway 标签暴露了 Gateway 服务网关，服务发现的端口为 8080，后端网关服务的目标端口为 8080。后续前端应用要通过这个服务发现访问 ruoyi-gateway 服务网关，进而访问后端系统模块。

9.4.4 部署前端应用

1. 打包前端项目

（1）安装依赖

若依前端应用也是基于 Vue 框架编写的，打包方式与 Go 项目的基本一致。在 Windows 命令行窗口中进入前端项目目录，命令如下。

微课

V9-8 部署前端应用

```
C:\Users\yang>cd c:\RuoYi-Cloud-v3.6.4\ruoyi-ui
```

安装项目依赖，命令如下。

```
C:\Users\yang\Desktop\go-admin-ui>yarn install
```

执行完成后，会下载安装项目依赖，需要等待一会儿。

（2）打包项目

打包项目，命令如下。

```
C:\Users\yang\Desktop\go-admin-ui>yarn build:prod
```

打包完成后，在项目目录下会生成一个名称为 dist 的目录，如图 9-55 所示。

此电脑 › 本地磁盘 (C:) › RuoYi-Cloud-v3.6.4 › ruoyi-ui

名称	修改日期	类型
bin	2024/4/1 9:28	文件夹
build	2024/4/1 9:28	文件夹
dist	2024/8/7 9:12	文件夹
node_modules	2024/8/7 9:12	文件夹
public	2024/4/1 9:28	文件夹
src	2024/4/1 9:28	文件夹
.editorconfig	2024/4/1 9:28	EDITORCC
.env.development	2024/4/1 9:28	DEVELOPI
.env.production	2024/4/1 9:28	PRODUCT
.env.staging	2024/4/1 9:28	STAGING
.eslintignore	2024/4/1 9:28	ESLINTIGN
.eslintrc.js	2024/4/1 9:28	JavaScript
.gitignore	2024/4/1 9:28	GITIGNOR
babel.config.js	2024/4/1 9:28	JavaScript
package.json	2024/8/5 22:34	JSON 文件
README.md	2024/4/1 9:28	Markdow
vue.config.js	2024/4/1 9:28	JavaScript
yarn.lock	2024/8/7 9:09	LOCK 文件

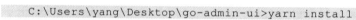

图 9-55 生成一个名称为 dist 的目录

2. 上传和共享项目

（1）上传项目

将 dist 目录上传到 node2 节点的/code 目录下，如图 9-56 所示。

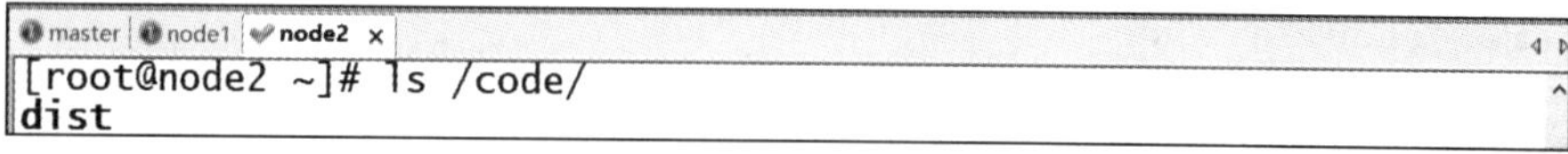

图 9-56 上传项目

（2）共享项目

修改 NFS 配置，共享/dist 目录，命令如下。

```
[root@node2 ~]# vi /etc/exports
/code/dist 192.168.200.0/24(rw,no_root_squash)
```

配置完成后，重新启用 NFS 服务，命令如下。

```
[root@node2 ~]# systemctl restart nfs-server
```

3. 部署前端应用

（1）创建 ConfigMap

在部署前端应用时，需要对容器进行基础配置和后端代理配置，将这部分内容配置到 ConfigMap 中，并在 Deployment 控制器中部署前端应用时引用 ConfigMap 配置。

将本书资源中提供的 nginx.conf 上传到 ruoyi 目录下，打开文件，内容如下。

```
worker_processes  1;
events {
    worker_connections  1024;
}
http {
    include       mime.types;
    default_type  application/octet-stream;
    sendfile        on;
    keepalive_timeout  65;

    server {
        listen       80;
        server_name  _;

        location / {
            root   /usr/share/nginx/html;
            try_files $uri $uri/ /index.html;
            index  index.html index.htm;
        }

        location /prod-api/{
            proxy_set_header Host $http_host;
            proxy_set_header X-Real-IP $remote_addr;
            proxy_set_header REMOTE-HOST $remote_addr;
            proxy_set_header X-Forwarded-For $proxy_add_x_forwarded_for;
            proxy_pass http://ruoyi-gateway:8080/;
        }
    }
}
```

以上代码除了配置了网站的基本访问信息之外，还配置了前端访问如何代理到后端，说明如下。

location /prod-api/：访问/prod-api/路径时代理到后端。

Host $http_host：设置 Host 头部为原始客户端请求的 Host 头部。

X-Real-IP $remote_addr：设置 X-Real-IP 头部为客户端的真实 IP 地址。

REMOTE-HOST $remote_addr：设置一个自定义的 REMOTE-HOST 头部，使用客户端的 IP 地址。

X-Forwarded-For $proxy_add_x_forwarded_for：将客户端的 IP 地址追加到 X-Forwarded-For 头部。

proxy_pass http://ruoyi-gateway:8080/：将请求代理到后端网关的服务发现上，名称为

ruoyi-gateway，端口号为 8080，这样就可以将前端访问代理到后端服务了。

配置完成后，基于 nginx.conf 文件创建名称为 nginx-ruoyi-ui 的 ConfigMap，命令如下。

```
[root@master ruoyi]# kubectl create cm nginx-ruoyi-ui --from-file nginx.conf
```

（2）使用 Deployment 控制器部署应用

在 ruoyi 目录下创建名称为 deployment-ui.yaml 的文件，打开文件，输入以下内容。

```
apiVersion: apps/v1
kind: Deployment
metadata:
 name: ruoyi-ui
 labels:
   app: ruoyi-ui
spec:
  replicas: 1
  selector:
    matchLabels:
     app: ruoyi-ui
  template:
    metadata:
     labels:
       app: ruoyi-ui
    spec:
      containers:
        - name: ruoyi-ui
          image: registry.cn-hangzhou.aliyuncs.com/lnstzy/nginx:alpine
          imagePullPolicy: IfNotPresent
          ports:
            - containerPort: 80
          volumeMounts:
            - name: ruoyi-ui
              mountPath: /usr/share/nginx/html
            - name: nginx-config
              mountPath: /etc/nginx/nginx.conf
              subPath: nginx.conf
              readOnly: true
      volumes:
      - name: ruoyi-ui
        nfs:
          path: /code/dist
          server: 192.168.200.30
      - name: nginx-config
        configMap:
          name: nginx-ruoyi-ui
```

以上脚本定义了名称为 ruoyi-ui 的 Deployment 控制器，运行了一个 Pod，在 Pod 中基于 registry.cn-hangzhou.aliyuncs.com/lnstzy/nginx:alpine 镜像运行了容器，设置了容器访问的端口为 80；容器中通过 NFS 引入了 192.168.200.30（node2 节点）的前端网站/code/dist，挂载到/usr/share/nginx/html 网站根目录下，通过名称为 nginx-ruoyi-ui 的 ConfigMap 引入了网站配置，将 ConfigMap 中 key 为 nginx.conf 的内容写入/etc/nginx/nginx.conf 文件。

配置完成后，运行 deployment-ui.yaml，部署前端应用，命令如下。

```
[root@master ruoyi]# kubectl apply -f deployment-ui.yaml
```

（3）创建前端应用的服务发现

为了方便用户访问，需要为前端应用创建服务发现。在 ruoyi 目录下创建 service-ui.yaml 文件，打开文件，输入以下内容。

```
apiVersion: v1
kind: Service
metadata:
 name: ruoyi-ui
spec:
  selector:
    app: ruoyi-ui
  ports:
    - port: 80
      targetPort: 80
```

以上脚本定义了名称为 ruoyi-ui 的服务发现，通过 app: ruoyi-ui 标签暴露后端 Pod 服务，服务发现的端口是 80，后端 Pod 容器的端口是 80。

配置完成后，基于该脚本创建服务发现，命令如下。

```
[root@master ruoyi]# kubectl apply -f service-ui.yaml
```

（4）使用 Ingress 提供给外部用户访问

为方便集群外部用户访问集群内的服务，需要建立 Ingress 资源，以将若依管理系统发布给外部用户。在 ruoyi 目录下创建 ingress-ui.yaml 文件，打开文件，输入以下内容。

```
apiVersion: networking.k8s.io/v1
kind: Ingress
metadata:
 name: ingress-ruoyi-cloud
 namespace: default
spec:
  ingressClassName: nginx
  rules:
  - host: www.ruoyicloud.com
    http:
      paths:
      - path: /
        pathType: Prefix
        backend:
          service:
            name: ruoyi-ui
            port:
              number: 80
```

以上脚本定义了 Ingress 资源，实现了当外部用户访问 www.ruoyicloud.com 时路由到名称为 ruoyi-ui 的服务发现上，进而访问前端应用。运行该脚本，命令如下。

```
[root@master ruoyi]# kubectl apply -f ingress-ui.yaml
```

（5）访问项目

在 C:\Windows\System32\drivers\etc\hosts 中添加 www.ruoyicloud.com 的域名解析，将 www.ruoyicloud.com 域名解析到 IP 地址 192.168.200.30 上，具体如下。

```
192.168.200.30 www.web.com www.ingress.com www.zm.com www.zzgl.com
www.goadmin.com www.ruoyicloud.com
```

打开浏览器，访问 www.ruoyicloud.com，进入若依后台管理系统登录页面，如图 9-57 所示。

在若依后台管理系统登录页面中，输入用户名“admin”、密码“admin123”和提示的验证码后，单击“登录”按钮，进入后台管理页面，如图 9-58 所示。

从后台管理页面可以发现，已经能够从前端应用跳转到后端服务了。项目 9 部署完成后，可以删除项目 8 和项目 9 中部署的内容，以释放集群资源。

图 9-57　若依后台管理系统登录页面

图 9-58　后台管理页面

项目小结

在集群上部署项目是Kubernetes最重要的功能之一。本项目介绍了PHP Web项目的部署、Python Web项目的部署、Go项目的部署和Spring Cloud微服务项目的部署。在部署PHP Web和Python Web项目时，实现了Web服务的高可用性；在部署Go和Spring Cloud项目时，分别打包和部署了前后端项目。

项目练习与思考

1. 选择题

(1) LAMP 架构中的 P 指的是（　　）。

A. pip　　B. PHP　　C. Pap　　D. PPP

(2) 当通过 NFS 挂载项目代码时，可以实现多个 Web 服务内容的（　　）。

A. 一致　　B. 冗余　　C. 备份　　D. 复制

(3) 当部署前后端分离项目时，需要分别对源代码进行（　　）。

A. 复制　　B. 删除　　C. 打包　　D. 测试

2. 填空题

(1) 使用 yarn________命令可以打包 Vue 前端应用。

(2) 打包 Go 后端服务的命令是________。

(3) 当打包 Java 项目时，需要使用________工具。

3. 简答题

(1) 简述部署项目到 Kubernetes 集群的流程。

(2) 简述 Spring Cloud 微服务项目的优势。

项目 10

构建企业级DevOps云平台

项目描述

为减少人工操作，提高软件开发、测试和部署的效率，加快产品发布速度，促进团队之间的协同工作，公司决定基于Kubernetes部署DevOps云平台。公司项目经理要求王亮学习DevOps云平台的自动化工具，实现持续集成/持续部署。

该项目思维导图如图10-1所示。

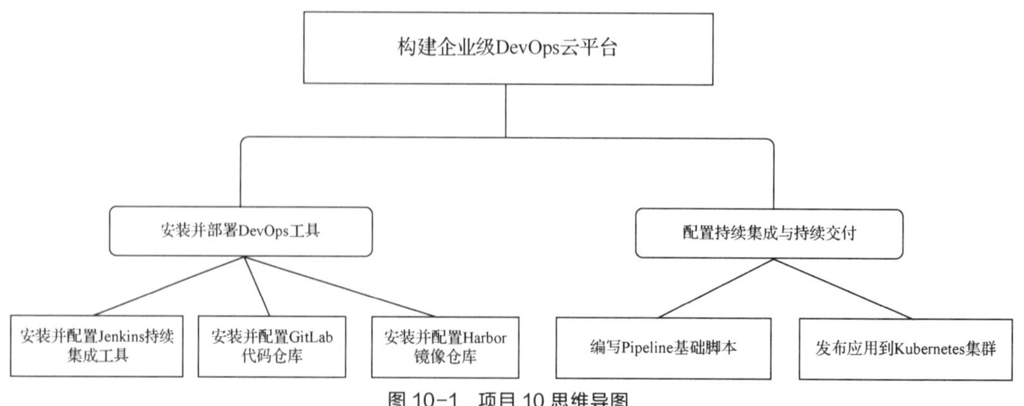

图 10-1　项目 10 思维导图

任务 10-1 安装并部署 DevOps 工具

学习目标

知识目标

（1）掌握 Jenkins 的部署和配置方法。

（2）掌握 GitLab 的部署和使用方法。

（3）掌握 Harbor 的部署和使用方法。

技能目标

（1）能够在 Kubernetes 集群上部署自动化工具。

（2）能够配置 Jenkins 与其他工具的对接。

素养目标

（1）通过学习自动化工具，培养持续学习和自我提升的意识。

（2）通过学习 Jenkins 与其他工具的对接，培养系统性思维和综合管理能力。

10.1.1 任务描述

为应对企业之间日益激烈的竞争，加快业务系统开发和上线时间，公司决定部署 DevOps 云平台，实现开发运维一体化。公司项目经理要求王亮学习 DevOps 的自动化工具，在集群中部署 Jenkins、GitLab 和 Harbor，并实现 Jenkins 与其他两种工具的对接。

10.1.2 必备知识

1. DevOps 功能

DevOps 中的 Dev 是 Development（开发）的缩写，Ops 是 Operation（运维）的缩写。DevOps 能够打破开发与运维的壁垒，实现敏捷开发、持续集成、持续交付、持续部署等，其功能架构如图 10-2 所示。

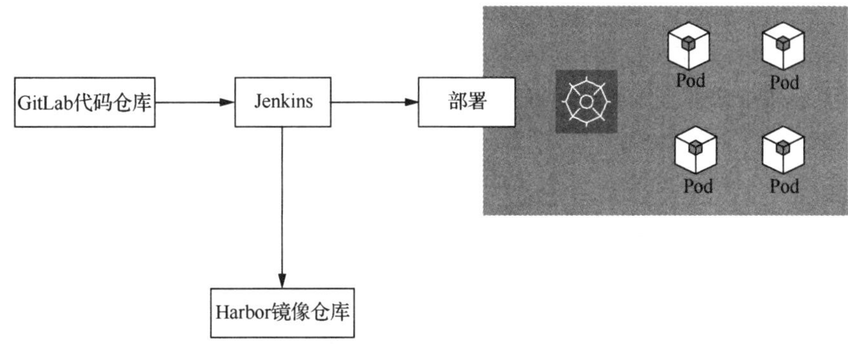

图 10-2 DevOps 功能架构

如图 10-2 所示，Jenkins 自动化工具从 GitLab 代码仓库中上拉取代码，将其推送到 Harbor 镜像仓库，再部署到测试和生产环境中。DevOps 具体功能如下。

（1）持续集成

代码管理和版本控制：提供源代码的管理和版本控制功能，通常集成了 Git 等版本控制系统。

自动化构建：自动化执行软件构建过程，包括编译、打包和生成可执行的软件组件等。

单元测试和代码质量分析：集成单元测试工具，自动运行测试用例并生成测试报告，同时进行代码质量分析和静态代码检查。

（2）持续交付

自动化部署：将经过测试的应用程序自动部署到不同环境中，如开发、测试、预发布和生产环境等。

环境管理：提供环境配置和管理功能，支持环境快速复制和调整，确保部署的一致性和可重复性。

配置管理：管理应用程序的配置文件和参数，支持不同环境的配置管理和自动化变更。

（3）持续部署

持续部署：在通过自动化测试和审批流程后，将应用程序自动部署到生产环境中，以实现持续部署的自动化流程。

（4）监控和日志管理

应用性能监控：实时监控应用程序的性能指标，如响应时间、吞吐量和错误率等。

日志收集和分析：收集、存储和分析应用程序与基础设施的日志，以便于故障排除和性能优化。

访问控制和身份验证：管理用户和团队的访问权限，确保只有授权人员可以访问和操作关键系统。

安全审计和合规性：监控和记录平台的操作活动，支持安全审计和合规性要求。

（5）自动化工具集成

DevOps 支持与持续集成和持续交付等过程相关的各种第三方工具及服务的集成，如测试自动化工具、部署工具、持续集成服务器等。

（6）报告和可视化

DevOps 提供关于构建、部署和运行过程的报告及分析，帮助开发团队了解和改进整体效率及质量。

2. DevOps 常用的自动化工具

（1）Jenkins 持续集成工具

Jenkins 是一个开源的自动化服务器，主要用于实现持续集成和持续交付的工作流程。Jenkins 提供了丰富的功能和灵活的插件架构，使得开发团队能够更高效地构建、测试和部署软件，其主要功能如下。

① 持续集成：Jenkins 支持从版本控制系统（如 Git、SVN 等）获取源代码，并在开发人员提交代码时自动触发构建过程。这样可以确保开发团队的每次代码更改都可以及时地集成到主干代码库中，减少集成问题和冲突。

② 持续交付和持续部署：Jenkins 不仅限于构建和测试代码，还可以自动化整个软件发布流程。通过结合不同插件和工具，Jenkins 可以自动执行部署到各种环境（如开发、测试、生产环境）中，实现持续交付和持续部署。

③ 插件生态系统：Jenkins 的核心功能可以通过丰富的插件进行扩展和定制。Jenkins 插件覆盖几乎所有与软件开发和交付相关的方面，包括构建工具、测试框架、代码质量分析工具、部署工具、通知服务等。

④ 分布式构建：Jenkins 支持将构建任务分发到多个代理节点上运行，从而实现更快速的构建过程和更高的并行度，这对于大型项目或者需要大量并行构建的情况非常有用。

⑤ 可视化界面和日志记录：Jenkins 提供直观的 Web 界面，用于管理和监控构建任务、查看构建历史和结果。每次构建都有详细的日志记录，方便开发人员和运维人员快速定位问题及分析构建过程。

⑥ 安全性和权限控制：Jenkins 支持细粒度的权限管理，可以根据团队成员的角色和责任分配不同的权限。此外，Jenkins 还支持安全认证机制，如轻量目录访问协议（Lightweight Directory

Access Protocol，LDAP）、GitHub OAuth 等，确保只有授权的人员可以访问和执行关键操作。

⑦ 可扩展性和定制化：Jenkins 的设计理念之一是极强的可扩展性和定制化能力。通过编写自定义脚本、开发新的插件或者集成现有的工具和服务，可以根据特定需求定制和扩展 Jenkins 的功能。

（2）GitLab 代码仓库

GitLab 是一种基于 Web 的 Git 仓库管理工具，提供了丰富的功能，以支持团队的软件开发、持续集成/持续部署。GitLab 的主要功能如下。

① Git 仓库管理：GitLab 提供了完整的 Git 仓库管理功能，包括代码版本控制、分支管理、合并请求（Merge Request）等。开发团队可以在 GitLab 上托管代码，并进行协作开发和代码审查。

② 持续集成/持续部署：GitLab 内置了强大的持续集成/持续部署功能，可以配置自动化的构建、测试和部署流程。GitLab 支持多阶段的流水线定义，允许开发团队根据项目需求灵活地设置和管理自动化流程。

③ 代码质量和安全性检测：GitLab 集成了代码静态分析、代码覆盖率检查、安全漏洞扫描等功能。开发团队可以通过 GitLab 的集成工具对代码质量进行实时监控和改进，确保代码的稳定性和安全性。

④ Issue 跟踪和项目管理：GitLab 提供了强大的项目管理功能，包括问题跟踪、里程碑、看板（Kanban）、时程表（Roadmap）等。团队成员可以在 GitLab 上创建和分配任务，跟踪问题的解决进度，并进行团队协作。

⑤ 集成和可扩展性：GitLab 支持丰富的集成和扩展，通过插件和 API 可以与各种其他工具及服务（如 JIRA、Slack、LDAP 等）无缝集成，这使得开发团队可以根据自己的需求定制和扩展 GitLab 的功能。

⑥ 权限管理和安全性：GitLab 提供了灵活的权限管理机制，可以根据角色和项目设置不同的权限。此外，GitLab 还内置了安全认证功能，支持单点登录和多种身份验证方式，确保代码和数据的安全性。

⑦ 容器注册表和 Kubernetes 集成：GitLab 包含一个 Docker 容器注册表，方便团队管理和分享 Docker 镜像。此外，GitLab 还提供了与 Kubernetes 的深度集成，支持自动化部署到 Kubernetes 集群。

⑧ 版本控制与合并请求审查：GitLab 提供了强大的版本控制功能，支持分支管理、合并请求、代码审查等。团队成员可以通过合并请求功能对代码进行审查和讨论，确保代码质量和团队协作。

（3）Harbor 镜像仓库

Harbor 是一种企业级的开源 Docker 镜像仓库管理工具，旨在提供安全、可信赖的容器镜像存储和管理解决方案，其主要功能如下。

① 安全的镜像存储：Harbor 提供安全的存储环境，保证上传到仓库中的镜像数据安全、可靠。管理员可以设置访问权限，确保只有授权用户可以访问和操作镜像。

② 镜像复制和同步：Harbor 提供了镜像复制和同步功能，可以轻松将镜像从一个 Harbor 实例复制到另一个 Harbor 实例。这对多地点或多环境部署的团队来说非常方便。

③ 策略管理：Harbor 支持多层次的策略管理，管理员可以定义镜像复制、删除、扫描和保留策略，根据组织需求进行定制。

④ 审计和日志：Harbor 提供详细的审计日志和操作日志，可记录每个镜像的操作历史和管理员的管理活动，有助于合规性和安全性管理。

⑤ 镜像漏洞扫描：Harbor 集成了镜像漏洞扫描工具（如 Clair），能够对上传到 Harbor 的镜像进行安全扫描，帮助发现和修复镜像中的安全漏洞。

⑥ 多租户支持：Harbor 支持多租户环境，可以将不同的镜像仓库划分为不同的项目或团队，实现不同项目之间的隔离和资源限制。

⑦ 用户界面和 API：Harbor 提供直观的用户界面和强大的 RESTful API，使管理员和开发人员可以方便地管理及操作镜像仓库。

⑧ 可扩展性和集成：Harbor 设计灵活，支持与常见的容器编排平台和 CI/CD 工具集成，如 Kubernetes 和 Jenkins，适合企业快速部署和使用。通过 YAML 脚本部署项目后，可以进行访问测试，以解决部署问题。

10.1.3 安装并配置 Jenkins 持续集成工具

1. 安装 Jenkins

微课

V10-1 安装并配置 Jenkins 持续集成工具

（1）创建 NFS 共享目录

Jenkins 运行时需要对/var/jenkins_home 进行持久化存储，所以首先创建 NFS 共享目录、PV 和 PVC。

① 配置 NFS 共享目录。

在 master 节点上创建目录/jenkins，命令如下。

```
[root@master ~]# mkdir /jenkins
```

② 配置共享目录。

打开 NFS 配置文件/etc/exports，输入以下内容。

```
/jenkins  192.168.200.0/24(rw,no_root_squash)
```

启用 NFS 服务，命令如下。

```
[root@master ~]# systemctl start nfs-server && systemctl enable nfs-server
```

（2）创建 PV 和 PVC

在 master 节点的/root 目录下创建目录 project10，命令如下。

```
[root@master ~]# mkdir project10
```

进入 project10 目录，创建 pvc-pv.yaml 文件，打开文件，输入以下内容。

```
apiVersion: v1
kind: PersistentVolume
metadata:
 name: pv-jenkins
spec:
  capacity:
    storage: 5Gi
  accessModes:
  - ReadWriteMany
  nfs:
    server: 192.168.200.10
    path: /jenkins
---
apiVersion: v1
kind: PersistentVolumeClaim
metadata:
 name: pvc-jenkins
spec:
  accessModes:
    - ReadWriteMany
  resources:
    requests:
      storage: 5Gi
```

以上脚本定义了名称为 pv-jenkins 的 PV 和名称为 pvc-jenkins 的 PVC，使用 master 节点的/jenkins 作为持久化目录，申请了 5GB 的存储空间，允许多个节点读写操作。配置完成后，运行 YAML 脚本，创建 PV 和 PVC，命令如下。

```
[root@master project10]# kubectl apply -f pv-pvc.yaml
```

查看创建的 PV 和 PVC，结果如图 10-3 所示。

```
[root@master project10]# kubectl get pv,pvc | grep jenkins
persistentvolume/pv-jenkins                                  5Gi        RWX             Retain          Bound      defa
ult/pvc-jenkins                    <unset>                          2m56s
persistentvolumeclaim/pvc-jenkins   Bound     pv-jenkins   5Gi        RWX                               <unset>
     2m56s
```

图 10-3 查看创建的 PV 和 PVC

（3）创建 ServiceAccount 服务账户

Jenkins 运行后，需要与 Kubernetes 对接以进行相关操作，所以要为 Jenkins 创建 ServiceAccount 服务账户，并授予 Jenkins 访问集群的权限。在 project10 目录下创建 sa-jenkins.yaml 文件，打开文件，输入以下内容。

```
apiVersion: v1
kind: ServiceAccount
metadata:
 name: sa-jenkins
---
apiVersion: rbac.authorization.k8s.io/v1
kind: ClusterRoleBinding
metadata:
 name: jenkins
roleRef:
  apiGroup: rbac.authorization.k8s.io
  kind: ClusterRole
  name: cluster-admin
subjects:
  - kind: ServiceAccount
    name: sa-jenkins
    namespace: default
```

以上脚本定义了名称为 sa-jenkins 的 ServiceAccount 服务账户，并通过 ClusterRoleBinding 资源授予了其具有 cluster-admin 角色的集群管理权限，这样 sa-jenkins 就拥有了整个集群的操作权限。

运行该 YAML 脚本，命令如下。

```
[root@master project10]# kubectl apply -f sa-jenkins.yaml
```

（4）部署 Jenkins 服务

① 下载 Jenkins 镜像。

因为 Jenkins 的镜像比较大，所以首先在 node1 节点上下载镜像 registry.cn-hangzhou.aliyuncs.com/lnstzy/jenkins:latest，命令如下。

```
[root@node1 ~]# nerdctl pull registry.cn-hangzhou.aliyuncs.com/lnstzy/
jenkins:latest
```

② 部署服务。

在 project10 目录下创建 jenkins-deployment.yaml 文件，打开文件，输入以下内容。

```
apiVersion: apps/v1
kind: Deployment
metadata:
 name: jenkins                                  #定义 Deployment 名称
```

```
    spec:
      replicas: 1
      selector:
        matchLabels:
          app: jenkins
      template:
        metadata:
         labels:
           app: jenkins
        spec:
          nodeName: node1                          #调度 Pod 到 node1 节点上
          serviceAccount: sa-jenkins               #使用创建的 ServiceAccount 服务账户
          containers:
          - name: jenkins
            image: registry.cn-hangzhou.aliyuncs.com/lnstzy/jenkins:latest  #镜像
            imagePullPolicy: IfNotPresent
            ports:
            - name: web
              containerPort: 8080                  #外部访问端口
            - name: agent
              containerPort: 50000                 #agant 发现端口
            volumeMounts:
            - name: jenkins
              mountPath: /var/jenkins_home         #需要将 jenkins_home 目录挂载出来
            - name: containerd-sock
              mountPath: /run/containerd/containerd.sock
              #需要挂载 containerd.sock，以便在容器内使用 containerd
            - name: kubectl
              mountPath: /usr/local/bin/kubectl  #挂载 kubectl 命令到容器中
          volumes:
          - name: jenkins
            persistentVolumeClaim:
              claimName: pvc-jenkins                    #使用创建的 PVC
          - name: containerd-sock
            hostPath:
              path: /run/containerd/containerd.sock
          - name: kubectl
            hostPath:
              path: /usr/bin/kubectl
```

以上脚本定义了名称为 jenkins 的 Deployment 控制器，运行了一个 Pod，将 Pod 调度到 node1 节点上，使用了名称为 sa-jenkins 的 ServiceAccount 服务账户，并基于 registry.cn-hangzhou.aliyuncs.com/lnstzy/jenkins:latest 镜像运行 Jenkins 容器，开放外部访问的 8080 端口和用于代理的 50000 端口，使用了名称为 pvc-jenkins 的 PVC 持久化/var/jenkins_home 目录。

因为后续要在 Jenkins 上使用 kubectl，所以在容器中挂载 kubectl 命令、/run/containerd/containerd.sock 文件。配置完成后，运行该 YAML 脚本，命令如下。

```
[root@master project10]# kubectl apply -f jenkins-deployment.yaml
```

运行完成后，查看 Deployment 控制器运行的 Pod，结果如图 10-4 所示。

```
[root@master project10]# kubectl get pod | grep jenkins
jenkins-6cd959bd54-w4rq4                1/1     Running   0          6m31s
[root@master project10]#
```

图 10-4　查看 Deployment 控制器运行的 Pod

③ 创建 Service 服务发现。

为了方便在外部访问 Jenkins 服务，需要创建服务发现，暴露 Jenkins 服务。在 project10 目录下创建 jenkins-svc.yaml 文件，打开文件，输入以下内容。

```
apiVersion: v1
kind: Service
metadata:
 name: jenkins-svc
 labels:
   app: jenkins
spec:
  selector:
    app: jenkins
  type: NodePort
  ports:
  - name: web
    port: 8080
    targetPort: 8080
    nodePort: 30000
  - name: agent
    port: 50000
    targetPort: 50000
    nodePort: 30001
```

以上脚本定义了名称为 jenkins-svc 的服务发现，采用 NodePort 方式，在外部暴露 30000 和 30001 端口。配置完成后，运行该脚本，命令如下。

```
[root@master project10]# kubectl apply -f jenkins-svc.yaml
```

查看创建的服务发现，结果如图 10-5 所示。

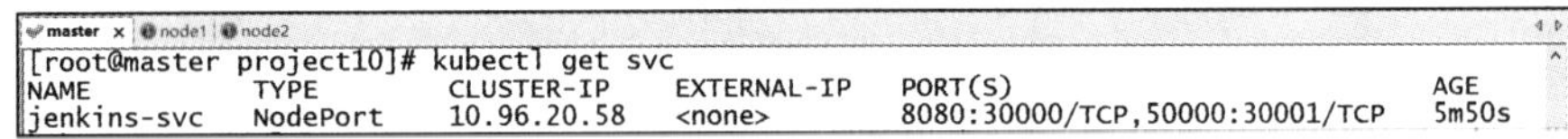

[root@master project10]# kubectl get svc
NAME TYPE CLUSTER-IP EXTERNAL-IP PORT(S) AGE
jenkins-svc NodePort 10.96.20.58 <none> 8080:30000/TCP,50000:30001/TCP 5m50s

图 10-5 查看创建的服务发现

2. 配置 Jenkins

（1）登录 Jenkins

在 Windows 主机上，打开浏览器，访问 http://192.168.200.10:30000，进入 Jenkins 登录首页，如图 10-6 所示。

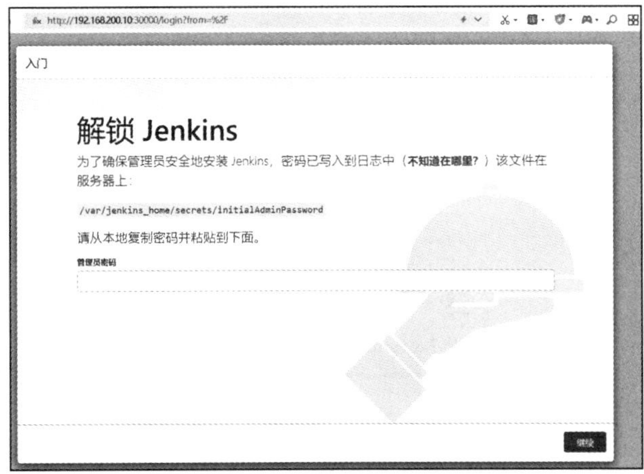

图 10-6 Jenkins 登录首页

在 master 节点上，进入/jenkins/secrets 持久化目录，查看目录内容，可以查看到 initialAdminPassword 文件，如图 10-7 所示。

```
[root@master project10]# cd /jenkins/secrets
[root@master secrets]# ls
filepath-filters.d
initialAdminPassword
jenkins.model.Jenkins.crumbSalt
master.key
org.jenkinsci.main.modules.instance_identity.InstanceIdentity.KEY
slave-to-master-security-kill-switch
whitelisted-callables.d
```


图 10-7　查看到 initialAdminPassword 文件

initialAdminPassword 文件中包含管理员登录的初始化密码，查看文件内容，命令如下。

```
[root@master secrets]# cat initialAdminPassword
3e97d7d446bc49388946530ff1bbf99d
```

在 Jenkins 登录首页的“管理员密码”文本框中输入“3e97d7d446bc49388946530ff1bbf99d”，单击“继续”按钮，进入插件安装页面，如图 10-8 所示。

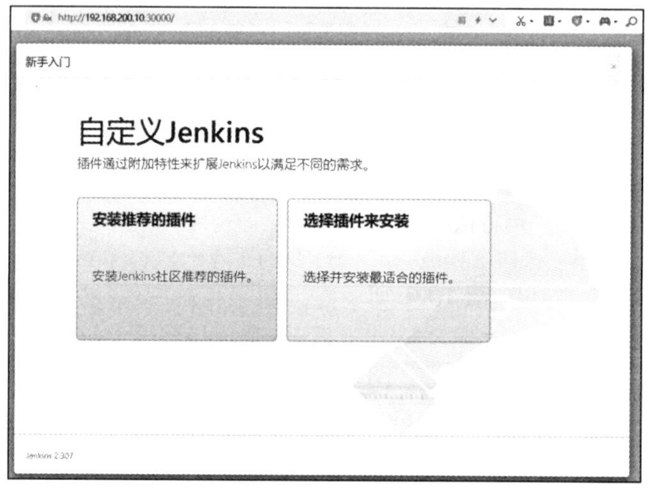

图 10-8　插件安装页面

单击“选择插件来安装”按钮，进入图 10-9 所示的页面，选择“无”选项，暂时不安装插件，单击“安装”按钮，进入图 10-10 所示的页面。

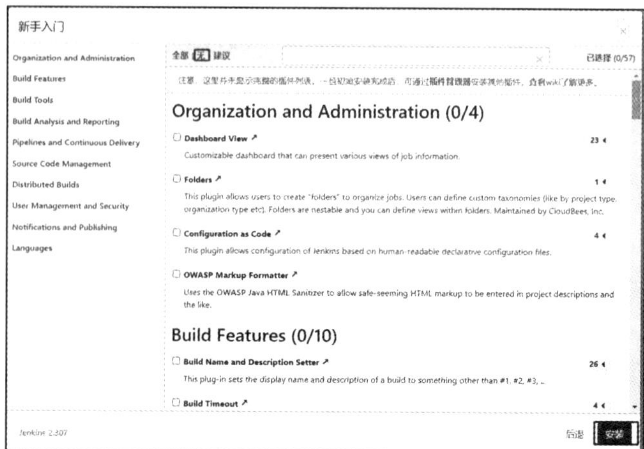

图 10-9　暂时不安装插件

这里选择“无”选项是因为读者的网络情况不一样，安装过程中可能会出现问题，所以暂时不安装插件，后续将编者提供的插件目录复制到持久化目录即可。在图 10-10 所示的页面中创建管理员，名称为“admin”，输入两次密码“123456”，单击“保存并完成”按钮。

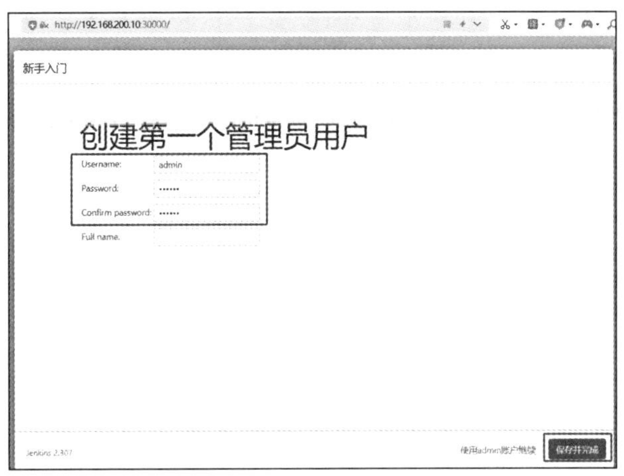

图 10-10　创建管理员

进入图 10-11 所示的页面，显示实例配置信息，单击“保存并完成”按钮。

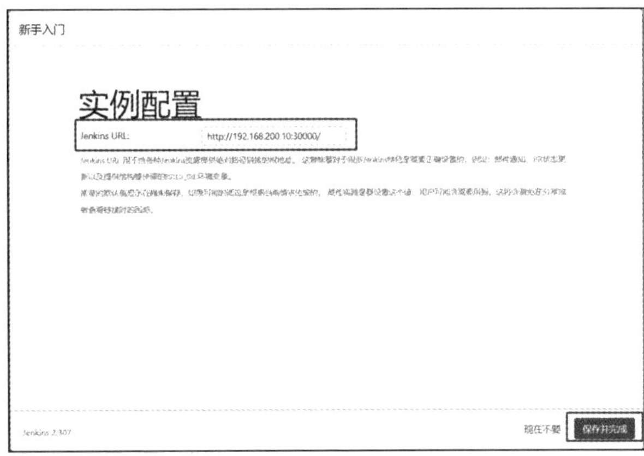

图 10-11　实例配置信息

进入图 10-12 所示的页面，完成 Jenkins 的安装，单击“开始使用 Jenkins”按钮。

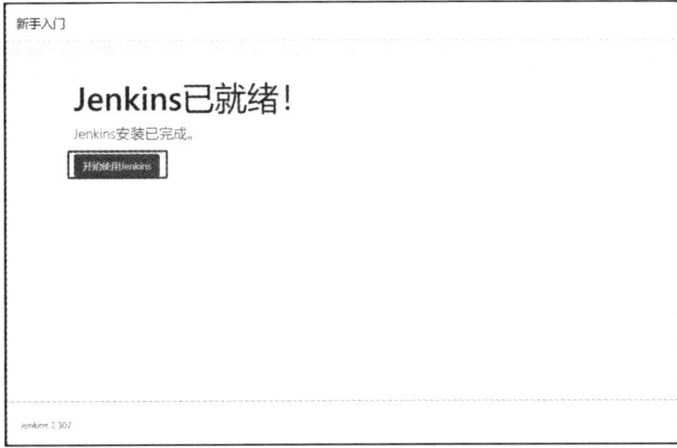

图 10-12　完成 Jenkins 的安装

在弹出的登录页面（见图 10-13）中，可以发现显示的都是英文，这是因为还没有安装插件。

（2）安装 Jenkins 插件

① 上传 Jenkins 插件。

在 master 节点上，删除 Jenkins 插件目录/jenkins/plugins，命令如下。

```
[root@master ~]# rm -rf /jenkins/plugins/
```

将本书资源中提供的 plugins.zip 文件上传到/jenkins 目录下，解压缩 plugins.zip，命令如下。

```
[root@master jenkins]# unzip plugins.zip
```

② 设置目录权限。

设置/jenkins 目录的权限，使 plugins 目录能够被写入，命令如下。

```
[root@master ~]# chmod -R 777 /jenkins/
```

③ 重新创建 Pod 容器。

重新创建一个 Pod 容器，命令如下。

```
[root@master project10]# kubectl delete -f jenkins-deployment.yaml
[root@master project10]# kubectl apply -f jenkins-deployment.yaml
```

重新创建 Pod 容器会使用持久化目录下的插件和管理员配置信息。再次登录 Jenkins，如图 10-13 所示。

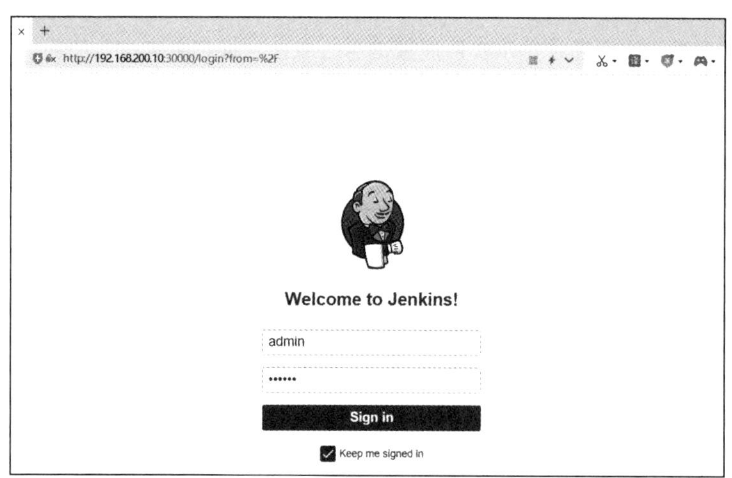

图 10-13　再次登录 Jenkins

输入管理员名称“admin”、密码“123456”，勾选“Keep me signed in”复选框，单击“Sign in”按钮，插件安装成功，如图 10-14 所示。

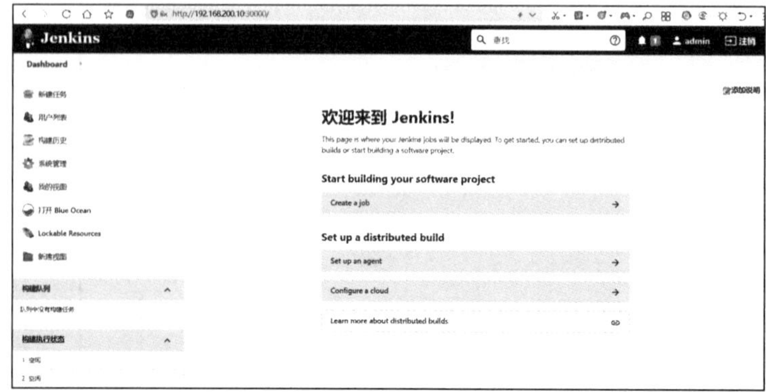

图 10-14　插件安装成功

10.1.4 安装并配置 GitLab 代码仓库

微课

V10-2 安装并配置 GitLab 代码仓库

在实际生产环境下，程序员将编写好的代码上传到公有或私有代码仓库中，公有代码仓库包括 GitHub、Gitee 等，私有代码仓库一般使用 GitLab。使用私有代码仓库的好处是安全性高，下载代码速度快。这里为分散 master、node1、node2 节点的压力，将 GitLab 部署到 node2 节点上。

1. 安装 GitLab

（1）下载 GitLab 镜像

因为 GitLab 的镜像比较大，所以首先在 node2 节点上下载镜像 registry.cn-hangzhou.aliyuncs.com/lnstzy/gitlab:12.9.2-ce.0，命令如下。

```
[root@node2 ~]# nerdctl pull registry.cn-hangzhou.aliyuncs.com/lnstzy/
gitlab:12.9.2-ce.0
```

（2）部署 GitLab

在 node2 节点上，使用 nerdctl 命令运行 mygitlab 容器，命令如下。

```
nerdctl  run -d -h gitlab -p 26:22 -p 81:80 -p 443:443      \
--volume /srv/gitlab/config:/etc/gitlab                     \
--volume /srv/gitlab/gitlab/logs:/var/log/gitlab            \
--volume /srv/gitlab/gitlab/data:/var/opt/gitlab            \
--restart always --name mygitlab registry.cn-hangzhou.aliyuncs.com/
lnstzy/gitlab:12.9.2-ce.0
```

其中，/srv/gitlab/config 是 GitLab 的配置文件目录，/srv/gitlab/gitlab/logs 是 GitLab 的日志文件目录，/srv/gitlab/gitlab/data 是 GitLab 的数据目录。

（3）登录 GitLab

在 Windows 主机上，打开浏览器，访问 http://192.168.200.30:81，进入 GitLab 登录首页，如图 10-15 所示。

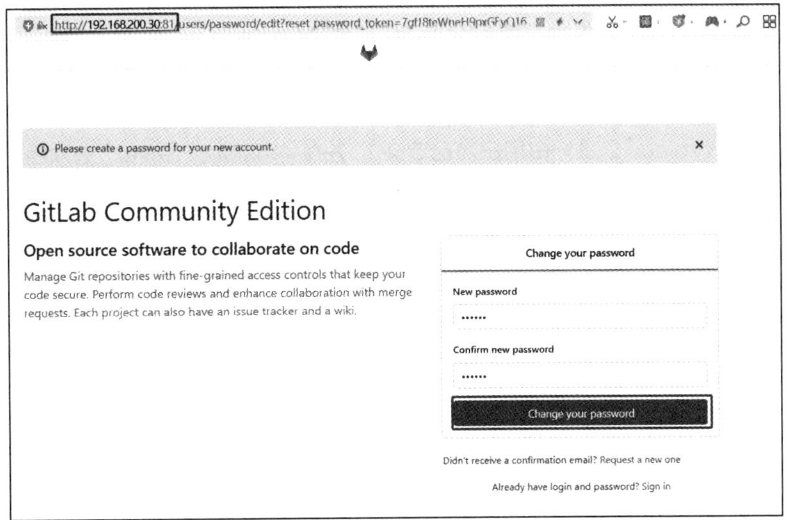

图 10-15 GitLab 登录首页

在页面右侧修改登录密码为“gitlab123”（输入两次），修改完成后，单击“Change your password”（修改密码）按钮，进入图 10-16 所示的页面。

输入用户名“root”、密码“gitlab123”，勾选“Remember me”复选框，单击“Sign in”按钮，成功登录 GitLab，如图 10-17 所示。

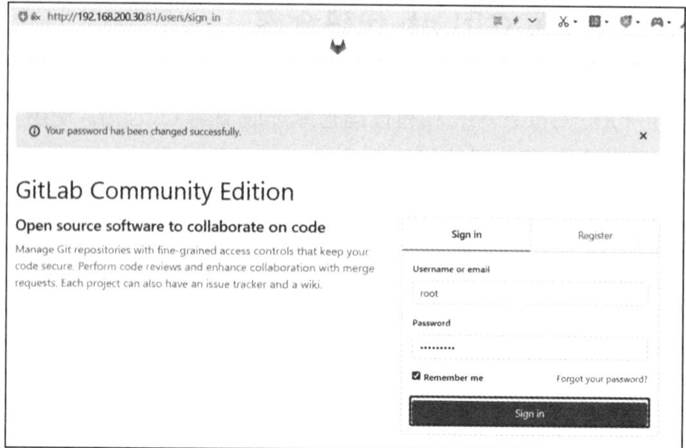

图 10-16　输入用户名和密码

图 10-17　成功登录 GitLab

2. 推送 Java 代码到 GitLab 中

GitLab 的作用是存放程序代码文件，并将其提供给 Jenkins 等自动化工具使用。首先将本书资源中提供的“上传到 GitLab”代码上传到 GitLab 工程中。

（1）创建 GitLab 工程

在图 10-17 所示的页面中，单击“Create a project”按钮，创建一个工程，在弹出的页面中，输入工程的名称“myproject”（名称由用户自己定义），并在“Visibility Level”选项组中选中“Public”单选按钮，单击页面下方的“Create project”按钮，如图 10-18 所示。

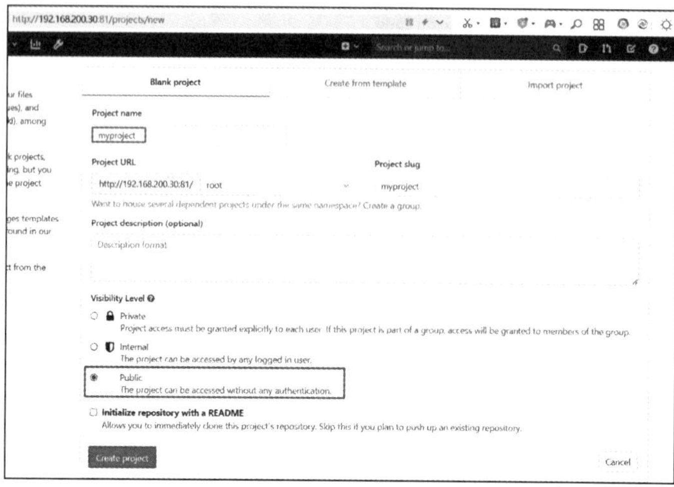

图 10-18　创建 GitLab 工程

弹出的页面中显示了 myproject 工程信息，如图 10-19 所示。

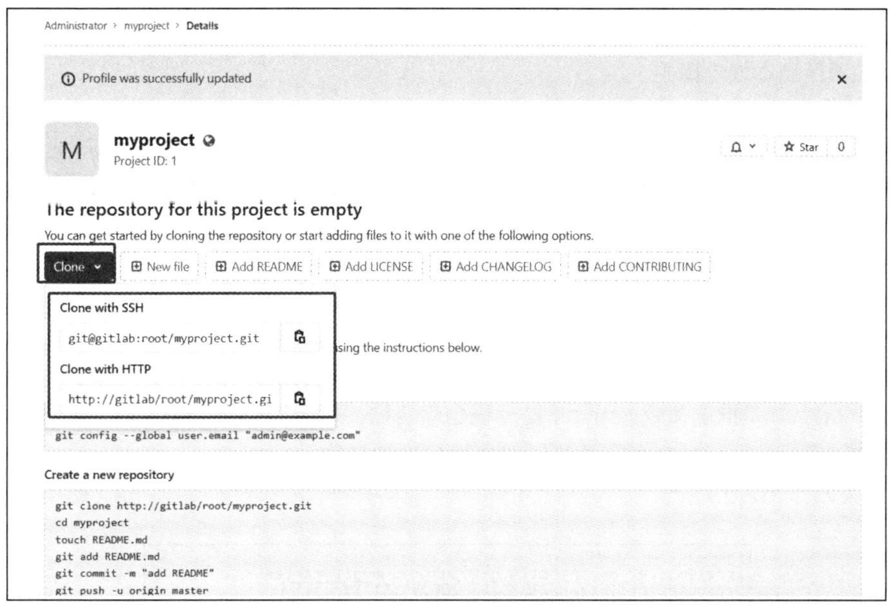

图 10-19　myproject 工程信息

图中方框处标注的 Clone 链接地址分别为 git@gitlab:root/myproject.git 和 http://gitlab/root/myproject.git，通过 SSH 和 HTTP 方式都可以下载该项目代码。

（2）安装和配置 Git

① 安装 Git。

推送代码要使用 Git 工具，在 master 节点（节点任意）上安装 Git，命令如下。

```
[root@master project10]# yum install git -y
```

② 配置 Git。

在 project10 目录下创建子目录 myproject（名称任意），将用户自己编写的 Java 源代码上传到 myproject 目录下，查看源代码文件，命令如下。

```
[root@master myproject]# ls
HELP.md  mvnw  mvnw.cmd  pom.xml  pro.iml  src
```

在 myproject 目录下，进行 Git 工具管理员和 E-mail 全局配置，命令如下。

```
[root@master myproject]# git config --global user.name "Administrator"
[root@master myproject]# git config --global user.email "admin@example.com"
```

使用 git init 命令初始化本地仓库，初始化完成后，Git 即可管理这个目录下的文件，命令如下。

```
[root@master myproject]# git init
```

（3）推送代码

① 创建远程仓库。

在 myproject 目录下，使用 git remote add 命令创建远程仓库，命令如下。

```
[root@master myproject]# git remote add mygit http://192.168.200.30:81/
root/myproject.git
```

以上命令创建了一个远程仓库 mygit，地址是 http://192.168.200.30:81/root/myproject.git，是 GitLab 上创建的 myproject 工程的地址。使用 git remote -v 命令可以查看远程仓库的名称以及拉取文件（fetch）和推送文件（push）地址，命令如下。

```
[root@master myproject]# git remote -v
```

结果如下。

```
mygit   http://192.168.200.30:81/root/myproject.git (fetch)
mygit   http://192.168.200.30:81/root/myproject.git (push)
```

② 添加项目到本地仓库中。

将 myproject 目录内容添加到本地仓库暂存区中，命令如下。

```
[root@master myproject]# git add .
```

添加完成后，使用 git commit 命令将暂存区的文件提交到本地仓库中，命令如下。

```
[root@master myproject]# git commit -m "first"
```

其中，first 是本次提交的标识。

③ 推送代码。

将本地仓库中的文件推送到远程仓库中，命令如下。

```
[root@master myproject]# git push -u mygit master
```

其中，git push 是推送命令，mygit 是远程仓库名称，-u 用于设置远程仓库为本地分支的上游（即默认推送的目标），master 表示要推送的本地分支的名称。

推送结果如图 10-20 所示。

```
[root@master myproject]# git push -u mygit master
Username for 'http://192.168.200.30:81': root
Password for 'http://root@192.168.200.30:81':
枚举对象: 28, 完成.
对象计数中: 100% (28/28), 完成.
使用 2 个线程进行压缩
压缩对象中: 100% (18/18), 完成.
写入对象中: 100% (28/28), 52.71 KiB | 10.54 MiB/s, 完成.
总共 28（差异 0），复用 0（差异 0），包复用 0
To http://192.168.200.30:81/root/myproject.git
 * [new branch]      master -> master
分支 'master' 设置为跟踪来自 'mygit' 的远程分支 'master'。
[root@master myproject]#
```

图 10-20　推送结果

推送完成后，在 GitLab 上再次选择页面左侧的"myproject"选项，在右侧会显示推送的文件，如图 10-21 所示。

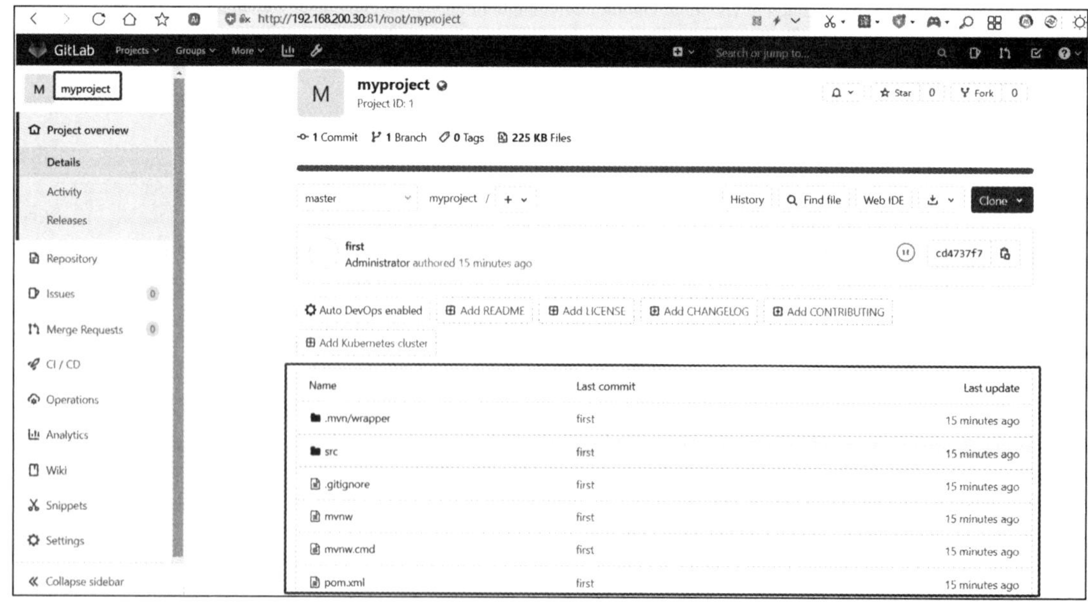

图 10-21　推送的文件

10.1.5 安装并配置 Harbor 镜像仓库

微课

V10-3 安装并配置 Harbor 镜像仓库

1. 安装 Harbor 镜像仓库

在企业内部，通常将镜像存储到内部的镜像仓库中。Harbor 是一款企业级镜像仓库。为降低部署难度，使用 docker-compose 离线安装方式来部署 Harbor 镜像仓库；为分担集群压力，将 Harbor 镜像仓库部署到 master 节点上（若条件允许，则可以新建服务器部署）。

（1）安装 Docker 容器引擎

在 master 节点上，安装 Docker 容器引擎，命令如下。

```
[root@master project10]# yum install docker-ce -y
```

（2）启动 Docker

安装完成后，启动 Docker，命令如下。

```
[root@master project10]# systemctl start docker && systemctl enable docker
```

（3）安装 docker-compose

将本书资源中提供的 docker-compose 二进制可执行文件上传到 master 节点的/usr/local/bin 目录下，并授予可执行权限，命令如下。

```
[root@master project10]# chmod +x /usr/local/bin/docker-compose
```

（4）安装 Harbor

① 上传 Harbor 离线安装包。

将本书资源中提供的 harbor-offline-installer-v2.1.0.tgz 上传到 project10 目录下，解压缩后进入 harbor 目录，命令如下。

```
[root@master project10]# tar xf harbor-offline-installer-v2.1.0.tgz
[root@master project10]# cd harbor/
[root@master harbor]# ls
common.sh  harbor.v2.1.0.tar.gz  harbor.yml.tmpl  install.sh  LICENSE  prepare
```

② 修改配置。

修改 harbor.yml.tmpl 文件为 harbor.yml，命令如下。

```
[root@master harbor]# mv harbor.yml.tmpl harbor.yml
```

打开 harbor.yml 文件，修改第 4 行的 hostname 的 IP 地址为 192.168.200.10，具体如下。

```
hostname: 192.168.200.10
```

使用#注释掉第 10～15 行，具体如下。

```
10 #https:
11 # https port for harbor, default is 443
12 #  port: 443
13 # The path of cert and key files for nginx
14 #  certificate: /your/certificate/path
15 #  private_key: /your/private/key/path
```

③ 部署 Harbor。

在当前目录下，使用./install.sh 命令安装 Harbor 镜像仓库，命令如下。

```
[root@master harbor]# ./install.sh
```

看到以下输出内容时，说明 Harbor 已经安装成功。

```
✔ ----Harbor has been installed and started successfully.----
```

④ 登录 Harbor。

部署完成后，在 Windows 主机上访问 http://192.168.200.10，进入 Harbor 登录页面，如图 10-22 所示。

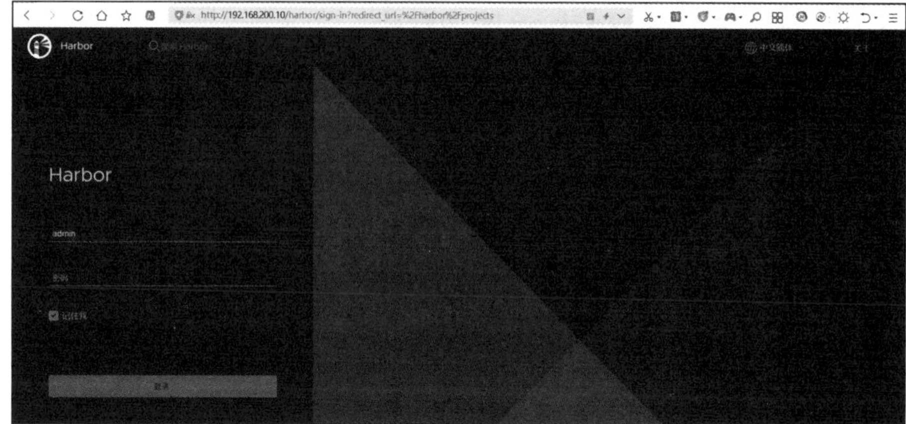

图 10-22　Harbor 登录页面

输入用户名“admin”、密码“Harbor12345”后，单击“登录”按钮，成功登录 Harbor，如图 10-23 所示。

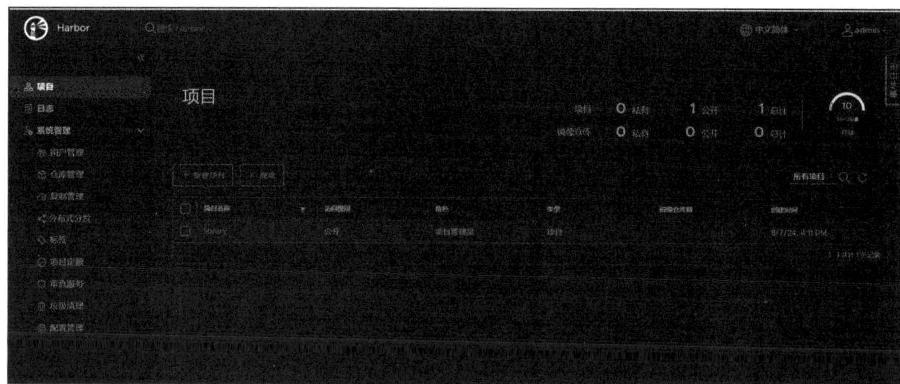

图 10-23　成功登录 Harbor

2. 推送镜像到 Harbor 镜像仓库中

（1）创建项目

Harbor 镜像仓库自带的默认项目名称为 library，这里创建一个项目，名称为 demo，方法是选择“项目”→“新建项目”选项，在弹出的“新建项目”对话框中输入项目名称“demo”，设置访问级别为“公开”，如图 10-24 所示。

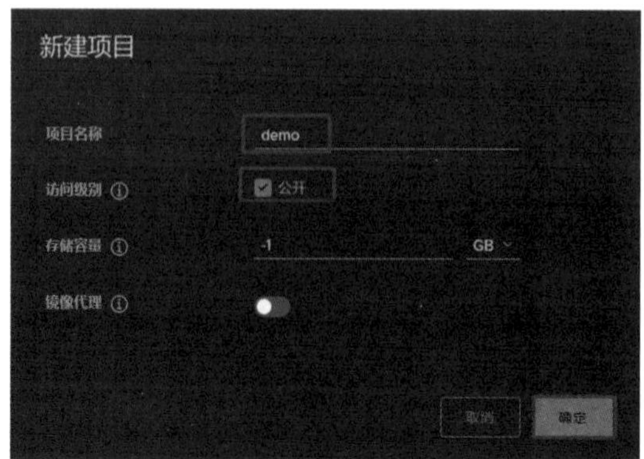

图 10-24　创建 demo 项目

单击“确定”按钮后，返回页面显示 demo 项目创建成功，如图 10-25 所示。

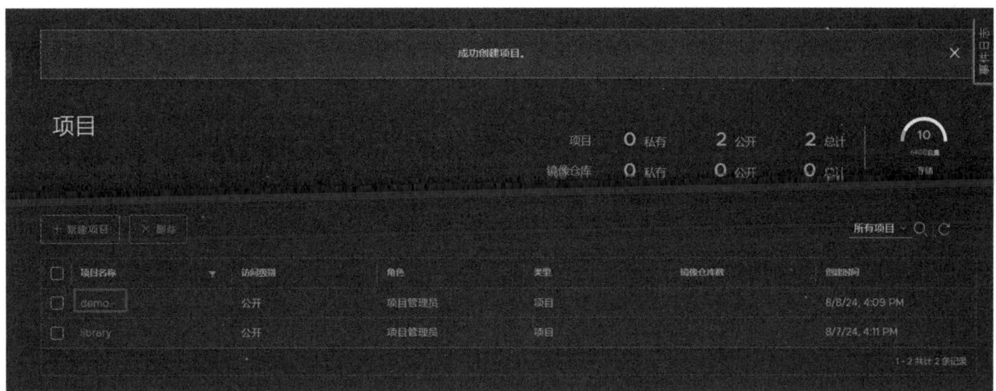

图 10-25　demo 项目创建成功

单击 demo 项目，单击右侧的“推送命令”按钮，提示在项目中标记镜像和推送镜像到当前项目的 Docker 推送命令，以及在项目中标记 Chart 的 Helm 推送命令，如图 10-26 所示。

图 10-26　推送命令

当使用 containerd 作为容器引擎时，将 Docker 推送命令中的“docker”换成“nerdctl”即可。

（2）客户端登录 Harbor 镜像仓库

① 配置受信任仓库。

在 node1 节点上，修改 containerd 的仓库配置，使 node1 节点相信 master 节点的 Harbor 镜像仓库。打开配置文件，命令如下。

```
[root@node1 ~]# vi /etc/containerd/config.toml
```

在[plugins."io.containerd.grpc.v1.cri".registry.mirrors]下方加入以下两行配置，定义信任的仓库地址和 HTTP 通信地址，配置时注意缩进关系，具体如下。

```
[plugins."io.containerd.grpc.v1.cri".registry.mirrors]
   [plugins."io.containerd.grpc.v1.cri".registry.mirrors."192.168.200.10"]
     endpoint = ["http://192.168.200.10"]
```

配置完成后重启 containerd，命令如下。

```
[root@node1 ~]# systemctl restart containerd
```

② 登录 Harbor 镜像仓库。

在 node1 节点上，使用 nerdctl 命令登录 Harbor 镜像仓库，命令如下。

```
[root@node1 ~]# nerdctl --insecure-registry login 192.168.200.10
```

其中，--insecure-registry 指明使用 HTTP 方式登录 Harbor 镜像仓库。在提示符中输入用户名“admin”和密码“Harbor12345”，成功登录 Harbor 镜像仓库，结果如下。

```
Enter Username: admin
Enter Password:
WARN[0006] skipping verifying HTTPS certs for "192.168.200.10"
WARNING: Your password will be stored unencrypted in /root/.docker/config.json.
Configure a credential helper to remove this warning. See
https://docs.docker.com/engine/reference/commandline/login/#credentials-store
Login Succeeded
```

（3）推送镜像到 Harbor 镜像仓库

在 node1 节点上下载镜像 registry.cn-hangzhou.aliyuncs.com/lnstzy/openjdk:8，命令如下。

```
[root@node1 ~]# nerdctl pull registry.cn-hangzhou.aliyuncs.com/
lnstzy/openjdk:8
```

为镜像添加 demo 项目的镜像标签，命令如下。

```
[root@node1 ~]# nerdctl tag registry.cn-hangzhou.aliyuncs.com/
lnstzy/openjdk:8 192.168.200.10/demo/openjdk:8
```

推送镜像到 Harbor 镜像仓库中，命令如下。

```
[root@node1 ~]# nerdctl push 192.168.200.10/demo/openjdk:8 --insecure-registry
```

推送完成后，登录 Harbor 镜像仓库，查看推送的镜像，结果如图 10-27 所示。

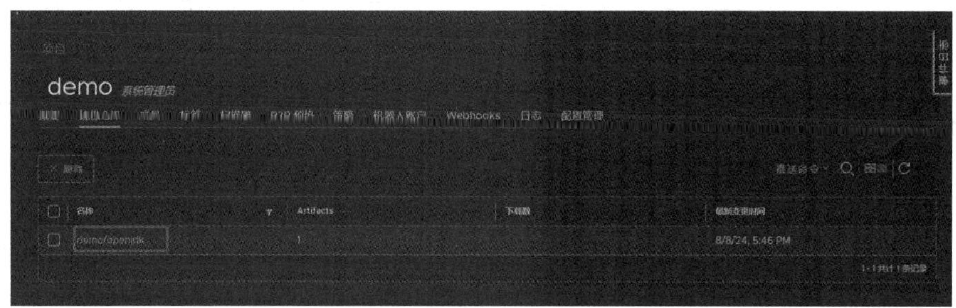

图 10-27 查看推送的镜像

任务 10-2 配置持续集成与持续交付

学习目标

知识目标

（1）掌握 Pipeline 脚本的功能。

（2）掌握编写 Pipeline 的基础语法。

技能目标

（1）能够编写 Pipeline 拉取和编译程序代码。

（2）能够编写 Pipeline 构建镜像。

（3）能够发布应用到 Kubernetes 集群中。

素养目标

（1）通过学习 Pipeline 拉取和编译程序代码，培养团队成员有效沟通的能力。

（2）通过学习发布应用到 Kubernetes 集群中，培养沉着冷静解决问题的能力。

10.2.1 任务描述

部署 Jenkins、GitLab、Harbor 后，通过 Jenkins 拉取 GitLab 上的程序代码，利用 Harbor 镜像仓库的基础镜像构建新的应用镜像，再把镜像推送到 Harbor 镜像仓库中，最终实现把应用部署到 Kubernetes 集群中。公司项目经理要求王亮整合 3 种工具，通过 Pipeline 脚本发布项目到 Kubernetes 集群中。

10.2.2 必备知识

1. Pipeline 脚本功能

Pipeline 脚本是一种用于自动化软件构建、测试和部署的脚本，通常在持续集成和持续交付工具中使用。它定义了从代码提交到生产环境的整个工作流。以下是 Pipeline 脚本的功能。

（1）定义执行步骤

Pipeline 脚本指定了构建、测试、部署等步骤的顺序和细节，例如，构建步骤可以包括编译代码，测试步骤可以包括运行单元测试，部署步骤可以包括将应用发布到服务器等。

（2）自动化

Pipeline 脚本通过自动执行这些步骤，减少了手动操作的需要，从而提高了开发和发布的效率及一致性。

（3）可重复性

每次提交代码时，Pipeline 脚本都会自动运行，确保每次构建和部署都遵循相同的流程，这有助于发现和解决问题，保证软件质量。

（4）版本控制

Pipeline 脚本通常与代码一起存储在版本控制系统（如 Git）中，使得脚本的修改和历史记录与应用代码同步管理。

（5）可配置性

Pipeline 脚本可以配置各种参数和条件，以适应不同的环境和需求。例如，可以设置不同的部署策略或条件，以决定是否触发某些步骤。

2. Pipeline 基础语法

Pipeline 基础语法根据使用的工具不同而有所差异。以下是 Jenkins Pipeline 的基础语法示例。

（1）Declarative Pipeline（声明式）

Declarative Pipeline 是 Jenkins 推荐的声明式语法，基本框架如下。

```
pipeline {
    agent any
    stages {
        stage('Build') {                          #构建阶段
            steps {
                echo 'Building...'                #输出 Building
            }
        }
        stage('Test') {                           #测试阶段
            steps {
                echo 'Testing...'                 #输出 Testing
```

```
            }
        }
        stage('Deploy') {                          #部署阶段
            steps {
                echo 'Deploying...'                #输出 Deploying
            }
        }
    }
}
```

以上 Declarative Pipeline 示例定义了一个简单的 CI/CD 流程，包括 3 个主要阶段（构建、测试、部署），每个阶段都输出相应的信息。其中，agent 定义了这段脚本在哪里执行，any 表示可以在任意可用的节点上执行。这个结构简洁明了，有助于读者理解 Pipeline 的执行流程。

（2）Scripted Pipeline（脚本式）

Scripted Pipeline 语法更灵活，但较为复杂，适用于需要实现高级功能的情况，基本框架如下。

```
node {
    stage('Build') {
        echo 'Building...'
    }
    stage('Test') {
        echo 'Testing...'
    }
    stage('Deploy') {
        echo 'Deploying...'
    }
}
```

以上脚本使用了 Scripted Pipeline 语法，通过 node 语块指定在哪个节点上运行，使用 stage 语块来划分 Pipeline 的不同阶段，使用 echo 输出阶段信息。在每个阶段中，都可以添加具体的构建、测试和部署步骤。

10.2.3 编写 Pipeline 基础脚本

1. 新建流水线任务

微课

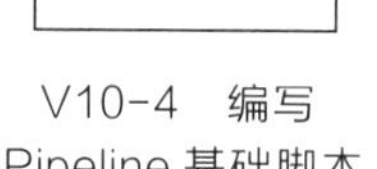

V10-4 编写 Pipeline 基础脚本

在 Jenkins 首页中，单击“新建任务”按钮，进入新建任务页面，在任务名称文本框中输入名称“basic”（名称由用户自己定义），选择“流水线”选项，单击“确定”按钮，如图 10-28 所示。

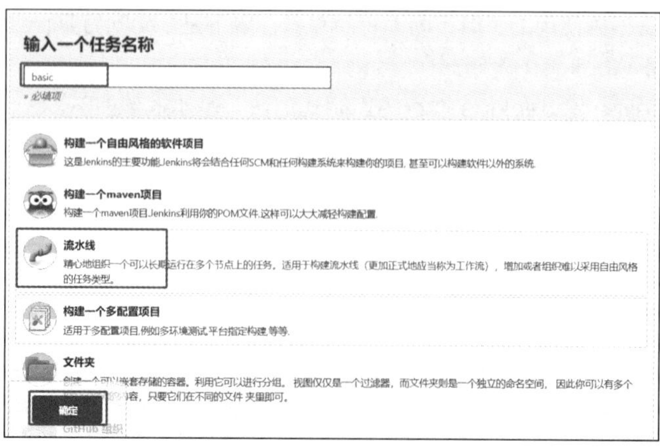

图 10-28 新建流水线任务

在弹出的页面中，选择“流水线”选项卡，在 Pipeline script 的输入框中输入以下脚本。

```
pipeline {                          //说明以下脚本是 Pipeline 脚本
   agent any                        //运行在任意节点上，这里只有一个节点
   stages {                         //stages 代表所有的构建阶段
      stage('pull data') {          //第一个阶段，括号中的内容自己定义
        steps{                      //第一个阶段的第一个步骤
          sh 'echo 拉取代码'         //执行 Linux 脚本，输入拉取代码
          }
      }
      stage('package') {            //第二个阶段
        steps{                      //第二个阶段的第一个步骤
          sh 'echo 编译打包代码'     //执行 Linux 脚本，输入编译打包代码
        }
      }
      stage('deploy') {             //第三个阶段
          steps{                    //第三个阶段的第一个步骤
             sh 'echo 部署应用'      //执行 Linux 脚本，输出部署应用
          }
      }
   }
}
```

输入完成后，单击“保存”按钮，如图 10-29 所示。

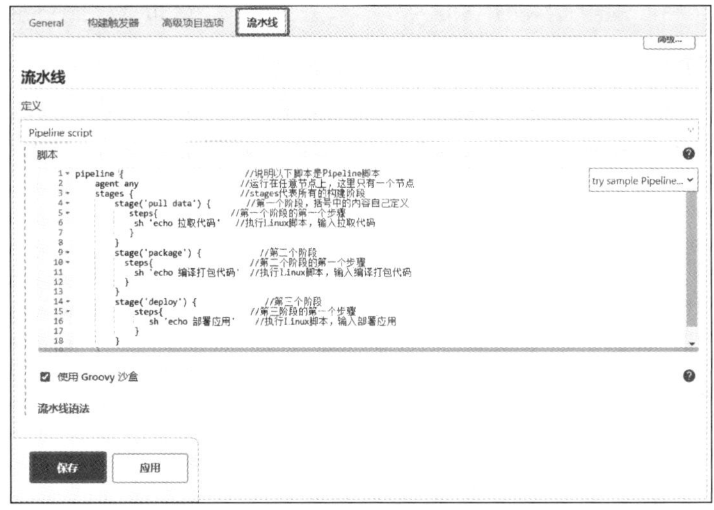

图 10-29　输入流水线脚本

保存完成后，在 Jenkins 首页中就可以发现 basic 任务了，如图 10-30 所示。

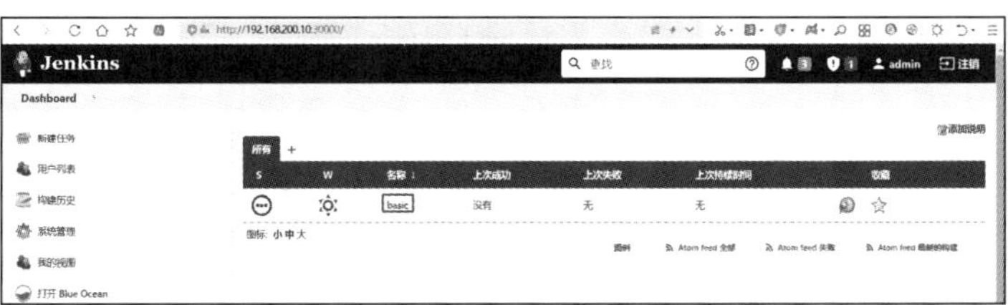

图 10-30　Jenkins 首页中的 basic 任务

2. 执行流水线任务

单击图 10-30 中的“basic”按钮，进入执行任务的页面，选择“立即构建”选项，如图 10-31 所示。

构建完成后，在页面右侧的 Build History（构建历史）处可显示任务是否执行成功。单击时间右侧的下拉按钮，选择“Console Output”选项，执行 basic 任务，如图 10-32 所示。

图 10-31　选择“立即构建”选项

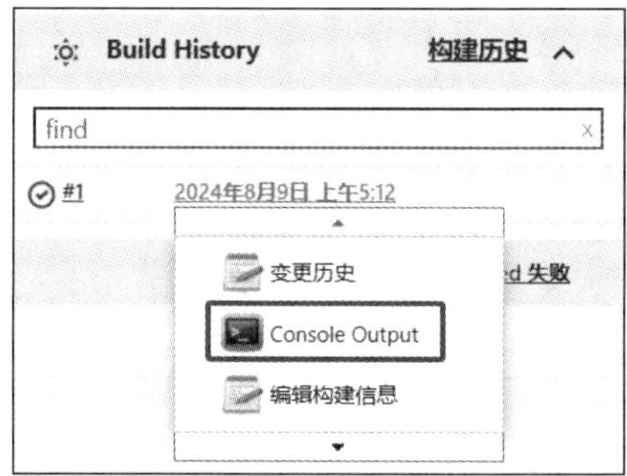

图 10-32　执行 basic 任务

在弹出的执行页面中，出现 basic 任务执行后的输出结果，如图 10-33 所示。

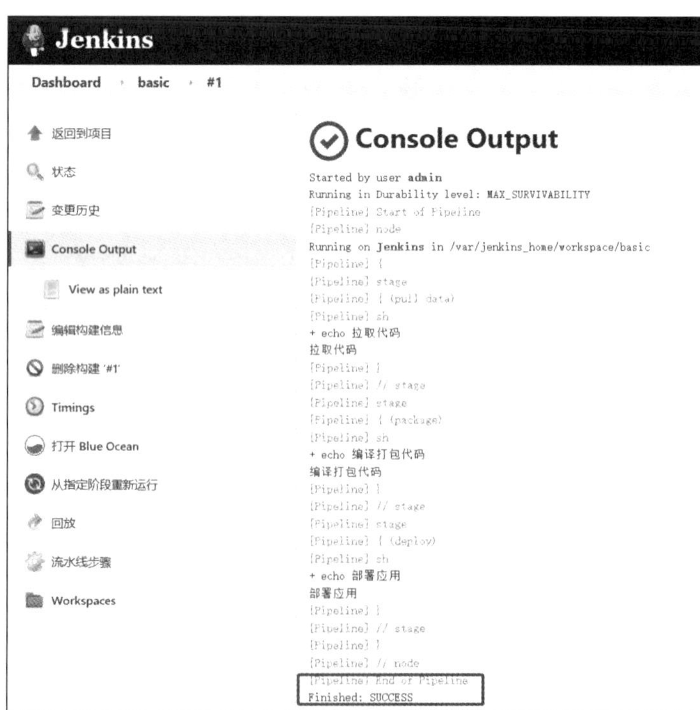

图 10-33　basic 任务执行后的输出结果

需要注意的是，在执行任务时，Jenkins 在/var/jenkins_home/workspace 目录下创建了一个和任务 basic 同名的目录，而在部署 Jenkins 时，已经将/var/jenkins_home 持久化到了 master 节点的 jenkins 目录下，所以 master 节点上的/jenkins/workspace 目录下存在 basic 目录，命令如下。

```
[root@master project10]# ls /jenkins/workspace/
basic  basic@tmp
```

10.2.4 发布应用到 Kubernetes 集群

1. 拉取 GitLab 代码

（1）配置 Jenkins 连接 GitLab 的凭证

在 Jenkins 拉取 GitLab 代码时，需要配置 Jenkins 连接 GitLab 的凭证。在 Jenkins 首页中，选择"系统管理"→"Manage Credentials（管理凭证）"→"全局凭据（unrestricted）"→"Add Credentials"选项，在弹出的配置凭证页面中，选择类型"Username with password"，在用户名处输入登录 GitLab 的用户名"root"，在密码处输入 root 用户的密码，在描述处输入一个凭证的描述，单击"确定"按钮，如图 10-34 所示。

微课

V10-5 发布应用到Kubernetes集群

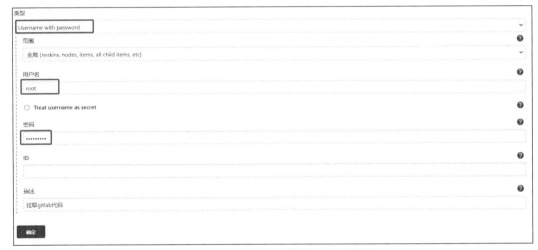

图 10-34 配置 Jenkins 连接 GitLab 的凭据

配置完成后，选择"Manage Credentials（管理凭证）"→"全局凭据（unrestricted）"选项，在弹出的"全局凭据（unrestricted）"页面中会出现配置的凭证，如图 10-35 所示。

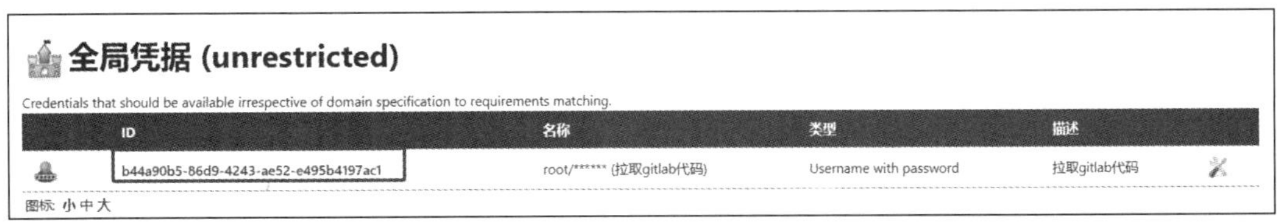

图 10-35 配置的凭证

当编写 Jenkins 脚本拉取 GitLab 代码时，需要使用图 10-35 所示的方框中的唯一标识（即 ID）。

（2）Jenkins 拉取 GitLab 代码

修改 basic 任务中拉取代码的脚本如下。

```
stage('pull data') {
            steps{
                git credentialsId: 'b44a90b5-86d9-4243-ae52-e495b4197ac1',url:
```

```
'http://192.168.200.30:81/root/myproject.git'
                    }
                }
```

其中，http://192.168.200.30:81/root/myproject.git 是任务 10-1 中上传到 GitLab 仓库的 myproject 项目代码地址，git credentialsId 是固定用法，指定的 b44a90b5-86d9-4243-ae52-e495b4197ac1 是 Jenkins 连接 GitLab 的凭证。

运行脚本，查看运行结果，如图 10-36 所示。

```
Running on Jenkins in /var/jenkins_home/workspace/basic
[Pipeline] {
[Pipeline] stage
[Pipeline] { (pull data)
[Pipeline] git
The recommended git tool is: NONE
using credential b44a90b5-86d9-4243-ae52-e495b4197ac1
 > git rev-parse --resolve-git-dir /var/jenkins_home/workspace/basic/.git # timeout=10
Fetching changes from the remote Git repository
 > git config remote.origin.url http://192.168.200.30:81/root/myproject.git # timeout=10
Fetching upstream changes from http://192.168.200.30:81/root/myproject.git
 > git --version # timeout=10
 > git --version # 'git version 2.20.1'
using GIT_ASKPASS to set credentials 拉取gitlab代码
 > git fetch --tags --force --progress -- http://192.168.200.30:81/root/myproject.git +refs/heads/*:refs/remotes/origin/* # timeout=10
 > git rev-parse refs/remotes/origin/master^{commit} # timeout=10
Checking out Revision cd4737f7cb0162b5d473b5f02f520fc25bc4b49a (refs/remotes/origin/master)
 > git config core.sparsecheckout # timeout=10
 > git checkout -f cd4737f7cb0162b5d473b5f02f520fc25bc4b49a # timeout=10
 > git branch -a -v --no-abbrev # timeout=10
 > git branch -D master # timeout=10
 > git checkout -b master cd4737f7cb0162b5d473b5f02f520fc25bc4b49a # timeout=10
Commit message: "first"
 > git rev-list --no-walk cd4737f7cb0162b5d473b5f02f520fc25bc4b49a # timeout=10
```

图 10-36　运行结果

从结果中可以发现，Jenkins 已经拉取代码到/var/jenkins_home/workspace/basic 目录下，在 master 节点上查看/jenkins/workspace/basic 目录内容，命令如下。

```
[root@master basic]# ls /jenkins/workspace/basic
mvnw  mvnw.cmd  pom.xml  src
```

2. 编译打包

（1）上传 Maven 程序

拉取的 Java 代码需要通过 Maven 程序编译成 JAR 包，然后通过 Dockerfile 制作镜像。将本书资源中提供的 Maven 源程序上传到 master 节点的/jenkins 目录下，这样在 Jenkins 容器内就可以通过/var/jenkins_home 目录使用 Maven 程序了。上传完成后查看结果，命令如下。

```
[root@master ~]# ls /jenkins/maven/
bin  boot  conf  lib  LICENSE  NOTICE  README.txt
```

授予用户对 mvn 文件的可执行权限，以便在 Jenkins 容器内可以运行该文件，命令如下。

```
[root@master ~]# chmod +x /jenkins/maven/bin/mvn
```

（2）编译 Java 源代码

在 basic 任务中，修改 stage('package')部分的代码如下。

```
stage('package') {
        steps{
            sh '/var/jenkins_home/maven/bin/mvn clean package -DskipTests -f
/var/jenkins_home/workspace/basic'
        }
    }
```

其中，sh '/var/jenkins_home/maven/bin/mvn clean package -DskipTests -f /var/jenkins_home/workspace/basic'用于运行 mvn 命令编译打包程序；-DskipTests 用于跳过测试步骤，加快构建速度；-f /var/jenkins_home/workspace/basic 用于指定要编译打包的源程序目录。

再次执行 basic 任务，等待几分钟，结果如图 10-37 所示。

```
Downloaded from central: https://repo.maven.apache.org/maven2/net/java/dev/jna/jna/5.7.0/jna-5.7.0.jar (1.7 MB at 42 kB/s)
[INFO] Replacing main artifact with repackaged archive
[INFO] ------------------------------------------------------------------------
[INFO] BUILD SUCCESS
[INFO] ------------------------------------------------------------------------
[INFO] Total time:  06:51 min
[INFO] Finished at: 2024-08-09T07:11:06Z
[INFO] ------------------------------------------------------------------------
[Pipeline] }
[Pipeline] // stage
[Pipeline] stage
[Pipeline] { (build images)
[Pipeline] sh
+ echo 构建推送镜像
构建推送镜像
[Pipeline] }
[Pipeline] // stage
[Pipeline] stage
[Pipeline] { (deploy)
[Pipeline] sh
+ echo 部署应用
部署应用
[Pipeline] }
[Pipeline] // stage
[Pipeline] }
[Pipeline] // node
[Pipeline] End of Pipeline
Finished: SUCCESS
```

图 10-37 再次执行 basic 任务

查看 master 节点的/jenkins/workspace/basic 目录，命令如下。

```
[root@master ~]# ls /jenkins/workspace/basic
mvnw  mvnw.cmd  pom.xml  src  target
```

此时，可发现目录下多了一个 target 目录，这个目录就是 Maven 编译后的结果。查看 target 目录内容，命令如下。

```
[root@master ~]# ls /jenkins/workspace/basic/target/
classes    demo-0.0.1-SNAPSHOT.jar.original  generated-test-sources
maven-status
demo-0.0.1-SNAPSHOT.jar  generated-sources  maven-archiver    test-classes
```

其中，demo-0.0.1-SNAPSHOT.jar 就是项目编译打包文件。

3. 制作和推送镜像

（1）制作镜像

在 node1 节点上复制 master 节点的/jenkins/workspace/basic/target/demo-0.0.1-SNAPSHOT.jar 文件到/root 目录下，命令如下。

```
[root@node1 ~]# scp root@master:/jenkins/workspace/basic/target/demo-0.0.1-SNAPSHOT.jar .
```

建立 Dockerfile 文件，打开文件，输入以下内容。

```
#使用基础镜像
FROM registry.cn-hangzhou.aliyuncs.com/lnstzy/openjdk:8
#添加编译程序
ADD demo-0.0.1-SNAPSHOT.jar .
#暴露服务端口
EXPOSE 8080
#运行 JAR 包
CMD ["java", "-jar", "demo-0.0.1-SNAPSHOT.jar"]
```

创建镜像 myapp:v1，命令如下。

```
[root@node1 ~]# nerdctl build -t 192.168.200.10/demo/myapp:v1 .
```

（2）推送镜像到 Harbor 镜像仓库中

构建完成后，将 192.168.200.10/demo/myapp:v1 镜像推送到 Harbor 镜像仓库中，命令如下。

```
[root@node1 ~]# nerdctl push 192.168.200.10/demo/myapp:v1  --insecure-registry
```

4. 发布应用到 Kubernetes 集群中

（1）配置 Jenkins 连接 Kubernetes

Jenkins 连接到 Kubernetes 后才能将应用部署到集群中。选择 Jenkins 首页左侧的“系统管理”选项，在弹出的系统管理页面中选择“系统配置”选项，如图 10-38 所示。

图 10-38　选择“系统配置”选项

进入系统配置页面后，拖动滚动条到最下方，单击“a separate configuration page”链接，如图 10-39 所示。

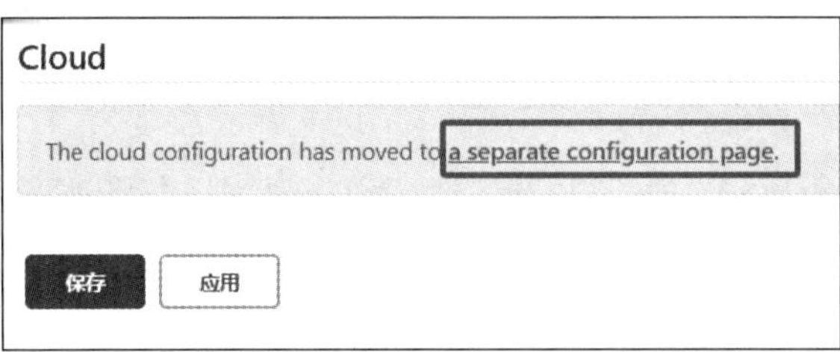

图 10-39　系统配置页面

进入集群配置页面后，单击“Kubernetes Cloud details”按钮，如图 10-40 所示。

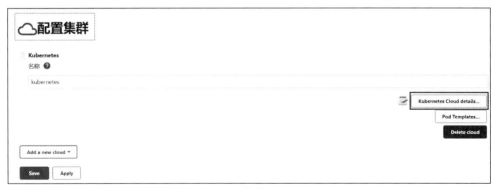

图 10-40　集群配置页面

在弹出的集群详情配置页面中，输入 Kubernetes 集群的名称为 “kubernetes”（任意填写），地址为 “https://192.168.200.10:6443”，单击 “连接测试” 按钮，显示 “Connected to Kubernetes v1.29.0”，说明 Jenkins 通过名称为 sa-jenkins 的 ServiceAccount 服务账户连接到了 Kubernetes 集群，单击页面下方的 “Save” 和 “Apply” 按钮，保存配置，如图 10-41 所示。

图 10-41　集群详情配置页面

（2）编写 YAML 脚本

在 Pipeline 发布应用时，需要运行 YAML 脚本，所以在/jenkins/workspace/basic 目录下创建名称为 k8s.yaml 的文件，打开文件，输入以下内容。

```
apiVersion: apps/v1
kind: Deployment
metadata:
 name: web
spec:
  replicas: 1
  template:
    metadata:
     labels:
       app: httpd
apiVersion: apps/v1
kind: Deployment
metadata:
 name: web
spec:
  replicas: 1
  template:
    metadata:
     labels:
       app: httpd
    spec:
      containers:
```

```
      - name:  web
        image: 192.168.200.10/demo/myapp:v1
        imagePullPolicy: IfNotPresent
  selector:
    matchLabels:
      app: httpd
---
#创建 Service
apiVersion: v1
kind: Service
metadata:
 name: web-svc
spec:
  selector:
    app: httpd
  ports:
  - protocol: TCP
    port: 80
    nodePort: 30005
    targetPort: 8080
  type: NodePort
```

以上脚本定义了名称为 web 的 Deployment 控制器，运行了一个 Pod，基于 192.168.200.10/demo/myapp:v1 镜像运行了容器，创建的名称为 web-svc 的服务发现暴露了容器，服务发现的类型是 NodePort，外部访问端口是 30005。

（3）运行 Pipeline

修改 basic 任务中 stage('deploy')部分的代码如下。

```
stage('deploy') {
            steps{
                sh "kubectl apply -f k8s.yaml"
            }
        }
```

再次执行 basic 流水线任务，在 master 节点上查看部署的 Pod 运行状态，结果如图 10-42 所示。

```
[root@master basic]# kubectl get pod
NAME                                      READY   STATUS    RESTARTS      AGE
jenkins-7b669c5b76-6p26n                  1/1     Running   0             94m
nfs-client-provisioner-54fc9844f8-hr5sq   1/1     Running   2 (12h ago)   2d2h
web-78cdcf4c47-5f8wf                      1/1     Running   0             23m
```

图 10-42　查看部署的 Pod 运行状态

查看部署的 Service 服务发现运行状态，如图 10-43 所示。

```
[root@master basic]# kubectl get svc
NAME          TYPE        CLUSTER-IP      EXTERNAL-IP   PORT(S)                          AGE
jenkins-svc   NodePort    10.96.20.58     <none>        8080:30000/TCP,50000:30001/TCP   33h
kubernetes    ClusterIP   10.96.0.1       <none>        443/TCP                          33d
web-svc       NodePort    10.96.145.38    <none>        80:30005/TCP                     24m
```

图 10-43　查看部署的 Service 服务发现运行状态

在 Windows 主机上打开浏览器，访问地址 http://192.168.200.10:30005/jenkins，成功访问服务，如图 10-44 所示。

图 10-44　成功访问服务

从结果中可以发现，已经成功访问了集群部署的服务。

项目小结

Jenkins结合代码仓库和镜像仓库可以实现CI/CD的整个过程，包括代码的持续集成/持续部署，提高开发效率和软件交付的质量，根据具体需求和场景，可以选择适合自己的工具和平台，并根据实际情况进行定制化配置和集成。任务10-1介绍了如何安装并配置Jenkins持续集成工具、GitLab代码仓库和Harbor镜像仓库，任务10-2介绍了编写Pipeline基础脚本、发布应用到Kubernetes集群的整个流程。

项目练习与思考

1. 选择题

（1）Jenkins 是一种用于实现持续集成和持续交付的工具，它的主要功能是（　　）。

A. 代码托管　B. 测试自动化　C. 容器编排　D. 配置管理

（2）从 GitLab 上拉取代码的命令是（　　）。

A. git clone　B. git push　C. git get　D. git pull

（3）CI/CD 流程中打破了开发人员与（　　）的壁垒。

A. 运维人员　B. 前端程序员　C. 后端程序员　D. 网络工程师

2. 填空题

（1）Jenkins 是一种________工具，用于实现持续集成和持续交付。

（2）Git 是一个分布式________控制系统，使用分支模型来管理代码。

（3）在 CI/CD 流程中，持续集成的核心是频繁进行代码________和测试。

（4）CI/CD 流程的目标是自动化代码构建、测试和________过程。

（5）在 Jenkins 中，Pipeline 叫作________脚本。

3. 简答题

（1）简述 DevOps 的功能。

（2）简述 Pipeline 脚本的功能。

项目 11

使用Python管理Kubernetes集群

项目描述

Python是一种高级、通用的编程语言，拥有丰富的语法和功能。使用Python管理Kubernetes集群时，可以轻松地实现各种定制化需求和扩展功能。通过Python的条件语句、循环、函数等特性，可以实现复杂的逻辑和算法。公司项目经理要求王亮使用Python中的Kubernetes库和Requests库管理Kubernetes集群。

该项目思维导图如图11-1所示。

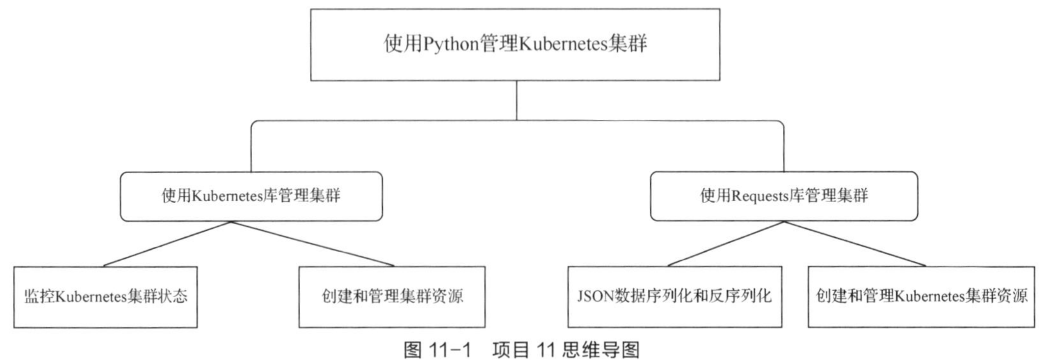

图 11-1　项目 11 思维导图

任务 11-1 使用 Kubernetes 库管理集群

学习目标

知识目标

（1）掌握使用 Python 管理 Kubernetes 集群的优势。

（2）掌握 Kubernetes 库的主要功能模块。

技能目标

（1）能够使用 client 模块管理集群。

（2）能够使用 config 模块加载配置文件。

素养目标

（1）通过编写集群资源管理程序，理解集群中的各种资源及其相互关系，培养系统思维。

（2）通过编写集群监控程序，监控和优化系统运行状态，培养安全运维意识。

11.1.1 任务描述

为实现批量操作，实现自定义的管理逻辑，并将各种工作任务紧密结合在一起，公司决定使用 Python 管理 Kubernetes 集群。公司项目经理要求王亮学习 Kubernetes 库的用法，编写程序管理和监控集群。

11.1.2 必备知识

1. 使用 Python 管理 Kubernetes 集群的优势

Python 提供了简单、高效的管理 Kubernetes 集群的方法，使用 Python 管理 Kubernetes 集群有以下优势。

（1）简洁且强大的语法

Python 语法简洁明了，编写、阅读和维护管理脚本容易。对于复杂的操作和自动化任务，Python 可以显著提高开发效率。

（2）丰富的库和工具支持

Python 提供多个成熟的库，如 Kubernetes 和 Requests，可以轻松与 Kubernetes API 进行交互。这些库支持对 Kubernetes 资源的创建、读取、更新和删除等操作。

（3）强大的数据处理能力

利用 Python 的数据处理和分析库，可以对从 Kubernetes 集群收集的数据进行深入处理和分析，生成详细的报告和可视化图表。

（4）灵活的自动化和脚本能力

Python 的脚本能力使得自动化任务（如自动扩缩容、故障恢复、日志收集等）变得简单。通过编写脚本，可以自动化多种管理任务，提高运维效率。

（5）跨平台兼容性

Python 可以在不同的操作系统（如 Windows、Linux 和 Mac OS）上运行相同的管理脚本，从而使开发和运维环境更加一致。

（6）强大的社区和生态系统

Python 拥有活跃的开发者社区和丰富的第三方库，这些资源可以为 Kubernetes 集群管理提供帮助和支持。同时，社区常常更新和维护相关工具及库，以确保其兼容性和功能性。

（7）易于集成其他系统和工具

Python 可以与多种系统和工具集成，如 CI/CD 工具（如 Jenkins、GitLab CI）、监控系统（如 Prometheus、Grafana）、消息队列（如 RabbitMQ、Kafka）等，从而实现更复杂的自动化和集成任务。

2. Kubernetes 库

Kubernetes 库（也称为 kubernetes-client）是一个官方支持的 Python 库，用于与 Kubernetes API 进行交互，管理和监控 Kubernetes 集群中的资源，其主要功能模块如下。

（1）client 模块

client 模块提供与 Kubernetes API 交互的客户端类，支持对 Kubernetes 资源进行创建、读取、更新、删除等操作，其主要类如下。

CoreV1Api：用于访问 Kubernetes Core API，如 Pod、Service、Namespace 等。

AppsV1Api：用于访问 Kubernetes Apps API，如 Deployment、ReplicaSet、StatefulSet 等。

BatchV1Api：用于访问 Kubernetes Batch API，如 Job、CronJob 等。

ApiClient：API 客户端类，用于处理请求和响应。

CustomObjectsApi：用于操作 Kubernetes 自定义资源。

（2）config 模块

config 模块用于配置和加载 Kubernetes 配置信息，其主要方法如下。

load_kube_config()：从默认位置或指定位置加载 kubeconfig 文件。

load_incluster_config()：从集群内部加载配置（用于在 Kubernetes 集群内部运行的应用）。

（3）utils 模块

utils 模块提供了多种工具函数和实用程序，进行常见的 Kubernetes 操作，实现资源转换、数据格式处理等功能。

（4）watch 模块

watch 模块可以监听 Kubernetes 资源的变更事件，如各种资源的创建、更新和删除等。

11.1.3 监控 Kubernetes 集群状态

微课

V11-1 监控 Kubernetes 集群状态

1. 安装基础环境

（1）安装 Python 解释器

下载本书资源中提供的 Python 解释器，将其安装到 D:\soft 目录下。安装过程非常简单，具体过程见微课。

（2）安装 Kubernetes 库

在 Windows 主机上运行 cmd 命令，打开命令行客户端，安装 Kubernetes 库，命令如下。

```
C:\Users\yang>pip3 install kubernetes -i https://mirrors.aliyun.com/pypi/simple/
```

其中，-i 指定了从阿里云下载 Kubernetes 库。

（3）安装 PyCharm 集成开发环境

PyCharm 工具安装过程和普通软件的安装过程类似，具体过程见微课。

2. 编写监控程序

（1）上传 Kubernetes 访问配置文件

在 Windows 主机上运行的 Python 程序需要具备访问 Kubernetes 的权限，才能够对

Kubernetes 集群进行操作。在 master 节点上，将访问 Kubernetes 的配置文件上传到 Windows 主机上，命令如下。

```
[root@master ~]# sz /root/.kube/config
```

（2）新建项目

打开 PyCharm 开发工具，选择“文件”→“New Project（新建项目）”选项，在弹出的对话框中，输入项目保存的地址“d:\code，选中“Existing interpreter”单选按钮，选择安装 D:\python 目录下的 python.exe 解释器，如图 11-2 所示。

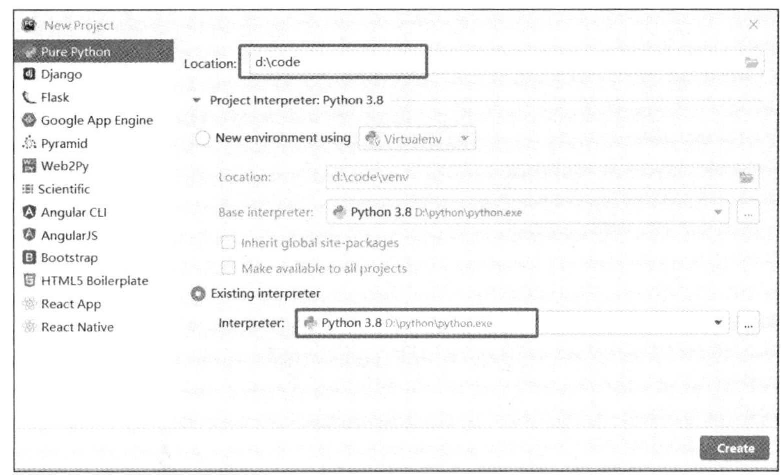

图 11-2　新建项目

单击右下角的“Create”按钮，完成项目的创建，项目名称为 code。右击“code”选项，选择“New”→“Python File”选项，新建 Python 文件，如图 11-3 所示。

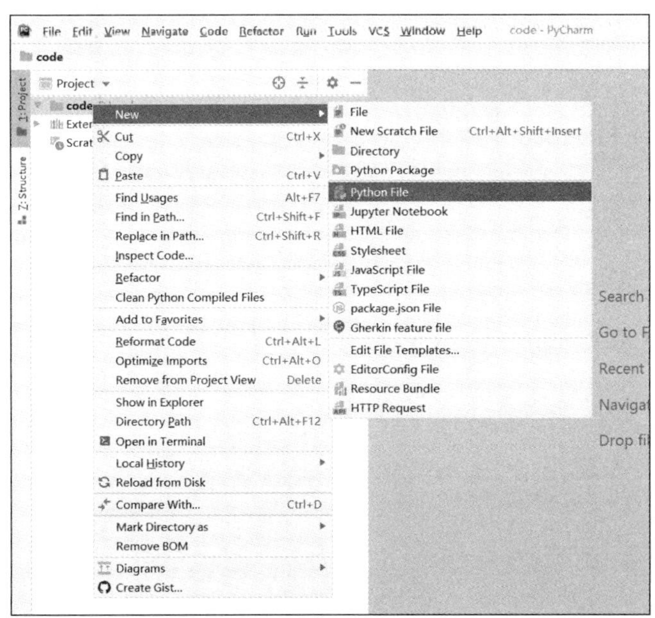

图 11-3　新建 Python 文件

在弹出的对话框中输入 Python 文件的名称“moniter”，如图 11-4 所示，输入完成后，按 Enter 键。

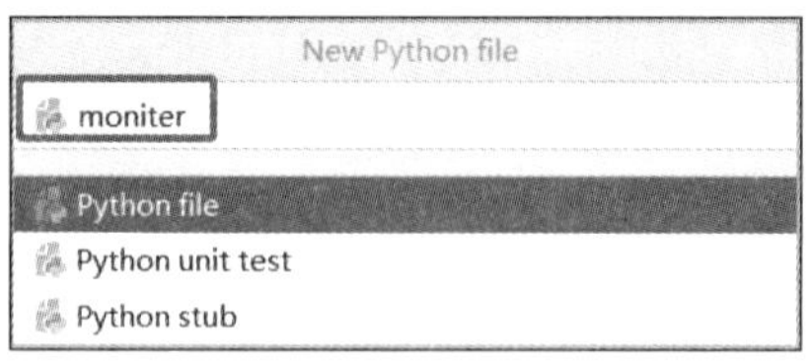

图 11-4　输入 Python 文件的名称

（3）编写代码

① 上传集群配置文件。

将 Kubernetes 配置文件 config 复制到当前项目下，复制时修改文件的扩展名为.yaml，如图 11-5 所示。

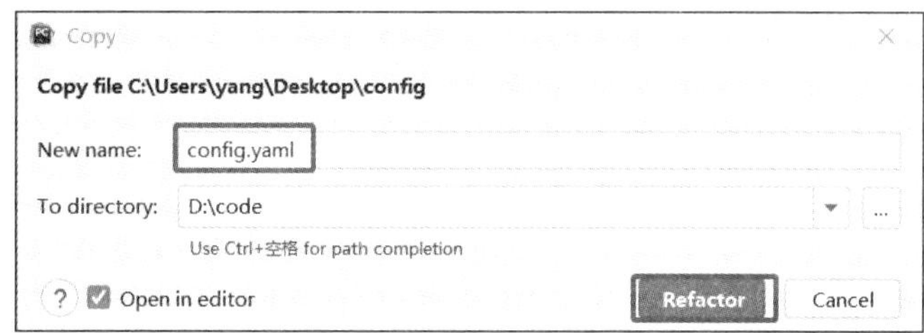

图 11-5　修改文件的扩展名

单击“Refactor”按钮，打开 config.yaml 文件，修改访问地址中的 k8s 为 192.168.200.10，如图 11-6 所示。

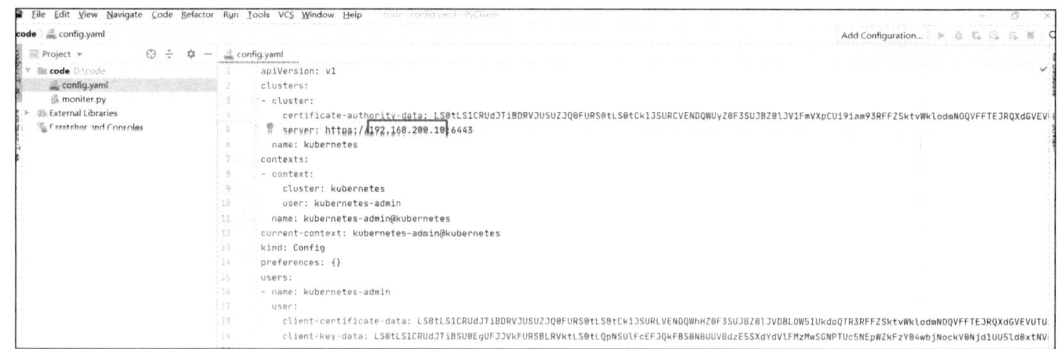
图 11-6　修改访问地址

② 编写监控代码。

在 moniter.py 文件中，输入以下代码。

```
from kubernetes import client,config  #从 Kubernetes 库中导入 client、config 模块
#使用 config 模块的 load_kube_config()方法加载 config.yaml 配置文件
config.load_kube_config("config.yaml")
#创建 Kubernetes 客户端对象
v1 = client.CoreV1Api()
#获取集群中所有节点的资源使用情况
nodes = v1.list_node().items
for node in nodes:
    print(f"Node: {node.metadata.name}")
    print(f"Allocatable CPU: {node.status.allocatable['cpu']}")
    print(f"Allocatable Memory: {node.status.allocatable['memory']}")
```

```
        print(f"Usage: {node.status.capacity['cpu']} CPU, {node.status.capacity
['memory']} Memory")
        #获取和输出每个节点上的 Pod
        print("Pods on this node:")
        pods = v1.list_pod_for_all_namespaces(field_selector=f'spec.nodeName=
{node.metadata.name}').items
        for pod in pods:
            print(f"Pod: {pod.metadata.name}, Namespace: {pod.metadata.namespace},
Status: {pod.status.phase}")
        print()
```


以上代码导入了 Kubernetes 库中的 client、config 模块，加载了 config.yaml 配置文件，通过 client 模块的 CoreV1Api()方法创建了 v1 客户端对象，再通过 v1 对象获取了集群的节点，以此循环节点，输出 CPU、内存分配信息和使用信息，以及每个节点上运行的 Pod 状态信息。

运行代码后，获取到了集群每个节点的 CPU、内存分配信息和使用信息，以及每个节点上运行的 Pod 状态信息，实现了 Kubernetes 集群的节点状态监控，结果如图 11-7 所示。

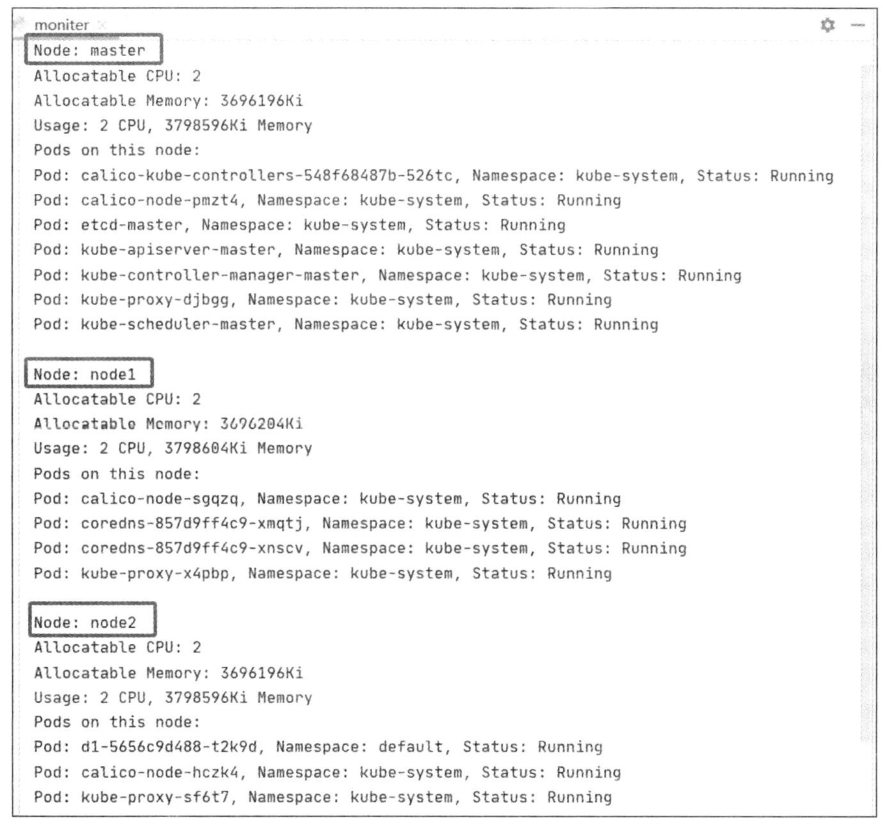

图 11-7　Kubernetes 集群的节点状态监控

11.1.4　创建和管理集群资源

微课

V11-2　创建和管理集群资源

1. 创建资源

（1）准备 YAML 脚本

在使用 client 模块中的方法创建资源时，需要提供编写好的 Kubernetes 脚本，所以首先在 code 项目中创建 nginx-deployment.yaml 文件，打开文件，输入以下内容。

```
apiVersion: apps/v1
kind: Deployment
metadata:
 labels:
   app: d1
 name: d1
spec:
  replicas: 1
  selector:
    matchLabels:
     app: d1
  template:
    metadata:
     labels:
       app: d1
    spec:
      containers:
      - name: nginx
        image: registry.cn-hangzhou.aliyuncs.com/lnstzy/nginx:alpine
        imagePullPolicy: IfNotPresent
        ports:
        - containerPort: 80
```

以上脚本定义了名称为 d1 的 Deployment 控制器，部署了一个 Pod 副本，基于 registry.cn-hangzhou.aliyuncs.com/lnstzy/nginx:alpine 镜像运行了 nginx 容器。

（2）编写代码

在 code 项目中创建 Python 文件，名称为 kubernetes-create.py，打开文件，输入以下内容。

```
from kubernetes import client, config   #导入 Kubernetes API 客户端和配置模块
import yaml  #导入 yaml 模块
config.load_kube_config("config.yaml")    #加载 Kubernetes 配置文件
with open("nginx-deployment.yaml") as f:  #打开并读取 YAML 文件
  #使用 yaml.safe_load() 解析 YAML 文件
  dep = yaml.safe_load(f)
  #创建 Kubernetes 客户端对象，用于操作应用程序相关的 API
  app = client.AppsV1Api()
  #使用客户端创建一个新的命名空间部署，指定部署体和命名空间
  #body 用于指定部署的配置（从 YAML 文件中加载），namespace 用于指定命名空间
  dest = app.create_namespaced_deployment(body=dep, namespace='default')
  #输出部署的 Deployment 名称
  print(f"成功部署了 Deployment: {dest.metadata.name}")
```

以上代码导入了 Kubernetes 库中的 client 模块、config 模块、yaml 模块，使用 config 模块加载了 config.yaml 配置文件，使用 yaml 模块的 safe_load()方法解析了 nginx-deployment.yaml 文件，并使用 client 模块的 AppsV1Api()方法创建了 Kubernetes 客户端对象 app，利用客户端对象 app 的 create_namespaced_deployment()方法在 default 命名空间下创建了 d1 控制器，并输出控制器的名称。运行代码后，在 Kubernetes 集群的 master 节点上查看部署的 d1 控制器和 Pod，如图 11-8 所示。

从结果中可以发现，d1 控制器和 Pod 都已经部署成功了。

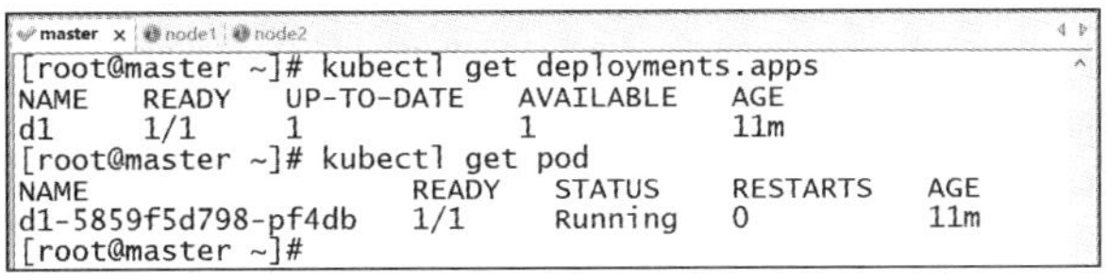

```
[root@master ~]# kubectl get deployments.apps
NAME   READY   UP-TO-DATE   AVAILABLE   AGE
d1     1/1     1            1           11m
[root@master ~]# kubectl get pod
NAME                  READY   STATUS    RESTARTS   AGE
d1-5859f5d798-pf4db   1/1     Running   0          11m
[root@master ~]#
```

图 11-8 查看部署的 d1 控制器和 Pod

2. 管理资源

（1）修改资源

将 YAML 脚本文件 nginx-deployment.yaml 中的 replicas 值修改为 3，在 code 项目中，新建名称为 kubernetes-update.py 的 Python 文件，打开文件，输入以下内容。

```
from kubernetes import client, config #从 Kubernetes 库中导入 client 和 config 模块
import yaml
#加载 Kubernetes 配置
config.load_kube_config("config.yaml")
#创建 app 客户端对象
app = client.AppsV1Api()
#读取并解析 YAML 文件（用于更新）
with open("nginx-deployment.yaml") as f:
    updated_dep = Yaml.safe_load(f)
#修改的资源名称及所在命名空间
name = "d1"
namespace = 'default'
#更新部署
app.patch_namespaced_deployment(name=name, namespace=namespace,
body=updated_dep)
print("Deployment updated successfully")
```

以上代码导入了 client、config、yaml 模块，创建了 app 客户端对象，通过 patch_namespaced_deployment()方法修改了 default 命名空间下的 d1 控制器，修改内容为 nginx-deployment.yaml 定义的内容。运行以上代码，在 Kubernetes 集群的 master 节点上查看 d1 控制器运行的 Pod 数量，结果如图 11-9 所示。

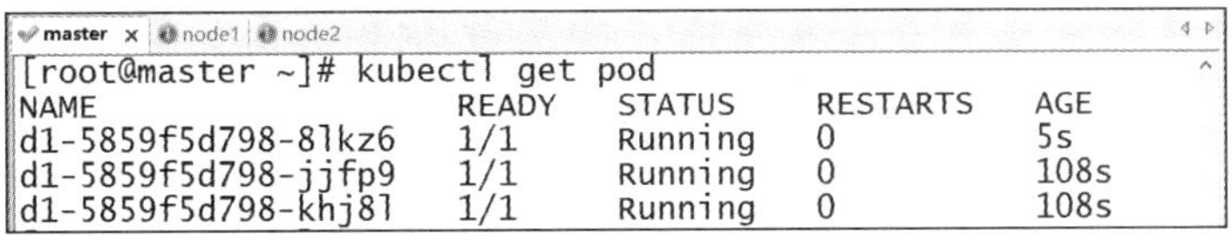

```
[root@master ~]# kubectl get pod
NAME                  READY   STATUS    RESTARTS   AGE
d1-5859f5d798-8lkz6   1/1     Running   0          5s
d1-5859f5d798-jjfp9   1/1     Running   0          108s
d1-5859f5d798-khj8l   1/1     Running   0          108s
```

图 11-9 查看 d1 控制器运行的 Pod 数量

从结果中可以发现，Python 程序已经把 Pod 数量修改为 3 个。

（2）删除资源

在 code 项目中新建名称为 kubernetes-delete.py 的 Python 文件，打开文件，输入以下内容。

```
from kubernetes import client, config
import yaml
#加载 Kubernetes 配置
config.load_kube_config("config.yaml")
#创建 app 客户端对象
app = client.AppsV1Api()
#删除资源的名称及所在命名空间
name = "d1"
namespace = 'default'
```

```
#删除部署
app.delete_namespaced_deployment(name=name, namespace=namespace)
print("Deployment deleted successfully")
```

以上代码导入了 client、config、yaml 模块，创建了 app 客户端对象，通过 delete_namespaced_deployment()方法删除了 default 命名空间下的 d1 控制器。运行以上代码，在 Kubernetes 集群的 master 节点上查看 d1 控制器和运行的 Pod，结果如图 11-10 所示。

```
[root@master ~]# kubectl get deployments.apps
No resources found in default namespace.
[root@master ~]# kubectl get pod
No resources found in default namespace.
```

图 11-10 查看 d1 控制器和运行的 Pod

从结果中可以发现，运行 Python 代码后，d1 控制器和运行的 Pod 已经被成功删除了。

任务 11-2 使用 Requests 库管理集群

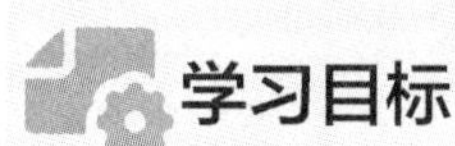

学习目标

知识目标

（1）掌握 HTTP 的 Bearer Token 认证方案的使用方法。

（2）掌握 JSON 数据的序列化和反序列化方法。

（3）掌握 Requests 库的常用方法。

技能目标

（1）能够编写 JSON 数据的序列化和反序列化程序。

（2）能够使用 Requests 库管理集群资源。

素养目标

（1）通过学习 JSON 数据序列化和反序列化，培养根据需求进行随机应变的能力。

（2）通过学习 Requests 库管理集群资源，培养多角度思考问题、多路径解决问题的能力。

11.2.1 任务描述

为更加自由地定义请求头、参数和数据等 HTTP 请求细节，广泛兼容各种 Python 环境，公司决定采用 Requests 库管理 Kubernetes 集群。公司项目经理要求王亮学习 Bearer Token、JSON 数据序列化（Serialization）和反序列化（Deserialization），使用 Requests 库创建和管理集群资源。

11.2.2 必备知识

1. Bearer Token 认证

（1）认证

Bearer Token（持有者令牌）是 HTTP 请求头中的访问令牌，用于请求服务器认证授权。Bearer Token 是一个字符串，表示一个安全令牌，持有者可以凭借此令牌访问受保护的资源，“持有者”意味着任何拥有此令牌的人都可以访问资源，无须进一步的身份验证，通常 HTTP 请求头中包含以下内容。

```
Authorization: Bearer <token>
```

客户端在 HTTP 请求头中包含令牌以访问受保护的资源。资源服务器会验证令牌的有效性和权限。

（2）安全

保密性：令牌应保密，防止未授权访问。

过期时间：Bearer Token 通常有过期时间，可以通过刷新令牌机制获取新令牌。

权限范围：令牌可能具有特定的权限范围，以控制可以访问的资源。

2. JSON 数据序列化与反序列化

（1）序列化

将 Python 对象（如字典、列表等）转换为 JSON 字符串，目的是使数据可以被存储到文件中、传输到网络中，以及在不同系统之间交换，这个过程也称为“编码”，使用的模块方法是 json.dumps()，示例代码如下。

```
import json    #导入 json 模块
#创建一个 Python 字典
data = {
   "name": "Alice",
   "age": 25,
   "city": "Wonderland"
}
#将字典序列化为 JSON 字符串
json_str = json.dumps(data)
#输出 JSON 字符串为{"name": "Alice", "age": 25, "city": "Wonderland"}
print(json_str)
```

（2）反序列化

将 JSON 格式的字符串转换为 Python 对象（如字典、列表等），目的是将从网络、文件或其他源获取的 JSON 数据解析成 Python 对象，使其可以在 Python 中进行各种操作，这个过程也称为“解码”，使用的模块方法是 json.loads()，示例代码如下。

```
import json  #导入 json 模块
#定义 JSON 字符串
json_str = '{"name": "Alice", "age": 25, "city": "Wonderland"}'
#将 JSON 字符串反序列化为 Python 字典
data = json.loads(json_str)
print(data) #输出结果为{'name': 'Alice', 'age': 25, 'city': 'Wonderland'}
```

3. Requests 库的增删改查方法

（1）查询资源

在使用 Requests 库操作 Kubernetes 集群时，使用 get()方法查询资源，示例代码如下。

```
import requests                                        #导入 Requests 库
url = 'https://192.168.200.10:6443/resource/'          #资源地址
headers = {'Authorization': 'Bearer <your-token>'}     #定义请求头
response = requests.get(url, headers=headers)          #查询服务器资源
print(response.status_code)                            #输出状态码
print(response.json())                                 #输出 JSON 数据
```

（2）创建资源

在使用 Requests 库操作 Kubernetes 集群时，使用 post()方法创建资源，示例代码如下。

```
import requests                                        #导入 Requests 库
import json                                            #导入 json 模块
```

```
url = 'https://192.168.200.10:6443/resource'          #资源地址
#定义请求头
headers = {'Authorization': 'Bearer <your-token>', 'Content-Type':
'application/json'}
#定义字典数据
data = {'key': 'value'}
#发送创建资源请求
response = requests.post(url, headers=headers, data=json.dumps(data))
#输出状态码
print(response.status_code)
#输出返回信息，response.json()表示反序列化 JSON 数据
print(response.json())
```

（3）更新资源

在使用 Requests 库操作 Kubernetes 集群时，使用 put()或 patch()方法更新资源。put()方法用于更新整个资源，示例代码如下。

```
import requests                                       #导入 Requests 库
import json                                           #导入 json 模块
url = 'https://192.168.200.10:6443/resource/'  #资源地址
#定义请求头
headers  =  {'Authorization':  'Bearer  <your-token>',  'Content-Type':
'application/json'}
#定义字典数据
data = {'key': 'new_value'}
#发送更新资源请求
response = requests.put(url, headers=headers, data=json.dumps(data))
#输出状态码和返回信息
print(response.status_code)
print(response.json())
```

patch()方法用于更新部分资源，示例代码如下。

```
import requests                          #导入 Requests 库
import json                              #导入 json 模块
url = 'https://192.168.200.10:6443/resource/'     #资源地址
#定义请求头
headers = {'Authorization': 'Bearer <your-token>', 'Content-Type':
'application/json'}
#定义字典数据
data = {'key': 'updated_value'}
#发送更新资源请求
response = requests.patch(url, headers=headers, data=json.dumps(data))
#输出状态码和返回信息
print(response.status_code)
print(response.json())
```

（4）删除资源

在使用 Requests 库操作 Kubernetes 集群时，使用 delete()方法删除资源，示例代码如下。

```
import requests                                       #导入 Requests 库
url = 'https://192.168.200.10:6443/resource/'         #资源地址
#定义请求头
```

```
headers = {'Authorization': 'Bearer <your-token>'}
#发送删除资源请求
response = requests.delete(url, headers=headers)
#输出状态码
print(response.status_code)
```

11.2.3 JSON 数据序列化和反序列化

微课

V11-3 JSON 数据序列化和反序列化

1. JSON 数据序列化

JSON 数据序列化指将字典或者列表转换为 JSON 字符串，方便数据的传输和存储。在 code 项目中创建 json-1.py 文件，打开文件，输入以下内容。

```
import json
#定义一个字典
data = {
    'name': 'Alice',
    'age': 30,
    'is_student': False,
    'courses': ['Math', 'Science', 'History'],
    'address': {
        'street': '123 Main St',
        'city': 'Wonderland'
    }
}
#将字典序列化为 JSON 字符串
json_data = json.dumps(data, indent=4) #indent=4 表示转换时每层缩进 4 个空格
#将 JSON 数据写入文件
with open('data.json', 'w') as f:
    f.write(json_data)
print(f"字典转成 JSON 数据并写入 data.json 文件成功")
```

以上代码导入 json 模块后，定义了字典类型的数据，通过 json.dumps()将字典数据转换为 json_data 并写入 data.json 文件。运行代码后，在 code 项目中，生成 data.json 文件，内容为字典转换的 JSON 字符串。

2. JSON 数据反序列化

JSON 数据反序列化指将 JSON 字符串转换为字典或者列表，方便编程时对字典和列表进行操作。在 code 项目中创建 json-2.py 文件，打开文件，输入以下内容。

```
import json
with open('data.json', 'r') as f:
    json_data = f.read()
#反序列化 JSON 字符串为 Python 对象
loaded_data = json.loads(json_data)
#输出反序列化后的数据
print(f"反序列化为字典:{loaded_data}")
#读写字典操作，访问字典中的值
print("\n 访问字典中的值:")
print("Name:", loaded_data['name'])
print("Age:", loaded_data['age'])
print("Is Student:", loaded_data['is_student'])
print("Courses:", loaded_data['courses'])
print("Address City:", loaded_data['address']['city'])
```

```
#修改字典中的值
loaded_data['age'] = 31                          #修改 age 的值
loaded_data['courses'].append('Art')             #增加 courses 内容为“Art”
#输出修改后的数据
print("\n 修改字典后的值:")
print(loaded_data)
#将修改后的字典序列化并写回文件
with open('data_modified.json', 'w') as f:
    json.dump(loaded_data, f, indent=4)
```

以上代码导入 json 模块后，打开了 code 项目中的 data.json 文件并读取文件内容到 json_data 变量，为了方便数据访问和操作，使用 json.loads()方法将 json_data 转换为 loaded_data 字典数据，然后分别读取和修改了字典数据，最后通过 json.dump()方法将修改后的字典数据再次转换为 JSON 字符串，并将其写入 data_modified.json 文件。运行代码后，在 code 项目中会生成 data_modified.json 文件并写入了 JSON 数据。

11.2.4 创建和管理 Kubernetes 集群资源

微课

V11-4 创建和管理 Kubernetes 集群资源

1. 创建资源

（1）创建 Token

在使用 Requests 库管理 Kubernetes 集群时，需要在请求头中加入集群的 Token 进行认证授权，所以首先要在 master 节点上创建 Token。

① 创建 ServiceAccount 账户。

在 master 节点上创建 ServiceAccount 账户，名称为 python-admin，命令如下。

```
[root@master ~]# kubectl create serviceaccount python-admin
```

② 授予 python-admin 用户权限。

创建集群角色绑定，绑定 python-admin 用户的角色为 cluster-admin，命令如下。

```
kubectl create clusterrolebinding cluster-role-binding \
--clusterrole=cluster-admin \
--serviceaccount=default:python-admin
```

③ 创建 python-admin 用户的 Token。

绑定集群角色后，创建 python-admin 用户的 Token，命令如下。

```
[root@master ~]# kubectl create token python-admin
```

结果如下。


```
    eyJhbGciOiJSUzI1NiIsImtpZCI6Ik00ZVN6alVSSlpyb2xVNjFULVd1M24xOGhNbkl6UUdrR
HIxZzl1NmlibzAifQ.eyJhdWQiOlsiaHR0cHM6Ly9rdWJlcm5ldGVzLmRlZmF1bHQuc3ZjLmNsdX
N0ZXIubG9jYWwiXSwiZXhwIjoxNzIzNTkzODIzLCJpYXQiOjE3MjM1OTAyMjMsImlzcyI6Imh0dH
BzOi8va3ViZXJuZXRlcy5kZWZhdWx0LnN2Yy5jbHVzdGVyLmxvY2FsIiwia3ViZXJuZXRlcy5pby
I6eyJuYW1lc3BhY2UiOiJkZWZhdWx0Iiwic2VydmljZWFjY291bnQiOnsibmFtZSI6InB5dGhvbi
1hZG1pbiIsInVpZCI6IjAwZmM2MDBlLTI5MjktNGMyZS1iNGYwLWY4YjRjNWQ0ZjhlNCJ9fSwibm
JmIjoxNzIzNTkwMjIzLCJzdWIiOiJzeXN0ZW06c2VydmljZWFjY291bnQ6ZGVmYXVsdDpweXRob2
4tYWRtaW4ifQ.19zd3zx_W_kDY-x5Fg7wHR27AgW9PfwfgRin7My9SPRUv99W7FxV3FLHtmGd5c8
dbGCR2UU_4oile-q1NToNECdc79ah56IU_Y5r-0ZkJjpySdqfWUjSWawcabMsOXgybUv_wu6U_uG
FUs0J-PF-Y7uTpIEboMADwMWYbknEgWrpDG91l3OdZDpcz6Sv9QtV-DTYBlu2kFXBZ9t7q0JbukZ
LZLSQcnXi7FfnezpW1zIZxli-4SxuJf6YjHoyROFnJ7n2t18f24B1MQaSHpH0WTUQk1LFOudy5tP
gBJPewLs30LRR2qRkmmmqBbaOGhTyyNvCNmKzORUQ_x5m6aJ2Xg
```


（2）编写代码

① 准备创建服务发现的 YAML 脚本。

在 code 项目中创建 service.yaml 文件，打开文件，输入以下内容。

```
apiVersion: v1
kind: Service
metadata:
 name: nginx
 namespace: default
spec:
  selector:
    app: nginx
  ports:
    - port: 80
      targetPort: 80
      nodePort: 30000
  type: NodePort
```

以上脚本定义了服务发现，名称为 nginx，暴露标签为 app: nginx 的 Pod 容器。

② 编写创建 Pod 和 Service 的 Python 程序代码。

在 code 项目中，创建 requests-create.py 文件。在创建资源时，可以创建多种类型的资源，这里以创建 Pod 资源为例，在 requests-json-create.py 文件中输入以下内容。

```
import requests
import json
import Yaml
# Kubernetes API 服务器 URL，api/v1 表示 API 版本，namespaces/default 表示命名空间，
#Pod 表示资源类型
url = 'https://192.168.200.10:6443'
#定义 token 变量，内容是创建 python-admin 用户的 Token
token = "eyJhbGciOiJSUzI1NiIsImtpZCI6Ik00ZVN6alVSSlpyb2xVNjFULVd1M24xOGh
Nbkl6UUdrRHIxZzl1NmlibzAifQ.eyJhdWQiOlsiaHR0cHM6Ly9rdWJlcm5ldGVzLmRlZmF1bHQu
c3ZjLmNsdXN0ZXIubG9jYWwiXSwiZXhwIjoxNzIzNTkzODIzLCJpYXQiOjE3MjM1OTAyMjMsImlz
cyI6Imh0dHBzOi8va3ViZXJuZXRlcy5kZWZhdWx0LnN2Yy5jbHVzdGVyLmxvY2FsIiwia3ViZXJu
ZXRlcy5pbyI6eyJuYW1lc3BhY2UiOiJkZWZhdWx0Iiwic2VydmljZWFjY291bnQiOnsibmFtZSI6
InB5dGhvbi1hZG1pbiIsInVpZCI6IjAwZmM2MDBlLTI5MjktNGMyZS1iNGYwLWY4YjRjNWQ0Zjhl
NCJ9fSwibmJmIjoxNzIzNTkwMjIzLCJzdWIiOiJzeXN0ZW06c2VydmljZWFjY291bnQ6ZGVmYXVs
dDpweXRob24tYWRtaW4ifQ.19zd3zx_W_kDY-x5Fg7wHR27AgW9PfwfgRin7My9SPRUv99W7FxV3
FLHtmGd5c8dbGCR2UU_4oile-q1NToNECdc79ah56IU_Y5r-0ZkJjpySdqfWUjSWawcabMsOXgyb
Uv_wu6U_uGFUs0J-PF-Y7uTpIEboMADwMWYbknEgWrpDG91l3OdZDpcz6Sv9QtV-DTYBlu2kFXBZ
9t7q0JbukZLZLSQcnXi7FfnezpW1zIZxli-4SxuJf6YjHoyROFnJ7n2t18f24B1MQaSHpH0WTUQk
1LFOudy5tPgBJPewLs30LRR2qRkmmmqBbaOGhTyyNvCNmKzORUQ_x5m6aJ2Xg"
#定义请求头字典，Authorization 用于认证，携带 Bearer Token 用户身份，Content-Type
#指明请求体的格式为 JSON，确保服务器能够正确解析请求数据
headers = {
    'Authorization': f'Bearer {token}',
    'Content-Type': 'application/json'
}
#创建 Pod 字典数据
data = {
    "apiVersion": "v1",
    "kind": "Pod",
    "metadata": {
        "name": "mypod",
        "labels": {
            "app": "nginx"                    #标签与创建的服务发现保持一致
        }
    },
    "spec": {
        "containers": [
```

```
                {
                    "name": "nginx",
                    "image": "registry.cn-hangzhou.aliyuncs.com/lnstzy/
nginx:alpine",
                    "ports": [
                        {
                            "containerPort": 80
                        }
                    ]
                }
            ]
        }
    }
    #将 Python 字典序列化为 JSON 字符串
    json_data = json.dumps(data)
    #发送 POST 请求，创建 Pod，参数包括 URL 地址、请求头、数据、禁用 SSL/TLS 证书验证
    r1 = requests.post(url+'/api/v1/namespaces/default/pods', headers=headers,
data=json_data, verify=False)
    #输出 JSON 格式的返回结果
    print(r1.json())
    #创建 Service 服务发现
    #通过 service.yaml 创建 Service 服务发现
    data=Yaml.safe_load(open("service.yaml"))
    r2=requests.post(url+'/api/v1/namespaces/default/services',headers=header
s,data=json.dumps(data),verify=False)
    print(r2.json())
```

以上脚本导入了 Requests 库和 json 模块后，通过定义请求头字典访问服务器上的 Pod 资源，然后定义了创建 Pod 资源的字典，因为在发送数据时需要使用 JSON 格式，所以将 data 字典序列化为 JSON 字符串，并通过 requests.post()方法在服务器上创建 Pod 资源，返回状态码和结果，并使用 yaml 模块导入 service.yaml 文件，通过 requests.post()方法创建 Service 服务发现。编写完成后，运行代码，在 master 节点上查看创建的 Pod，结果如图 11-11 所示。

```
[root@master ~]# kubectl get pod
NAME    READY   STATUS    RESTARTS   AGE
mypod   1/1     Running   0          4m23s
[root@master ~]# kubectl get svc
NAME         TYPE        CLUSTER-IP      EXTERNAL-IP   PORT(S)        AGE
kubernetes   ClusterIP   10.96.0.1       <none>        443/TCP        36d
nginx        NodePort    10.96.133.125   <none>        80:30000/TCP   4m26s
```

图 11-11　查看创建的 Pod

从结果中可以发现，Pod 和 Service 都已经创建成功了。在 Windows 主机上打开浏览器，访问 http://192.168.200.10:30000，发现成功访问了 Nginx 服务，如图 11-12 所示。

图 11-12　成功访问 Nginx 服务

2. 读取资源

在 code 项目中创建 requests-read.py 文件，打开文件，输入以下内容。

```
import json
import requests
url = 'https://192.168.200.10:6443/api/v1/namespaces/default/pods/mypod'
token = "eyJhbGciOiJSUzI1NiIsImtpZCI6Ik00ZVN6alVSSlpyb2xVNjFULVd1M24xOG
hNbkl6UUdrRHIxZzl1NmlibzAifQ.eyJhdWQiOlsiaHR0cHM6Ly9rdWJlcm5ldGVzLmRlZmF1bHQ
uc3ZjLmNsdXN0ZXIubG9jYWwiXSwiZXhwIjoxNzIzNTkzODIzLCJpYXQiOjE3MjM1OTAyMjMsIml
zcyI6Imh0dHBzOi8va3ViZXJuZXRlcy5kZWZhdWx0LnN2Yy5jbHVzdGVyLmxvY2FsIiwia3ViZXJ
uZXRlcy5pbyI6eyJuYW1lc3BhY2UiOiJkZWZhdWx0Iiwic2VydmljZWFjY291bnQiOnsibmFtZSI
6InB5dGhvbi1hZG1pbiIsInVpZCI6IjAwZmM2MDBlLTI5MjktNGMyZS1iNGYwLWY1YjRjNWQ0Zjh
lNCJ9fSwibmJmIjoxNzIzNTkwMjIzLCJzdWIiOiJzeXN0ZW06c2VydmljZWFjY291bnQ6ZGVmYXV
sdDpweXRob24tYWRtaW4ifQ.19zd3zx_W_kDY-x5Fg7wHR27AgW9PfwfgRin7My9SPRUv99W7FxV
3FLHtmGd5c8dbGCR2UU_4oile-q1NToNECdc79ah56IU_Y5r-0ZkJjpySdqfWUjSWawcabMsOXgy
bUv_wu6U_uGFUs0J-PF-Y7uTpIEboMADwMWYbknEgWrpDG91l3OdZDpcz6Sv9QtV-DTYBlu2kFXB
Z9t7q0JbukZLZLSQcnXi7FfnezpW1zIZxli-4SxuJf6YjHoyROFnJ7n2t18f24B1MQaSHpH0WTUQ
k1LFOudy5tPgBJPewLs30LRR2qRkmmmqBbaOGhTyyNvCNmKzORUQ_x5m6aJ2Xg"
#定义请求头字典，Authorization 用于认证，携带 Bearer Token 用户身份，Content-Type
#指明请求体的格式为 JSON，确保服务器能够正确解析请求数据
headers = {
    'Authorization': f'Bearer {token}',
    'Content-Type': 'application/json'
}
#发送 GET 请求以获取 Pod 信息
response = requests.get(url, headers=headers, verify=False)
#判断查询资源的返回值，如果为 200，则输出 Pod 的 metadata 信息和 Status 信息；如果查询
#不到返回值，则输出相关信息和状态码
if response.status_code == 200:
    json_string = response.text  #获取响应的 JSON 字符串
    pod_info = json.loads(json_string)
    #使用 json.loads()将 JSON 字符串反序列化为 Python 字典
    pod_metadata = pod_info['metadata']
    pod_status = pod_info['status']
    print(f"Pod metadata: {pod_metadata}")
    print(f"Pod Status: {pod_status}")
else:
    print(f"Failed to retrieve Pod info. Status code: {response.status_code}")
```

以上脚本通过 requests.get()方法查看了名称为 mypod 的 Pod 信息，并根据查询状态码输出相应的信息。运行代码，成功创建 mypod，结果如图 11-13 所示。

```
D:\python\python.exe D:/code/requests-json-2.py
D:\python\lib\site-packages\urllib3\connectionpool.py:1099: InsecureRequestWarning: Unverified HTTPS request is being made to host '192.168.200.10'. Adding certificate verificati
  warnings.warn(
Pod metadata: {'name': 'mypod', 'namespace': 'default', 'uid': '47a8c9d3-135f-46f2-8336-99dd11a67406', 'resourceVersion': '92502', 'creationTimestamp': '2024-08-11T03:12:29Z', 'a
Pod Status: {'phase': 'Running', 'conditions': [{'type': 'PodReadyToStartContainers', 'status': 'True', 'lastProbeTime': None, 'lastTransitionTime': '2024-08-11T03:12:31Z'}, {'ty
```

图 11-13　成功创建 mypod

因为在集群中运行了名称为 mypod 的 Pod，所以查询 mypod 时返回了 Pod 的 metadata 信息和 Status 信息。

3. 修改资源

① 准备修改 Service 的 YAML 脚本。

在 code 项目中创建 service_update.yaml 文件，打开文件，输入以下内容。

```
spec:
  ports:
    - port: 80
      targetPort: 80
      nodePort: 30001
```

以上脚本将服务发现的外部访问端口修改为 30001，在修改代码中引用这个 YAML 脚本。

② 编写修改 Service 资源的代码。

在 code 项目中创建 requests-update.py 文件，打开文件，输入以下内容。

```
import requests
import yaml
import json
# Kubernetes API 服务器 URL，api/v1 表示 API 版本，namespaces/default 表示命名空间，
#Pod 表示资源类型
url = 'https://192.168.200.10:6443'
#定义 token 变量，内容是创建 python-admin 用户的 Token
token = "eyJhbGciOiJSUzI1NiIsImtpZCI6Ik00ZVN6alVSSlpyb2xVNjFULVd1M24xOG
hNbkl6UUdrRHIxZzl1NmlibzAifQ.eyJhdWQiOlsiaHR0cHM6Ly9rdWJlcm5ldGVzLmRlZmF1bHQ
uc3ZjLmNsdXN0ZXIubG9jYWwiXSwiZXhwIjoxNzIzNTkzODIzLCJpYXQiOjE3MjM1OTAyMjMsIml
zcyI6Imh0dHBzOi8va3ViZXJuZXRlcy5kZWZhdWx0LnN2Yy5jbHVzdGVyLmxvY2FsIiwia3ViZXJ
uZXRlcy5pbyI6eyJuYW1lc3BhY2UiOiJkZWZhdWx0Iiwic2VydmljZWFjY291bnQiOnsibmFtZSI
6InB5dGhvbi1hZG1pbiIsInVpZCI6IjAwZmM2MDBlLTI5MjktNGMyZS1iNGYwLWY4YjRjNWQ0Zjh
lNCJ9fSwibmJmIjoxNzIzNTkwMjIzLCJzdWIiOiJzeXN0ZW06c2VydmljZWFjY291bnQ6ZGVmYXV
sdDpweXRob24tYWRtaW4ifQ.19zd3zx_W_kDY-x5Fg7wHR27AgW9PfwfgRin7My9SPRUv99W7FxV
3FLHtmGd5c8dbGCR2UU_4oile-q1NToNECdc79ah56IU_Y5r-0ZkJjpySdqfWUjSWawcabMsOXgy
bUv_wu6U_uGFUs0J-PF-Y7uTpIEboMADwMWYbknEgWrpDG91l3OdZDpcz6Sv9QtV-DTYBlu2kFXB
Z9t7q0JbukZLZLSQcnXi7FfnezpW1zIZxli-4SxuJf6YjHoyROFnJ7n2t18f24B1MQaSHpH0WTUQ
k1LFOudy5tPgBJPewLs30LRR2qRkmmmqBbaOGhTyyNvCNmKzORUQ_x5m6aJ2Xg"
#定义请求头字典，Authorization 用于认证，携带 Bearer Token 用户身份，Content-Type
#指明请求体的格式为 JSON，确保服务器能够正确解析请求数据
headers = {
    'Authorization': f'Bearer {token}',
    'Content-Type': 'application/json'
}
#通过 service_update.yaml 修改 Service
#定义请求头，application/strategic-merge-patch+json 用于更新 JSON 数据
headers['content-type']='application/strategic-merge-patch+json'
data=Yaml.safe_load(open('service_update.yaml'))
r1=requests.patch(url+'/api/v1/namespaces/default/services/nginx',headers=
headers,data=json.dumps(data),verify=False).json()
print(r1)
```

以上脚本通过 requests.patch()方法修改了名称为 nginx 的 Service 资源，将对外服务的端口修改为 30001。运行代码，在 master 节点上查看 Service 服务发现，结果如图 11-14 所示。

```
[root@master ~]# kubectl get svc
NAME         TYPE        CLUSTER-IP      EXTERNAL-IP   PORT(S)        AGE
kubernetes   ClusterIP   10.96.0.1       <none>        443/TCP        37d
nginx        NodePort    10.96.133.125   <none>        80:30001/TCP   22h
[root@master ~]#
```

图 11-14　查看 Service 服务发现

在 Windows 主机上使用新的端口再次访问 Nginx 服务，结果如图 11-15 所示。

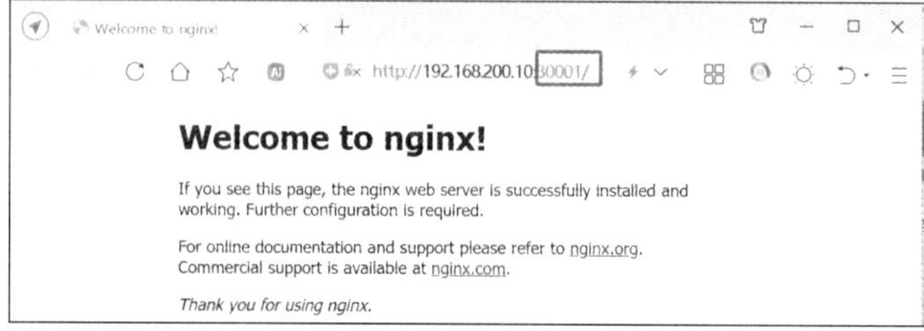

图 11-15　在 Windows 主机上使用新的端口再次访问 Nginx 服务

4. 删除资源

Requests 库使用 delete()方法删除指定的资源。在 code 项目中创建 requests-delete.yaml 文件，打开文件，输入以下内容。

```
    import requests
    import yaml
    import json
    # Kubernetes API 服务器 URL，api/v1 表示 API 版本，namespaces/default 表示命名空间，
#Pod 表示资源类型
    url = 'https://192.168.200.10:6443'
    #定义 token 变量，内容是创建 python-admin 用户的 Token
    token = "eyJhbGciOiJSUzI1NiIsImtpZCI6Ik00ZVN6alVSSlpyb2xVNjFULVd1M24xOG
hNbkl6UUdrRHIxZzl1NmlibzAifQ.eyJhdWQiOlsiaHR0cHM6Ly9rdWJlcm5ldGVzLmRlZmF1bHQ
uc3ZjLmNsdXN0ZXIubG9jYWwiXSwiZXhwIjoxNzIzNTkzODIzLCJpYXQiOjE3MjM1OTAyMjMsIml
zcyI6Imh0dHBzOi8va3ViZXJuZXRlcy5kZWZhdWx0LnN2Yy5jbHVzdGVyLmxvY2FsIiwia3ViZXJ
uZXRlcy5pbyI6eyJuYW1lc3BhY2UiOiJkZWZhdWx0Iiwic2VydmljZWFjY291bnQiOnsibmFtZSI
6InB5dGhvbi1hZG1pbiIsInVpZCI6IjAwZmM2MDBlLTI5MjktNGMyZS1iNGYwLWY4YjRjNWQ0Zjh
lNCJ9fSwibmJmIjoxNzIzNTkwMjIzLCJzdWIiOiJzeXN0ZW06c2VydmljZWFjY291bnQ6ZGVmYXV
sdDpweXRob24tYWRtaW4ifQ.19zd3zx_W_kDY-x5Fg7wHR27AgW9PfwfgRin7My9SPRUv99W7FxV
3FLHtmGd5c8dbGCR2UU_4oile-q1NToNECdc79ah56IU_Y5r-0ZkJjpySdqfWUjSWawcabMsOXgy
bUv_wu6U_uGFUs0J-PF-Y7uTpIEboMADwMWYbknEgWrpDG91l3OdZDpcz6Sv9QtV-DTYBlu2kFXB
Z9t7q0JbukZLZLSQcnXi7FfnezpW1zIZxli-4SxuJf6YjHoyROFnJ7n2t18f24B1MQaSHpH0WTUQ
k1LFOudy5tPgBJPewLs30LRR2qRkmmmqBbaOGhTyyNvCNmKzORUQ_x5m6aJ2Xg"
    #定义请求头字典，Authorization 用于认证，携带 Bearer Token 用户身份，Content-Type
#指明请求体的格式为 JSON，确保服务器能够正确解析请求数据
    headers = {
       'Authorization': f'Bearer {token}',
       'Content-Type': 'application/json'
    }
    #删除 Pod
    pod_name = "mypod"    #定义 Pod 名称
    requests.delete(f'{url}/api/v1/namespaces/default/pods/{pod_name}',
headers=headers, verify=False)
    #删除 Service
    service_name = "nginx"  #定义 Service 名称
    requests.delete(f'{url}/api/v1/namespaces/default/services/{service_name}',
headers=headers, verify=False)
```

以上脚本通过 requests.delete()方法删除了名称为 mypod 的 Pod 资源和名称为 nginx 的 Service 资源。运行代码，在 master 节点上查看 Pod 和 Service 资源，结果如图 11-16 所示。

```
[root@master ~]# kubectl get pod
No resources found in default namespace.
[root@master ~]# kubectl get service
NAME         TYPE        CLUSTER-IP   EXTERNAL-IP   PORT(S)   AGE
kubernetes   ClusterIP   10.96.0.1    <none>        443/TCP   37d
[root@master ~]#
```

图 11-16 查看 Pod 和 Service 资源

从结果中可以发现，名称为 mypod 的 Pod 资源和名称为 nginx 的 Service 资源都已经被删除了。

项目小结

使用Python管理Kubernetes集群可以实现更加精细化的控制和某些自定义操作。任务11-1介绍了使用Kubernetes库管理集群，特点是简单、直观，支持多种复杂的集群管理任务。任务11-2介绍了使用Requests库管理Kubernetes集群，特点是通过HTTP请求操

作，可与Kubernetes API进行底层交互。在实际应用中，可以使用Kubernetes库进行常规的集群管理任务；在需要直接操作 Kubernetes API或进行特殊的HTTP请求时，可以使用Requests库。

项目练习与思考

1. 选择题

（1）Requests 库用于处理（　　）。

A. 数据库操作　B. 网络请求　C. 文件操作　D. 数学计算

（2）使用（　　）方法可以获取响应的 JSON 数据。

A. response.json()　B. response.data.json()
C. response.get_json()　D. response.get()

（3）（　　）参数用于设置 HTTP 请求头。

A. headers　B. params　C. data　D. network

（4）json.dumps()方法可以对列表和字典数据进行（　　）。

A. 网络化　B. 反序列化　C. 序列化　D. 存储化

（5）（　　）用于加载 Kubernetes 配置文件。

A. config.k8s()　B. config_config()
C. config.load()　D. config.load_kube_config()

2. 填空题

（1）使用________ install kubernetes 命令可以安装 Kubernetes 库。

（2）request.get()方法可以发送一个________请求。

（3）Kubernetes 库列出所有 Pod 的方法是________。

（4）获取指定 Deployment 的详细信息时，可以使用________方法。

（5）当保存一个字典数据时，需要对这个数据进行________。

3. 简答题

（1）简述使用 Python 管理集群的优势。

（2）简述 JSON 数据序列化和反序列化。